普通高等教育系列教材

环 境 管 理

（第二版）

刘　宏　肖思思　编著

U0264438

中国石化出版社

内 容 提 要

环境管理是环境保护工作的一个重要组成部分,同时又是环境科学与现代管理科学交叉的一门新兴学科。本书从环境管理工作领域的角度进行阐述,同时兼顾其学科性、系统性和理论性,主要内容包括环境管理的基本理论、环境法、环境管理制度、环境标准、环境规划、区域环境管理、工业企业环境管理、废弃物环境管理、循环经济、清洁生产、环境管理体系、突发性环境事件应急管理。

本书可作为高等院校环境科学与工程类专业及其他相关专业的教材,也可供生态环境部门和企事业单位环境保护管理人员、科技人员及相关人员参考。

图书在版编目(CIP)数据

环境管理 / 刘宏,肖思思编著. —2 版 .—北京:
中国石化出版社,2021.3
普通高等教育系列教材
ISBN 978-7-5114-6161-2

Ⅰ.①环⋯ Ⅱ.①刘⋯ ②肖⋯ Ⅲ.①环境管理 –
高等学校 – 教材 Ⅳ.① X32

中国版本图书馆 CIP 数据核字(2021)第 042844 号

中国石化出版社出版发行
地址:北京市东城区安定门外大街 58 号
邮编:100011 电话:(010)57512500
发行部电话:(010)57512575
http://www.sinopec-press.com
E-mail:press@sinopec.com
北京富泰印刷有限责任公司印刷
全国各地新华书店经销

*

787×1092 毫米 16 开本 20 印张 494 千字
2021 年 3 月第 2 版 2021 年 3 月第 1 次印刷
定价:60.00 元

第二版前言

随着我国经济建设的快速发展，环境问题日益成为人们最为关注的社会问题之一。要做到经济建设与环境保护的协调发展，必须不断加强环境管理。

环境管理是依据国家的环境政策、法律、法规和标准，坚持宏观综合决策与微观执法监督相结合，从环境与发展综合决策入手，运用各种有效管理手段，调控人类的各种行为，协调经济、社会发展同生态环境保护之间的关系，限制人类损害环境质量的活动以维护区域正常的环境秩序和环境安全，实现区域社会可持续发展的行为总体。自1972年斯德哥尔摩召开的联合国"人类环境会议"以来，我国的环境管理工作开始步入议事日程，在经历了近50年的方针化、机构化、制度化、法制化、程序化及标准化的建设后，已然向纵深化发展。

本书在第一版的基础上做了内容上的相关更新与调整，内容上更具准确性和权威性，既与时俱进，又突出实际运用中的可操作性，便于相关人员学习现代环境管理知识与方法，开阔视野，提高科学决策能力和管理水平。

全书共分十二章，主要内容包括绪论、环境法、环境管理制度、环境标准、环境规划、区域环境管理、工业企业环境管理、废弃物环境管理、循环经济、清洁生产、企业环境管理体系、突发性环境事件应急管理等。

本书可作为高等院校环境科学与工程类专业及其他相关专业本科生、研究生的教材，也可作为生态环境部门和企事业单位环境保护管理人员、科技人员及相关人员的参考用书。

本书在编写过程中参考了国内外的有关论著，书后附有主要参考文献目录，在此致以衷心的感谢。

限于作者的学术水平与实践经验，书中不妥之处在所难免，敬请广大读者批评指正。

目　　录

第一章　绪论

环境管理是在环境保护的实践中产生，又在实践中不断发展起来的。通常的环境管理往往包含两层含义，一是将环境管理当成一个工作领域看待，它是环境保护工作的一个重要组成部分，是政府环境保护行政主管部门的一项最重要的职能；二是将环境管理当成一门学科看待，它是环境科学与现代管理科学交叉的一门新兴学科，是环境科学的一个重要组成部分。本书主要从工作领域的角度进行阐述，同时兼顾其学科性、系统性和理论性。

第一节　环境管理概述

一、环境管理的基本概念

1. 环境管理

（1）环境管理的定义。环境管理从 20 世纪 70 年代初开始形成，并逐步发展成为一门新兴学科。

环境管理的含义有狭义和广义之分。狭义的环境管理主要是指采取各种措施控制污染的行为，例如通过制定法律、法规和标准，实施各种有利于环境保护的方针、政策，控制各种污染物的排放。人们对环境问题的认识不断提高，狭义的环境管理已经不能满足环境保护事业的需要，人们已普遍认识到，要从根本上解决环境问题，必须从经济社会发展战略的高度去采取对策和制定措施。因此，环境管理的内容大大扩展、要求也大大提升，从而逐渐形成了广义的环境管理。

广义的"环境管理"概念于1974年在墨西哥召开的"资源利用、环境与发展战略方针"专题研讨会上首次被正式提出，此次会议形成三点共识：①全人类的一切基本需要应当得到满足；②要进行发展以满足基本需要，但不能超出生物圈的容许极限；③协调这两个目标的方法是环境管理。1975 年休埃尔在其《环境管理》一书中对环境管理做了专门阐述，指出"环境管理是对损害人类自然环境质量的人为活动（特别是损害大气、水和陆地外貌质量的人为活动）施加影响"。我国学者刘天齐在其《环境技术与管理工程概论》一书中，对环境管理的含义做了如下论述："通过全面规划，协调发展与环境的关系，运用经济、法律、技术、行政、教育等手段，限制人类损害环境质量的行为，达到既满足人类的基本需要，又不超出环境的容许极限的目的。"由此可见，广义环境管理的核心是实施经济社会与环境的协调发展，即依据国家的环境政策、法律、法规和标准，坚持宏观综合决策与微观执法监督相结合，从环境与发展综合决策入手，运用各种有效管理手段，调控人类的各种行为，协调经济、社会发展同环境保护之间的关系，限制人类损害环境质量的活动以维护区域正常的环境秩序和环境安全，实现区域社会可持续发展的行为总体，其内涵应主要涵盖以下四个方面：

①协调发展与环境的关系。建立可持续发展的经济体系、社会体系和保持与之相适应的可持续利用的资源和环境基础，是环境管理的根本目标。

②运用各种手段限制人类损害环境质量的行为。人在管理活动中扮演着管理者和被管理者的双重角色，具有决定性的作用，因此环境管理的核心是对人的管理。

③环境管理是一个动态过程。它必须适应社会、经济、技术的发展，并及时调整政策措施，使人类的经济活动不超过环境的承载能力和自净能力。

④环境保护作为国际社会共同关注的问题，环境管理需要超越文化和意识形态等方面的差异，采取协调合作的行动。

（2）环境管理概念发展的历史。现代环境问题产生于产业革命以后。西方工业发达国家环境管理大致经历了四个发展阶段。

①第一阶段，早期限制时期。从产业革命开始到20世纪初，西方工业发达国家经历了早期的工业化时期，同时也进入了公害发生期。当时的主要环境问题是工业生产引起的第一代污染。

该段时期内，由于对污染的机理认识不清，又缺乏完善的治理措施，只好采用消极、被动的限制手段，如限制燃料使用地区、使用时间和限制污染物排放数量等。以烟雾污染著称的伦敦为例，早在14世纪就发生了煤烟污染，为了限制燃煤引起的大气污染，1306年英王爱德华一世曾颁布诏书，在议会开会期间禁止露天炉灶使用海煤（采掘于海岸，燃烧时排放浓烟），违者，第一次罚款，第二次捣毁炉灶，第三次处以极刑。史料记载，有一个制造商因违反此诏令而被处死。

②第二阶段，治理时期。从20世纪初至60年代进入了公害发展与泛滥时期。这个时期，现代工业有了长足发展，而且出现了一些污染严重的新的工业部门，如石油、化工、电力、汽车等，环境污染和破坏空前加剧，已从局部地区发展成为社会性公害。一些工业发达国家，除了加强环境立法和建立环境管理机构以外，主要对策是投入一切可能的技术和财力进行污染治理。例如，普遍采用对污染物的净化处理（大量兴建污水处理厂、安装消烟除尘设备等）；开展工业废弃物的综合利用；采用和推广各种无害工艺技术；用水的闭路循环等以减少污染物的排放量。

治理阶段虽然取得控制污染的显著效果，但也存在许多问题：a.先污染而后再治理是被动的行为，可谓"头痛医头，脚痛医脚"，往往是此起彼伏，防不胜防。b.治理阶段一般是采用"单打一"的单项治理技术，很少采用综合防治措施，这样只能着眼于解决部门性的污染源，而不能从整体上和防治结合上有效地解决环境问题。c.单项治理要耗费巨额资金，经济上不合算。

③第三阶段，综合防治时期。从20世纪60年代至70年代，不少国家总结了治理阶段"先污染后治理"的经验教训，改变了单纯治理的被动政策，采取"预防为主、综合防治"措施。具有代表性政策转变的标志是1979年经济合作与发展组织（OECD）第二次环境部长会议纪要提出的建议：各国环境政策的核心应该是"防重于治"。这一政策建议得到了工业发达国家的普遍赞同。

④第四阶段，制定发展与环境相协调的总体战略，全面调整人类同环境的关系时期。20

世纪 70 年代以后，特别是 1972 年在斯德哥尔摩召开人类环境会议以后，越来越多的国家在环境管理上发生了明显的转变，即把合理开发利用自然资源、保护自然环境、维护生态平衡作为环境管理的重要内容和相互联系的组成部分，同时把环境保护的规划纳入社会经济发展的整体规划中去，制定社会经济发展与环境保护的总体战略对策，全面调整人类同环境的关系。1992 年联合国环境与发展大会进一步把可持续发展作为各国未来的共同发展战略。为此必须把环境保护纳入社会经济发展规划，处理好人口、资源、环境与发展之间的关系，建立符合生态规律的生产方式和生活方式、制定可持续发展的总体战略。这些政策和指导思想越来越被各国所承认和接受的事实说明，当前各国的环境管理已经进入了一个更加科学、深化、全面、有效的新的发展阶段。

在我国，环境管理的思想、概念也是在环境保护的理论和实践中不断发展起来的。a. 从新中国成立到 1973 年以前，我国还没有明确地形成环境管理的概念，在全国范围内，尚未建立起环境管理体系和相应的机构，只是在一些地区和个别部门设立了"三废"管理处（或科）以及综合利用办公室等。b. 从 1973 年第一次全国环境保护会议到 1981 年，我国环境管理主要以组织治理污染为中心。其中，从 1973 年第一次全国环境保护会议到 1978 年十一届三中全会以前，环境管理仅限于对"三废"和噪声污染的管理，通过制定政策、法规和标准来控制污染。1978 年党的十一届三中全会，把环境管理提高到同经济和科学技术同等重要的地位。c. 从 1982 年城乡建设环境保护部建立到 1989 年，我国环境管理思想又发生了重大变化，认识到在我国目前的经济技术条件下，靠大量投资和采用先进的污染控制技术控制污染解决环境问题是不现实的，必须把工作重点转移到加强环境管理上来，"以管促治"。1983 年 12 月，第二次全国环境保护会议提出环境保护是我国的一项基本国策，制定"三同步""三统一"的战略指导方针，形成了强化环境管理为主体、由单纯治理转到以防为主、防治结合，同时在职能逐步明确的过程中，也由注意微观管理发展到注意宏观控制。至此，环境管理的概念已经形成，环境管理作为环境科学的一个重要分支学科已被人们接受。d. 从 1989 年第三次全国环境保护会议到 2001 年，是环境管理概念充实和发展阶段。1989 年 5 月第三次全国环境保护会议，通过了《1989—1992 年环境保护目标和任务》和《全国 2000 年环境保护规划纲要》两份重要文件，提出环境目标责任制和城市环境综合整治的定期考核制、城市环境质量定量考核以及污染限期治理等，标志着我国环境管理已在向区域综合治理的方向迈进，环境管理由定性管理向定量管理转变，会议同时形成了我国环境管理的"八项制度"。e. 从 2002 年第五次全国环境保护会议至今，是环境管理概念创新性发展阶段。期间提出了推动经济社会全面协调可持续发展的方向，强调环境管理的发展要实现从环境保护滞后于经济发展转变为环境保护与经济发展同步，要从主要用行政办法保护环境转变为综合运用法律、经济、技术和必要的行政办法解决环境问题。2018 年 5 月第八次全国环境保护会议，明确提出：加大力度推进生态文明建设、解决生态环境问题，坚决打好污染防治攻坚战，推动中国生态文明建设迈上新台阶。第八次全国生态环境保护大会，将开启新时代生态环境保护工作的新阶段。

2. 环境管理的目的和任务

（1）环境管理的目的。环境问题的产生并且日益严重的根源在于人们自然观上的错误，以及在此基础上形成的基本思想观念上的扭曲，进而导致人类社会行为的失当，最终使自然环境受到干扰和破坏。也就是说，环境问题的产生有两个层次的原因：一是思想观念层次上的；二是社会行为层次上的。基于这种思考，环境管理的目的主要是通过对可持续发展思想的传播，使人类社会的组织形式、运行机制以及管理部门和生产部门的决策、计划和个人的日常生活等各种活动，符合人与自然和谐相处的要求，并以法律法规、规章制度、社会体制和思想观念的形式体现出来；也即创建一种新的生产方式、新的消费方式、新的社会行为规则和新的发展方式，来保护和改善环境，从而实现：①合理开发利用自然资源，减少和防治环境污染，维持生态平衡，促进国民经济长期稳定发展；②贯彻和研究制定有关环境保护的方针、政策、法规和条例，正确处理经济发展与环境保护的关系；③建设一个清洁、优美、安静、生态健全发展的人类环境，保护人民健康，促进经济发展；④开展环境科学研究，培养科学技术人才，加强环境保护宣传教育，不断提高全民对环境保护的认识水平。

（2）环境管理的任务。环境管理的基本任务是：通过转变人类社会的一系列基本观念和调整人类社会的行为，以求达到人类社会发展与自然环境的承载能力相协调。

观念的转变是根本。观念的转变包括消费观、伦理观、价值观、科技观和发展观直到整个世界观的转变。当然，要从根本上扭转人类既成的基本思想观念，显然不能单纯通过环境管理就能达到目的，但是环境管理却可以通过建设一种环境文化来为整个人类文明的转变服务。环境文化是以人与自然和谐为核心和信念的文化，文化决定着行动。环境管理的任务之一就是要指导和培育这样一种文化，以取代工业文明时代形成的以人为中心、以人的需要为中心、以自然环境为征服对象的文化，并将这种环境文化渗透到人们的思想意识中去，使人们在日常的生活和工作中能够自觉地调整自身的行为，以达到与自然环境和谐的境界。

相对于思想观念的转变而言，行为的调整是较低层次上的调整，但却是更具体、更直接的调整。人类的社会行为可以分为行为主体、行为对象和行为本身三大部分。从行为主体来说，还可以分为政府行为、市场行为和公众行为三种。政府行为是总的国家的管理行为，诸如制定政策、法律、法规、发展计划并组织实施等。市场行为是指各种市场主体包括企业和生产者个人在市场规律的支配下，进行商品生产和交换的行为。公众行为则是指公众在日常生活中诸如消费、居家休闲、旅游等方面的行为。在这三种行为中，政府的决策和规划行为，特别是涉及资源开发利用和经济发展规划的行为，往往会对环境产生深刻而长远的影响，其负面影响一般很难或无法纠正。市场行为的主体一般是企业，而企业的生产活动一直是环境污染和生态破坏的直接制造者。公众行为对环境的影响在过去并不是很明显，但随着人口的增长尤其是消费水平的增长，公众行为对环境的影响在环境问题中所占的比重将会越来越大。

综上可见，环境管理的两项任务是相互补充、互为一体的，不可偏废。

3. 环境管理的基本职能

在联合国环境与发展大会以后，国家环保总局根据我国的国情提出环境管理的基本职能是宏观指导、统筹规划、组织协调、提供服务、监督检查。

（1）宏观指导。在社会主义市场经济条件下，政府转变职能的重点之功能。环境管理的宏观指导包括对环境保护战略的指导以及对有关政策的指导两个方面。

（2）统筹规划。环境规划是环境管理的先导和依据。其中，"先导"作用主要表现在：环境规划是环境决策在时间和空间上的具体安排，实施可持续发展战略，必须在决策过程中对环境、经济和社会因素全面考虑、统筹兼顾，通过综合决策使三者得以协调发展。环境规划一般有三个层次，即宏观环境规划（以协调和指导作用为主）、专项详细环境规划和环境规划实施方案（后两个层次是制定年度计划的依据）。

（3）组织协调。主要包括战略协调、政策协调、技术协调和部门协调。其中，战略协调主要指：实施可持续发展战略，推行环境经济综合决策，在制定国家、区域或地区发展战略时要同时制定环境保护战略。政策协调主要指：运用政策、法规以及各项环境管理制度协调经济与环境的关系，促进经济与环境协调发展。技术协调主要指：运用科学技术促进经济与环境协调发展。部门协调主要指：环境管理涉及不同地区、不同部门和不同行业等。因此，进行环境管理必须使各地区、各部门、各行业协同动作、相互配合，积极做好各自应承担的环境保护工作，才能带动整个环境保护事业的发展。

（4）提供服务。环境管理以经济建设为服务中心，为推动地区、部门、行业的环境保护工作提供技术服务、信息咨询服务以及市场服务。

（5）监督检查。对地区和部门的环境保护工作进行监督检查是环境保护法赋予环境保护行政主管部门的一项权力，也是环境管理的一项重要职能。环境管理的监督检查职能主要包括：环境保护法律法规执行情况的监督检查；制定和实施环境保护规划的监督检查；环境标准执行情况的监督检查；环境管理制度执行情况的监督检查；自然保护区建设、生物多样性保护的监督检查等。监督检查可以采取多种方式，如联合监督检查、专项监督检查、日常现场监督检查以及污染状况监测和生态监测等。

二、环境管理的内容和特点

1. 环境管理的主体

环境管理的主体是指"谁来管理"和"管理谁"的问题。其广义的理解，是指环境管理活动中的参与者或相关方，而不一定是狭义的所谓的"管理者"。在现实生活中，人类社会的行为主体可以分为政府、企业和公众三大类。在环境管理中，政府、企业和公众都是环境管理的主体。

（1）政府。政府作为社会公共事务的管理主体，包括中央和地方各级行政机关。政府依法对整个社会进行公共管理，而环境管理则是政府公共管理中的一个分支。在三大行为主体中，政府是整个社会行为的领导者和组织者，同时它还是各地政府间冲突、协调的处理者和发言人。政府能否妥善处理政府、企业和公众之间的利益关系，促进保护环境的行动，对环境管理起着决定性的作用。所以，政府是环境管理中的主导性力量。

政府作为环境管理主体的具体工作包括：制定适当的环境发展战略，设置必要的专门环境保护机构，制定环境管理的法律法规和标准，制定具体的环境目标、环境规划、环境政策制度，提供公共环境信息和服务，开展环境教育等。在全球性环境问题管理方面，政府作为环境管理主体的管理内容是对以国家为基本单位的国际社会作用于地球环境的行为进行管理，如国际合作、全球环境条约协议的签署和执行等。

（2）企业。企业在社会经济活动中是以追求利润为中心的独立的经济单位。企业是各种产品的主要生产者和供应者，是各种自然资源的主要消耗者，同时也是社会物质财富积累的主要贡献者。因此，企业作为环境管理的主体，其行为对一个区域、一个国家乃至全人类的环境保护和管理有着重大的影响。

企业对自身环境管理的内容包括：企业制定自身的环境目标、规划，开展清洁生产和循环经济，实施 ISO14000 环境管理体系标准，实行绿色营销、发展企业绿色安全和健康文化等。另外，企业作为人类社会产业活动的主体，其环境管理行为对政府和公众的环境保护行为有很大影响。只有企业设计和生产出绿色产品，公众才能使用；只有大量的企业不断开发绿色环保的先进技术和经营方式，才能推动政府在完善环保法律、严格环保标准等方面加强环境管理，从而推动整个社会的进步。从这个意义上讲，企业环境管理既与政府、公众的环境管理行为互动，又发挥着重要和实质性的推动作用。

（3）公众和非政府组织。公众包括个人与各种社会群体。他们是环境管理的最终推动者和直接受益者。公众在人类社会生活的各个领域和方面发挥着最终的决定作用。公众能否有效地约束自己的行为，推动和监督政府和企业的行为，是公众主体作用体现与否的关键。

公众环境管理是公众参与的环境管理，实际上，公众作为环境管理的主体作用并不是以一个整体的形式出现在环境事务中，而主要是以散布在社会各行各业、各种岗位上的公众个体以及以某个具体目标组织起来的社会群体的行为来体现的。多数情况下，公众通过自愿组建各种社会团体和非政府组织来参与环境管理工作。参与，是公众作为环境管理主体的主要"管理"形式。公众环境管理的机构可以是非政府组织（如各种民间环保组织）、非营利性机构（如环境教育、科研部门），其具体内容很多，主要根据这些组织和机构的目的而定。

2.环境管理的对象

环境管理的对象是指"管理什么"的问题。环境管理是人类社会管理人类作用于环境的行为，环境管理本身也是一种人类的社会行为。因此，环境管理对象具体可分为政府行为、企业行为和公众行为。

（1）政府行为。政府行为是人类社会最重要的行为之一，根据其性质，可以分三大类：一是各级政府之间以及政府与其职能部门之间的"内部"行为，主要是政府内部权力职能分工协作的问题；二是相对于其他行为主体（如企业、公众、社会团体等）的国内行为，政府整体作为一个主体的行为，包括各项法律法规和政策的制定、发布、实施和监督以及社会活动的组织和管理；三是政府作为国家和社会意志的代表，与其他政府之间的行为，诸如国际政治、经济、军事和科技文化交流等各方面的行为。

政府行为的主要内容有：作为投资者为社会提供公共消费品和服务，如政府控制军队、警察等国家机器，提供供水、供电、铁路、邮政、教育、文化等公共事业服务；作为投资者为社会提供一般的商品和服务，以国有企业的形式控制国家经济命脉；掌握国有资产和自然资源的所有权及相应的经营和管理权；政府对国民经济实行宏观调控和对市场进行政策干预。

因此，要防止和减轻政府行为造成和引发环境问题，应以科学观为指导，主要应考虑以下几个方面：

①政府决策的科学化。要建立科学的决策方法和决策程序，中国提出的科学发展观是一个很好的开端。

②政府决策的民主化。公众（包括各种非政府组织或社会团体）能否通过各种途径对政府的决策和操作进行有效监督，是最根本和最具有决定性意义的方法。

③政府施政的法制化。特别是要遵守有关环境保护法规的要求，如按照《中华人民共和国环境影响评价法》（2018年）的要求，有关政府部门在编制工业、农业、畜牧业、林业等相关专项规划时，应当进行环境影响评价。

（2）企业行为。企业是人类社会经济活动的主体，是创造物质财富的基本单位，因此企业行为是环境管理重点关注的对象。总体而言，企业行为可概括为：从事生产、交换、分配、投资，包括再生产和扩大再生产的生产经营等活动；通过向社会提供物质性产品或服务获得利润的活动；以追求利润为中心，对外部变化作出自主反应的活动。

企业行为对资源环境问题有非常重要的影响，主要表现在：企业是资源、能源的主要消耗者；企业特别是工业企业是污染物的主要产生者、排放者，也是主要的治理者；企业是经济活动的主体，因此也是保护环境工作的具体承担者，绝大多数的环境保护行动都需要企业的参与才能落实。因此，要防止企业行为造成和引发环境问题，主要应考虑以下几个方面：

①从企业调控自身行为的角度出发，应当通过各种途径加强环境保护工作，推行清洁生产，使用清洁的原材料和能源，尽可能使用由废弃物转化出的资源，提供绿色产品和服务等。

②从政府对企业行为调控的角度出发，第一，形成有利于企业加强环境保护的市场竞争环境，在宏观上加强对企业环境保护工作的引导和监督；第二，严格执行环境法律法规，制定恰当的环境标准，实行各种有利于提高企业环境保护积极性的政策，创造有利于企业环境保护的法治环境；第三，加强对有优异环境表现的企业的嘉奖，与企业携手共创环境友好型社会。

③从公众对企业行为调控的角度出发，第一，站在消费者的角度积极购买和消费绿色产品和服务；第二，公众作为个体或通过社会团体对企业破坏环境的行为进行监督；第三，公众个体作为政府的公务员或企业的员工，通过自身的工作促进企业环境保护。

（3）公众行为。通常理解，公众是大量离散的个人，而公众行为则是与政府行为、企业行为相并列的重要行为。首先，公众和公众行为是社会的基石，是政府行为和企业行为的对象。公众是政府的服务对象，政府希望能得到公众的拥护和支持，希望公众能够在政府法律、政策的框架下选择和安排自己的行为；公众是企业的服务和产品的消费者，企业希望自己的产品和服务能被公众所接受和喜爱，从而获得利润，还希望公众能成为为企业工作的劳动者（发明人、设计人、生产加工者和销售者等）。其次，公众和公众行为涵盖和渗透了社会生活的各个方面，远远不能被政府行为和企业行为所替代或包含，比如公众的社会心理活动，公众的个人兴趣追求、感情抒发及公众风俗习惯等，这些公众行为所反映的是社会文化。在很大程度上，这种文化对社会发展具有更深层次的影响。

公众行为对资源环境问题有非常重要的影响，主要表现在：公众中的每个个体为了满足自身生存发展，需要消费物品和服务，这是造成资源消耗和废弃物产生的根源；公众的生活方式对环境问题的影响重大。

要解决公众行为可能造成和引发的环境问题，主要应考虑以下几个方面：

①从公众调控自身行为的角度，公众应提高环境意识，购买和消费绿色环境产品和服务，养成保护环境的习惯，如垃圾分类、废物利用等，积极参与有利于环境保护的活动，如成为环保志愿者、参加环保社团等。

②从政府对公众行为调控的角度，应当加强对公众环境意识的教育和培养；通过制定法律法规规范公众的生活和消费行为，以利于环境保护；规范和引导非政府公众组织的环境保护工作。

③从企业对公众行为调控的角度，应当提供绿色的时尚环保产品引导公众的消费潮流，尽可能满足公众对绿色消费的需求；对企业员工不利于环境的行为进行约束和控制；通过支持公众环保组织影响和引导公众行为。

3. 环境管理的内容

（1）按环境管理的范围划分

①流域环境管理。流域环境管理是以特定流域为管理对象，以解决流域环境问题为内容的一种环境管理。根据流域的大小不同，流域环境管理可分为跨省域、跨市域、跨县域、跨乡域的流域环境管理。

②区域环境管理。区域环境管理是以行政区划为归属边界，以特定区域为管理对象，以解决该区域内环境问题为内容的一种环境管理。根据行政区划的范围大小，可分为省域环境管理、市域环境管理、县域环境管理等。同时，还可分为城市环境管理、农村环境管理、乡镇环境管理、经济开发区环境管理、自然保护区环境管理等。

③行业环境管理。行业环境管理是一种以特定行业为管理对象，以解决该行业内环境问题为内容的环境管理。由于行业不同，行业环境管理可分为几十种类型，如钢铁行业环境管理、电力行业环境管理、冶金行业环境管理、化工行业环境管理、建材行业环境管理，等。

④部门环境管理。部门环境管理是以具体的单位和部门为管理对象，以解决该单位或部门内的环境问题为内容的一种环境管理。

（2）按环境管理的属性划分

①资源环境管理。资源环境管理是指依据国家资源政策，以资源的合理开发和持续利用为目的，以实现可再生资源的恢复与扩大再生产、不可再生资源的节约使用和替代资源的开发为内容的环境管理。

②质量环境管理。质量环境管理是一种以环境质量标准为依据，以改善环境质量为目标，以环境质量评价和环境监测为内容的环境管理。

③技术环境管理。技术环境管理是一种通过制定环境技术政策、技术标准和技术规程，以调整产业结构、规范企业的生产行为、促进企业的技术改革与创新为内容，以协调技术经济发展与环境保护关系为目的的环境管理。从广义上讲，环境保护技术可分为环境工程技术（具体包括污染治理技术、生态保护技术）、清洁生产技术、环境预测与评价技术、环境决策技术、环境监测技术等方面。技术环境管理要求有比较强的程序性、规范性、严谨性和可操作性。

（3）按环保部门的工作领域划分

①规划环境管理。规划环境管理是依据规划或计划而开展的环境管理。这是一种超前的主动管理，也称为环境规划管理。其主要内容包括：制定环境规划；将环境规划分解为环境保护年度计划；对环境规划的实施情况进行检查和监督；根据实际情况修正和调整环境保护年度计划方案；改进环境管理对策和措施。

②建设项目环境管理。建设项目环境管理是一种依据国家的环保产业政策、行业政策、技术政策、规划布局和清洁生产工艺要求，以管理制度为实施载体，以建设项目为管理内容的一类环境管理。建设项目包括新建、扩建、改建和技术改造项目四类。

③环境监督管理。环境监督管理是从环境管理的基本职能出发，依据国家和地方政府的环境政策、法律、法规、标准及有关规定对一切生态破坏和环境污染行为以及对依法负有环境保护责任和义务的其他行业和领域的行政主管部门的环境保护行为依法实施的监督管理。

4. 环境管理的特点

环境管理主要有以下六个方面的特点。

（1）权威性。环境管理的权威性表现为环境保护行政主管部门代表国家和政府开展环境管理工作，行使环境保护的权力，政府其他部门要在环保部门的统一监督管理之下履行国家法律所赋予的环境保护责任和义务。

（2）强制性。环境管理的强制性表现为在国家法律和政策允许的范围内为实现环境保护目标所采取的强制性对策和措施。

（3）区域性。作为一个工作领域，环境管理存在很强的区域性特点。这个特点是由环境问题的区域性、经济发展的区域性、资源配置的区域性、科技发展的区域性和产业结构的区域性等特点所决定的。环境管理的区域性特点要求我们，开展环境管理要从国情、省情、地情出发，既要强调全国的统一化管理，又要考虑区域发展的不平衡性，防止简单化，不搞"一刀切"。

（4）综合性。环境管理的综合性是区别于一般行政管理的主要特点之一。环境管理的综合性是由环境问题的综合性、管理手段的综合性、管理领域的综合性和应用知识的综合性等特点所决定的。因此，开展环境管理必须从环境与发展综合决策入手，建立地方政府负总责、环保部门统一监督管理、各部门分工负责的管理体制，走区域环境综合治理的道路。

（5）社会性。开展环境管理除了专业力量和专门机构外，还需要社会公众的广泛参与。这意味着一方面要加强环境保护的宣传教育，提高公众的环境意识和参与能力；另一方面要建立、健全环境保护的社会公众参与和监督机制，这是强化环境管理的两个重要条件。

（6）环境决策的非程序化特点。非程序化决策是指从未出现过的，或者其确切的性质和结构还不很清楚或者相当复杂的决策，如新产品的研究和开发、企业的多样化经营、新工厂的扩建、环境执法监督等一类非例行状态的决策。这类决策不可以程序化地呈现出重复和例行状态，不可以程序化地制订出一套处理这些决策的固定程序。因此，环境决策具有明显的非程序化特点，这是环境管理与一般行政管理的一个重要区别。

第二节　环境管理的原则和手段

一、环境管理的基本原则

1. 环境具有价值的原则

环境是资源，资源具有价值，环境管理工作就是管理资源的工作，因而就是经济工作。这条原则表明了环境管理的经济属性，环境管理所涉及的问题主要是生产力方面的问题。该原则表明环境资源有限，要求环境管理部门实施谁开发谁保护，谁损害谁负担，受益、使用者付费，保护、建设者得利的原则；这条原则要求把生产中环境资源的投入和服务，计入生产成本和产品价格之中，并逐步修改和完善国民经济核算体系；该原则指出了环境应当遵循社会基本规律、有计划按比例发展的规律、价值规律，利用经济手段把环境管起来，推动人们在开发和利用资源时，要充分考虑资源环境的持续利用问题，自觉地制止资源浪费、破坏、大量消耗等。该原则有助于借助各种指标体系将环境管理工作定量化、科学化；有助于将环境管理真正落实到各项工作中去。因此，环境具有价值的原则是环境管理的基础和前提。

2. 全局和整体效益最优的原则

这条原则表明了环境管理的生态属性，环境管理必须遵循生态规律，这可从以下三方面说明：①既把环境问题作为社会经济建设中的一个有机部分，又把环境问题作为一个有机联系的整体，从它本身固有的各个方面、各种联系上去考察它，揭示环境总体发展趋势和运动规律，正确处理全局与局部、局部与局部的关系，取得最大的全局和整体效益。②在制定环境管理方案和组织实施方案时，要对系统内的组成要素或功能群体进行定性和定量分析，把不同层次的管理工作、各经济部门的关系有机联系和协调起来，避免决策失误。③加强环境规划和区域的综合防治工作，要综合研究区域内的人口、资源、经济结构、自然条件、环境污染和破坏程度等因素，合理安排区域内的生产、建设、生活等活动，制定区域环境规划，统筹解决环境问题，要利用多种手段（包括行政、经济、技术、法律、宣传教育等）来管理环境，实现最佳的整体效益。

3. 综合决策、综合平衡的原则

这条原则表明了环境管理的生态经济属性，环境管理必须遵循生态经济规律。具体表现在：①保持生态环境的良性循环和控制污染是整个社会大系统中的一个有机组分，应通过把环境保护管理纳入国民经济和社会发展计划，来协调和综合平衡社会经济发展与环境保护间的关系，在整个社会发展基础上搞好环境管理。②环境管理要有预见性和长远性，密切注视社会经济发展动向可能对环境保护带来的影响，及时提出环境对策，防患于未然；要开展环境评价和环境预测工作，尤其要开展经济建设中的环境影响评价工作，使之制度化、规范化。③要制定和实施综合、有效的法律、法规，强化环境管理。

4. 全过程控制的原则

全过程控制就是指对人类社会活动的全过程进行管理控制。无论是人类社会的组织行为、生产行为还是人群的生活行为，其全过程均应受到环境管理的监督控制。而产品是联系人类生产和生活行为的纽带，也是人与环境系统中物质循环的载体，因此，对产品的生命全过程（原材料开采－生产加工－运输分配－使用消费－废弃处置）进行监控，是对人类社会行为进行环境管理的一个极为重要的方面。

5. 可持续发展的原则

这条原则是环境管理的基本目标，应当贯彻到经济发展、社会发展（如人口）、环境、资源、社会福利保障等各项立法及重大决策中去。使"可持续性"通过适当的经济、技术手段和政府干预得以实现；这些手段和干预就是减少自然资源的耗竭速率，使之低于资源再生产速率。例如可以设计出一些刺激手段，引导企业采用清洁生产工艺和生产非污染商品，引导消费者采用可持续性的消费方式，并带动生产方式的改革等。

6. 政府干预和公众参与相结合的原则

这是环境管理组织实施的一条基本原则。环境管理靠政府，政府是环境管理的主体。同时，应当在环境管理中，把政府的干预和公众参与结合起来，通过开展环境教育，增强公众对环境价值的认识和开展环境保护工作的紧迫感，激发他们自发保护环境的热情，才能有效地督促政府避免决策失误。该原则对于环境管理方案的实施具有重要意义。

二、环境管理的主要手段

环境管理手段是指为了实现环境管理目标，管理主体针对客体所采取的必需、有效的手段，按其所起的具体作用可分为：法律手段、经济手段、行政手段、技术手段、宣传教育手段。

1. 法律手段

环境管理的法律手段是指管理者代表国家和政府，依据国家环境法律、法规，对人们的行为进行管理以保护环境的手段，是环境管理的一种强制性措施。目前，中国已初步形成了由国家宪法、环境保护法、环境保护相关法、环境保护单行法和环保法规等组成的环境保护法律体系，这是强化环境监督管理的根本保证。

2. 经济手段

环境管理的经济手段是指管理者依据国家的环境经济政策和经济法规，运用价格、成本、利润、信贷、利息、税收、保险、收费和罚款等经济杠杆来调节各方面的经济利益关系，规范人们的宏观经济行为，培育环保市场以实现环境和经济协调发展的手段，即利用价值规律管理环境。

3. 行政干预手段

环境管理的行政干预手段是指在国家法律监督下，各级环保行政管理机构运用国家和地方政府授予的行政权限开展环境管理的手段。主要包括环境管理部门定期或不定期地向同级政府机关报告本地区的环保情况和工作，对贯彻国家有关环保方针、政策提出具体意见和建议；组织制定国家和地方的环境保护政策、工作计划和环境规划，并把这些计划和规划报请政府审批，使之具有行政法规效力；运用行政权力对某些区域采取特定措施；对一些污染严重的工业企业要求限期治理，甚至勒令其关、停、并、转、迁；对易产生污染的工程设施和项目，采取行政制约的办法。

4. 技术手段

环境管理的技术手段是指管理者为实现环境保护目标，所采取的环境工程、环境监测、环境预测、评价、决策分析等技术，以达到强化环境执法监督的目的。环境管理的技术手段分为宏观管理技术手段和微观管理技术手段。宏观管理技术手段是指管理者为开展宏观管理所采用的各种定量化、半定量化以及程度化的分析技术。微观管理技术手段是指管理者运用各种具体的环境保护技术来规范各类经济行为主体的生产与开发活动，对企业生产和资源开发过程中的污染防治、生态保护活动实施全过程控制和监督管理的手段。微观管理技术手段具体划分类别如图 1-1 和图 1-2 所示。

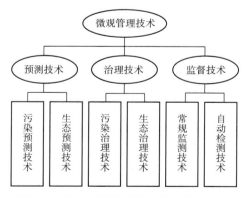

图 1-1 按作用划分的微观管理技术手段

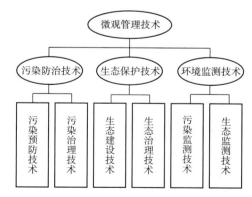

图 1-2 按应用领域划分的微观管理技术手段

5. 宣传教育手段

环境管理的宣传教育手段是指运用各种形式开展环境保护的宣传教育，以增强人们的环境意识和环境保护专业知识的手段。环境宣传既是普及环境科学知识，又是一种思想动员。通过网络、广播、电视、电影及各种文化形式广泛宣传，使公众了解环境保护的重要意义和内容，激发他们保护环境的热情和积极性，把保护环境、热爱大自然、保护大自然变成自觉行动，形成强大社会舆论，制止浪费资源、破坏环境的行为。环境教育根本目的在于培养各种环境保护的专门人才，是一种智力投资。环境教育工作的成败直接关系到环保事业的全局。

第三节　环境管理的发展趋势

一、我国的环境管理

1. 创建阶段

这一阶段从 1972 年到 1982 年 8 月。1972 年，中国环境代表团参加了在斯德哥尔摩召开的联合国"人类环境会议"。第一次提出了"全面规划、合理布局、综合利用、化害为利、依靠群众、大家动手、保护环境、造福人民"的 32 字环境保护工作方针（简称"32 字方针"）。1973 年 8 月，在北京召开了第一次全国环境保护会议，国务院批准国家计委《关于全国环境保护会议情况的报告》（国发〔1973〕158 号）及其附件——《关于保护和改善环境的若干规定（试行草案）》，不但对"32 字方针"做出明确规定，并对"三同时"等环境管理制度和环境保护机构的设置也做了明确规定，促进了环境管理工作和各地区、各部门以及全国的环境保护机构建设。党的十一届三中全会以后，随着全党工作重点转移到社会主义现代化建设上来，党向全国提出所有干部都要学经济、学科学、学管理，首次把管理提高到同经济和科学技术同等重要的地位，环境管理也逐渐被列入重要议事日程。1979 年 3 月，在成都召开的环境保护工作会议，提出了"加强全面环境管理，以管促治"；同年 9 月，公布了《中华人民共和国环境保护法（试行）》，环境管理在理论和实践方面不断深入，取得了显著成就。

（1）理论认识。

①要把环境管理放在环境保护工作的首位。1980 年 3 月，在太原市召开了中国环境管理、环境经济与环境法学学会成立大会，在学术交流讨论中，提出"要把环境管理放在环境保护工作的首位"，"要把环境保护纳入国民经济计划"。

②在经济发展的战略指导思想中重视经济与环境的辩证关系。在国发〔1973〕158 号文件中提出："要做好环境保护的规划工作，使工业和农业，城市和乡村，生产和生活，经济发展和环境保护，同时并进，协调发展"。1978 年 10 月，在《环境保护工作汇报要点》中，再次强调：环境保护工作是国家经济管理工作的一项重要内容，国务院各部门、地方各级党委要高度重视这个问题，切实加强对环境保护工作的领导，列入议事日程，纳入经济管理的轨道。1982 年 8 月，在北京召开了工业系统防治污染经验交流会，总结防治工业污染基本经验的同时，阐述了发展经济的战略指导思想：a. 讲求经济效益，保证经济持续发展；b. 经济、技术、社会发展相结合，人口、资源、环境相结合，协调发展；c. 建立低消耗、高效益的社会经济结构。

③环境管理是一门科学，是管理科学和环境科学的一个重要分支学科。环境管理部门按照党的路线方针和政策，运用环境科学的理论和方法进行的环境管理，是环境管理领域的一部分，与环境管理科学是两种不同的概念。环境管理科学则是新兴的综合性学科，是管理科学与环境科学交叉渗透的产物，涉及自然科学、社会科学等很多领域，它既是管理科学的分

支，又是环境科学的分支学科。

（2）政策措施和立法。党的十一届三中全会以来，为了强化环境管理，党和国家采取了一系列政策措施并颁布了一些环境保护法律法规。

① 1978 年 12 月 31 日，党中央批转了国务院环境保护领导小组《关于环境保护工作汇报要点》。这是以党中央的名义第一次、也是在历史转折的紧要关头，对环境保护工作所作的方针性规定，对推动我国环保事业有着重大的意义。

② 1979 年 9 月 13 日，《中华人民共和国环境保护法（试行）》经第五届全国人民代表大会常务委员会第十一次会议审议通过，并在全国颁布实施。从此，环境保护不再是一般的号召、教育和行政管理，而是有了法律的保障，进入了法制管理阶段。

③ 1980 年 3 月和 1981 年 3 月国务院和有关部门先后两次批准开展了环境保护宣传月活动，推动环境管理工作的开展。

④ 1981 年 2 月 24 日，国务院作出《关于在国民经济调整时期加强环境保护工作的决定》，这又是一个在特定时期从全局出发所作出的具有战略性的决定。

⑤ 1981 年 5 月 1 日，国家计委、建委、经委和国务院环境保护领导小组联合发布《基本建设项目环境保护管理办法》，进一步规定了执行"环境影响报告书制度"的具体做法，促进了环境管理由"组织'三废'治理"向"以防为主"的转变。

⑥ 1982 年 2 月 5 日，国务院发出通知，规定在全国范围内实行征收排污费制度，并对征收排污费的标准、资金来源以及排污费的使用等作了具体规定。这是国家运用经济杠杆，促进环境管理和治理的重要手段。

上述事实说明环境管理已得到党和国家的重视，并已初步建立了必要的环境法规和制度。

（3）组织措施。从 1973 年第一次全国环境保护会议之后，在全国范围内各地区、各部门陆续建立环境保护机构。1979 年颁布的《中华人民共和国环境保护法（试行）》，明确规定了环境保护机构的职责。"省、自治区、直辖市人民政府设立环境保护局"。国务院环境保护机构也在 1982 年的国家机构改革中得到初步解决。

创建阶段为环境管理的进一步发展打下了基础。

2. 开拓阶段

这一阶段是从 1982 年 8 月第二次全国环境保护会议组织召开到 1989 年 4 月第三次全国环境保护会议召开之前。1983 年底召开的第二次全国环境保护会议是我国环境保护事业的里程碑，会议制定了我国环境保护事业的大政方针，充分肯定了环境保护在我国国民经济和社会发展中的重要地位，给我国环境管理的发展和提高注入了新的血液。从此，中国的环境管理进入崭新的发展阶段。无论从思想认识的提高，还是政策、法规和制度的建设，以及环境管理体系的发展，都进入了最活跃、最有成效的时期。

（1）环境管理思想的转变和提高。

①微观管理与宏观调控相结合。1982 年 12 月，城乡建设环境保护部在南京召开的环境保护工作会议上提出：环境管理是从宏观上、从整体上、从规划上研究解决环境问题，经济建设与环境建设协调发展，同步前进。这就把创建时期的环境管理概念提高一步，把环境管理同正确处理经济发展与环境保护的关系，促进经济与环境协调发展联系了起来。

②进一步明确了环境管理的地位和作用。1983 年年底，在第二次全国环境保护会议上，李鹏同志明确提出了要把加强环境管理作为环境保护工作的中心环节，会议把强化环境管理

确定为重要的环境政策（三大环境政策之一）。

③建立以合理开发利用资源为核心的环境管理战略。李鹏在第二次全国环境保护会议上，深入地阐述了："把自然资源的合理开发和充分利用作为环境保护的基本政策"，明确指出：我国环境保护的一条基本经验，就是不仅着眼于污染的治理，而且更重要的是着眼于保护环境和保护资源的统一。

④明确区分环境管理与环境建设两个概念的含义。1988年全国环境保护厅局长会议上，通过讨论对环境管理与环境建设两个不同概念的区别，取得了共识。环境保护部门的环境管理，是指依照政策、法规对一切可能给环境带来不利影响的建设活动和社会活动进行监督，这是各级环境管理部门的基本职责。环境建设是指根据环境政策、法规和计划的要求，采取的一切有利于环境保护的经济的和社会的措施，这是由国民经济各部门承担和实施的。上述两个概念的明确区分，推动了统一管理、分工协作的环境管理体制的发展，并且在1988年的国家机构改革中，促成了国家环境保护局"三定"方案的出台，确定了国家环境管理部门的职责。

（2）环境政策及环境法制建设取得了很大进展。

①中国环境政策体系已初步形成。大体上分为以下三个层次：最高层次——环境保护是我国的一项基本国策。第二层次——"三同步"和"三统一"的环保战略方针。"三同步"是指经济建设、城乡建设、环境建设同步规划、同步实施、同步发展。"三统一"是指实现经济效益、社会效益和环境效益的统一。第三层次——中国的三大环境政策，即"以防为主、防治结合、综合治理"的政策、"谁污染谁治理"的政策和"强化环境管理"的政策。

②环境保护法规体系初步形成。该体系由宪法、国家环境保护基本法以及环境保护单项法、地方性环保法规、国际公约和其他相关法规组成。

③初步形成了我国的环境标准体系。环境标准是环境保护法规体系的重要组成部分，是环境管理的基本手段和依据，是环境管理的中心环节。目前，我国的环境标准体系由三级五类组成。三级是指国家标准、地方标准和行业标准；五类是指环境质量标准、污染物排放标准、方法标准、样品标准和基础标准。

（3）环境管理体系的形成和发展。

①环境管理组织体系初步形成。1984年5月，国务院以国发〔1984〕64号文发出《关于加强环境保护工作的决定》，决定成立国务院环境保护委员会，同年12月批准将城乡建设环境保护部环保局改为国家环境保护局，同时作为国务院环委会的办公室。1984年以后，省、地、县环保局相继加强，环境管理机构逐渐走上了正常发展的轨道。

②环境管理机构的职能得到加强。1985年10月，"全国城市环境保护会议"指出："环境保护部门既是一个综合部门，又是一个监督机构。这个机构应该是一个能够代表本级政府行使归口管理，组织协调、监督检查职能的有权威的环境管理机构。"

③1988年，国务院机构改革，将国家环境保护局从原城乡建设环境保护部独立出来，成为国务院直属机构。

3. 发展阶段

这一阶段从1989年4月底、5月初召开的第三次全国环境保护会议开始。此时，环境问题更加成为举世瞩目的重大问题，在环境保护工作实践中，我国也积累了比较丰富的经验。为进一步推动环境保护工作上新台阶，会议明确提出："努力开拓有中国特色的环境保护道

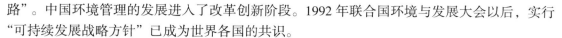

路"。中国环境管理的发展进入了改革创新阶段。1992年联合国环境与发展大会以后，实行"可持续发展战略方针"已成为世界各国的共识。

（1）环境管理的"三大转变"。

①环境管理由末端环境管理过渡到全过程环境管理。环境管理绝不能停留在环境问题产生了再去解决的末端环境管理阶段，而是要尽快过渡到全过程环境管理阶段。推行清洁生产、实行环境标志制度，都是促进这一过渡的有力措施。

②由以浓度控制为基础的环境管理，过渡到以总量控制为基础的环境管理。1986年底，我国以蓝皮书的形式发布了"环境保护技术政策"，提出在城市中按功能区进行总量控制。能否保持区域环境质量，主要取决于污染物排入区域的总量，而不是污染源的排放浓度。环境的污染和破坏也主要是由于开发建设的强度超过环境承载力，包括排污量超过环境的自净能力（最大纳污量），资源开发速率和规模超出了环境的承受能力。所以，环境管理向以总量控制为基础过渡，由定性管理走向定量环境管理，是环境保护事业发展的需要。

③环境管理走向法制化、制度化、程序化。经过近10年的努力，适应国情的环境政策、法律、制度和标准体系初步建立，环境执法取得成效，环境保护开始走上依法管理的轨道。

（2）环境政策及环境法制的进一步发展。1989年4月，第三次全国环境保护会议召开。此次会议在对当时环境保护形势进行评价、总结环境保护工作经验的基础上，提出应"加强制度建设，深化环境监管，向环境污染宣战，促进经济与环境协调发展"，进而提出了新五项环境管理制度，进一步推动我国环境保护制度建设工作的新发展。1993年，国家环保局与国家经贸委在上海联合召开第二次全国工业污染防治工作会议，会议强调指出：要进一步转变观念，从侧重于污染末端治理逐步转变为工业生产全过程控制。1995年12月，全国环境保护厅局长会议在江苏省张家港市召开，会议推出了两大举措："实施污染物排放总量控制计划"和"中国跨世纪绿色工程计划"。

1989年12月，第七届全国人大常委会第十一次会议通过了《中华人民共和国环境保护法》的修正案。1990年12月，国务院作出《关于进一步加强环境保护工作的决定》。1992年7月，党中央、国务院批准了《中国环境与发展十大对策》。继《环境与发展十大对策》（1992年）发布以后，1994年3月国务院发布了我国第一个可持续发展方面的综合性文件《中国21世纪议程——中国21世纪人口、环境与发展白皮书》，成为全球第一个国家级的《21世纪议程》，进一步明确了我国可持续发展的战略方针地位。

4. 深化阶段

1996年至今，为我国环境管理的改革深化发展阶段。在此期间，我国的环境管理思想、环境政策与法律法规以及环境管理体系机构都得到了进一步的改革创新与深化完善。

（1）环境管理思想的深化。

①从单纯的环境保护到坚持污染防治和生态保护并举，全面贯彻"环境与发展同步"方针。

②强调可持续发展的道路，并且明确了推动经济社会全面协调可持续发展的方向，即为着重加快三个转变：从重经济增长轻环境保护转变为保护环境与经济增长并重；从环境保护滞后于经济发展转变为环境保护和经济发展同步；从主要用行政办法保护环境转变为综合运用法律、经济、技术和必要的行政办法解决环境问题。

③强调环境保护之于经济增长的优先性，促进转型发展，提升生活质量。

（2）环境政策及环境法制的深化。1996年3月，第八届全国人民代表大会第四次会议审议通过的《关于国民经济和社会发展"九五"计划和2010年远景目标纲要》，确定了跨世纪的环境保护目标，强调实施科教兴国战略和可持续发展战略，把"加强环境、生态保护，合理开发利用资源"提高到战略高度。

1996年7月在北京召开了第四次全国环境保护会议，这是我国环保事业发展史上一次重要的会议。会议提出了环境保护工作的两项重大举措，为创造环境管理跨世纪的新发展指明了方向。

1996年9月，国务院批准了《国家环境保护"九五"计划和2010年远景目标》。

1997~1999年，连续3年中央就人口、资源和环境问题召开座谈会，会议要求建立和完善环境与发展综合决策制度、公众参与制度，以及统一监管和分工负责、环保投入等四项制度，强调要将宏观环境管理通过决策、规划协调发展与环境的关系，与监督管理限制和禁止人们损害环境质量的活动紧密结合起来；将环境保护行政主管部门的监督管理与各有关部门的分工负责，以及公众的参与、监督紧密结合起来，进一步明确了环境保护是可持续发展的关键，为环境管理的发展开拓了一个更为广阔的天地。

2000年至2010年间，"国家环境保护'十五''十一五'计划"在树立科学发展观、构建和谐社会的重大战略思想的同时，进一步提出了"三个转变"的重要思想，即从重经济增长轻环境保护转变为保护环境与经济增长并重、从环境保护滞后于经济发展转变为环境保护与经济发展同步、从主要用行政办法保护环境转变为综合运用法律、经济、技术和必要的行政办法解决环境问题，进而制定了建设资源节约型、环境友好型社会，大力发展循环经济，加大自然生态和环境保护力度，强化资源管理等一系列政策，建立了节能降耗、污染减排的统计监测和考核体系和制度。

2011年12月第七次全国环境保护会议，通过了《国务院关于加强环境保护重点工作的意见》和《国家环境保护"十二五"规划》，明确指出应坚持在发展中保护、在保护中发展，积极探索代价小、效益好、排放低、可持续的环境保护新道路，全面推进了我国环保事业的新发展。

2017年11月27日我国环保部召开部常务会议，会议指出要把谋划生态环境保护工作总体思路与开好"第八次全国环境保护大会"密切结合起来，全面加强生态环境保护，坚决打好污染防治攻坚战。在对于生态文明建设和绿色发展高度重视的背景下，我国于2018年5月召开"第八次全国环境保护大会"，开启新一轮生态环境保护工作，引领我国环境保护事业稳步迈进。

（3）环境管理体系的深化。1998年6月，国务院办公厅发布了《国家环境保护总局职能配置、内设机构和人员编制规定》，设置正部级的国家环境保护总局，并明确了国家环境保护总局的职能和内部机构设置与职能分工。继2008年国家环保总局升格为环境保护部后，我国环保机构改革进入深水区。为解决各部门环保职能交叉以及环境保护与经济发展的协调两大难题，切合"大部制"的含义，2018年我国"第十三届全国人民代表大会第一次会议"审议通过了国务院机构改革方案。改革后，国务院正部级机构减少8个，副部级机构减少7个，除国务院办公厅外，国务院设置组成部门26个，不再保留原环境保护部，组建生态环境部。现生态环境部整合了多项散落在其他部门的环境保护职责，如发改委的应对气候变化和减排，国土资源部的监督防止地下水污染，水利部的编制水功能规划、排污口设置管理、

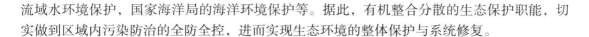

流域水环境保护，国家海洋局的海洋环境保护等。据此，有机整合分散的生态保护职能，切实做到区域内污染防治的全防全控，进而实现生态环境的整体保护与系统修复。

二、全球环境管理的重要行动

全球环境问题不是个别国家短时间内可以解决的，大多是跨越国界，且影响深远。世界各国紧密合作，共同努力，是有效解决全球生态环境问题的重要基础。因此，全球环境管理的实践行动对于解决跨区域、跨国家全球环境问题至关重要。

1990 年以来，国际上采取的有关行动主要有以下几种。

1. 加强国际环境合作

联合国环境规划署（UNEP）前任执行主任托尔巴曾强烈呼吁加强全球环境合作，共同解决全球环境问题。

1990 年 10 月，世界气象组织、UNEP、联合国教科文组织和联合国粮农组织、国际科联理事会共同在日内瓦召开第二届世界气候大会，专门讨论了全球气候变化问题，最终形成"联合国气候变化框架公约"。

1991 年 5 月，世界各国在摩洛哥召开了第七届世界水资源大会，讨论了淡水供应和水污染防治等问题。1991 年 6 月，由中国政府发起在北京召开了"发展中国家环境与发展部长级会议"，有 41 个国家的部长级代表和 12 个国际组织的特邀代表参加了会议，会上深入探讨了国际社会在确立环境保护与经济发展合作准则方面所面临的挑战，特别是对发展中国家的影响，并发表了《北京宣言》。

1992 年 6 月，在巴西召开的联合国环境与发展大会，是全人类拯救地球的第一次共同努力与合作，会议通过了《里约热内卢环境与发展宣言》和《21 世纪议程——可持续环境与发展行动计划》，通过了《森林原则声明》《生物多样性公约》和《气候变化框架公约》，出席会议的非政府组织通过了《消费和生活方式公约》。

1993 年 9 月 17 日至 19 日，联合国环境规划署与澳大利亚民间环境团体联合倡议"让世界清洁起来"的运动在 61 个国家得到热烈响应。

1994 年 9 月 5 日至 13 日，联合国第三次世界人口与发展大会通过了遏制世界人口增长促进社会发展的《行动纲领》；同年，联合国防治荒漠化公约在巴黎签订。

1995 年，哥本哈根世界首脑会议通过《社会发展问题哥本哈根宣言》；同年，政府间气候变化小组发表第二份关于全球变暖的报告。

1996 年，联合国第二次人居大会在土耳其召开，以工业环保管理为核心的 ISO14000 标准得以发布。

1997 年，第三次世界气候大会在日本召开，通过关于减少温室气体排放的《京都议定书》，联大第 19 次特别会议——里约峰会 +5 大会召开，审议《21 世纪议程》。

1999 年，联合国提出全球契约计划，呼吁企业在劳工、人权、环境等方面的基本原则。

2000 年，联合国通过《卡塔赫纳生物安全议定书》，旨在协助各国管理生物技术风险。同年，千年峰会在联合国总部举行，世界水论坛召开，发表关于 21 世纪水安全的《海牙宣言》。

2001 年，政府间气候变化小组发表关于全球变暖的第三份报告；同年，关于持久性有机污染物的斯德哥尔摩公约签署。

2002 年，联合国可持续发展世界首脑会议在约翰内斯堡召开，《约翰内斯堡可持续发展承诺》和《执行计划》两个文件终于获得通过。世界自然基金会是保护生物多样性方面的活跃机构，在全球拥有 520 万支持者以及一个在 100 多个国家活跃着的网络。从 1996 年成立以来，世界自然基金会在 6 个大洲的 153 个国家发起或完成了约 12000 个环保项目。由于它持之以恒的努力，全球自然保护意识大大增强，环境问题区域性合作的趋势也在不断增强。

2. 签订大量的环境保护公约

随着环境保护方面的国际合作日益广泛，一系列旨在调整国际环境保护关系的法律文件应运而生，不少国家之间缔结了与环境保护有关的双边条约。下面介绍其中几个重要的国际环境保护条约、双边条约和区域性条约。

（1）国际环境保护条约

①《保护臭氧层公约》及其议定书。1985 年 3 月，22 个国家和欧洲经济委员会在维也纳签署了《保护臭氧层维也纳公约》，该公约是 UNEP 首次制定的具有约束力的全球性国际环境法文件。1987 年 9 月在加拿大蒙特利尔举行的国际会议上，来自 43 个国家的环境部长和代表，通过了世界上第一个关于控制氯氟烃使用量的保护臭氧层的议定书——《关于消耗臭氧层物质的蒙特利尔议定书》。中国已于 1991 年 6 月宣布加入经过修正的《蒙特利尔议定书》。

②《联合国气候变化框架公约》。1990 年，第 45 届联大决定成立一个政府间气候变化框架公约谈判委员会。1992 年 6 月，参加联合国环境与发展大会的包括中国在内的 153 个国家签署了《气候变化框架公约》。但是，该公约未明确规定发达国家减少二氧化碳排放量的限量目标。另外，公约尚未解决工业化国家的技术和资金如何转让给发展中国家的问题。

③《控制危险废物越境转移及其处置巴塞尔公约》和伦敦准则及其修正案。针对危险废物越境转移的发展趋势和潜在危害，在 UNEP 赞助下于 1989 年 3 月在瑞士巴塞尔举行了有 116 个国家参加的专门会议，并由 32 个国家的代表和欧洲委员会共同起草了一份全球性公约，即《巴塞尔公约》。而针对有害化学物质越境转移的另一种形式，即化学品的国际贸易和有毒化学品的易地生产，UNEP 于 1989 年通过了关于化学品国际贸易中信息交换的伦敦准则及其修正案。

④《濒危野生动植物物种国际贸易公约》。1973 年 3 月于华盛顿签订了《濒危野生动植物物种国际贸易公约》，要求按照物种的脆弱性程度，对其贸易进行不同程度的控制。

⑤《生物多样性公约》。关于物种保护方面的公约和协定多达几十个，它们对保护自然地域和一些重要物种起了很好的作用。其中最具代表性的是 1992 年 6 月在联合国环境与发展大会上签署的《联合国生物多样性公约》。

⑥《卡特赫纳生物安全议定书》。为了防范转基因（GMO）产品对生物安全的影响，规范越境转移问题，国际社会于 2000 年 1 月在蒙特利尔通过《卡特赫纳生物安全议定书》。该《议定书》针对转基因产品的越境转移做出了明确的规定，从而对国际贸易和投资产生巨大影响。同时该《议定书》的签订大大促进了非 GMO 产品有机食品的国际贸易，特别是给绿色－有机食品国际贸易的发展创造了千载难逢的机遇。

（2）双边环境保护条约。双边环境保护条约是两个当事方就环境问题签订的条约、协定、议定书、备忘录、声明等法律文件的总称。从数量上看，双边环境保护条约在环保条约总数中占的比重最大。比较著名的双边环境保护条约有《美国－加拿大关于防止北美地区大气污染的协定》《芬兰与瑞典关于界河的协定》《德意志联邦共和国与奥地利关于在土地利用方面进行合作的协定》《美国与墨西哥关于保护和改善边境地区环境的协定》等。

我国也与许多国家签订了双边环境保护条约，如《中华人民共和国政府与日本国政府环境保护合作协定》《中华人民共和国政府和印度共和国政府环境合作协定》《中华人民共和国政府和俄罗斯联邦政府环境保护合作协定》《中华人民共和国政府和法兰西共和国政府环境保护合作协定》等。此外还有：中日保护候鸟及其栖息环境的协定、中美自然保护议定书、中蒙关于保护自然环境的协定、中朝环境保护合作协定、中加环境保护合作谅解备忘录、中韩环境合作协定以及关于建立中、俄、蒙共同自然保护区的协定。

（3）区域性环境保护条约。区域性环境保护条约是在一定区域内的有关国家，为了解决区域内共同的环境问题而签订的环境保护条约。如由非洲统一组织建议制定的《保护自然和自然资源非洲公约》、有 20 多个欧共体国家参加的《保护欧洲野生生物和自然生境公约》（简称伯尔尼公约）、由美洲国家组织制定的《西半球自然保护和野生生物保护公约》（简称西半球公约）等。

3. 环境政策整合

环境政策整合并不是新概念，但当前的金融和气候危机促使科学家反思我们迄今为止所取得的成果。在国家层面，可以使用以下各种政策工具整合环境政策。

（1）交流性政策工具。例如环境与可持续发展战略、部门战略、绩效报告、外部和独立进行的绩效审查以及在宪法中纳入环境保护目标。

（2）组织性政策工具。例如把不同部门结合起来，设立绿色内阁，在行业部门内设立环境机构以及独立工作组。

（3）程序性政策工具。例如环境部门的否决权或强制性磋商权，绿色预算和环境影响评价。

发达国家和发展中国家都关注环境政策整合问题。近年来对中亚国家环境政策整合状况进行的研究发现，这些国家都普遍成立了跨部门工作组，行业也成立了专门的环境机构，一些能源和交通政策在执行前要进行环境影响评价。然而，跨部门合作仍然存在局限性。

就全球层面的环境政策整合情况，政策分类法的结果显示，各国所使用的政策工具存在相当程度的多样性。包括多边环境协议在内的交流性政策工具需要缔约方在国家法律框架内引入和执行有关条款。此外，2009 年召开的各种国际会议也发表了一些政策声明。在国际层面还有许多组织性政策工具，包括跨部门构建的联合国环境管理组（EMG）和政府间展开的八国环境部长会议。在全球层面的程序性政策工具的例子是联合国行政首长协调理事会（CEB）在 2007 年 10 月召开的关于气候友好型联合国会议上批准的声明，以及联合国环境规划署可持续联合国机构（UNEP's Sustainable UN Facility）支持的联合国环境管理组的工作，它的工作旨在执行理事会的声明并在联合国系统更广泛的范围内促进可持续管理。

4. 开展全球环境教育，提高公众的环境意识

1972 年 6 月，在瑞典斯德哥尔摩召开的联合国人类环境会议，第一次正式将"环境教育"的名称确定下来，明确了环境教育的重要意义，这次会议是环境教育发展史上的一座里程碑，成为国际环境教育事业的出发点，标志着环境教育在全球范围内的开始。

1975 年 10 月，联合国教科文组织与联合国环境规划署联合在南斯拉夫首都贝尔格莱德主持召开了国际环境教育研讨会。与会代表分析了环境教育中存在的问题及其发展趋势，高度评价了环境教育在保护人类生存环境中的突出作用，会议通过环境教育纲领性文件《贝尔

格莱德宪章》，基本确立了国际环境教育的基本理论框架，标志着环境教育的真正确立。

1977 年 10 月，联合国教科文组织和联合国环境规划署在苏联格鲁吉亚共和国首都第比利斯组织召开了首届政府间环境教育会议。会议提出："人人有受教育的权利"，并通过了著名的《第比利斯政府间环境教育宣言与建议》，会议最终促成了环境教育在全球更大范围内更大规模地深入推进。

1982 年 5 月，环境教育管理理事会特别会议在肯尼亚首都内罗毕召开，会议发表的《内罗毕宣言》着重强调了"宣传、教育及培训"的重要性。

1987 年 8 月，联合国教科文组织和联合国环境规划署在莫斯科召开了国际环境教育和培训会议，会议根据《内罗毕宣言》的精神提出："1990—2000 年为世界环境教育 10 年"和国际环境教育计划 20 世纪 90 年代的战略重点，确立了国际环境教育培训的具体方针、目的和措施。

1989 年，鉴于世界环境问题日趋严重，又提出一项在世界范围内全面推进环境教育计划。该计划从经济、社会、文化和自然生态等不同角度全面阐明了人与环境之间的相互关系。为配合这项计划的实施，同年 4 月在保加利亚召开了"教育、环境和发展"国际圆桌会议，提出了开展环境教育国际协作的必要性，强调了在环境教育中个人和社会道德标准的极端重要性。

此后，世界各国逐步认识到，环境问题不是某一个国家的问题，而是一个全球问题；环境教育不仅是为了解决环境问题，更是为了人类的可持续发展。因此，世界各国达成了可持续发展的全球共识。1992 年 6 月 3 日—14 日，联合国环境与发展大会在巴西里约热内卢召开。这是一次全球范围内讨论国际环境与发展问题的规模最大、影响深远的一次盛会。会议通过了《里约热内卢环境与发展宣言》《21 世纪议程》两个纲领性文件及其他公约、声明等，并着重强调要对环境教育重新定向，以适应国际可持续发展战略的要求，充分肯定了环境教育对于推进可持续发展的重要作用。

为进一步明确、普及和推进环境教育向可持续发展定向之理念，1995 年 6 月，联合国教科文组织、环境规划署和地中海地区环境、文化与可持续发展信息处，在希腊雅典共同召开了"环境教育重新定向以适应可持续发展的需要"地区研讨会。

1997 年 12 月，联合国教科文组织又与希腊政府在希腊塞萨洛尼基共同主持召开了环境和社会的国际会议："为了可持续性的教育和公众意识"。

1999 年，环境教育国际会议在悉尼召开，来自五大洲 60 多个国家的 400 多名代表参加了这次 20 世纪末的空前盛会。

2002 年，在南非约翰内斯堡举行可持续发展世界首脑会议，对 1992 年环境与发展大会以来的情况进行了回顾总结，进一步推动了可持续发展的全球行动。

世界环境与发展大会以后，世界各国制定了相应的环境教育政策，以实现人类的可持续发展；经常召开地区性的环境教育会议来共同探讨环境教育问题；各种非政府组织和民间团体对于环境教育的发展也作出了重大贡献。由此可见，全球环境教育的开展极大地提高了公众的环境意识，对环境保护与管理的发展意义重大。

思考题

1. 什么是环境管理？环境管理的内涵是什么？

2. 环境管理的目的和任务是什么？

3. 环境管理的基本职能是什么？

4. 环境管理有哪些基本原则，有哪些主要管理手段？

5. 如何认识提高全民族的环境意识已成为中国 21 世纪环境教育中最重要的问题？

6. 如何理解"十三五生态环境保护"规划中提出的"提高生态环境质量，补齐生态环境保护短板"的战略思想？

讨论题

1. 通过收集资料、现场调查等方式，探讨工业企业生产活动对环境的负面影响。

2. 通过问卷调查和资料收集等方式，探讨增强环境意识对于提升环境质量、改善环境状况的作用。

第二章　环境法

　　现代化建设的逐步转型促使社会发展由传统的粗放型增长方式向着和谐、健康、环保的可持续发展方式转变，环境保护与生态可持续发展越来越受到社会的高度重视。在此过程中，环境相关立法的发展与完善，对于从法律层面对生态环境保护作出科学且具有强制力的引导和规范具有重要意义，也可以更加有效地制止与制裁破坏环境的违法行为。同时，完善且科学的环境立法体系是社会发展转型的重要保障与引导，也是生态环境得到根本转变的决定性措施。

第一节　环境法概述

一、环境法的概念和特点

1. 环境法的概念

　　所谓法是体现统治阶级的意志，由国家制定或认可，在国家强制力保证下，必须执行的行为规则的总称。环境法，即环境保护法，是为了调整因保护环境而产生的各种社会关系与法律规范的总称。

　　环境法所调整的社会关系，大体分为两类：一是因防治污染和其他公害而产生的社会关系；二是因保护生态，合理开发利用和保护自然资源而产生的社会关系。由于环境污染和生态破坏通常是由人类活动造成的，所以环境法所调整的社会关系，表面上看是人与物的关系，实质上是人与人的关系，环境法的目的就在于通过这种调整，造成一个良好的生活和生态环境，保障人民健康，促进经济发展。

2. 环境法的特点

　　环境法同其他法律一样，就其本质而言，都属社会上层建筑的重要组成部分，代表了统治阶级的意志，反映了整个统治阶级的根本利益、愿望和要求，是统治阶级管理国家的工具。我国环境法是代表广大人民群众的根本利益，是巩固无产阶级专政，建设社会主义的重要工具，属于社会主义性质。

　　鉴于环境法的任务和内容同其他法律有所不同，环境法具备以下特点。

　　（1）系统性。环境法的系统性包含两方面含义，一是环境法所保护的对象是一个完整的系统；二是环境法是法律体系中一个独立的子系统。这一特点要求环境法应形成完备的体系，对所有的环境要素加以保护。

　　（2）综合性。环境法的综合性是由其保护对象的广泛性、环境问题的复杂性、环境事务的多部门性和保护方法的多样性等因素决定的。环境保护的范围和对象，从空间和地域上说比任何法律部门所包含的相关内容都更加广泛。它所调整的社会关系也十分复杂，涉及生产、流通、生活各个领域，并同开发、利用、保护环境和资源的广泛社会活动有关。环境法的立法体系，不仅包括大量的专门环境法规，而且还包括宪法、民法、刑法、劳动法、行政法和经济法等多种法律法规中有关环境保护的规范。环境法所采取的法律措施涉及经济、技术、行政、教育多种因素。

（3）科学性。环境法的科学性是指环境法必须直接而具体地反映生态学、环境科学的基本规律以及社会经济规律的要求，环境法必须与科学发展同步，不能超越科技发展的现状。从宏观上说，环境法不是单纯调整人与人之间的社会关系，而是通过调整一定领域的社会关系来协调人同自然的关系。这就决定了环境法必须体现自然规律特别是生态学规律的要求，因而具有很强的自然科学性的特征。环境保护需要采取各种工程的、技术的措施，环境法必须把大量的科学技术规范、操作规程、环境标准、控制污染的各种工艺技术要求等包括在法律体系之中，这就使环境法成为一个科学性极强的法律体系。

（4）复杂性。环境法同刑法等法不同，它所约束的对象通常不单是公民个人，还包含社会团体、企事业单位以及政府机关。环境法的实施又涉及经济条件和技术水平，所以，环境法执行起来，要比其他法律更为困难和复杂。

（5）地域性。环境法的地域性是由环境本身的地域性及一定范围内人们确定的环境功能的地域性所决定的。即环境法的制定与实施应当因地制宜，与环境及环境功能特点相适应。如在立法权方面授权省级国家权力机关或行政机关根据国家法律，结合本地实际，制定具体的地区性法规。

（6）共同性。环境法的共同性是由环境问题的相似性及环境污染和其他破坏的流动性、扩散性与相关性决定的。人类生存的地球环境是一个整体，当代的环境问题已不是局部地区的问题，有的已经超越国界成为全球性问题。污染是没有国界限制的，一国的环境污染会给别国带来危害，因此，环境问题是人类共同面临的问题，尤其是全球性环境问题的解决，需要各国的合作与交流。这一特点使得解决环境问题的理论根据、途径和办法基本相似。世界各国环境法共同的立法基础、共同的目的决定了环境法很多共同的规定。这种共同性使得环境保护方面的国际合作易于进行，有关全球环境保护的公约、条约等也易于为各国所接受。

二、环境法的目的和任务

现行《中华人民共和国环境保护法》第一条明确规定了环境保护法的任务和目的：**"为保护和改善环境，防治污染和其他公害，保障公众健康，推进生态文明建设，促进经济社会可持续发展，制定本法"**。

该法中所指环境，是指影响人类生存和发展的各种天然和经过人工改造的自然因素的总体，包括大气、水、海洋、土地、矿藏、森林、草原、湿地、野生生物、自然遗迹、人文遗迹、自然保护区、风景名胜区、城市和乡村等。因此，环境法具有三项任务。第一项任务即保护和改善环境、防治污染和其他公害，是环境立法的直接任务，这是不言而喻的。第二项任务保障公众健康，是环境法的根本任务，是环境立法的出发点和归宿；第三项任务，推进生态文明建设，促进经济社会可持续发展，是因为环境保护与生态文明建设、与经济社会可持续发展具有内在的相互制约相互依存关系。立法上要完成环境保护的任务，就必须协调它同生态文明建设、经济社会发展的关系。这三项任务之间有着内在联系。

概括和比较分析世界各国环境法关于目的性的规定，可以从理论上把环境法的目的分为两种：一是基础的直接的目标，即协调人与环境的关系，保护和改善环境；二是最终的发展目标，包括保护公众健康和保障经济社会持续发展两个方面。

三、环境法的适用范围

法律的适用是指法律在社会实际生活中的具体应用和实现。法律的适用范围指法律对什么人、对什么事、在什么地方和在什么时间适用。

1. 适地范围

环境法的适地范围是指环境法的地域适用范围，我国环境法的适地范围主要有三种类型。

①适用于中华人民共和国管辖的全部领域和中华人民共和国管辖的其他海域；

②适用于中华人民共和国管辖海域以外的区域；

③具体的环境保护法律所规定的适用地域范围。

此外，对于我国台湾、香港、澳门的环境法，它们只能在本行政区域的特定范围适用；我国各省、自治区、直辖市、各省会城市及国务院规定的较大的市，制定的地方性法规、行政规章，均只能在本行政区域内适用。

2. 适事范围

环境法的适事范围是指环境法对什么行为或事件有效。总体而言，环境法适用于所有对环境有影响的活动，包括开发、利用、保护、改善、治理、管理环境的各种活动。就某一具体环境法规而言，则有不同的适事范围，如《中华人民共和国大气污染防治法》的适事范围是针对大气污染防治过程中所产生的法律关系进行法律调整。

3. 适人范围

环境法的适人范围是指环境法对什么人有效。一般而言，只要自己的行为对环境产生了影响并能引起环境法权的缺损，任何社会主体都可能属于环境法的适人范围。我国各具体的环境法律一般把环境法的适人范围概括为单位和个人，但享有外交豁免权的外国人在我国境内污染、破坏环境而必须承担刑事责任应通过外交途径解决。

4. 适时范围

法律的适时范围是指法律何时生效、何时终止效力以及法律对其颁布实施以前的事件和行为有无溯及力的问题。环境法的适时范围包括环境法的生效时间、终止时间与环境法的法律溯及力三个方面。环境法的生效时间有两种类型：其一，法律通过之日即发生法律效力，如《中华人民共和国水土保持法》。其二，法律在通过之日公布，但规定另外的生效时间，如《中华人民共和国矿产资源法》。

环境法的终止时间有三种情况：①新法颁布实施后，旧法同时失效；②旧法修正，修正案明确规定了修正案的施行时间；③新法生效时间即为与之抵触的法律、法规或具体法律规定的废止时间。

法律溯及力是指新的法律颁布后对它生效以前所发生的事件和行为是否适用的问题。如果适用，就具有溯及力；如果不适用，就没有溯及力。法律一般只能适用于生效后发生的事件与行为，不适用于生效前发生的事件与行为，即法律不溯及既往。我国没有环境法溯及力问题

的相关规定，但环境刑事犯罪，依据我国《刑法》的有关规定，采取从旧兼从轻的原则。

四、环境法律关系

1. 环境法律关系的概念

环境法律关系是指环境法主体之间，在利用、保护和改善环境与资源的活动中形成的由环境法规范所确认和调整的具有权利、义务内容的社会关系。

在现实的社会生产和生活中，人与人之间要发生多方面的联系，从而形成各种社会关系。有些社会关系需要法律进行调整并具有法律上的权利与义务的内容，这种社会关系便称为法律关系。由环境法律规范所调整的人们在利用、保护、改善环境活动中所产生的社会关系，便是环境法律关系。

环境法律关系的产生，同其他法律关系一样，首先要以现行的环境法律规范的存在为前提，没有相应的法律规定，就不会产生相应的法律关系。同时，还要有法律规范适用的条件即法律事实的出现。一般来说，法律规范本身并不直接导致法律关系的产生、变更或消灭。

2. 环境法律关系的特征

作为法律关系之一的环境法律关系，具有一般法律关系的共性，但是，由于环境法律关系的特殊性又使其具有自己的特征。

①环境法律关系是人与人之间的关系，但又通过人与人的关系体现人与自然的关系；

②环境法律关系是一种思想社会关系，但决定这种思想关系的除了社会经济基础外，还有自然因素；

③环境法律关系具有广泛性。

3. 环境法律关系的要素

环境法律关系的构成要具备主体、内容和客体三个要素。

（1）环境法律关系的主体。环境法律关系的主体是指依法享有权利和承担义务的环境法律关系的参加者，又称"权利主体"或"权利主体"。在我国，包括国家、国家机关、企事业单位、其他社会组织和公民。

在国家环境法律关系中，国家是法律关系的主体；在国家的环境管理活动中，国家机关特别是环境保护的主管机关，经常以主体身份参加环境法律关系；其活动同环境保护有关的工业企业或其他组织，也是环境法律关系的主要参加者。公民个人，既有享受良好环境的权利，又有保护环境的义务，因此公民也是环境法律关系的广泛参加者。

（2）环境法律关系的内容。环境法律关系的内容是指法律关系的主体依法所享有的权利和所承担的义务。这种权利与义务的实现又受到法律的保护和强制。

主体享有的权利，是指某种权能或利益，它表现为权利主体可以自己做出一定的行为，或相应地要求他人做出一定的行为。国家机关作为环境法律关系的主体，特别是参与国家环境管理活动时，其所享有的权利是同"职权""职责"相同的，也就是依法从事职权范围内的活动。在这种情况下，主体享有的权利，同时也可以看作是应尽的义务。

主体承担的义务是指必须履行某种责任，它表现为必须做出某种行为或不能做出某种行为。在具体的环境法律关系中，义务的承担者有的是确定的，有的是不确定的，如开发建设者和排污者都是确定的义务承担者；在保护珍稀动植物的法律关系中，如禁止捕猎大熊猫，是所有公民都负有的义务，而不是仅指某一个人，这就是不确定的义务人。

（3）环境法律关系的客体。法律关系的客体是指主体的权利和义务所指向的对象，也称"权利客体"或"权利义务"。如果没有客体，权利和义务就没有了目标和具体内容，因而客体也是构成法律关系的要素之一。一般认为法律关系的客体包括物、行为、精神财富和其他权益三种。环境法律关系的客体一般只有物和行为。

其中，物是指可作为权利、义务对象的物品或其他物质。在环境法律关系中作为权利义务对象的物，是指表现为自然物的各种环境要素。这些自然物必须是人们可以影响和控制的、具有环境功能的自然物；某些作为财产权利对象的自然物如土地、森林、草原、山脉、矿藏、水流等，根据我国法律规定，只能由国家或集体拥有所有权，而不能成为私人财产的客体；还有一些作为环境要素的自然物，如空气、风力、光照等，只能作为环境法律关系的客体，而不能作为具有财产权内容的法律关系和民事法律关系的客体。就是说，它们不能作为财产而被主体占有或处分。作为法律关系客体之一的行为，是指参加法律关系的主体的行为，包括作为和不作为。

五、中国环境保护法律体系

环境保护法律体系是指调整因保护和改善环境，防治污染和其他公害而产生的各种法律规范，以及由此所形成的有机联系的统一整体。我国的环境保护法经过几十年的建设与实践，现已形成了一套完整的法律体系，具体构成如下。

1. 宪法中有关环境保护的规定

《中华人民共和国宪法》于 2018 年完成第五次修订。其中有关环境保护的规定如下：

第 9 条第 1 款规定矿藏、水流、森林、山岭、草原、荒地、滩涂等自然资源，都属于国家所有，即全民所有；由法律规定属于集体所有的森林和山岭、草原、荒地、滩涂除外。

国家保障自然资源的合理利用，保护珍贵的动物和植物。禁止任何组织或者个人用任何手段侵占或者破坏自然资源。

第 26 条第 1 款规定：国家保护和改善生活环境和生态环境，防治污染和其他公害。

国家组织和鼓励植树造林，保护林木。

宪法中的这些规定，为我国的环境保护活动和环境立法提供了指导原则和立法依据，明确了国家环境管理的职责和任务，构成了环境立法的宪法基础。

2. 环境保护法

2014 年 4 月 24 日，第十二届全国人民代表大会常务委员会第八次会议表决通过了《中华人民共和国环保法修正案》，即新《中华人民共和国环境保护法》已于 2015 年 1 月 1 日施行。与旧法相比，该法增加了政府、企业各方面责任和处罚力度，被专家称为"史上最严的环保法"。

该法共有七章 70 条。

第一章"总则"（第 1 条至第 12 条）：规定了环境保护的任务、对象、适用领域、基本国策、基本原则、各级义务主体环境保护的责任及其内容、国家环境监督管理、奖励机制；同时将每年 6 月 5 日定为环境日。

第二章"环境监督管理"（第 13 条至第 27 条）：规定了环境保护工作及其规划编制办法，经济、技术政策制定的环境影响论证，环境标准制定的权限、程序和实施要求，环境监测制度的制定、实施与管理内容；确立了环境资源承载能力监测预警机制、建设项目环境影响评价制度及跨地区环境问题的解决措施；规定了国家对环保产业发展的鼓励措施、人民政府对企事业单位环境保护的支持与管理、环境保护目标责任制和考核评价制度的实施与监督管理相关内容。

第三章"保护和改善环境"（第28条至第39条）：对环境保护责任制，生态保护红线划定，自然资源开发及生物多样性保护，生态保护补偿制度，大气、水、土壤等调查、监测、评估、修复制度，农业环境保护与农村环境综合整治，海洋环境保护，城乡建设及其环境保护，环境与健康监测、调查和风险评估制度进行了规定。同时对环保产品的使用及生活废弃物分类放置、回收利用、开展环境质量对公众健康影响的研究、采取预防控制与环境污染有关疾病的措施予以鼓励。

第四章"防治环境污染和其他公害"（第40条至第52条）：对清洁生产和资源循环利用、"三同时"制度、排污单位防治污染的基本要求、排污收费制度（后演变为环境保护税制度）、重点污染物排放总量控制制度、排污许可管理制度、严重污染环境的工艺、设备和产品实行淘汰制度进行了规定，明确了风险控制和环境应急预警机制；对含有化学物品和放射性物质的物品管理、农业面源污染控制、环境保护公共设施管理的相关内容进行规定，同时对投保环境污染责任保险予以鼓励。

第五章"信息公开和公众参与"（第53条至第58条）：规定了公民、法人和其他组织获取环境信息、参与和监督环境保护的权利、国家及地方各级环保主管部门环境信息监督管理的职责，以及对重点排污单位、建设单位及负责审批建设项目环境影响评价文件的部门信息公开的要求。同时对公民、法人和其他组织公众参与的权利内容及向人民法院提起诉讼的行为要求进行了规定。

第六章"法律责任"（第59条至第69条）：规定了违反本法有关规定的法律责任。

第七章"附则"（第70条）：规定本法自2015年1月1日起施行。

在环境法体系中，除宪法之外，环境保护法占有核心地位。

3. 环境保护单行法规

环境与资源保护单行法规（以下简称"单行环境法规"）是针对特定的生态环境保护对象和特定的污染防治对象而制定的单项法律。它以宪法和环境保护法为依据，又是宪法和环境保护法的具体化。因此，单行环境法规一般都比较具体详细，是进行环境管理、处理环境纠纷的直接依据。

单行环境法规在环境法体系中数量最多，占有重要的地位，按其内容，主要可以分为三类：自然资源保护法、污染防治法和其他类的法律。其中，自然资源保护法，如现行的《中华人民共和国森林法》《中华人民共和国草原法》《中华人民共和国渔业法》《中华人民共和国矿产资源法》《中华人民共和国水法》《中华人民共和国野生动物保护法》《中华人民共和国水土保持法》《气象法》等。污染防治法，如现行的《中华人民共和国水污染防治法》《中华人民共和国大气污染防治法》《中华人民共和国固体废物污染环境防治法》《中华人民共和国环境噪声污染防治法》《中华人民共和国海洋环境保护法》等。其他类的法律则包括《中华人民共和国环境影响评价法》《中华人民共和国清洁生产促进法》《中华人民共和国循环经济促进法》等。

4. 政府部门规章

政府部门规章是指由国务院环境保护行政主管部门或国务院有关部门联合发布的环境保

护规范性文件，以及政府其他有关行政主管部门依法制定的环境保护规范性文件。一是根据法律授权制定的环境保护法的实施细则或条例，如《中华人民共和国大气污染防治法实施细则》；二是针对环境保护的某个领域而制定的条例、规定和办法，如《突发环境事件应急管理办法》《污染源自动监控设施现场监督检查办法》等。

5. 地方性法规和规章

地方性环境法规和地方政府规章是各省、自治区、直辖市、省人民政府所在地的城市以及国务院批准的较大城市的人民代表大会或其常委会制定的有关环境保护的规范性文件，即地方规章。由于各地经济技术水平不同，自然环境和资源条件差别很大，面临的环境问题也不一样。这就要求各地因地制宜地颁布具有地方特色的环境保护法规、规章，以便做到具体问题具体解决，也是环境保护地方性特点所要求。如《江苏省大气污染防治条例》《上海市饮用水水源保护条例》《山东省土壤污染防治条例》等。这些地方性法规、规章，对于保护和改善地方环境起到了很好的作用，也弥补了国家法律、法规的不足。

6. 其他相关法律规定

由于环境保护涉及的领域十分广泛，专门的环境立法尽管数量十分庞大，仍然不能囊括应该由其调整的全部社会关系。为此，在其他的部门法如民法、刑法、经济法、劳动法、行政法中，也包含不少关于环境保护的法律规定，这些法律规定也是环境法体系的组成部分。

（1）《中华人民共和国刑法》中的有关规定。2015 年经过修订的《中华人民共和国刑法》在第二篇第六章"妨害社会管理秩序罪"中，专门设立了第六节"破坏环境资源保护罪"，对各种严重污染环境和破坏自然资源的犯罪行为规定了相应的刑事责任。其中，第 338 条、339 条等对污染事故的刑事处罚进行了相关规定。

（2）行政法中有关环境保护的规定。比如，《中华人民共和国治安管理处罚法》第 12 条至第 14 条中有关未成年人、精神病人、生理缺陷人从轻处罚或免予处罚的规定；第 19 条关于从轻或免予处罚情节的规定；第 20 条关于从重处罚情节的规定；第 30 条有关违反国家规定，制造、买卖、储存、运输、邮寄、携带、使用、提供、处置爆炸性、毒害性、放射性、腐蚀性物质或者传染病病原体等危险物质的处罚规定；第 63 条关于刻划、涂污或者以其他方式故意损坏国家保护的文物、名胜古迹等的处罚规定，等。《中华人民共和国行政诉讼法》《中华人民共和国行政复议条例》等与环境有关的行政诉讼、行政复议和行政申诉程序的相关规定等。

（3）经济法中的相关规定。环境与经济有着十分密切的联系。在各种经济法规中，如工业企业法、农业法、涉外经济法、基本建设法中都或多或少包含环境与资源保护的法律规定。例如，《中华人民共和国农业法》第 8 章专门对农业资源与农业环境保护作出了规定。《中华人民共和国矿产资源法》《中华人民共和国土地管理法》《中华人民共和国海域使用管理法》等分别对矿产资源的勘察登记和开采审批、土地资源的所有权和使用权及耕地及基本农田的保护、建设用地的开发及组织管理、海域使用的申请和审批及监督管理等均进行了相关规定。除此之外，上文提及的环境保护单行法，如《中华人民共和国清洁生产促进法》《中华人民共和国循环经济促进法》也都隶属于经济法的范畴。

7. 环境保护标准

环境保护标准是国家为了维护环境质量、控制污染，从而保护人群健康、社会财富和生态平衡而制定的各种技术指标和规范的总称；环境保护标准是环境法体系中一个特殊而又不

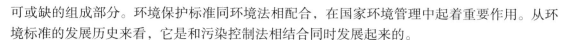

可或缺的组成部分。环境保护标准同环境法相配合，在国家环境管理中起着重要作用。从环境标准的发展历史来看，它是和污染控制法相结合同时发展起来的。

中国的环境标准体系分为两级三类。两级，即国家级和地方级（省级）；三类即环境质量标准、污染物排放标准和环境保护基础标准和方法标准。

8. 环境保护国际公约

环境保护国际公约是指我国缔结和参加的环境保护国际公约、条约和议定书。国际公约与我国环境法有不同规定时，优先适用国际公约的规定，但我国声明保留的条款除外。

我国政府也积极参加了签订这些国际公约和协议的活动。特别是近几年来在签订《关于保护臭氧层的维也纳公约》《关于消耗臭氧层的蒙特利尔议定书》《生物多样性公约》和《气候变化框架公约》的过程中，我国做了大量的工作，维护了我国和发展中国家的利益，为公正地签订这些国际环境公约和协议作出了积极贡献。

9. 环境保护法律法规体系中各层次间的关系

环境保护法律法规体系框架见图 2-1。现行的《中华人民共和国宪法》是环境保护法律法规体系建立的依据和基础，不同法律层次，不管是环境保护的基本法、单行法还是相关法，其中对环境保护的要求，法律效力是一样的。如果法律规定中有不一致的地方，应遵循后法大于先法。

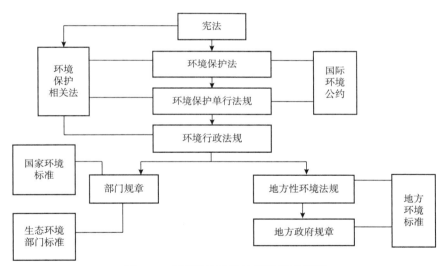

图 2-1　环境保护法律法规体系框架图

国务院环境保护行政法规的法律地位次于法律。部门行政规章、地方环境法规和地方政府规章均不得违背法律和行政法规的规定。地方法规和地方政府规章只在制定法规、规章的辖区内有效。我国的环境保护法律如与参加和签署的国际公约有不同规定时，应优先适用国际公约的规定。但我国声明保留的条款除外。

第二节　中国环境保护法的基本原则与法律责任制度

环境保护法的基本原则是一种大体上的规定，也是进行环境保护所必须遵守的法律规范。当然这种规范不可能是具体的、只在某一个别方面起作用的规范，而只能是适用于环境保护和环境管理各个主要方面并始终起着指导作用的规范。环境保护法的基本制度是环境保护法规范的一个特殊组成部分，主要有环境保护行政法律制度和环境标准制度等。基本制度既不同于环境保护法的基本原则，也不同于一般的环境法规范，而是具有自身特点的一类环境保护法规范。

一、环境保护法的基本原则

中国环境保护法的基本原则是对中国环境运行规律的科学总结，是正确处理人与自然关系的价值尺度，是环境保护法内在精神的概括和本质的集中体现。中国环境保护法的基本原则可以概括为以下几个方面。

1. 环境保护坚持保护优先原则

环境保护是国家的基本国策，坚持环境保护优先是落实这一国策的必然选择。因而，环境保护优先原则应当在环境法的方方面面得到体现，作为处理环境问题与经济发展之间矛盾的首要原则。保护优先原则应该是当经济利益与环境利益发生冲突的时候，优先考虑环境利益，并且保证经济的发展不以过多牺牲环境为代价。

2. 预防为主、综合治理原则

预防为主原则是"预防为主、防治结合、综合防治原则"的简称。其含义是指国家在环境保护工作中采取各种预防措施，防止开发和建设活动中产生新的环境污染和破坏；而对已经造成的环境污染和破坏要积极治理。预防为主原则是针对环境问题的特点和国内外环境管理的主要经验和教训提出的。这是因为：一是环境污染和破坏一旦发生，往往难以消除和恢复，甚至有不可逆转性；二是环境污染和破坏发生以后，再进行治理，往往要耗费巨额资金；三是环境问题在时间和空间上的可变性很大。

预防为主、综合治理的原则可通过以下几个途径贯彻。

（1）全面规划与合理布局。全面规划就是对工业和农业、城市和乡村、生产和生活、经济发展和环境保护各个方面的关系统筹考虑，进而制定国土利用规划、区域规划、城市规划与环境规划，使各项事业得以协调发展。合理布局主要指适当利用自然环境的自净力；注重资源和环境的综合利用。为了做到合理布局，中国环境保护法规定：各级政府的发展规划，必须包含环境保护内容；新建项目的选址，应该预先进行环境影响评价。

（2）制定和实施具有预防性的环境管理制度。预防为主原则作为中国环境保护法的一项基本原则也体现在环境立法的各个方面，在环境保护法中制定了一系列能够贯彻这一原则的环境管理制度。例如土地利用规划制度，环境影响评价制度，环境保护设施必须与主体工程同时设计、同时施工、同时投产的"三同时"制度，限期治理制度，排污许可证制度等。

3. 损害担责原则

损害担责原则来源于损坏环境者付费原则或污染者负担原则。污染者付费原则明确了承担治理污染的主体，同时也体现了社会公平和正义。但是污染者付费原则中对环境的损害责任仅限于单一的经济上的"给付"，这并不能使现存损害得到完善的解决，也无法对避免将来可能造成的损害，而且付费的主体："污染者"的范围并不明确，因此该原则内涵显得太过狭窄，具有局限性。损害担责的提出则是看到污染者付费原则的局限性，是对污染者付费原则的发展。在此原则规范下，行为人必须尽可能采取措施来避免对环境的破坏，如若无法避免，则要求行为人负担为排除此一毁损或破坏所应支付的费用。这个过程中，社会主体就必须积极避免环境损害的发生，因为即便在不作为的情况下，只要有了导致环境损害产生的可能，行为人就要对其负责，避免损害发生。在此，损害环境资源所负的责任就并不限于金钱上的"付费"了，致损者甚至有可能承担环境法上的其他责任。在行政法领域中，国家会在政策上倾向对污染者收取较之其避免环境污染发生之成本更大的负担，便会实行征收污染费用（后期演变为环境保护税）等措施。因此，损害担责原则是对污染者付费原则的发展。损害担责原则的贯彻途径主要有以下几个方面。

（1）法律规定。《中华人民共和国环境保护法》第42条规定："排放污染物的企业事业单位和其他生产经营者，应当采取措施，防治在生产建设或者其他活动中产生的废气、废水、废渣、医疗废物、粉尘、恶臭气体、放射性物质以及噪声、振动、光辐射、电磁辐射等对环境的污染和危害。""排放污染物的企业事业单位，应当建立环境保护责任制度，明确单位负责人和相关人员的责任。""重点排污单位应当按照国家有关规定和监测规范安装使用监测设备，保证监测设备正常运行，保存原始监测记录。""严禁通过暗管、渗井、渗坑、灌注或者篡改、伪造监测数据，或者不正常运行防治污染设施等逃避监管的方式违法排放污染物。"

第43条规定："排放污染物的企业事业单位，应当按照国家有关规定缴纳排污费。排污费应当全部专项用于环境污染防治，任何单位和个人不得截留、挤占或者挪作他用。依照法律规定征收环境保护税的，不再征收排污费。"

在《中华人民共和国森林法》《中华人民共和国草原法》《中华人民共和国土地管理法》《中华人民共和国矿产资源法》《中华人民共和国水土保持法》等单行法规中，对于开发者的养护责任也都分别作了具体的规定。

（2）实行环境保护目标责任制。环境保护目标责任制是一种环境保护的目标定量化、指标化，并层层落实的管理措施。《中华人民共和国环境保护法》第26条规定："国家实行环境保护目标责任制和考核评价制度。县级以上人民政府应当将环境保护目标完成情况纳入对本级人民政府负有环境保护监督管理职责的部门及其负责人和下级人民政府及其负责人的考核内容，作为对其考核评价的重要依据。考核结果应当向社会公开。"第28条规定："地方各级人民政府应当根据环境保护目标和治理任务，采取有效措施，改善环境质量。"第33条规定："各级人民政府应当加强对农业环境的保护，促进农业环境保护新技术的使用，加强对农业污染源的监测预警，统筹有关部门采取措施，防治土壤污染和土地沙化、盐渍化、贫瘠化、石漠化、地面沉降以及防治植被破坏、水土流失、水体富营养化、水源枯竭、种源灭绝等生态失调现象，推广植物病虫害的综合防治。县级、乡级人民政府应当提高农村环境保护公共服务水平，推动农村环境综合整治。"第44条规定："国家实行重点污染物排放总量控制制度。重点污染物排放总量控制指标由国务院下达，省、自治区、直辖市人民政府分解落实。"

（3）采取污染限期治理制度。对污染严重的企业实行限期治理，是贯彻环境责任原则的一种强制性的和十分有效的措施。这种措施使污染企业的治理责任更加明确，并有了时间的限制，同时也有助于疏通资金渠道和争取基建投资指标，使污染治理得以按计划进行。如《中华人民共和国环境保护法》第59条规定："企业事业单位和其他生产经营者违法排放污染物，受到罚款处罚，被责令改正，拒不改正的，依法作出处罚决定的行政机关可以自责令改正之日的次日起，按照原处罚数额按日连续处罚。"

4.公众参与原则

公众参与原则是指在环境保护中，任何公民都享有保护环境的权利，同时也负有保护环境的责任，全民都应积极自觉地参与环境保护事业。公众参与原则主要强调的是公民和社会组织的环境保护权利。公众参与原则是目前国际普遍采用的一项原则。

《中华人民共和国环境保护法》第1章第6条关于"一切单位和个人都有保护环境的义务"，赋予了公众参与环境保护的权利。该法第5章"信息公开和公众参与"对公众参与的权利及内容进行了明确规定。

要保证公众参与原则得以很好地贯彻必须做到以下几点。

（1）保证公众的知情权即获得各种环境资料的权利。包括公众所在国家、地区、区域环境状况的资料，公众所关心的每一项开发建设活动、生产经营活动可能的环境影响及其防治对策的资料，国家和地方关于环境保护的法律法规资料等。

（2）保证公众对所有环境活动的决策参与权。也就是要能够使公众有机会和正常的途径向有关决策机构充分表达其所关心的环境问题的意见，并确保其合理意见能够为决策机构所采纳。

（3）当环境或公众的环境权益受到侵害时，人人都可以通过有效的司法或行政程序，使环境得到保护，使受侵害的环境权益得到赔偿或补偿。

二、环境保护法的法律责任制度

法律作为一种行为规范，它的重要特征之一是具有国家的强制性，这种强制性集中表现在对违反环境保护法的行为人（包括公民和法人以及在中国境内的外国企业和个人）追究其法律责任。也就是由有关国家机关依法对违反环境保护法者，根据其违法行为的性质、危害后果和主观因素的不同，分别给予不同的法律制裁，包括追究其行政责任、民事责任或刑事责任。

1.违反环境法的行政责任

（1）环境行政责任的含义。环境行政责任是指环境法律关系的主体（包括环境行政管理主体、环境行政管理机构的工作人员和环境行政管理相对人即任何组织和个人）出现违反环境法律法规、造成环境污染和破坏或侵害其他行政关系但尚未构成犯罪的有过错行为（即环境行政违法行为）后，应承担的法律责任。通俗地讲也就是指环境行政法律关系的主体违反国家行政所规定的行政义务或法律禁止事项时而应承担的法律责任。

环境行政责任与环境行政违法行为之间有一定的因果关系，环境行政责任是环境行政违法行为所引起的法律后果。

（2）环境行政责任的特征。一般而言，环境行政责任有如下三方面特征。首先，环境行政责任是环境行政法律关系的主体的责任，它包括环境行政管理主体和环境行政管理相对人的责任。其次，环境行政责任是一种法律责任，任何环境行政法律关系主体不履行法律义务都应承担法律责任。再次，环境行政责任是环境违法行为的必然法律后果。环境行政法律责任必须以环境违法行为为前提，没有违法行为也就无所谓法律责任。

（3）环境行政责任的分类。根据环境行政责任的作用，可将环境行政责任分为制裁性的责任和补救性的责任。制裁性的环境行政责任是指为了达到一般预防和特殊预防的效果而对违反环境行政法律规范者所设定的惩罚措施。补救性的环境行政法律责任是指为弥补环境违法行为所造成的危害后果而对违反环境行政法律规范或者不履行环境行政法律义务者而设定的责任。

根据环境行政责任承担主体的不同，可以将其分为环境行政管理主体所承担的责任和环境行政相对人所承担的责任。环境行政管理主体的环境行政责任，是指具有一定环境行政管理职权的机构及其工作人员因违反环境法或其他有关法律规定而应承担的法律责任。其责任种类主要包括：撤销违法行政行为；履行法定职责；赔偿行政相对人损失；行政处分。另外，在有些情况下，还有赔礼道歉、恢复名誉、消除影响等责任形式。环境行政相对人的环境行政责任，是指因环境行政相对人违反环境法或不履行环境保护义务而受到的环境行政处罚和行政处分。因此，环境行政相对人的环境责任可分为两大类，一是环境行政处罚，二是环境行政处分。

2014年修订后的《中华人民共和国环境保护法》在行政责任承担方面有了很大突破，除了原先的征收污染费制度外，加入了环境税征收制度、按日计罚制度等新措施。严格的行政处罚方式提高了生产经营者的违法成本，督促其必须依照法律保护环境，否则便要承担损害责任，从而强化了生产经营者的环境责任。

2. 环境污染损害的民事赔偿责任

（1）环境污染损害民事赔偿责任的含义及其特征。环境污染损害的民事赔偿责任是指环境法律关系主体因不履行环境保护义务而侵害了他人的环境权益所应承担的否定性法律后果。它是民事法律责任的一种，也是侵权民事责任的一个组成部分，它与普通的民事责任不同，有如下四点特征。

第一，环境污染损害的民事赔偿责任是一种侵权行为责任。民事责任有合同违约责任、侵权行为责任和不履行其他民事义务责任，而环境民事赔偿责任只是其中的侵权行为责任。即只有在环境法律关系主体侵害了他人的环境权益时才构成环境污染损害民事赔偿责任，离开环境侵权，便不构成环境民事责任。

第二，环境污染损害的民事赔偿责任是一种特殊的侵权行为责任。侵权行为责任分为普通的侵权行为责任和特殊的侵权行为责任，而环境污染损害民事赔偿责任则属于特殊的侵权行为责任。即在侵权行为人本身无过错而给他人造成损害的情况下，也要承担责任。

第三，环境污染损害的民事赔偿责任是因环境侵权损害而承担的责任。这是由于行为人排放污染物或者从事其他开发利用环境的活动造成了环境污染或破坏，导致他人财产和人身的损害，依法所应承担的责任。如2014年修订后的《中华人民共和国环境保护法》第64条规定因污染环境和破坏生态造成损害的，应当依照《中华人民共和国侵权责任法》的有关规定承担侵权责任。可见，侵权责任法是认定环境侵权行为责任重要依据。对于环境破坏的侵权责任，在一些自然保护法律中，如《中华人民共和国水土保持法》第58条就规定："违反本法规定，造成水土流失危害的，依法承担民事责任。"《中华人民共和国水污染防治法》第八十五条规定："因水污染受到损害的当事人，有权要求排污方排除危害和赔偿损失。"

第四，环境污染损害的民事赔偿法律责任是平等主体之间一方当事人对另一方当事人的责任。由于环境污染损害的民事赔偿责任主要是解决平等主体之间的侵权责任问题，所以，当环境法律关系主体中的一方当事人不履行环境保护义务而侵害了他人的环境权益时，法律就要求环境侵权行为人向被侵权的一方当事人承担责任，以保护、恢复或补偿被侵害的权利。这也是环境污染损害的民事赔偿责任区别于环境行政责任和破坏环境犯罪的刑事责任以及环境民事制裁的主要特点。

（2）环境污染损害民事赔偿责任的构成。环境污染损害的民事赔偿责任构成与普通的民事责任有许多不同。首先，承担环境污染损害的民事赔偿责任的环境侵权行为不一定是违法的，合法的行为造成环境危害后果也要承担环境污染损害的民事责任。其次，承担环境污染损害的民事赔偿责任不要求侵权行为人主观上有过错，对于无过失行为也要求承担责任。因此，环境污染损害的民事赔偿责任的构成有以下三个方面。

第一，须有危害环境的行为存在。要让行为人承担环境污染损害的民事赔偿责任，行为人的行为必须是能对环境造成污染或破坏的行为。

第二，须有环境损害事实存在。损害事实既是侵权行为产生的危害后果，又是承担民事责任的依据。环境污染损害的民事赔偿责任中损害事实不仅包括直接的财产损失，而且更多地包括了人体健康方面生理的、心理的、明显的和潜在的等人身权益的伤害，其中环境舒适权、宁静权、日光权等的损害，其损失是难以用货币来计算的。

第三，有害环境的行为须与环境损害事实有因果关系。在法律中，因果关系是指侵害行为与损害结果之间的逻辑联系。只有在侵害行为与损害结果之间存在因果关系的情况下，才能使行为人承担法律责任。这一点，在环境污染损害的民事赔偿责任的构成中亦不例外。有害环境的行为必须与环境损害事实之间有因果关系，才能让行为人承担环境污染损害的民事赔偿责任。

（3）环境污染损害民事赔偿责任中归责原则和免责条件。归责，即责任的归属，是指当侵权人行为致他人损害的事实发生后，应依何种标准或根据使其负责。在中国现行的环境保护法上的民事责任是以无过失责任作为基本的归责原则。无过失责任也称无过错责任，是指破坏而给他人造成财产和人身损害的行为人，即使主观上没有过错，也要对造成的损害承担赔偿责任。这种归责原则在于既不考虑加害人的过失也不考虑受害人的过失，其目的在于补偿受害人的损失。采用无过错责任原则不仅有利于保护受害者的合法权益，而且有利于督促排污单位积极防治环境污染危害。

虽然具备环境污染损害的民事赔偿责任的构成条件就应承担环境民事责任，但并不是在所有具备该责任构成的情况下都承担责任，法律规定了一些免除承担环境污染损害民事赔偿责任的情况。

第一，不可抗力。不可抗力是指独立于人的行为之外，且不以人的意志为转移的客观情况。一般来说，不可抗力是人类所不可避免的力量，如地震、台风、洪水等自然现象。《中华人民共和国水污染防治法》关于"由于不可抗力造成水污染损害的，排污方不承担赔偿责任；法律另有规定的除外"的规定，就是关于不可抗力免责的条款。

第二，受害人自身责任。受害人自身责任，是指由于受害人本身的故意或过失使自己遭受损害的情况。在这种情况下，如果要让他人承担损害责任，显然是不合理的。因此法律规定受害人自身责任可以免除过错行为人的责任。如《中华人民共和国水污染防治法》第85条中指出"水污染损害是由受害人故意造成的，排污方不承担赔偿责任。水污染损害是由受害人重大过失造成的，可以减轻排污方的赔偿责任。"

第三，第三人过错。指由于环境开发利用者和环境损害受害人以外的第三人故意或过失使受害人遭受损害的情况。在这种情况下，按照法律规定，应由第三人承担环境损害责任，从而也就免除了环境开发利用者的责任。如《中华人民共和国水污染防治法》第85条中指出"水污染损害是由第三人造成的，排污方承担赔偿责任后，有权向第三人追偿。"《中华人民共和国海洋环境保护法》第 90 规定，完全由于第三者的故意或者过失，造成海洋环境污染损害的，由第三者排除危害，并承担赔偿责任。

第四，战争行为。例如，《中华人民共和国海洋环境保护法》第 92 条规定，因战争行为或负责灯塔或者其他助航设备的主管部门，在执行职责时的疏忽，或者其他过失行为而造成海洋环境污染损害的有关责任者，可免予承担责任。

（4）环境污染损害民事责任的承担方式。根据《中华人民共和国民法通则》和环境保护有关法律、法规的规定，结合环境民事纠纷的处理实践，总结出承担环境污染损害的民事责任最经常采用的方式有以下五种。

第一，停止侵害。停止侵害是要求环境侵权行为人结束侵权状态的法律责任形式。它发生在侵权行为正在进行，通过停止侵权活动就可使受害人的权利得以恢复的情况下。环境侵权行为在许多情况下都具有持续性，只有行为人停止其环境污染和破坏活动，受害人的环境权益才能得到恢复。因此，在环境侵权方面，只能依照《中华人民共和国民法通则》的规定，要求侵权行为人承担停止侵害的环境民事责任。

第二，排除妨碍。排除妨碍是要求环境侵权行为人消除因环境侵权行为的发生而对受害人造成的各种有害影响的责任形式。它通常发生在环境侵权行为发生或停止后，对他人的环境权益仍然存在妨碍、损害或危险的情况下。中国现有的污染防治法律、法规，基本上都规定了排除妨碍的环境民事责任，从而为实施这一责任形式提供了法律根据。排除妨碍的费用应由造成危害的人承担。

第三，消除危险。消除危险是要求行为人消除对他人环境权益侵害可能性的一种责任形式。它发生在行为人的行为尚未对他人环境权益造成现实的侵害，但已构成对他人环境权益侵害的危险或确有可能造成环境侵权的情况下。中国环境法中尚未明确规定消除危险的民事责任形式，如果要求环境侵权行为人承担此种责任，只能以《中华人民共和国民法通则》作为依据。

第四，恢复原状。恢复原状是要求环境侵权行为人将侵害的环境权利恢复到侵害前原有状态的责任形式。它发生在环境被污染、被破坏后，在现有的经济技术条件下能够恢复到原有状态的情况下。如果环境的污染、破坏在现有的技术条件下难以恢复，或者恢复原状经济代价太高，明显不合理，则可以用其他责任形式代替恢复原状。

第五，赔偿损失。赔偿损失是要求环境侵权行为人对其造成的环境危害及其损失用其财产加以补救的责任形式。它发生在环境侵权行为造成的环境危害及其损失不能通过恢复原状的方式加以补救或不能完全补救的情况下。赔偿损失是环境污染损害的民事责任形式中应用最广泛和最经常的一种责任形式。它既适用于环境污染侵权损害，也适用于环境破坏侵权损害。赔偿损失的范围，既包括财产损害赔偿，也包括对人身损害引起的财产损失赔偿包括直接损失，也包括间接损失。

以上几种环境污染损害民事责任形式，既可以单独适用，也可以合并适用。具体实施时，应当根据保护受害人环境权益的需要和侵权行为的具体情况加以选择。

3. 破坏环境犯罪的刑事责任

（1）破坏环境犯罪的刑事责任的含义和特征。破坏环境犯罪的刑事责任是行为人故意或过失实施了严重危害环境的行为，并造成了人身伤亡或公私财产的严重损失，已经构成犯罪，要承担刑事制裁的法律责任。追究破坏环境犯罪的刑事责任是对环境违法行为最严厉的制裁。

破坏环境犯罪的刑事责任具有以下特征。

第一，破坏环境犯罪的刑事责任是一种违法责任。尽管环境法律责任的承担有时不以行为的违法性为必要前提，但作为破坏环境犯罪的刑事责任，却必须以行为的违法性为必要前提。这是破坏环境犯罪的刑事责任与环境民事责任不同之一。

第二，破坏环境犯罪的刑事责任是污染和破坏环境的责任。构成破坏环境犯罪的刑事责任的犯罪行为，必须是以环境为直接侵害对象、造成或可能造成环境污染或破坏的行为。这是破坏环境犯罪的刑事责任与其他刑事责任的主要区别。

第三，破坏环境犯罪的刑事责任是以刑罚为处罚方式的责任。以刑罚为处罚方式是破坏环境犯罪的刑事责任与其他环境法律责任的最主要的区别。追究破坏环境犯罪的刑事责任，科以刑罚，必须经过刑事审判程序；其责任形式包括自由刑和财产刑；决定刑罚的机关只能是审判机关。这也是破坏环境犯罪的刑事责任与环境行政责任和环境民事责任的主要区别点。因为环境行政责任和环境民事责任尽管有许多责任形式，有的环境民事责任也要通过审判机关追究，但它们都不可能同时具备刑罚的所有特征。

（2）承担破坏环境犯罪的刑事责任的必要要件。构成环境犯罪是承担破坏环境犯罪的刑事责任的前提条件。环境犯罪的构成条件同一般犯罪构成，没有本质的区别，但也有一些特点，主要包括四个方面。

第一，环境犯罪的主体必须是具有刑事责任能力的自然人或法人。

第二，环境犯罪的行为人的行为必须具有严重的社会危害性。

第三，环境犯罪的行为人的行为必须构成了环境犯罪，并应受到刑事处罚

第四，环境犯罪的主体（行为人）主观上必须具有犯罪的故意或过失。

一般来说，破坏环境与资源的行为多为故意，如非法猎捕国家重点保护野生动物、盗伐滥伐森林等犯罪。而污染环境的行为多为过失，因损害环境的行为可能造成极其严重的危害后果。在认定是否构成犯罪时就不能仅看社会危害性一个方面，必须强调具备犯罪的故意或过失。

（3）破坏环境犯罪的刑事责任的承担方式。破坏环境犯罪的刑事责任的承担方式，实际上就是环境犯罪人所受到的不同种类的刑罚处罚。中国刑法中规定的刑罚种类有：生命刑，即死刑；自由刑，包括管制、拘役、有期徒刑、无期徒刑；财产刑，包括罚金和没收财产；资格刑，包括剥夺政治权利和驱逐出境。对于环境犯罪人，这些刑罚种类基本上都适用。不过对于法人构成环境犯罪的，目前能够适用的刑罚只有财产刑。

（4）承担破坏环境犯罪的刑事责任的具体罪名。《中华人民共和国刑法》在第六章妨碍社会管理秩序罪中设立了专门一节为破坏环境资源保护罪，从第338条至346条，共9条16款。主要包括如下具体罪名：

①污染环境罪。《中华人民共和国刑法》第338条规定，违反国家规定，排放、倾倒或者处置有放射性的废物、含传染病病原体的废物、有毒物质或者其他有害物质，严重污染环境的，处3年以下有期徒刑或者拘役，并处或者单处罚金；后果特别严重的，处3年以上7年以下有期徒刑，并处罚金。

②非法处置进口的固体废物罪；擅自进口固体废物罪；走私固体废物罪。该罪是针对发

达国家近年来，为转嫁污染向不具备处置能力的发展中国家出口固体废物而又屡禁不止的状况制定的。《中华人民共和国刑法》第 339 条规定，违反国家规定，将境外的固体废物进境倾倒、堆放、处置的，处 5 年以下有期徒刑或者拘役，并处罚金；造成重大环境污染事故，致使公私财产遭受重大损失或者严重危害人体健康的，处 5 年以上 10 年以下有期徒刑，并处罚金；后果特别严重的，处 10 年以上有期徒刑，并处罚金。该法同时规定，未经国务院有关主管部门许可，擅自进口固体废物用作原料，造成重大环境污染事故，致使公私财产遭受重大损失或者严重危害人体健康的，处 5 年以下有期徒刑或者拘役，并处罚金；后果特别严重的，处 5 年以上 10 年以下有期徒刑，并处罚金。以原料利用为名，进口不能用作原料的固体废物、液态废物和气态废物的，依照本法第 152 条第 2 款、第 3 款的规定定罪处罚。

③破坏自然资源罪。《中华人民共和国刑法》第 340 条至第 345 条对非法捕捞水产品，非法猎捕、杀害珍贵、濒危野生动物，非法收购、运输、出售珍贵濒危野生动物和珍贵、濒危野生动物制品，非法占用农用地，非法采矿及破坏性采矿，非法采伐、毁坏国家重点保护植物，非法收购、运输、加工、出售国家重点保护植物和国家重点保护植物制品，盗伐及滥伐林木，非法收购、运输盗伐的林木等应承担的刑事责任进行了规定。其中，破坏矿产资源追究刑事责任的，分两种情况：第一种是未取得采矿许可证擅自采矿的，擅自进入国家规划矿区、对国民经济具有重要价值的矿区范围内采矿的，或擅自开采国家规定的实行保护性开采的特种矿种，情节严重的，处 3 年以下有期徒刑、拘役或者管制，并处或者单处罚金；情节特别严重的，处 3 年以上 7 年以下有期徒刑。第二种是违反矿产资源法的规定，采取破坏性的开采方法开采矿产资源，造成矿产资源严重破坏，处 5 年以下有期徒刑或者拘役，并处罚金。破坏森林资源的犯罪区别为四种情况：一是盗伐森林或者其他林木，数量较大的，处三年以下有期徒刑、拘役或者管制，并处或者单处罚金；数量巨大的，处 3 年以上 7 年以下有期徒刑，并处罚金；数量特别巨大的，处 7 年以上有期徒刑，并处罚金。二是违反森林法的规定，滥伐森林或者其他林木，数量较大的，处 3 年以下有期徒刑、拘役或者管制，并处或者单处罚金；数量巨大的，处 3 年以上 7 年以下有期徒刑，并处罚金。三是非法收购、运输明知是盗伐、滥伐的林木，情节严重的，处 3 年以下有期徒刑、拘役或者管制，并处或者单处罚金；情节特别严重的，处 3 年以上 7 年以下有期徒刑，并处罚金。四是盗伐、滥伐国家级自然保护区内的森林或者其他林木的，从重处罚。

此外，《中华人民共和国刑法》第 346 条对单位犯破坏环境资源保护罪给出了明确的处罚规定，即"单位犯本节第 338 条至第 345 条规定之罪的，对单位判处罚金，并对其直接负责的主管人员和其他直接责任人员，依照本节各该条的规定处罚。"

第三节　环境保护单行法

一、水污染防治法

《中华人民共和国水污染防治法》（简称《水污染防治法》），由中华人民共和国第十二届全国人民代表大会常务委员会第二十八次会议于 2017 年 6 月 27 日修订通过，自 2018 年 1 月 1 日施行。总则第一条规定："为了保护和改善环境，防治水污染，保护水生态，保障饮用水安全，维护公众健康，推进生态文明建设，促进经济社会可持续发展，制定本法。"

1. 相关概念

水污染是指水体因某种物质的介入，而导致其化学、物理、生物或者放射性等方面特性的改变，从而影响水的有效利用，危害人体健康或者破坏生态环境，造成水质恶化的现象。

2. 适用范围和监督管理体制

（1）适用范围。该法第2条明确规定，本法适用于中华人民共和国领域内的江河、湖泊、运河、渠道、水库等地表水体以及地下水体的污染防治。海洋污染防治适用《中华人民共和国海洋环境保护法》。

（2）水环境监督管理体制。《水污染防治法》第9条规定了水环境监督管理体制，主要内容包括：县级以上人民政府环境保护主管部门对水污染防治实施统一监督管理；交通主管部门的海事管理机构对船舶污染水域的防治实施监督管理；县级以上人民政府水行政、国土资源、卫生、建设、农业、渔业等部门以及重要江河、湖泊的流域水资源保护机构，在各自的职责范围内，对有关水污染防治实施监督管理。

3. 违法行为的界限和污染防治的基本原则与主要手段

《水污染防治法》第10条规定明确了违法行为的界限：排放水污染物，不得超过国家或者地方规定的水污染物排放标准和重点水污染物排放总量控制指标。

《水污染防治法》第3条明确了水污染防治的原则和主要手段："水污染防治应当坚持预防为主、防治结合、综合治理的原则，优先保护饮用水水源，严格控制工业污染、城镇生活污染，防治农业面源污染，积极推进生态治理工程建设，预防、控制和减少水环境污染和生态破坏。"

4. 水污染防治措施规定

《水污染防治法》关于防治水污染的规定，主要包括五个方面。

①一般性措施；

②工业水污染防治措施；

③城镇水污染防治措施；

④农业和农村水污染防治措施；

⑤船舶水污染防治措施。

5. 饮用水水源和其他特殊水体保护措施

为确保城乡居民饮用水安全，修订后的《水污染防治法》在立法宗旨中明确增加了"保障饮用水安全"的规定，并专门增设了"饮用水水源和其他特殊水体保护"一章，进一步完善饮用水水源保护区的管理制度。一是完善饮用水水源保护区分级管理制度。规定国家建立饮用水水源保护区制度，并将其划分为一级保护区和二级保护区，必要时可在饮用水水源保护区外围划定一定的区域作为准保护区。二是对饮用水水源保护区实行严格管理。禁止在饮用水水源保护区内设置排污口。禁止在饮用水水源一级保护区内新建、改建、扩建与供水设施和保护水源无关的建设项目；已建成的，要责令拆除或者关闭。三是在准保护区内实行积极的保护措施。县级以上地方政府应当根据保护饮用水水源的实际需要，在准保护区内采取工程措施或者建造湿地、水源涵养林等生态保护措施，防止水污染物直接排入饮用水水体。四是明确了饮用水水源保护区划定机关和争议解决机制。对城乡居民的饮用水安全进行特殊保护，体现了以人为本的理念。

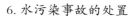

6. 水污染事故的处置

修订后的《水污染防治法》对增强水污染反应能力做出了规定，以减少水污染事故对环境造成的危害。第 76 条规定："各级人民政府及其有关部门，可能发生水污染事故的企业事业单位，应当依照《中华人民共和国突发事件应对法》的规定，做好突发水污染事故的应急准备、应急处置和事后恢复等工作。"第 77 条规定："可能发生水污染事故的企业事业单位，应当制定有关水污染事故的应急方案，做好应急准备，并定期进行演练；生产、储存危险化学品的企业事业单位，应当采取措施，防止在处理安全生产事故过程中产生的可能严重污染水体的消防废水、废液直接排入水体。"第 78 条规定："企业事业单位发生事故或者其他突发性事件，造成或者可能造成水污染事故的，应当立即启动本单位的应急方案，采取应急措施，并向事故发生地的县级以上地方人民政府或者环境保护主管部门报告。环境保护主管部门接到报告后，应当及时向本级人民政府报告，并抄送有关部门。造成渔业污染事故或者渔业船舶造成水污染事故的，应当向事故发生地的渔业主管部门报告，接受调查处理。其他船舶造成水污染事故的，应当向事故发生地的海事管理机构报告，接受调查处理；给渔业造成损害的，海事管理机构应当通知渔业主管部门参与调查处理。"

二、大气污染防治法

《中华人民共和国大气污染防治法》（简称《大气污染防治法》），已由中华人民共和国第十三届全国人民代表大会常务委员会第六次会议于 2018 年 10 月 26 日修订通过并施行。该法从修订前的 66 条，扩展至现在的八章 129 条，内容增加近 1 倍，几乎所有法律条文都经过了修改。

总则第 1 条规定："为保护和改善环境，防治大气污染，保障公众健康，推进生态文明建设，促进经济社会可持续发展，制定本法。"修订后的《大气污染防治法》新增总则第 2 条，明确了大气污染防治的目标和主要手段："防治大气污染，应当以改善大气环境质量为目标，坚持源头治理，规划先行，转变经济发展方式，优化产业结构和布局，调整能源结构。"同时指出："防治大气污染，应当加强对燃煤、工业、机动车船、扬尘、农业等大气污染的综合防治，推行区域大气污染联合防治，对颗粒物、二氧化硫、氮氧化物、挥发性有机物、氨等大气污染物和温室气体实施协同控制。"

1. 相关概念

国际标准化组织（ISO）对大气污染的定义为："大气污染通常是指由于人类活动和自然过程引起某种物质进入大气中，呈现出足够的浓度，达到了足够的时间并因此而危害了人体的舒适、健康和福利或危害了环境的现象。"

大气污染主要发生在离地面约 12km 的范围内，随大气环流和风向的移动而漂移，使大气污染成为一种流动性污染，具有扩散速度快、传播范围广、持续时间长、造成损失大等特点。

2. 监督管理体制

《大气污染防治法》第三章第 13 条至第 21 条规定了大气环境监督管理体制。主要内容如下：

①企业事业单位和其他生产经营者建设对大气环境有影响的项目，应当依法进行环境影响评价、公开环境影响评价文件；向大气排放污染物的，应当符合大气污染物排放标准，遵守重点大气污染物排放总量控制要求。

②制定排污许可证管理要求，排污许可证的具体办法和实施步骤由国务院规定。

③企业事业单位和其他生产经营者向大气排放污染物的，应当依照法律法规和国务院环境保护主管部门的规定设置大气污染物排放口。

④国家对重点大气污染物排放实行总量控制。同时对超总量和达标任务的地区规定了环保约谈及区域限批要求。

⑤国务院环境保护主管部门负责制定大气环境质量和大气污染源的监测和评价规范，组织建设与管理全国大气环境质量和大气污染源监测网，组织开展大气环境质量和大气污染源监测，统一发布全国大气环境质量状况信息。县级以上地方人民政府环境保护主管部门负责组织建设与管理本行政区域大气环境质量和大气污染源监测网，开展大气环境质量和大气污染源监测，统一发布本行政区域大气环境质量状况信息。

⑥企事业单位和其他生产经营者应当按照国家有关规定和监测规范，对其排放的工业废气和本法规定名录中所列有毒有害大气污染物进行监测；重点排污单位应当安装、使用大气污染物排放自动监测设备，与环境保护主管部门的监控设备联网，保障监测设备正常运行并依法公开排放信息。同时对监测数据的真实性、准确性及监测设备的维护进行了规定。

⑦国家对严重污染大气环境的工艺、设备和产品实行淘汰制度。

⑧国务院环境保护主管部门会同有关部门，建立和完善大气污染损害评估制度。

⑨细化环境保护主管部门及其委托的环境监察机构和其他负有大气环境保护监督管理职责的部门现场监测、监测的手段，增加了自动监测、遥感监测、远红外摄像等方式。

《大气污染防治法》同时明确了县级以上政府环境保护主管部门和其他职责部门对企事业单位和其他经营者违反法律规定排放大气污染物的监督管理及接受公众举报的职责。

3. 大气污染防治措施规定

《大气污染防治法》关于防治大气污染的规定，主要包括以下五个方面。

①燃煤和其他能源污染防治措施：《大气污染防治法》第22条至第28条。主要措施包括：调整能源结构，优化煤炭使用方式；推行煤炭选洗加工；采取有利于煤炭清洁高效利用的经济、技术政策和措施，鼓励和支持洁净煤的开发和推广；禁止进口、销售和燃用不符合质量标准的煤炭，鼓励燃用优质煤炭、鼓励清洁能源发电以及其他相应限制措施等。

②工业污染防治措施：《大气污染防治法》第29条至第35条分别对防治粉尘、硫化物、氮氧化物、挥发性有机物、可燃性气体作了规定。主要防治措施可归纳为清洁生产工艺、除尘、脱硫、脱硝装置及污染防治设施的使用、达标排放、建立台账、精细化管理、可燃气体回收措施等四个方面。

③机动车船等污染防治措施：第36至第48条。主要措施包括：低碳、环保出行，合理控制燃油机动车保有量，大力发展城市公共交通；机动车和非道路移动机械进行排放检验合格销售、尾气达标排放、检修及污控装置安装；不达标排放交通工具的召回及强行报废处理等；同时对机动车、非道路移动机械及民用航空器的燃料进行了相关规定。

④扬尘污染防治措施：第49至第53条。主要措施包括：地方各级人民政府应当加强对建设施工和运输的管理；建设单位、施工单位及运输过程中的扬尘管控；市政河道以及河道沿线、公共用地的裸露地面以及其他城镇裸露地面对于绿化或者透水铺装的实施；易产生扬尘的物料密闭管理、不能密闭的应采取有效覆盖措施防治扬尘污染。

⑤其他污染防治措施：第54条至第62条。主要措施包括：发展循环经济，加大对废弃

物综合处理的支持力度，加强对农业生产经营活动排放大气污染物的控制；改进施肥方式，科学合理使用化肥，减少氨、挥发性有机物等大气污染物排放；畜禽养殖场、养殖小区关于污水、畜禽粪便和尸体等进行收集、贮存、清运和无害化处理；政府及农业行政部门鼓励和支持先进适用技术对秸秆、落叶等进行综合利用，加大对秸秆还田、一体化农业机械的财政补贴力度；禁止露天焚烧秸秆、落叶等产生烟尘污染物质；国务院环保主管部门应会同国务院卫生行政部门，公布大气污染名录，实行风险管理；进行持久性有机污染物治理；科学选址，产生恶臭气体的设置合理防护距离；细化餐饮业等设置、油烟净化要求；鼓励和倡导文明、绿色祭祀；支持消耗臭氧层物质替代品的生产和使用，减少直至停止消耗臭氧层物质的生产和使用。

此外，《大气污染防治法》第5章就重点区域大气污染联合防治进行了规定，明确重点区域大气污染联防联控机制，确立国务院环境保护主管部门及各级部门的任务及职责所在，同时对规划编制及审批、用煤项目管控、大气环境质量监测机制等进行了明确规定。《大气污染防治法》第6章明确了重污染天气防治措施及相关预警机制，对国务院环境保护主管部门及各级地方政府采取何种预警应急措施进行了规定。

三、固体废物污染环境防治法

《中华人民共和国固体废物污染环境防治法》（简称《固体废物污染环境防治法》），已由中华人民共和国第十三届全国人民代表大会常务委员会第十七次会议于2020年4月29日修订通过，并于2020年9月1日起施行。新修订后的固体废物污染环境防治法共9章126条（原共77条）。新法第1章总则第1条明确了该法的制定目的："为了保护和改善生态环境，防治固体废物污染环境，保障公众健康，维护生态安全，推进生态文明建设，促进经济社会可持续发展，制定本法。"与此同时，新法明确固体废物污染环境防治坚持减量化、资源化和无害化原则；强化政府及其有关部门监督管理责任，明确目标责任制、信用记录、联防联控、全过程监控和信息化追溯等制度，明确国家逐步实现固体废物零进口。

与旧法相比，新法存有以下十大变化：①产废单位需对第三方进行实质性审查，并建立台账和全过程监管；②进一步厘清固废与产品的区别，强调固废利用；③动态调整《国家危险废物名录》；④完善法律责任，罚款最高500万元，提升10~20倍；⑤增加固废三同时自主验收和排污许可证制度；⑥新增电子电器等产品的生产者责任延伸制度；⑦新增污泥处置的法定义务，污水处理费需覆盖污泥处置成本；⑧建立健全垃圾管理规定，要求施工单位编制和备案建筑垃圾处理方案；⑨收集、运输、利用、处置危险废物的单位需强制性投保环污险；⑩增加固体废物生态环境损害赔偿磋商制度。

1. 相关概念

《固体废物污染环境防治法》，第124条对固体废物等相关概念作了如下规定。

①固体废物，是指在生产、生活和其他活动中产生的丧失原有利用价值或者虽未丧失利用价值但被抛弃或者放弃的固态、半固态和置于容器中的气态的物品、物质以及法律、行政法规规定纳入固体废物管理的物品、物质。

②工业固体废物，是指在工业生产活动中产生的固体废物。

③生活垃圾，是指在日常生活中或者为日常生活提供服务的活动中产生的固体废物以及法律、行政法规规定视为生活垃圾的固体废物。

④建筑垃圾，是指建设单位、施工单位新建、改建、扩建和拆除各类建筑物、构筑物、管网等，以及居民装饰装修房屋过程中产生的弃土、弃料和其他固体废物。

⑤农业固体废物，是指在农业生产活动中产生的固体废物。

⑥危险废物，是指列入国家危险废物名录或者根据国家规定的危险废物鉴别标准和鉴别方法认定的具有危险特性的固体废物。

⑦贮存，是指将固体废物临时置于特定设施或者场所中的活动。

⑧处置，是指将固体废物焚烧和用其他改变固体废物的物理、化学、生物特性的方法，达到减少已产生的固体废物数量、缩小固体废物体积、减少或者消除其危险成分的活动，或者将固体废物最终置于符合环境保护规定要求的填埋场的活动。

⑨利用，是指从固体废物中提取物质作为原材料或者燃料的活动。

按照固体废物的产生来源和危险程度，中国将固体废物分为工业固体废物、生活垃圾、建筑垃圾、农业固体废物和危险废物五大类，它们都是人们最为常见和对环境造成危害最大的固体废物。

2. 适用范围和监督管理体制

（1）适用范围。《固体废物污染环境防治法》第2条规定："固体废物污染环境的防治适用本法；固体废物污染海洋环境的防治和放射性固体废物污染环境的防治不适用本法。"与此同时，第74条规定："危险废物污染环境的防治，适用本章规定；本章未作规定的，适用本法其他有关规定。"第125条规定："液态废物的污染防治，适用本法；但是，排入水体的废水的污染防治适用有关法律，不适用本法。"

（2）监督管理体制。《固体废物污染环境防治法》第13条至第31条对固体废物污染环境防治的监督管理体制进行了规定。

①县级以上人民政府应当将固体废物污染环境防治工作纳入国民经济和社会发展规划、生态环境保护规划，并采取有效措施减少固体废物的产生量、促进固体废物的综合利用、降低固体废物的危害性，最大限度降低固体废物填埋量。

②国务院环境保护行政主管部门会同国务院有关行政主管部门根据国家环境质量标准和国家经济、技术条件，制定国家固体废物鉴别标准、鉴别程序和国家固体废物污染环境防治技术标准。

③国务院标准化主管部门应当会同国务院发展改革、工业和信息化、生态环境、农业农村等主管部门，制定固体废物综合利用标准。

④国务院生态环境主管部门应当会同国务院有关部门建立全国危险废物等固体废物污染环境防治信息平台，推进固体废物收集、转移、处置等全过程监控和信息化追溯。

⑤建设产生、贮存、利用、处置固体废物的项目，应当依法进行环境影响评价，并遵守国家有关建设项目环境保护管理的规定。

⑥建设项目的环境影响评价文件确定需要配套建设的固体废物污染环境防治设施，必须与主体工程同时设计、同时施工、同时投入使用。建设项目的初步设计，应当按照环境保护设计规范的要求，将固体废物污染环境防治内容纳入环境影响评价文件，落实防治固体废物污染环境和破坏生态的措施以及固体废物污染环境防治设施投资概算。

与此同时，该法也从生态红线的管控、固体废物进口及转移、处理处置、公众参与以及涉固废单位及企业内部管理等各层次明确了监督管理的主要内容。

3. 固体废物污染防治原则

《固体废物污染环境防治法》中相关条款对固体废物污染防治的主要原则进行了规定，归纳而言，有以下四点。

（1）"减量化、资源化、无害化"原则。对固体废物实行减量化、资源化、无害化是防治固体废物污染环境的重要原则，简称"三化"原则。国家对固体废物污染环境的防治，实行"三化"原则，任何单位和个人都应当采取措施，减少固体废物的产生量，促进固体废物的综合利用，降低固体废物的危害性。国家推行绿色发展方式，促进清洁生产和循环经济发展。国家倡导简约适度、绿色低碳的生活方式，引导公众积极参与固体废物污染环境防治。

（2）全过程管理的原则。《固体废物污染环境防治法》有关条款对固体废物从产生、收集、贮存、运输、利用直到最终处置各个环节都有管理规定和要求，实际上就是要对固体废物从产生、收集、贮存、运输、利用直到最终处置实行全过程管理。

（3）分类管理的原则。鉴于固体废物的成分、性质和危险性存在较大差异，所以，在管理上必须采取分别、分类管理的方法，针对不同的固体废物制定不同的对策和措施。与此同时，国家推行生活垃圾分类制度。生活垃圾分类坚持政府推动、全民参与、城乡统筹、因地制宜、简便易行的原则。

（4）污染者负责的原则。国家对固体废物污染环境防治实行污染者依法负责的原则。产品的生产者、销售者、进口者和使用者对其产生的固体废物依法承担污染防治责任。地方各级人民政府对本行政区域固体废物污染环境防治负责。

4. 固体废物污染防治措施规定

《固体废物污染环境防治法》关于防治固体废物污染的规定，主要包括以下几个方面。

（1）工业固体废物污染环境的防治（32条至42条）。第32条至第34条明确了国务院生态环境主管部门、国务院工业和信息化主管部门及国务院有关部门及县级以上地方人民政府在工业污染防治中的职责。第36条及41条明确了企事业单位在工业固体废物污染环境中的防治职责。如第36条规定：产生工业固体废物的单位应当建立健全工业固体废物产生、收集、贮存、运输、利用、处置全过程的污染环境防治责任制度，建立工业固体废物管理台账，如实记录产生工业固体废物的种类、数量、流向、贮存、利用、处置等信息，实现工业固体废物可追溯、可查询，并采取防治工业固体废物污染环境的措施。第37条指出：产生工业固体废物的单位委托他人运输、利用、处置工业固体废物的，应当对受托方的主体资格和技术能力进行核实，依法签订书面合同，在合同中约定污染防治要求。除此之外，第42条规定：矿山企业应当采取科学的开采方法和选矿工艺，减少尾矿、矸石、废石等矿业固体废物的产生量和贮存量。

（2）生活垃圾污染环境的防治（43条至59条）。一方面对县级以上人民政府、地方环境卫生行政主管部门及城市人民政府的城乡生活垃圾污染防治进行了规定。另一方面，从工程施工单位、公共交通运输经营单位、开发建设单位的角度出发，明确了对垃圾的清扫、收集、运输、处置、规划等过程中的污染防治内容。

（3）建筑垃圾和农业固体废物污染环境的防治（60条至73条）。针对建筑垃圾：进一步确立了建筑垃圾分类处理制度，同时明确了国家、县级以上地方人民政府及工程施工单位的污染防治内容。针对农业固体废物：主要对废物回收利用体系建设、农业废弃物的收集、贮存、利用或者处理处置等内容进行了规定。

该法同时对生产者责任延伸制度、多渠道回收和集中处理制度进行了明确；同时也对产品和包装物的设计、制造与应用，以及污泥和实验室固废的处理、处置等制定了相关规定。

（4）危险废物的特殊要求（74条至91条）。危险废物污染环境的防治，适用本章规定。本章未作规定的，适用本法其他有关规定。《固体废物污染环境防治法》第75条明确规定：国务院生态环境主管部门应会同国务院有关部门制定国家危险废物名录、规定统一的废物鉴别标准、鉴别方法、识别标志和鉴别单位管理要求。国家危险废物名录应当动态调整。该法律同时对产生危险废物的单位、相关主管部门及危险废物的处理处置进行了相应规定。此外，该法律明确禁止将危险废物混入非危险废物中贮存，禁止经中华人民共和国过境转移危险废物。

与此同时，新版《国家危险废物名录》已于2016年8月1日起施行。与旧版相比，新版《名录》将危险废物调整为46大类别479种（362种来自原名录，新增117种），明确了医疗废物的管理内容，修改了危险废物与其他固体废物的混合物，以及危险废物处理后废物属性的判定说明，新增了危险废物豁免管理以及通过危险废物鉴别确定是危险废物时如何对其归类的说明。

此外，根据《危险废物鉴别标准通则》（GB 5085.7—2019），国家对于危险废物的法律认定主要有以下三种情况：①凡是列入国家危险废物名录的废物都是危险废物；②虽没有列入国家的危险废物名录的废物，但是根据国家规定的危险废物鉴别标准和鉴别方法，具有腐蚀性、毒性、易燃性、反应性中一种或一种以上危险特性的固体废物，属于危险废物；③对未列入《国家危险废物名录》且根据危险废物鉴别标准无法鉴别，但可能对人体健康或生态环境造成有害影响的固体废物，由国务院生态环境主管部门组织专家认定。企业作为危险废物污染防治的责任主体，应按照《危险废物贮存污染控制标准》（GB 18597—2001）以及《危险废物收集贮存运输技术规范》CHJ 2025—2012等标准规范，在危险废物贮存设施建设、运行和管理阶段有效管控环境风险。

四、环境噪声污染防治法

《中华人民共和国环境噪声污染防治法》（简称《环境噪声污染防治法》），由中华人民共和国第十三届全国人民代表大会常务委员会第七次会议于2018年12月29日修订通过并施行。为防治环境噪声污染，保护和改善生活环境，保障人体健康，促进经济和社会发展，制定本法。

1. 相关概念

《环境噪声污染防治法》第2条规定：本法所称环境噪声，是指在工业生产、建筑施工、交通运输和社会生活中所产生的干扰周围生活环境的声音。本法所称环境噪声污染，是指所产生的环境噪声超过国家规定的环境噪声排放标准，并干扰他人正常生活、工作和学习的现象。

防治噪声污染，需要采取综合性措施，其中，环境噪声污染防治法规和标准的颁布实施，是解决环境噪声危害的基本手段。

2. 适用范围和监督管理体制

（1）适用范围。《环境噪声污染防治法》第3条对本法的适用范围进行了规定：本法适用于中华人民共和国领域内环境噪声污染的防治。规定同时指出，因从事本职生产、经营工

作受到噪声危害的防治，不适用本法。

（2）监督管理体制。《环境噪声污染防治法》第4条至第6条明确了本法的监督管理体制，主要内容包括以下几个方面。

①国务院和地方各级人民政府应当将环境噪声污染防治工作纳入环境保护规划，并采取有利于声环境保护的经济、技术政策和措施。

②地方各级人民政府在制定城乡建设规划时，应当充分考虑建设项目和区域开发、改造所产生的噪声对周围生活环境的影响，统筹规划，合理安排功能区和建设布局，防止或者减轻环境噪声污染。

③国务院环境保护行政主管部门对全国环境噪声污染防治实施统一监督管理。县级以上地方人民政府环境保护行政主管部门对本行政区域内的环境噪声污染防治实施统一监督管理。各级公安、交通、铁路、民航等主管部门和港务监督机构，根据各自的职责，对交通运输和社会生活噪声污染防治实施监督管理。

3. 噪声污染防治措施规定

《噪声污染防治法》关于防治噪声污染的规定，主要包括以下四个方面。

（1）工业噪声的污染防治。《环境噪声污染防治法》第三章进行了相关规定。在城市范围内向周围生活环境排放工业噪声的，应当符合国家规定的工业企业厂界环境噪声排放标准。在工业生产中因使用固定的设备造成环境噪声污染的工业企业，必须按照国务院环境保护行政主管部门的规定，向所在地的县级以上地方人民政府环境保护行政主管部门申报拥有的造成环境噪声污染的设备的种类、数量以及在正常作业条件下所发出的噪声值和防治环境噪声污染的设施情况，并提供防治噪声污染的技术资料。造成环境噪声污染的设备的种类、数量、噪声值和防治设施有重大改变的，必须及时申报，并采取应有的防治措施。产生环境噪声污染的工业企业，应当采取有效措施，减轻噪声对周围生活环境的影响。

（2）建筑施工噪声的污染防治。《环境噪声污染防治法》第四章进行了相关规定。在城市市区范围内向周围生活环境排放建筑施工噪声的，应当符合国家规定的建筑施工场界环境噪声排放标准。在城市市区范围内，建筑施工过程中使用机械设备，可能产生环境噪声污染的，施工单位必须在工程开工十五日以前向工程所在地县级以上地方人民政府环境保护行政主管部门申报该工程的项目名称、施工场所和期限、可能产生的环境噪声值以及所采取的环境噪声污染防治措施的情况。在城市市区噪声敏感建筑物集中区域内，禁止夜间进行产生环境噪声污染的建筑施工作业，但抢修、抢险作业和因生产工艺上要求或者特殊需要必须连续作业的除外。因特殊需要必须连续作业的，必须有县级以上人民政府或者其有关主管部门的证明。前款规定的夜间作业，必须公告附近居民。

（3）交通运输噪声的污染防治。《环境噪声污染防治法》第五章进行了相关规定。在城市市区范围内行驶的机动车辆的消声器和喇叭必须符合国家规定的要求。机动车辆必须加强维修和保养，保持技术性能良好，防治环境噪声污染。机动车辆在城市市区范围内行驶，机动船舶在城市市区的内河航道航行，铁路机车驶经或者进入城市市区、疗养区时，必须按照规定使用声响装置。警车、消防车、工程抢险车、救护车等机动车辆安装、使用警报器，必须符合国务院公安部门的规定；在执行非紧急任务时，禁止使用警报器。城市人民政府公安机关可以根据本地城市市区区域声环境保护的需要，划定禁止机动车辆行驶和禁止其使用声响装置的路段和时间，并向社会公告。建设经过已有的噪声敏感建筑物集中区域的高速公路和城市高架、轻轨道路，有可能造成环境噪声污染的，应当设置声屏障或者采取其他有效的控制环境噪声污染的措施。在已有的城市交通干线的两侧建设噪声敏感建筑物的，建设单位应当按照国家规定间隔一定距离，并采取减轻、避免交通噪声影响的措施。

（4）社会生活噪声的污染防治。《环境噪声污染防治法》第六章进行了相关规定。在城市市区噪声敏感建筑物集中区域内，因商业经营活动中使用固定设备造成环境噪声污染的商业企业，必须按照国务院环境保护行政主管部门的规定，向所在地的县级以上地方人民政府环境保护行政主管部门申报拥有的造成环境噪声污染的设备的状况和防治环境噪声污染的设施的情况。新建营业性文化娱乐场所的边界噪声必须符合国家规定的环境噪声排放标准；不符合国家规定的环境噪声排放标准的，文化行政主管部门不得核发文化经营许可证，工商行政管理部门不得核发营业执照。经营中的文化娱乐场所，其经营管理者必须采取有效措施，使其边界噪声不超过国家规定的环境噪声排放标准。

五、海洋环境保护法

《中华人民共和国海洋环境保护法》（简称《海洋环境保护法》），由中华人民共和国第十二届全国人民代表大会常务委员会第二十四次会议于 2017 年 11 月 4 日修订通过。为了保护和改善海洋环境，保护海洋资源，防治污染损害，维护生态平衡，保障人体健康，促进经济和社会的可持续发展，制定本法。

1. 相关概念

《海洋环境保护法》第 94 条规定了有关用语的含义，主要包括：

（1）海洋环境污染损害，是指直接或者间接地把物质或者能量引入海洋环境，产生损害海洋生物资源、危害人体健康、妨害渔业和海上其他合法活动、损害海水使用素质和减损环境质量等有害影响。

（2）内水，是指我国领海基线向内陆一侧的所有海域。

（3）滨海湿地，是指低潮时水深浅于 6m 的水域及其沿岸浸湿地带，包括水深不超过 6m 的永久性水域、潮间带（或洪泛地带）和沿海低地等。

（4）海洋功能区划，是指依据海洋自然属性和社会属性，以及自然资源和环境特定条件，界定海洋利用的主导功能和使用范畴。

（5）渔业水域，是指鱼虾类的产卵场、索饵场、越冬场、洄游通道和鱼虾贝藻类的养殖场。

（6）油类，是指任何类型的油及其炼制品。

（7）油性混合物，是指任何含有油分的混合物。

（8）排放，是指把污染物排入海洋的行为，包括泵出、溢出、泄出、喷出和倒出。

（9）陆地污染源（简称陆源），是指从陆地向海域排放污染物，造成或者可能造成海洋环境污染的场所、设施等。

（10）陆源污染物，是指由陆地污染源排放的污染物。

2. 适用范围

《海洋环境保护法》第 2 条规定：该法适用于中华人民共和国内水、领海、毗连区、专属经济区、大陆架以及中华人民共和国管辖的其他海域。在中华人民共和国管辖海域内从事航行、勘探、开发、生产、旅游、科学研究及其他活动，或者在沿海陆域内从事影响海洋环境活动的任何单位和个人，都必须遵守本法。在中华人民共和国管辖海域以外，造成中华人民共和国管辖海域污染的，也适用本法。《海洋环境保护法》的适用范围不仅从空间上，而且从行为活动以及行为活动的主体个人与单位上都作了规定。

3. 监督管理体制

《海洋环境保护法》第二章第 7 至 19 条对该法的监督管理体制作了明确规定。

（1）国家海洋行政主管部门会同国务院有关部门和沿海省、自治区、直辖市人民政府根据全国海洋主体功能区规划，拟定全国海洋功能区划，报国务院批准。沿海地方各级人民政府应当根据全国和地方海洋功能区划，保护和科学合理地使用海域。

（2）国家根据海洋功能区划制定全国海洋环境保护规划和重点海域区域性海洋环境保护规划。毗邻重点海域的有关沿海省、自治区、直辖市人民政府及行使海洋环境监督管理权的部门，可以建立海洋环境保护区域合作组织，负责实施重点海域区域性海洋环境保护规划、海洋环境污染的防治和海洋生态保护工作。

（3）跨区域的海洋环境保护工作，由有关沿海地方人民政府协商解决，或者由上级人民政府协调解决。跨部门的重大海洋环境保护工作，由国务院环境保护行政主管部门协调；协调未能解决的，由国务院作出决定。

（4）国家根据海洋环境质量状况和国家经济、技术条件，制定国家海洋环境质量标准。沿海省、自治区、直辖市人民政府对国家海洋环境质量标准中未作规定的项目，可以制定地方海洋环境质量标准。沿海地方各级人民政府根据国家和地方海洋环境质量标准的规定和本行政区近岸海域环境质量状况，确定海洋环境保护的目标和任务，并纳入人民政府工作计划，按相应的海洋环境质量标准实施管理。

（5）国家和地方水污染物排放标准的制定，应当将国家和地方海洋环境质量标准作为重要依据之一。在国家建立并实施排污总量控制制度的重点海域，水污染物排放标准的制定，还应当将主要污染物排海总量控制指标作为重要依据。

（6）直接向海洋排放污染物的单位和个人，必须按照国家规定缴纳排污费。依照法律规定缴纳环境保护税的，不再缴纳排污费。向海洋倾倒废弃物，必须按照国家规定缴纳倾倒费。根据本法规定征收的排污费、倾倒费，必须用于海洋环境污染的整治，不得挪作他用。具体办法由国务院规定。

此外，该法规还就国家、地方及相关部门针对防治海洋污染的工艺设备、调查、监测、信息管理、突发事件处理处置、应急计划的制定等进行了职责、职能和体制的界定。

4. 海洋环境污染防治措施规定

（1）海洋生态保护。《海洋环境保护法》第三章第 20 条规定：国务院和沿海地方各级人民政府应当采取有效措施，保护红树林、珊瑚礁、滨海湿地、海岛、海湾、入海河口、重要渔业水域等具有典型性、代表性的海洋生态系统，珍稀、濒危海洋生物的天然集中分布区，具有重要经济价值的海洋生物生存区域及有重大科学文化价值的海洋自然历史遗迹和自然景观。对具有重要经济、社会价值的已遭到破坏的海洋生态，应当进行整治和恢复。第 21 条规定：国务院有关部门和沿海省级人民政府应当根据保护海洋生态的需要，选划、建立海洋自然保护区。同时，国家建立健全海洋生态保护补偿制度，规范海洋动植物引种、地区海洋环境建设、生态渔业建设等内容。

（2）陆源污染物对海洋环境污染损害的防治。《海洋环境保护法》第四章第 29 条至第 41

条相关规定指出：入海排污口位置的选择，应当根据海洋功能区划、海水动力条件和有关规定，经科学论证后，报设区的市级以上人民政府环境保护行政主管部门审查批准。环境保护行政主管部门在批准设置入海排污口之前，必须征求海洋、海事、渔业行政主管部门和军队环境保护部门的意见。在海洋自然保护区、重要渔业水域、海滨风景名胜区和其他需要特别保护的区域，不得新建排污口。在有条件的地区，应当将排污口深海设置，实行离岸排放。设置陆源污染物深海离岸排放排污口，应当根据海洋功能区划、海水动力条件和海底工程设施的有关情况确定，具体办法由国务院规定。

排放陆源污染物的单位，必须向环境保护行政主管部门申报拥有的陆源污染物排放设施、处理设施和在正常作业条件下排放陆源污染物的种类、数量和浓度，并提供防治海洋环境污染方面的有关技术和资料。排放陆源污染物的种类、数量和浓度有重大改变的，必须及时申报。与此同时，该法就油类、酸液、碱液、剧毒废液和高、中水平放射性废水、含病原体的医疗污水、生活污水和工业废水、含有机物和营养物质的工业废水、生活污水、含热废水，以及沿海农田、林场化学农药的施用等做出了明确的规定。同时，禁止经中华人民共和国内水、领海转移危险废物。

（3）海岸工程建设项目对海洋环境污染损害的防治。《海洋环境保护法》第五章第42条至第46条相关规定指出：新建、改建、扩建海岸工程建设项目，必须遵守国家有关建设项目环境保护管理的规定，并把防治污染所需资金纳入建设项目投资计划。在依法划定的海洋自然保护区、海滨风景名胜区、重要渔业水域及其他需要特别保护的区域，不得从事污染环境、破坏景观的海岸工程项目建设或者其他活动。

海岸工程建设项目的建设单位，必须在建设项目可行性研究阶段，编报环境影响报告书。环境影响报告书经海洋行政主管部门提出审核意见后，报环境保护行政主管部门审查批准。由于海岸工程建设项目污染海洋环境涉及面广，因此，环境保护行政主管部门在批准环境影响报告书之前，还必须征求海事、渔业行政主管部门和军队环境保护部门的意见。

海岸工程建设项目的环境保护设施，必须与主体工程同时设计、同时施工、同时投产使用。环境保护设施未经环境保护行政主管部门检查批准，建设项目不得试运行；环境保护设施未经环境保护行政主管部门验收，或者经验收不合格的，建设项目不得投入生产或者使用等。

（4）海洋工程建设项目对海洋环境污染损害的防治。《海洋环境保护法》第六章第47条至第54条相关规定指出：海洋工程建设项目必须符合海洋功能区划、海洋环境保护规划和国家有关环境保护标准，在可行性研究阶段，编报海洋环境影响报告书，由海洋行政主管部门核准，并报环境保护行政主管部门备案，接受环境保护行政主管部门监督。海洋工程建设项目的环境保护设施，必须与主体工程同时设计、同时施工、同时投产使用。环境保护设施未经海洋行政主管部门检查批准，建设项目不得试运行；环境保护设施未经海洋行政主管部门验收，或者经验收不合格的，建设项目不得投入生产或者使用。海洋工程建设项目，不得使用含超标准放射性物质或者易溶出有毒有害物质的材料。同时，对海洋石油钻探做出相关明确规定。

（5）倾倒废弃物对海洋环境的污染损害的防治。《海洋环境保护法》第七章第55条至第61条相关规定指出：任何单位未经国家海洋行政主管部门批准，不得向中华人民共和国管辖海域倾倒任何废弃物。需要倾倒废弃物的单位，必须向国家海洋行政主管部门提出书面申

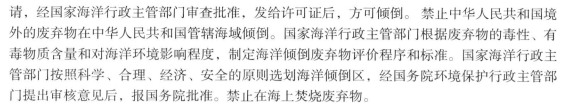

请，经国家海洋行政主管部门审查批准，发给许可证后，方可倾倒。禁止中华人民共和国境外的废弃物在中华人民共和国管辖海域倾倒。国家海洋行政主管部门根据废弃物的毒性、有毒物质含量和对海洋环境影响程度，制定海洋倾倒废弃物评价程序和标准。国家海洋行政主管部门按照科学、合理、经济、安全的原则选划海洋倾倒区，经国务院环境保护行政主管部门提出审核意见后，报国务院批准。禁止在海上焚烧废弃物。

（6）船舶及有关作业活动对海洋环境的污染损害的防治。《海洋环境保护法》第八章第62条至第72条相关规定指出：在中华人民共和国管辖海域，任何船舶及相关作业不得违反本法规定向海洋排放污染物、废弃物和压载水、船舶垃圾及其他有害物质。从事船舶污染物、废弃物、船舶垃圾接收和船舶清舱、洗舱作业活动的，必须具备相应的接收处理能力。船舶必须按照有关规定持有防止海洋环境污染的证书与文书，在进行涉及污染物排放及操作时，应当如实记录。船舶必须配置相应的防污设备和器材。船舶应当遵守海上交通安全法律、法规的规定，防止因碰撞、触礁、搁浅、火灾或者爆炸等引起的海难事故，造成海洋环境的污染等。

六、环境影响评价法

《中华人民共和国环境影响评价法》（简称《环境影响评价法》），由中华人民共和国第十三届全国人民代表大会常务委员会第七次会议于2018年12月29日修订通过并施行。为了实施可持续发展战略，预防因规划和建设项目实施后对环境造成不良影响，促进经济、社会和环境的协调发展，制定本法。

1. 环境影响评价的法律定义和原则

《环境影响评价法》第2条将环境影响评价定义为：对规划和建设项目实施后可能造成的环境影响进行分析、预测和评估，提出预防或者减轻不良环境影响的对策和措施，以及进行跟踪监测的方法与制度。

明确环境影响评价的适用范围是规划和建设项目，包括方法和制度两方面的含义。

（1）环境影响评价的分类。

①按照评价对象可分为：规划环境影响评价；建设项目环境影响评价。

②按照环境要素可分为：大气环境影响评价；地表水环境影响评价；土壤环境影响评价；声环境影响评价；固体废物环境影响评价；生态环境影响评价等。

③按照评价专题可分为：人群健康评价；清洁生产与循环经济分析；污染物排放总量控制；环境风险评价等。

④按照时间顺序可分为：环境质量现状评价；环境影响预测评价；规划环境影响跟踪评价；建设项目环境影响后评价。

《中华人民共和国环境保护法》和其他相关法律还规定："建设项目防治污染的设施，必须与主体工程同时设计，同时施工，同时投入使用。防治污染的设施必须经原审批环境影响报告书的环境保护行政主管部门验收合格后，该建设项目方可投入生产或者使用。""三同时"制度和建设项目竣工环境保护验收是对环境影响评价中提出的预防和减轻不良环境影响对策和措施的具体落实和检查，是环境影响评价的延续。从广义上讲，也属于环境影响评价的范畴。

（2）环境影响评价的原则。环境影响评价的原则包括四个方面：一是客观、公开、公正；二是要综合考虑实施后可能造成的影响；三是在考虑环境影响时要兼顾各种环境因素和其所构成的生态系统；四是要为决策提供科学依据，这不仅是环境影响评价的原则，也是环境影响评价的目的。

（3）《环境影响评价法》的修订特点。与旧法相比，此轮《环境影响评价法》修改了九大项内容，突出了四个特点，分别是：

①简化环评审批。环境影响登记表由审批制改备案制，今后审批部门只对环境影响报告书、环境影响报告表进行审批，对环境影响登记表实行备案管理，不再要求审批。

②取消环评机构资质行政许可。旧《环境影响评价法》规定，具有资质的环评机构才可以编制环评报告。然而，在实际操作中，由于需求的增加，很多有资质的环评机构会将自己的资质借出，倒卖资质成了一笔生意，从而产生了很多弊病。新《环境影响评价法》修订取消环评机构资质，规定建设单位也可自行编制环评报告，明确建设单位对其项目的环评报告承担主体责任。

③取消前置审批。行政审批简化是行政部门"放管服"（简政放权、放管结合、优化服务）改革的方向。《环境影响评价法》从立法角度取消了环评审批作为项目审批部门前置条件的依据。环评前置即建设项目需环评通过之后，其他审批等手续才可以开展。取消前置审批就意味着环评和后续内容可以同时审批。

④加强环境执法。取消环评机构资质行政许可以及取消环境影响报告编制单位的前置准入审批，并不意味着不管。相反，修订后的《环境影响评价法》对监督管理、责任追究作出了更加严格的规定。新《环境影响评价法》取消了对"未批先建"项目限期补办手续的情形，在责令停止建设后直接进行处罚，并增加了可以责令恢复原状的内容。处罚额度从环评法修订前的处以五万元以上二十万元以下改为项目总投资额百分之一以上百分之五以下。

2. 规划环境影响评价

（1）适用范围。《环境影响评价法》第7、8条规定：国务院有关部门、设区的市级以上地方人民政府及其有关部门，对其组织编制的土地利用的有关规划，区域、流域、海域的建设、开发利用规划，应当在规划编制过程中组织进行环境影响评价，编写该规划有关环境影响的篇章或者说明。国务院有关部门、设区的市级以上地方人民政府及其有关部门，对其组织编制的工业、农业、畜牧业、林业、能源、水利、交通、城市建设、旅游、自然资源开发的有关专项规划（以下简称专项规划），应当在该专项规划草案上报审批前，组织进行环境影响评价，并向审批该专项规划的机关提出环境影响报告书。

对县级（含县级市）人民政府组织编制的规划是否应进行环境影响评价，法律未作强制要求。至于县级人民政府所属部门及乡、镇级人民政府组织编制的规划，法律没有规定进行环境影响评价。

（2）评价要求

①规划环境影响评价的内容。《环境影响评价法》第7条和第10条分别规定了规划有关环境影响的篇章或者说明的内容以及专项规划环境影响报告书内容。例如：规定指出"规划有关环境影响的篇章或者说明，应当对规划实施后可能造成的环境影响作出分析、预测和评估，提出预防或者减轻不良环境影响的对策和措施，作为规划草案的组成部分一并报送规划审批机关。""专项规划的环境影响评价应包括如下内容：实施该规划对环境可能造成影响

的分析、预测和评估；预防或者减轻不良环境影响的对策和措施；环境影响评价的结论。"
《环境影响评价法》第15条指出，对环境有重大影响的规划实施后，编制机关应当及时组织环境影响的跟踪评价，并将评价结果报告审批机关；发现有明显不良环境影响的，应当及时提出改进措施。

《规划环境影响评价条例》，以《环境影响评价法》为依据。其作用在于：加强对规划的环境影响评价工作，提高规划的科学性，从源头预防环境污染和生态破坏，促进经济、社会和环境的全面协调可持续发展。《规划环境影响评价条例》的第1章（第1条~第6条）明确了该条例的目的、管理范围、原则、制度等内容。第2章（第7条~第14条）明确了规划环境影响评价的实施、编制及报送审批等相关内容。如第8条规定：对规划进行环境影响评价，应当分析、预测和评估以下内容：规划实施可能对相关区域、流域、海域生态系统产生的整体影响；规划实施可能对环境和人群健康产生的长远影响；规划实施的经济效益、社会效益与环境效益之间以及当前利益与长远利益之间的关系。第11条则指出：环境影响篇章或者说明应当包括规划实施对环境可能造成影响的分析、预测和评估（主要包括资源环境承载能力分析、不良环境影响的分析和预测以及与相关规划的环境协调性分析）；预防或者减轻不良环境影响的对策和措施（主要包括预防或者减轻不良环境影响的政策、管理或者技术等措施）。环境影响报告书除包括上述内容外，还应当包括环境影响评价结论（主要包括规划草案的环境合理性和可行性，预防或者减轻不良环境影响的对策和措施的合理性和有效性，以及规划草案的调整建议）。

②责任主体。《环境影响评价法》第12条规定：专项规划的编制机关在报批规划草案时，应当将环境影响报告书一并附送审批机关审查；未附送环境影响报告书的，审批机关不予审批。可见，无论规划环境影响评价文件由谁编制完成，规划环境影响评价的责任主体都是规划编制机关。

③规划环境影响评价的公众参与。《环境影响评价法》第5条规定：国家鼓励有关单位、专家和公众以适当方式参与环境影响评价。第11条规定：专项规划的编制机关对可能造成不良环境影响并直接涉及公众环境权益的规划，应当在该规划草案报送审批前，举行论证会、听证会，或者采取其他形式，征求有关单位、专家和公众对环境影响报告书草案的意见。但是，国家规定需要保密的情形除外。

④需进行环境影响评价的规划草案的报送。《环境影响评价法》第7条中规定：规划有关环境影响的篇章或者说明，应当对规划实施后可能造成的环境影响作出分析、预测和评估，提出预防或者减轻不良环境影响的对策和措施，作为规划草案的组成部分一并报送规划审批机关。

3.建设项目的环境影响评价

（1）分类管理。

①环境影响评价分类管理的原则规定。《环境影响评价法》第3章（第16条~第28条）以及2017年10月1日实施的《建设项目环境保护管理条例》第7条均存在如下相关规定：国家根据建设项目对环境的影响程度，对建设项目的环境影响评价实行分类管理。建设单位应当按照下列规定组织编制环境影响报告书、环境影响报告表或者填报环境影响登记表（以下统称环境影响评价文件）。a.可能造成重大环境影响的，应当编制环境影响报告书，对产生的环境影响进行全面评价；b.可能造成轻度环境影响的，应当编制环境影响报告表，对产

生的环境影响进行分析或者专项评价；c.对环境影响很小、不需要进行环境影响评价的，应当填报环境影响登记表。此外，建设项目的环境影响评价分类管理名录，由国务院环境保护行政主管部门在组织专家进行论证和征求有关部门、行业协会、企事业单位、公众等意见的基础上制定并公布。

②分类管理类别确定的具体要求。2017年6月29日发布并于2018年4月28日修订后公布的《建设项目环境影响分类管理名录》中第2条规定：建设项目特征和所在区域的环境敏感程度，是确定建设项目环境影响评价类别的重要依据。涉及环境敏感区的建设项目，应当严格按照本名录确定其环境影响评价类别，不得擅自改变环境影响评价类别。环境影响评价文件应当就该建设项目对环境敏感区的影响作重点分析。未作规定的建设项目，其环境影响评价类别由省级环境保护行政主管部门根据建设项目的污染因子、生态影响因子特征及其所处环境的敏感性质和敏感程度提出建议，报生态环境部认定。

《建设项目环境影响分类管理名录》所称环境敏感区主要包括生态保护红线范围内或者其外的下列区域：a.自然保护区、风景名胜区、世界文化和自然遗产地、海洋特别保护区、饮用水水源保护区；b.基本农田保护区、基本草原、森林公园、地质公园、重要湿地、天然林、野生动物重要栖息地、重点保护野生植物生长繁殖地、重要水生生物的自然产卵场、索饵场、越冬场和洄游通道、天然渔场、水土流失重点防治区、沙化土地封禁保护区、封闭及半封闭海域；c.以居住、医疗卫生、文化教育、科研、行政办公等为主要功能的区域，以及文物保护单位。

（2）文件编制要求。

①文件基本内容。《环境影响评价法》第17条和2017年10月1日修订的《建设项目环境保护管理条例》第8条对建设项目环境影响报告书的内容以及环境影响报告表、环境影响登记表的内容和格式做出了规定。建设项目环境影响报告书应包括以下内容：a.建设项目概况；b.建设项目周围环境现状；c.建设项目对环境可能造成影响的分析和预测；d.环境保护措施及其经济、技术论证；e.环境影响的经济损益分析；f.对建设项目实施环境监测的建议；g.环境影响评价的结论。环境影响报告表和环境影响登记表的内容和格式，由国务院环境保护行政主管部门制定。

②公众参与。实行公众参与是我国环境影响评价制度的一项重要内容，《环境影响评价法》第21条规定：除国家规定需要保密的情形外，对环境可能造成重大影响、应当编制环境影响报告书的建设项目，建设单位应当在报批建设项目环境影响报告书前，举行论证会、听证会，或者采取其他形式，征求有关单位、专家和公众的意见。建设单位报批的环境影响报告书应当附具对有关单位、专家和公众的意见采纳或者不采纳的说明。

③建设项目规划的环境影响评价。《环境影响评价法》第18条指出：建设项目的环境影响评价，应当避免与规划的环境影响评价相重复。作为一项整体建设项目的规划，按照建设项目进行环境影响评价，不进行规划的环境影响评价。已经进行了环境影响评价的规划包含具体建设项目，规划的环境影响评价结论应当作为建设项目环境影响评价的重要依据，建设项目环境影响评价的内容应当根据规划的环境影响评价审查意见予以简化。

（3）评价文件的审批。

①审批程序和时限。《环境影响评价法》第22条规定如下：建设项目的环境影响报告书、报告表，由建设单位按照国务院的规定报有审批权的环境保护行政主管部门审批。海洋

工程建设项目的海洋环境影响报告书的审批，依照《中华人民共和国海洋环境保护法》的规定办理。审批部门应当自收到环境影响报告书之日起六十日内，收到环境影响报告表之日起三十日内，分别作出审批决定并书面通知建设单位。国家对环境影响登记表实行备案管理。审核、审批建设项目环境影响报告书、报告表以及备案环境影响登记表，不得收取任何费用。

②建设项目环境保护对策措施的实施及后评价。《环境影响评价法》第27条规定：在项目建设、运行过程中产生不符合经审批的环境影响评价文件的情形的，建设单位应当组织环境影响的后评价，采取改进措施，并报原环境影响评价文件审批部门和建设项目审批部门备案；原环境影响评价文件审批部门也可以责成建设单位进行环境影响的后评价，采取改进措施。

建设项目环境影响后评价是指对正在进行建设或已经投入生产或使用的建设项目，在建设过程中或投产运行后，由于建设方案的变化或运行、生产方案的变化，导致实际情况与环境影响评价情况不符，针对其变化所进行的补充评价。

《环境影响评价法》中所说"产生不符合经审批的环境影响评价文件的情形的"一般包括以下几种情况：a.在建设、运行过程中产品方案、主要工艺、主要原材料或污染处理设施和生态保护措施发生重大变化，致使污染物种类、污染物的排放强度或生态影响与环境影响评价预测情况相比有较大变化。b.在建设、运行过程中，建设项目的选址、选线发生较大变化，或运行方式发生较大变化可能对新的环境敏感目标产生影响，或可能产生新的重要生态影响的。c.建设、运行过程中，当地人民政府对项目所涉及区域的环境功能做出重大调整，要求建设单位进行后评价的。d.跨行政区域、存在争议或存在重大环境风险的。

开展环境影响后评价有两方面的目的：一方面是对环境影响评价的结论、环境保护对策措施的有效性进行验证；另一方面是对项目建设中或运行后发现或产生的新问题进行分析。

（4）法律责任制度。《环境影响评价法》第4章（第29条～第34条）也对建设项目环境影响评价报告书、报告表、登记表编制及申报审核过程中所涉及的编制主体、建设主体和管理主体的职责及法律责任制度进行了明确规定。

如该法第32条第1款规定：建设项目环境影响报告书、环境影响报告表存在基础资料明显不实，内容存在重大缺陷、遗漏或者虚假，环境影响评价结论不正确或者不合理等严重质量问题的，由设区的市级以上人民政府生态环境主管部门对建设单位处五十万元以上二百万元以下的罚款，并对建设单位的法定代表人、主要负责人、直接负责的主管人员和其他直接责任人员，处五万元以上二十万元以下的罚款。第2款规定：接受委托编制建设项目环境影响报告书、环境影响报告表的技术单位违反国家有关环境影响评价标准和技术规范等规定，致使其编制的建设项目环境影响报告书、环境影响报告表存在基础资料明显不实，内容存在重大缺陷、遗漏或者虚假，环境影响评价结论不正确或者不合理等严重质量问题的，由设区的市级以上人民政府生态环境主管部门对技术单位处所收费用三倍以上五倍以下的罚款；情节严重的，禁止从事环境影响报告书、环境影响报告表编制工作；有违法所得的，没收违法所得。第3款规定：编制单位有上述违法行为的，编制主持人和主要编制人员五年内禁止从事环境影响报告书、环境影响报告表编制工作；构成犯罪的，依法追究刑事责任，并终身禁止从事环境影响报告书、环境影响报告表编制工作。

思考题

1. 中国环境保护法的定义、特点和目的是什么？其主要含义是什么？

2. 环境保护法效力体系由哪些部分构成？各个部分有哪些主要内容？

3. 环境保护法的基本原则有哪些？它们的共同特征是什么？

4. 什么是环境行政责任？环境行政责任有哪些特征？

5. 什么是环境污染损害的民事赔偿责任？环境污染损害的民事赔偿责任的特征有哪些？环境污染损害的民事赔偿责任的承担方式有几种？

6. 什么叫破坏环境犯罪的刑事责任？破坏环境犯罪刑事责任有哪些特征？

7. 什么是环境保护基本法？你认为中国的环境保护基本法的地位如何？

8. 中国环境保护基本法的主要内容有哪些？

9. 中国大气污染立法现状如何？中国在大气污染防治中采取了哪些措施？

10. 什么是水污染？中华人民共和国水污染防治法对水污染防治措施有哪些规定？

11. 什么是中华人民共和国环境影响评价法？其主要内容有哪些？

讨论题

1. 通过收集资料及相关案例分析，认识环境立法的重要性和必要性及环境保护与经济建设的关系问题，领会各类环境保护法律法规的深刻内涵。

2. 通过问卷调查和资料收集、案例分析等方式，明确中国环境保护法的主要防治措施，认识人们环保意识的提高和采取的相关措施是否得当，并对其与生态系统的恢复之间的关系进行探讨。

第三章　环境管理制度

从广义上讲，环境管理制度属于环境管理对策与措施的范畴，是从强化管理的角度确定环境保护实践应遵循的准则，是关于污染防治和生态保护管理思想的规范化指导，是具有中国特色的环境保护道路的重要组成部分，同时也是我国环境管理从无到有，并不断迈向新台阶的根本保证。切实有效地贯彻落实这些制度仍将是我们今后强化环境管理的主要措施。这些制度主要包括八项：环境影响评价制度，"三同时"制度，环境保护税制度，环境保护目标责任制，城市环境综合整治定量考核制度，排污许可证制度，污染集中控制制度和污染限期治理制度。

第一节　环境管理制度概述

一、环境管理制度存在的基本条件

作为一项管理制度，不论是经济管理制度、社会管理制度、技术管理制度，还是环境管理制度，都需要具备一定的条件——制度存在的基本要件，也叫作基本特征。制度存在的基本条件包括：强制性、规范性和可操作性。

（1）强制性。作为一项管理制度，首先要具有强制性特征。所谓强制性是指制度本身对行为主体、客体双方所具有的强制约束力，要求人们必须按照制度规定的内容和范围来履行自己的职责。由于管理制度的类型不同，制度的强制性也有区别。

具有国家法律法规地位的管理制度，其强制性与国家法律法规的强制性相同，如我国的环境影响评价和"三同时"制度就是具有国家法律、法规地位的管理制度。具有地方行政法规地位的管理制度，其强制性与地方行政法规的强制性一样。具有行业法规地位的管理制度，其强制性与行业法规的强制性一样。但在一般情况下，制度不等同于法律、法规。因此，一般性的管理制度其强制性小于法律、法规的强制性。

（2）规范性。作为一项管理制度，除了具有强制性以外，必然存在着相应的管理程序和管理办法。因而具有规范性特征，也叫作程序性特征，这是一切管理制度所具有的基本特征之一。

规范性是确保管理制度得以有效实施的基本条件，没有规范性，制度就无法操作和落实，人们就会在实践中无所遵循。例如财务管理制度、人事管理制度、企业仓储管理制度和环境影响评价制度等都规定了严格的执行程序、原则、管理办法。

（3）可操作性。作为一项管理制度，既规定了其实施的管理程序和管理办法，又同时规定了其具体的内容、要求和实施步骤，使制度便于实施和运作，这就是制度的可操作性，也叫作践性。制度的可操作性是将管理的目标、任务、要求和效果结合成为一个有机整体的程序化方法设计，也是管理理论与管理实践相统一的桥梁。

强制性、规范性和可操作性是任何一项管理制度所必须具备的基本要件，是判别管理措施成为管理制度的标准。可以说，制度首先是一种措施，只有同时具备上述三个基本要件的措施才能成为制度。同样，作为环境管理措施而言，也只同时具备了上述三个基本要件或特征才能成为环境管理制度。例如，推行清洁生产和 ISO14000 环境管理体系标准只能看作是重要的环境管理措施，而不能看作是环境管理制度。其原因就在于这两项措施不具备强制性特征。

在这里不难发现，我们熟知的所谓"八项环境管理制度"与上述意义的管理制度是有区别的。很显然，人们通常提到的污染集中控制制度实质上是一种可供选择的管理措施，其原因是污染集中控制不具有强制性、规范性和可操作性三个特征。在污染防治方面，国家没有明确规定在什么时候、什么条件下采用污染集中控制方案，国家也没有明确规定实施污染集中控制要遵循哪些程序和步骤，更没有明确规定不实施污染集中控制应当承担什么样的责任和应当受到什么样的经济、行政乃至法律的处罚。正因为缺少管理制度所具有的强制性、规范性和可操作性特征，污染集中控制在环境管理实践中发挥的作用是非常有限的，也早已失去了作为管理制度所具有的意义。

所以，我们要重新认识以往在环境保护实践中出现的各种管理制度，准确了解管理制度和措施之间的区别对我们今后的环境管理实践是大有好处的。

二、环境管理制度类型

环境管理制度有很多种类型，以中外环境管理制度为例，我们可以按照三种方法对其进行分类。

1. 按照制度的性质划分

按照制度的性质划分，环境管理制度可以分为四种类型。

（1）政策法规型。这是一类以国家有关政策、法规为基本依据和主要内容开展环境管理的制度。如中国地方性的建设项目环境预审和正在建立中的污染强制淘汰就是以国家环境保护产业政策、行业政策和技术政策为基本依据和内容的管理制度；"三同时"制度也是以国家环境法律、法规为基本依据的管理制度。

（2）技术法规型。这是一类以国家有关技术法规为基本依据和主要内容开展环境管理的制度。如建设项目环境影响评价制度就是以国家有关环境法律、法规为依据，以环境预测技术、决策技术为基本内容的一类管理制度。

（3）经济法规型。这是一类以国家有关经济法规为基本依据和主要内容开展环境管理的制度。如环保税制度就是以国家环境经济法律、法规为依据，以征收排污费为基本内容的管理制度。

（4）行政法规型。这是一类以国家有关行政法规和管理办法为依据，以行政管理为主要内容开展环境管理的制度。如中国地方政府环境保护目标责任制、城市环境综合整治定量考核和污染限期治理等环境管理制度就是以行政法规为依据，以行政命令和行政手段为主要内容的管理制度。

2. 按照制度的功能划分

按照制度的功能划分，环境管理制度可以分为三种类型。

（1）建设项目管理制度。这是一类以建设项目管理为主要内容开展环境保护的微观管理制度。如环境预审、环境影响评价、"三同时"制度等。这类制度是贯彻"预防为主"环境政策的环境管理制度。

（2）污染控制管理制度。这是一类以污染治理为主要内容开展环境保护的微观管理制度。如中国的排污收费（后改为环保税）、污染限期治理、污染强制淘汰和美国的排污交易制度等。这类制度是贯彻"谁污染、谁治理"环境政策的环境管理制度。

（3）区域行政管理制度。这是一类以区域行政管理为基本手段、以地方政府为执行主体开展环境保护的管理制度。如环境保护目标责任制、城市环境综合整治定量考核制度等。这类制度是体现地方政府对本辖区环境质量负责、贯彻强化管理这一环境政策、实现宏观管理与微观管理有机结合的管理制度，也可以认为是微观层次上的宏观管理制度。

3. 按照制度的层次划分

按照制度的层次划分，环境管理制度可分为两个类型。

（1）宏观管理制度。这是一类以强化宏观环境决策，促进经济增长方式转变为主要内容的管理制度。如环境保护目标责任制就属于此类制度。这类制度从国家角度规定了强化宏观调控、加强环境与发展综合决策、促进经济增长方式转变、增加环境保护投入等方面的对策、措施和要求。国家和各级地方政府是宏观管理制度的执行主体。宏观管理制度正处于产生和发展之中，是环境管理制度研究的重点任务和内容。

（2）微观管理制度。这是一类用以指导环境管理实践，环境管理部门可以运作和实施的具有程序化、规范化特点的环境保护具体规定。如上所述的环境影响评价、"三同时"、环保税、污染限期治理等都是微观管理制度，生态环境部门是这类制度的执行主体。到目前为止，微观管理制度基本趋于成熟，具有明显的强制性、规范性和可操作性特征，是中国环境管理制度的主体。

三、老三项制度与新五项制度

1. 老三项制度的作用与局限性

（1）老三项制度的作用。环境影响评价、"三同时"和排污收费等三项老制度对于我国20世纪70年代初以来，预防和控制污染，加强环境管理和环保队伍的自身建设等起到了十分重要的作用。这些作用主要表现如下：

①环境影响评价制度的作用。一是体现了预防为主的环境保护战略方针；二是基本保证了新建项目的合理选址、布局；三是对建设项目提出了超前的防治污染要求；四是强化了对建设项目的环境管理；五是促进了我国环境科学、监测技术的发展。

②"三同时"制度的作用。一是体现了预防为主的环境保护战略方针；二是通过将环境保护纳入基本建设程序，建设项目主体工程与污染防治设施同时设计、同时施工、同时投产，实现了经济与环保的协调发展；三是取得了较好的实效，对控制环境污染的发展起到了明显的作用。

③排污收费制度的作用。一是提高了企业的环境意识，促进企业加强环境管理；二是开辟了一条可靠的污染治理资金渠道；三是促进了环境保护事业自身建设的发展，保证了环保

事业稳定的资金渠道。

（2）老三项制度的局限性。老三项制度虽然还在自我完善中，但已比较成熟和配套。实践证明，这三项制度已发挥出了巨大作用，被称为"中国环境管理三大法宝"。然而，在进一步实践中，老三项制度远远不能解决日益发展的环境污染和破坏问题。从健全中国环境管理制度体系来看，老三项制度还存在着如下局限性：一是强调了预防新污染源，而强调控制老污染源不够；二是强调了浓度标准，而强调控制流失总量不够；三是强调了单项、点源、分散控制，而强调综合、区域、集中控制不够；四是强调了定性管理，而强调定量管理不够；五是强调了全国一个标准，而强调因排污及环境实际情况制宜不够；六是强调了生态环境部门的积极性，而强调各个部门的积极性不够，尤其是强调各级政府首长的环境保护职责不够。

2. 新五项制度的必要性及其重要作用

新五项制度的必要性及其重要作用主要表现在以下七个方面：

（1）新五项制度是社会实践的产物。中国的环境问题既有因历史原因而欠下的老账，又有不断发展的经济建设带来的新问题，要解决这些新老问题，靠大量的资金投入和先进的工艺技术显然不符合中国的基本国情。随着改革开放的不断深入，新的环境问题不断出现，中国的环境管理显然不能停留在过去的水平上，要上新台阶，这就需要有具体的制度和措施。新五项制度正是在这种背景下应运而生的，它的建立完全是社会实践的产物，体现了广大环保工作者坚持改革、大胆实践、实事求是、勇于探索的精神。

（2）新五项制度适应了中国的国情。中国环境问题的产生、发展和解决，既有国际间相似的共性，又有本国的特殊性。环境问题总是与经济问题和社会问题相互依存、互相制约的。中国人口多、底子薄，缺乏资金和技术，因而不能照搬发达国家解决环境问题的基本做法。

（3）推行五项制度，是强化环境管理的客观要求。环境管理涉及国民经济各个部门，牵扯社会各个方面，是一个复杂的管理系统，必须有综合的对策，多种的手段，不断完善和强化的管理办法和配套的制度来保证。从这种意义上来说，新的五项制度的推行和确立，是强化环境管理的客观要求和新发展。

（4）推行五项制度，是环保部门自身建设的重大改革。从某种意义上讲，推行五项制度不只是为约束管理对象，也是环保部门自身建设的重大改革。多年来，环境监测如何为环境管理服务是一个老大难问题，现在推行的目标责任制和综合整治定量考核制度，省长、市长都要亲自指挥和推行，这必然要求环保部门为其提供准确的监测数据和信息，以及与督促和考核制度全过程相配套的管理办法。然而，要适应这种新的要求，环保部门必须尽快提高人员素质，转变工作方式，从管理方法上进行重大改革。

（5）推行五项制度，标志着中国的环境管理已跨入实行定量和优化管理的新阶段。多年来，中国在环境管理上，一直处于点源治理和定性管理的水平上，污染集中控制、城市环境综合整治定量考核和污染限期治理、排污许可证，都是由点源防治向区域综合整治迈出的重要一步，都包含了丰富的由定性管理向定量管理转变的内容和具体指标。这种变化是中国环境管理的一大飞跃，标志着中国的环境管理开始步入规范化和优化管理的新阶段。

（6）推行五项制度，为控制和改善环境质量找到了新的综合动力。新五项制度具有以下几个明显特点。①五项制度为各级政府如何管理环境找到了较为系统的工作方式，确立了各级政府主要领导人和各个部门、企事业单位负责人的环境保护目标责任，这就从总体上解决了环保工作无人负责、无法负责、无权负责的体制上的弊端。②五项制度的推行，一是找到了多方进行污染治理的社会动力；二是找到了实现经济效益、社会效益和环境效益三统一的具体措施。③从污染治理的导向分析，五项制度有个明显的转机，就是要推进集中控制。多年的实践表明，检验环境污染治理的成效，主要看区域环境质量的改善。集中控制不仅可节约投资，而且能为改善环境质量提供直接、可靠的保证。④五项制度为动员社会力量参与环保工作提供了可行的途径。⑤五项制度的推行为实现政府的环保目标提供了保证，因为五项制度的一些具体指标就是根据政府的环保目标分解出来的。

（7）推行五项制度，为开拓和建立有中国特色的环境管理模式和道路，提供了新的框架和基础。

第二节　中国现行的环境管理制度

一、环境影响评价制度

1. 基本概述

环境影响评价制度是指在进行建设活动之前，对建设项目的选址、设计和建成投产使用后可能对周围环境产生的不良影响进行调查、预测和评估，提出防治措施，并按照法定程序进行报批的法律制度。该项制度，是实现经济建设、城乡建设和环境建设同步发展的主要法律手段。建设项目不但要进行经济评价，而且要进行环境影响评价，科学地分析开发建设活动可能产生的环境问题，并提出防治措施。

环境影响评价的作用主要体现在以下三个方面：其一，为建设项目合理选址提供依据，防止由于布局不合理给环境带来难以消除的损害；其二，基于对周围环境现状的调查，实现建设项目对环境影响的范围、程度和趋势预测，提出有针对性的环境保护措施；其三，为建设项目的环境管理提供科学依据。

需注意的是，环境影响评价不能代替环境影响评价制度。前者是评价技术，后者是进行评价的法律依据。

2. 主要内容

经过近50年的发展，我国环境影响评价制度体系已基本形成、并逐步完善。环境影响评价制度体系框架图如图3-1所示。由此可见，我国的环境影响评价制度的规定包括以下几个方面。

（1）规定了环境影响评价的适用范围。即对环境有影响的新建、改建、扩建、技术改造项目以及一切引进项目，包括区域建设项目都必须执行环境影响报告书审批制度。

（2）规定了评价的时机。即建设项目环境影响评价报告书（报告表）必须在项目的可行性研究阶段完成。

（3）规定了负责提出环境影响报告书的主体，即开发建设单位。

（4）规定了环境影响评价报告书和环境影响评价报告表的基本内容。

（5）规定了环境影响评价的程序，即规定了填写环境影响报告表或编制环境影响报告书的项目筛选程序，环境影响评价的工作程序和环境影响报告书的审批程序。

（6）规定了承担评价工作单位和资格审查制度。

（7）规定了环境影响评价的资金来源和评价费用的收取。

（8）规定了其他配套措施。如"三同时"制度、与其他部门配合的措施等。

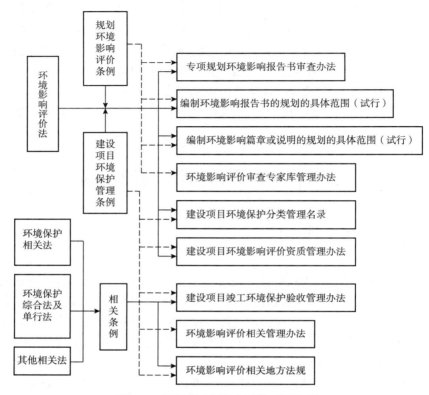

图 3-1　环境影响评价制度体系框架图

3. 工作程序

环境影响评价制度的实现应以开展环境影响评价为基础。环境影响评价的工作程序如图3-2所示，该项工作大体分为三个阶段。

第一阶段：准备阶段。主要工作为研究有关文件，进行初步的工程分析和环境现状调查，筛选重点评价项目，确定各单项环境影响评价的工作等级，编制评价大纲。

第二阶段：正式工作阶段，其主要工作为进一步做工程分析和环境现状调查，并进行环境影响预测和评价环境影响。

第三阶段：报告书编制阶段，其主要工作为汇总、分析第二阶段工作所得的各种资料、数据、给出结论，完成环境影响报告书的编制。

其后，公布报告书，广泛听取公众和专家意见。最终根据专家和公众意见，对方案进行必要的修改后报主管当局审批，从而落实环境影响评价制度。

4. 等级划分

（1）等级划分依据。环境影响评价工作等级是以下列因素为依据进行划分的：

建设项目的工程特点：工程性质、工程规模、能源及资源（包括水）的使用量及类型、污染物排放特点（排放量、排放方式、排放去向、主要污染物种类、性质、排放浓度）等。

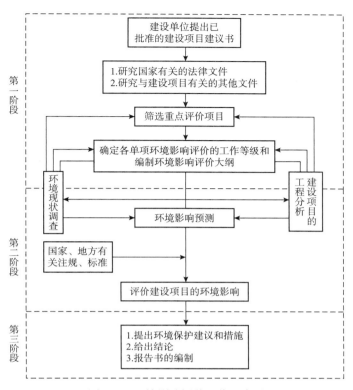

图 3-2 环境影响评价工作程序图

建筑项目所在地区的环境特征：这些特征主要有：自然环境特征、环境敏感程度、环境质量现状及社会经济环境状况等。

国家或地方政府所颁布的有关法规和相关标准：包括环境质量标准和污染物排放标准等。

（2）等级概要。环境影响的评价项目：根据环境的组成特征，建设项目的环境影响评价通常可进一步分解成对下列不同环境要素（或称评价项目）的评价，即：大气、地面水、地下水、噪声、土壤与生态、人群健康状况、文物与"珍贵"景观及日照、热、放射性、电磁波、振动等。建设项目对上述各环境要素的影响评价统称为单项环境影响评价（简称单项影响评价）。

环境影响评价工作等级：按照上述等级划分依据，可将上述各单项影响评价划分为三个工作等级。例如，大气环境影响评价划分为一级、二级、三级；地面水环境影响评价划分为一级、二级、三级，等，依此类推。一级评价最详细，二级次之，三级较简略。各单项影响评价工作等级划分的详细规定，可参阅相应的导则。一般情况，建设项目的环境影响评价包括一个以上的单项影响评价，每个项目影响评价的工作的等级不一定相同。

对于单项影响评价的工作等级均低于第三级的建筑项目，不需编制环境影响报告书，只需按国家颁发的《建设项目环境保护管理办法》（2018 年）填写"建设项目环境影响报告表"。对于建设项目中个别工作等级低于第三级的单项影响评价，可根据具体情况进行简单的叙述、分析或不做叙述、分析。

对于某一具体建设项目，在划分各评价项目的工作等级时，根据建设项目对环境的影响、所在地区的环境特征或当地对环境的特殊要求等情况可做适当调整。

5. 评价大纲

评价大纲应在开展评价工作之前编制，它是具体指导建设项目环境影响评价的技术文件，也是检查报告书内容和质量的主要判据，其内容应该尽量具体、详细。

评价大纲一般应按上述评价工作程序中所表明的顺序，并在充分研读有关文件、进行初步的工程分析和环境现状调查后编制。大纲一般应包括以下内容：

（1）总则。其中包括评价任务的由来、编制依据、控制污染与保护环境的目标、采用的评价标准、评价项目及其工作等级和重点等。

（2）建设项目概况。如为扩建项目应同时介绍现有工程概况等。

（3）拟建地区的环境简况（附位置图）。

（4）建设项目工程分析的内容与方法。根据当地环境特点、评价项目的环境影响评价工作等级与重点等因素，说明工程分析的内容、方法和重点。

（5）建设项目周围地区的环境现状调查。一般自然环境与社会环境的现状调查、环境中与评价项目关系较密切部分的现状调查（根据已确定的各评价项目工作等级、环境特点和影响预测的需要，尽量详细地说明调查参数、调查范围及调查的方法、时期、地点、次数等）。

（6）环境影响的预测性评价。根据各评价项目的工作等级、环境特点，尽量详细地说明预测方法、预测内容、预测范围、预测时段以及有关参数的估值方法等。如进行建设项目环境影响的综合评价，应说明拟采用的评价方法。

（7）评价工作成果清单。拟提出的结论和建议的内容。

（8）评价工作的组织、计划安排。

（9）评价工作经费概算。

在下列任意一种情况下应编写环境影响评价工作的实施方案，以作为大纲的必要补充：第一，由于必需的资料暂时缺乏，所编大纲不够具体，对评价工作的指导作用不足；第二，建设项目特别重要或环境问题特别严重，如规模较大、工艺复杂、污染严重等；第三，环境状况十分敏感。

评价的引用标准主要包括：HJ 2.1—2016《建设项目环境影响评价技术导则 总纲》HJ 2.2—2018《环境影响评价技术导则 大气环境》，HJ 2.3—2018《环境影响评价技术导则 地表水环境》，HJ 130—2019《规划环境影响评价技术导则 总纲》等。

6. 评价报告书

报告书1：总则、建设项目概况、工程分析、建设项目周围地区的环境现状、环境影响预测、评价建设项目的环境影响、环境保护措施的评述及技术经济论证（含各项措施的投资估算列表）、环境影响经济损益分析、环境监测制度及环境管理和环境规划的建议、环境影响评价结论。

工程分析：工程分析的原则、工程分析的对象、工程分析的重点、建设项目实施过程的阶段划分与工程分析、工程分析的方法。

现状调查：环境现状调查的原则和方法（收集资料法，现场调查法和遥感的方法）、环境现状调查内容（地理位置、地质、地形地貌、气候与气象、地面水环境、地下水环境、大气环境质量、土壤与水土流失、动植物与生态、噪声、社会经济、人口、工业与能源、农业与土地利用、交通运输、文物与"珍贵"景观、人群健康状况、其他）。

影响预测：建设项目环境影响预测的原则、建设项目环境影响预测的方法、建设项目环境影响时期的划分和预测环境影响时段、预测的范围、预测的内容、建设项目的厂址选择与环境影响预测。

评价影响：单项评价方法及其应用原则、多项评价方法及其应用原则。

报告书 2：编写原则、编写要求、内容（概括地描述环境现状、简要说明建设项目的影响源及污染源状况、概括总结环境影响的预测和评价结果、对环保措施的改进建议）。

7. 评价实施特点

在环境影响评价制度实施过程中，中国不仅很快吸收、消化了这条引进的制度，而且结合中国的国情进行了充实和发展，形成了一套完整的实施体系，其主要特点如下：

（1）把环境影响评价纳入到了基本建设的管理之中，使环境影响评价成为开发建设中不可分割的内容。

（2）把环境影响评价和"三同时"作为一个整体，防治污染和其他环境破坏活动。这种制度体系使环境污染预防从战略到决策成为一个有机的整体。实践证明，这个整体在我国污染预防中起到了关键性的作用。

（3）在环境影响评价制度中采用编写环境影响报告书和填写环境影响报告表相结合的灵活方式。在环境影响评价制度中，并不要求所有的开发建设活动都编写环境影响评价报告书，而是视项目对环境的影响程度采取编报告书和填报告表相结合的办法，这就给这项制度全面、合理的推广创造了条件。

随着环境影响评价制度的不断完善，这项制度的执行情况逐年好转。从编制的报告书质量看，已从 20 世纪 80 年代初的一般性评价，逐步转向实用性评价，尤其是国家规定评价内容的基本要求后，评价报告书的质量迅速提高，很多报告书成为项目决策的重要依据，并为项目的选址、产品方向、建设计划和规模以及建成后的环境监测和管理提供了科学依据。

二、"三同时"制度

1. 基本概述

"三同时"制度来自我国 20 世纪 70 年代初防治污染工作的实践。《中华人民共和国环境保护法》（2015 年）第 26 条亦规定："建设项目中防治污染的措施，必须与主体工程同时设计、同时施工、同时投产使用。防治污染的设施必须经原审批环境影响报告书的环保部门验收合格后，该建设项目方可投入生产或者使用。"这一规定在我国环境立法中通称为"三同时"制度。因此，所谓"三同时"是指新扩改项目和技术改造项目的环保设施要与主体工程同时设计、同时施工、同时投产。这项制度的诞生标志着我国在控制新污染的道路上迈上了新的台阶，同时，这项制度与环境影响评价制度相辅相成，成为防治新污染和破坏的两大"法宝"，是中国预防为主方针的具体化、制度化。

2. 具体内容与实施特点

（1）具体内容。"三同时"的具体内容主要包括以下几点：

第一，建设项目的初步设计，应当按照环境保护设计规范的要求，编制环境保护篇章，并依据经批准的建设项目环境影响报告书或者环境影响报告表，在环境保护篇章中落实防治环境污染和生态破坏的措施以及环境保护设施投资概算。

第二，建设项目的主体工程完工后，需要进行试生产的，其配套建设的环境保护设施必须与主体工程同时投入试运行。

第三，建设项目试生产期间，建设单位应当对环境保护设施运行情况和建设项目对环境的影响进行监测。

第四，建设项目竣工后，建设单位应当向审批该建设项目环境影响报告书、环境影响报告表或者环境影响登记表的环境保护行政主管部门，申请该建设项目需要配套建设的环境保护设施竣工验收。

第五，分期建设、分期投入生产或者使用的建设项目，其相应的环境保护设施应当分期验收。

第六，环境保护行政主管部门应当自收到环境保护设施竣工验收申请之日起30日内，完成验收。

第七，建设项目需要配套建设的环境保护设施经验收合格，该建设项目方可正式投入生产或者使用。

（2）实施特点。

第一，由于"三同时"立法的加强，"三同时"执行率逐年上升，目前大中型项目的"三同时"执行率已近100％，大中型项目中违反"三同时"的情况越来越少。

第二，小型项目，尤其是乡镇、私营企业违反"三同时"的情况比较普遍，而执法工作比较薄弱。

第三，为便于因地制宜地落实"三同时"，各地根据国家法律、法规制定了很多"三同时"实施细则，重点解决了"三同时"的执法程序和执法中可能出现的众多问题，使建设单位、设计单位、项目主管部门与环境保护主管部门均能有章可循，从而为"三同时"的实施奠定了基础。

第四，实施中注重了各相关部门的联合。"三同时"的实施涉及很多部门，其中尤其与计划、经济、金融、建设及行业主管部门的关系最为密切。实施中这些部门的协调是把住"三同时"的关键。同时，通过联合执法，在很大程度上杜绝了违反"三同时"制度的项目开工投产的可能性。

第五，实施中逐渐注重了对违反"三同时"的处罚，尤其是在处罚建设单位的同时，加强了对主要责任人员的处罚，使违反"三同时"的法律责任更加具体、明确。

3.如何有效实施"三同时"制度

由于各地区基本条件不同，在实施"三同时"制度上必然存在着差异，但总体而言，要贯彻落实这项制度必须从以下几个方面着手。

（1）因地制宜，制定地方实施规章。根据国家法律、法规制定地方细则是切实可行地贯彻"三同时"的关键一步。在制定地方实施规章时，应结合当地建设项目管理的实际情况和当地经济环境协调发展的基本战略。对于违反"三同时"制度的处罚办法应该具体，便于公平合理地执法。

（2）进一步加强各部门的协作，尤其是要注重强调政府环境部门以外的其他部门的环保工作积极性，依法层层把关。各相关部门共同监督建设单位的"三同时"实施是保证这项制度切实落实的重要因素。

（3）依法落实各部门的职责和权限，做到分工明确、各负其责。

（4）加强宣传，结合环境保护目标责任制的实施，提高各级领导对"三同时"制度重要性认识，并保证这项制度的贯彻落实。

三、环境保护税制度

1. 基本概述

环境保护税制度由原来的排污收费制度演变而来。该项制度的出台，标志着生态环境损害赔偿制度改革已从先行试点进入全国试行阶段。

环境保护税制度，是指向环境排放污染物或超过规定的标准排放污染物的排污者，依照国家法律和有关规定按标准交纳环境保护税的制度。征收环境保护税的根本目的在于"环保"，即促使排污者加强经营管理，节约和综合利用资源，治理污染，改善环境；"税"只是手段。环境保护税制度是实现排污费制度向环境保护税制度的平稳转移，同时也是"污染者付费"原则的体现，可以使污染防治责任与排污者的经济利益直接挂钩，促进经济效益、社会效益和环境效益的统一。缴纳环境保护税的排污单位出于自身经济利益的考虑，必须加强经营管理，提高管理水平，以减少排污，并通过技术改造和资源能源综合利用以及开展节约活动，改变落后的生产工艺和技术，淘汰落后设备，大力开展综合利用和节约资源、能源，推动企业事业单位的技术进步，提高经济和环境效益。

2. 环境保护税制度的主要内容与基本原则

（1）主要内容。环境保护税制度是以总量控制为原则、以环境标准为法律界限的新的税收框架体系。其核心内容体现在三个方面。

①专门性的环境污染税，即国家为了限制污染，向污染者征收的一种专门税收，其用途限于环境治理；

②资源税，即国家对自然资源的开发和利用者征收的一种专门税收，其目的是实现可持续发展；

③其他与自然环境、环境保护相关的税种，如消费税、所得税、增值税等税种。

（2）基本原则

①税收法定的原则。

②强制征收的原则。

③属地分级征收的原则。

④征收程序法定化的原则：排污单位申报—生态环境部门核定；环境保护税征收—环境保护税缴纳—不按照规定缴纳，经责令限期缴纳拒不履行的强制征收。

⑤征收时限固定的原则：按月计算，按季申报缴纳。不能按固定期限计算缴纳的，可以按次申报缴纳。

⑥政务公开的原则：通过电视、报纸、广播、互联网等向社会公告。

⑦上级强制补缴追征的原则。

⑧特殊情况下可实行减、免、缓的原则。

⑨缴纳排污费不免除其他法律责任的原则。

此外，税务机关依照我国2018年1月1日起实施的《中华人民共和国环境保护税法》及相关规定进行征收，生态环境主管部门依据有关环境保护法律法规的相关规定负责对污染物进行监测管理。县级以上地方人民政府应当建立税务机关、生态环境主管部门和其他相关单位分工协作工作机制，加强环境保护税征收管理，保障税款及时足额入库。生态环境主管部门和税务机关应当建立涉税信息共享平台和工作配合机制。

3. 环境保护税工作基本程序与实施特点

（1）工作基本程序。纳税人应当向应税污染物排放地的税务机关申报缴纳环境保护税。纳税人申报缴纳时，应当向税务机关报送所排放应税污染物的种类、数量，大气污染物、水污染物的浓度值，以及税务机关根据实际需要要求纳税人报送的其他纳税资料。税务机关应当将纳税人的纳税申报数据资料与生态环境主管部门交送的相关数据资料进行比对。税务机关发现纳税人的纳税申报数据资料异常或者纳税人未按照规定期限办理纳税申报的，可以提请生态环境主管部门进行复核，生态环境主管部门应当自收到税务机关的数据资料之日起十五日内向税务机关出具复核意见。税务机关应当按照生态环境主管部门复核的数据资料调整纳税人的应纳税额。

（2）实施特点。经过 30 多年的实践和改革，中国排污收费制度向环境保护税制度实现平稳转移。

第一，中国的排污收费制度是在全国范围内，对污水、废气、固体废物、噪声、放射性等多种污染物的各种污染因子，按照标准收取费用。国外尚未见到收费地域如此之广，收费种类和收费因子如此之多的报道。

第二，在中国的环境经济政策体系中，排污收费制度的经济学特色最浓，包括了收费、罚款、财政和金融等多种经济手段，尽管其中有些还未充分发挥其应有的作用。

第三，中国排污收费的法规体系由相对完整的四个层次组成，包括全国人大颁布的法律，国务院制定的行政法规，各省、自治区、直辖市制定的地方法规，中央和地方政府部门的规章。

第四，在排污收费制度基础上形成的环境保护税制度，是我国第一部专门的"绿色税制"，推进了生态文明建设的单行税法。设立环境保护税，有利于解决排污费制度存在的执法刚性不足、行政干预等问题，有利于提高纳税人生态环境意识和税法遵从度，强化企业治污减排责任。

然而，需要指出的是，环境保护税具有其独特的技术规范，因此在实际征收过程中会遇到一些征收难点。

4. 环境保护税的征收对象和征收方法

（1）征收对象。《中华人民共和国环境保护税法》中第一章第 2 条规定：在中华人民共和国领域和中华人民共和国管辖的其他海域，直接向环境排放应税污染物的企业事业单位和其他生产经营者为环境保护税的纳税人，应当依照本法规定缴纳环境保护税。第 5 条规定：依法设立的城乡污水集中处理、生活垃圾集中处理场所超过国家和地方规定的排放标准向环境排放应税污染物的，应当缴纳环境保护税。企业事业单位和其他生产经营者贮存或者处置固体废物不符合国家和地方环境保护标准的，应当缴纳环境保护税。

《中华人民共和国环境保护税法》中第一章第 4 条指出，有下列情形之一的，不属于直接向环境排放污染物，不缴纳相应污染物的环境保护税：①企业事业单位和其他生产经营者向依法设立的污水集中处理、生活垃圾集中处理场所排放应税污染物的；②企业事业单位和其他生产经营者在符合国家和地方环境保护标准的设施、场所贮存或者处置固体废物的。

（2）征收方法。环境保护税的税目、税额，依照本法所附《环境保护税税目税额表》执行。应税污染物的计税依据为：①应税大气污染物按照污染物排放量折合的污染当量数确定；②应税水污染物按照污染物排放量折合的污染当量数确定；③应税固体废物按照固体废物的排放量确定；④应税噪声按照超过国家规定标准的分贝数确定。此外，应税大气污染物、水污染物的污染当量数，以该污染物的排放量除以该污染物的污染当量值计算。每种应税大气污染物、水污染物的具体污染当量值，依照本法所附《应税污染物和当量值表》执行。

环境保护税应纳税额的计算方法如下：①应税大气污染物的应纳税额为污染当量数乘以具体适用税额；②应税水污染物的应纳税额为污染当量数乘以具体适用税额；③应税固体废物的应纳税额为固体废物排放量乘以具体适用税额；④应税噪声的应纳税额为超过国家规定标准的分贝数对应的具体适用税额。

除此之外，符合如下 6 个方面的要求时，可以试用环境保护税减免的原则：①农业生产（不包括规模化养殖）排放应税污染物的；②机动车、铁路机车、非道路移动机械、船舶和航空器等流动污染源排放应税污染物的；③依法设立的城乡污水集中处理、生活垃圾集中处理场所排放相应应税污染物，不超过国家和地方规定的排放标准的；④纳税人综合利用的固体废物，符合国家和地方环境保护标准的；⑤国务院批准免税的其他情形；⑥纳税人排放应税大气污染物或者水污染物的浓度值低于国家和地方规定的污染物排放标准百分之三十的，减按百分之七十五征收环境保护税。纳税人排放应税大气污染物或者水污染物的浓度值低于国家和地方规定的污染物排放标准百分之五十的，减按百分之五十征收环境保护税。

四、环境保护目标责任制

1. 基本概述

环境保护目标责任制是以社会主义初级阶段的基本国情为基础，以现行法律为依据，以责任制为核心，以行政制约为机制，把责任、权力、利益和义务有机地结合在一起，明确了地方行政首长在改善环境质量上的权力、责任和义务。在现有的环境质量和所制定的环境目标之间，铺设了一座桥梁；使人们经过努力，能够逐步改善环境质量，达到既定的环境目标。它具有以下四项内涵：①以社会主义初级阶段的基本国情为基础；②以现行法律如《中华人民共和国宪法》《中华人民共和国环境保护法》等为依据；③以责任制为中心，有效解决资源配置无人负责或责任不明的严重弊端；④以行政制约为机制。由上可见，环境保护目标责任制具有完整的科学内涵，它是我国环境管理体制的重大改革，随着实践的深入，它的意义将更加深远，它的作用也将更加显著。因此，环境保护目标责任制是一种具体落实地方各级人民政府和有污染的单位对环境质量负责的行政管理制度。这项制度有助于确定一个区域、一个部门乃至一个单位环境保护的主要责任者和责任范围，运用目标化、定量化、制度化的管理方法，把贯彻执行环境保护这一基本国策作为各级领导的行为规范，推动环境保护工作的全面、深入发展。

环境保护目标责任制的出台，是我国环境管理思想发展到一定阶段的产物。中国环境管理思想的演变，大体经历了由单纯治理为主到以管促治，由点源单项治理到区域综合防治，由定性为主的浓度控制到以定量为主的总量控制发展的过程。其实质就是变微观操作为宏观调控，逐步使污染物从无组织排放变为有组织排放，进而减少排放。而转变环境管理机构的职能，分清职责，明确责任主体和实行目标管理，则是实现上述转变的先决条件，也是实现环境目标责任制的先决条件。

2. 作用和功能

环境保护目标责任制是各项环境管理制度和措施的"龙头"，具有全局性的影响。责任制的容量很大，各地可以根据本地区的实际情况，确定责任制的指标体系和考核方法，既可以有质量指标，也可以有为达到质量所要完成的工作指标；既可以将三项老制度纳入责任状，也可以将其他五项新制度和措施纳入责任状。因此，重点抓好环境保护目标责任制的落实，可以收到纲举目张的效果。

环境保护目标责任制的主要功能主要表现在以下几个方面。

（1）加强了各级政府对环境保护的重视和领导，环境保护开始真正列入各级政府的议事日程，使这项基本国策得到了有效贯彻。

（2）有利于把环境保护纳入国民经济和社会发展计划及年度工作计划，疏通了环境保护和资金渠道，使环保工作落在了实处。

（3）有利于协调政府各部门齐抓共管环保工作，调动了各方面的积极性，改变了过去环保部门孤军作战的局面。

（4）有利于由单项治理、分散治理转向区域综合防治，实现了大环境的改善。

（5）有利于把环保工作从软任务变成硬指标，实现由一般化管理向科学化、定量化、规范化转变。

（6）加强了环保机构建设，强化了环保部门的监督管理职能。

（7）增加了环保工作的透明度，有利于动员全社会对环境保护的参与和监督。

3. 实施特点

环境保护目标责任制产生至现在，经过不断充实和发展，逐步形成了如下特点。

（1）有明确的时间和空间界限，一般以一届政府的任期为时间界限，以行政单位所辖地域为空间界限。

（2）有明确的环境质量目标和定量要求，有可分解的质量指标。

（3）有明确的年度工作指标。

（4）有配套的措施、支持保证系统和考核与奖惩办法。

（5）有定量化的监测和控制手段。

上述特点说明该项制度具有很强的可操作性，便于发挥功能，能够起到改善环境质量的重大作用。

4. 环境保护目标责任制的实施程序

实施环境保护目标责任制是一项复杂的系统工程，涉及面广，政策性和技术性强。其工作程序大致分为以下四个阶段。

（1）制定阶段。各级政府组织有关部门和地区，根据环境目标的要求，通过广泛调查研究和充分协商，确定实施责任制的基本原则，建立指标体系，制定责任书的具体内容。

（2）下达阶段。责任书制定后，以签订"责任状"的形式，把责任目标正式下达，将各项指标逐级分解，层层建立责任制，使任务落实，责任落实。

（3）实施阶段。在各级政府的统一指导下，责任单位按各自承担的任务，分头组织实施。政府和有关部门对责任书的执行情况定期调度检查，采取有效措施，以保证责任目标的完成。

（4）考核阶段。责任书期满，先逐级自查，然后由政府组织力量，对完成情况进行考核。根据考核结果，给予奖励或处罚。

5. 目标责任书的制定与指标体系的建立

（1）责任书制定的原则。①明确地方政府行政首长和企业法人代表对本地区、本企业环境质量应负的责任，着眼于区域、流域和行业的环境综合整治和大环境的改善，把环境保护的各项任务作为"硬指标"，做到目标化、定量化、制度化管理。②以国民经济与社会发展计划、环保计划以及本地区的城市规划、国土整治规划和环境规划为依据，确定责任目标。③根据国家要求和本地区、本行业的实际情况，抓住重点，兼顾一般。④环境质量指标要与具体工作指标相结合，长期打算与近期安排相结合。⑤指标的制定应当本着积极稳妥的原则，既高标准严要求、有一定的难度，又要实事求是，科学合理。⑥责任书规定的任务由地方和企业领导总"承包"，同时还要明确各项指标的具体承办单位，使指标逐级分解、落实。

（2）责任书制定的程序。①环保部门成立专门班子，代表政府进行调查研究，提供责任书的制定原则和指标体系。②根据原则和指标体系，在摸清现状和底数的基础上，提出各项指标的具体内容和定额。③会同有关部门审查初步方案，根据各地区、各行业的实际情况进行综合平衡。④呈报环委会或政府办公会审议公布。

（3）责任书的指标体系。环境保护责任书的指标体系一般分为两部分：一是本届政府的环境目标；二是分年度的工作指标，其中包括四大工作任务，如图3-3所示。

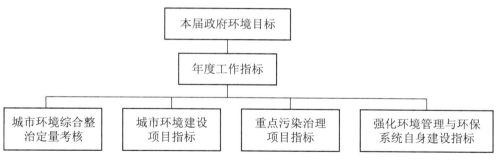

图3-3　责任书的指标体系

6. 环境保护目标责任制的实施保证

要切实有效地实施环保目标责任制，应考虑以下几个问题。

（1）下达责任书要采取有效的形式，最好采用公开举行签字仪式的办法。

（2）根据责任书的内容，要层层分解指标，落实任务。

（3）加强领导，定期调度检查。

（4）建立环境保护责任书执行档案。

（5）发挥环保部门的监督管理职能。

（6）加强宣传，大造声势，鼓励群众和社会监督。

（7）建立严格的考核与奖惩制度。

五、城市环境综合整治定量考核制度

1. 基本概述

1988年，国务院环境保护委员会在总结各地经验的基础上发布了《关于城市环境综合整治定量考核的决定》，要求自1989年1月1日起实施城市环境综合整治定量考核工作。1989

年1月，国务院环境保护委员会又发布了《关于下达〈关于城市环境综合整治定量考核实施办法（暂行）〉的通知》。在1989年4月第三次全国环境保护会议上把定量考核作为环境保护工作的重要制度并提出了一些具体要求。从此，城市环境综合整治定量考核作为一项制度纳入了城市政府的议事日程，在国家直接考核的32个城市和省（自治区）考核的城市中普遍开展起来。依据《"十二五"城市环境综合整治定量考核指标及其实施细则（征求意见稿）》，现行的城市环境综合整治定量考核指标包含环境质量指标、污染控制指标、环境建设指标、环境管理指标4个方面，共16项。

所谓城市环境综合整治，就是把城市环境作为一个系统，一个整体，运用系统工程的理论和方法，采取多功能、多目标、多层次的综合战略、手段和措施，对城市环境进行综合规划、综合管理、综合控制，以最小的投入换取城市质量优化，做到经济建设、城乡建设、环境建设同步规划、同步实施、同步发展，从而使复杂的城市环境问题得以解决。这项制度要对环境综合整治的成效、城市环境质量，制定量化指标，进行考核，每年评定一次城市各项环境建设与环境管理的总体水平。

2. 定量考核的对象和范围

根据市长要对城市的环境质量负责的原则，城市环境综合整治定量考核的主要对象是城市政府。考核范围主要分为三级。

（1）全市域：包括城区、郊区和市辖县、县级市。

（2）市辖区：包括城区、郊区，不包括市辖县、县级市。

（3）建成区：按《建设部关于印发城市建设统计指标解释的通知》，"十二五"期间城市环境综合整治定量考核的建成区范围，是指市辖区建成区。

3. 定量考核的指标

"十二五"期间，定量考核的内容包括环境质量指标（37%）、污染控制指标（34%）、环境建设指标（19%）、环境管理指标（10%），共计16项指标，总计100分。

其中，考核城市环境质量的指标有5项，计37分，包括：环境空气质量（15分）、集中式饮用水水源水质达标率（8分）、城市水环境功能区水质达标率（8分）、区域环境噪声平均值（3分）、交通干线噪声平均值（3分）。

考核城市污染控制能力的指标有6项，计34分，包括：清洁能源使用率（2分）、机动车环保定期检测率（5分）、工业固体废物处置利用率（2分）、危险废物处置率（12分）、工业企业排放稳定达标率（10分）、万元GDP主要工业污染物排放强度（3分）。

考核城市环境建设水平的指标有3项，计19分，包括：城市生活污水集中处理率（8分）、生活垃圾无害化处理率（8分）、城市绿化覆盖率（3分）。

考核城市环境管理水平的指标有2项，计10分，包括：环境保护机构和能力建设（7分）和公众对城市环境保护的满意率（3分）。

4. 考核内容及形式

（1）考核内容。每项指标均包括指标定量考核内容和工作定性考核内容两部分。

（2）考核形式。指标定量考核：数据；工作定性考核：城市上报自评结果；省级环保部门和环境保护部按照"工作考核计分表"开展现场核查；现场核查对象包括现场点位、下发的相关文件、有关部门正式发布的统计表、工作总结、成果通报等（如未正式发布的，以有关部门盖章为准）。

（3）考核计分。指标定量考核为得分制，得分按计分方法计算；工作定性考核为扣分制（注明"加分项"的除外），完成不得分，未完成即扣分（得负分）。指标总得分为指标定量考核得分与工作定性考核扣分之和。省级环境保护部门对辖区内得分排名第一的城市和排名变动较大的城市进行现场审核，生态环境部对省级环境保护部门审核情况和部分城市数据上报情况开展现场审核。如在生态环境部或省级环境保护部门开展的监督、审核工作中，发现城市指标定量考核数据出现虚报、瞒报、漏报或未按要求计算、报送等情况，该项指标扣除上报分值的60%；城市工作定性考核出现虚报、瞒报、漏报或与实际情况不符等情况，该工作考核项目计为0分。上述两种情况均通报相关责任部门与个人。标示"*"指标项为监督考核项，即城市水环境功能区水质达标率、机动车环保定期检验率、危险废物处置率、工业企业排放稳定达标率4项指标。如该项指标得分超过指标分值85%以上，城市需向上级环境保护部门申请现场核实，经核实后方可获得实际分数。未提出申请的，该项指标得分不超过指标分值的85%。

5. 城市环境综合整治定量考核的实施

（1）制定定量考核的规划和目标。"规划目标"是定量考核的依据，"规划目标"由市政府组织有关部门按考核指标，编制任期内综合整治规划，并制定年度计划和措施，纳入国民经济和社会发展计划之中。

（2）考核指标层层分解，落实到基层。按照"分工管理、各司其职"的原则，将定量考核指标，按市、区和有关局、委，层层分解，落实到基层，实行承包责任制，各负其责。

（3）明确责任，建立制度。为了使定量考核落到实处，指标分解后，要建立市长、区长及各有关部门领导的"目标责任制"，将各有关领导承担的环境综合整治责任法律化、制度化。

（4）监督检查与考核评比。根据《城市环境综合整治定量考核监督管理办法》，各省、自治区、直辖市政府和环保部门要对开展定量考核的城市进行经常性监督，保证定量考核工作按规定执行，防止弄虚作假，走过场。同时还要建立定量考核责任制的普查、抽查制度，以保证定量考核的质量。

六、排污许可证制度

排污申报登记制度已于2010年废止。之后，国家并未专门针对排污申报登记制度颁布法律法规。排污单位进行排污登记是履行排污许可证制度的有关要求。

1. 基本概况

排污许可证制度是以改善环境质量为目标，以污染物总量控制为基础，核定排污单位许可排放污染物种类、数量及排放去向后，发放排污许可证的制度，是一项具有法律含义的行政管理制度。排污登记是实行排污许可证制度的基础，排污许可证制度只对重点区域、重点污染源单位的主要污染物排放实行定量化管理，是对排污者排污的定量化。

实施排污许可证制度的主要目的有：

（1）衔接整合相关环境管理制度。①建立健全企事业单位污染物排放总量控制制度；②有机衔接环境影响评价制度。

（2）规范有序发放排污许可证。①制定排污许可管理名录；②规范排污许可证核发；③合理确定许可内容；④分步实现排污许可全覆盖。

（3）严格落实企事业单位环境保护责任。①落实按证排污责任；②实行自行监测和定期报告。

（4）加强监督管理。①依证严格开展监管执法；②严厉查处违法排污行为；③综合运用市场机制政策。

（5）强化信息公开和社会监督。

（6）做好排污许可制实施保障。

2.法律依据

《中华人民共和国环境保护法》《中华人民共和国水污染防治法》《中华人民共和国大气污染防治法》以及《生态文明体制改革总体方案》均是《控制污染物排放许可制实施方案》（简称排污许可制度）的制定依据。

《环境保护法》第45条规定：国家依照法律规定实行排污许可管理制度。实行排污许可管理的企业事业单位和其他生产经营者应当按照排污许可证的要求排放污染物；未取得排污许可证的，不得排放污染物。

《水污染防治法》第21条规定：直接或者间接向水体排放工业废水和医疗污水以及其他按照规定应当取得排污许可证方可排放的废水、污水的企业事业单位和其他生产经营者，应当取得排污许可证；城镇污水集中处理设施的运营单位，也应当取得排污许可证。排污许可证应当明确排放水污染物的种类、浓度、总量和排放去向等要求。排污许可的具体办法由国务院规定。禁止企业事业单位和其他生产经营者无排污许可证或者违反排污许可证的规定向水体排放前款规定的废水、污水。

《水污染防治法实施细则》第10条规定：县级以上地方人民政府环境保护部门根据总量控制实施方案，审核本行政区域内向该水体排污的单位的重点污染物排放量，对不超过排放总量控制指标的，发给排污许可证；对超过排放总量控制指标的，限期治理，限期治理期间，发给临时排污许可证。具体办法由国务院环境保护部门制定。

《大气污染防治法》第19条规定：排放工业废气或者本法第七十八条规定名录中所列有毒有害大气污染物的企业事业单位、集中供热设施的燃煤热源生产运营单位以及其他依法实行排污许可管理的单位，应当取得排污许可证。排污许可的具体办法和实施步骤由国务院规定。

《生态文明体制改革总体方案》第35条规定：完善污染物排放许可制。尽快在全国范围建立统一公平、覆盖所有固定污染源的企业排放许可制，依法核发排污许可证，排污者必须持证排污，禁止无证排污或不按许可证规定排污。

2016年11月10日国务院办公厅发布《控制污染物排放许可制实施方案》并施行。该方案指出：环境影响评价制度是建设项目的环境准入门槛，排污许可制是企事业单位生产运营期排污的法律依据，必须做好充分衔接，实现从污染预防到污染治理和排放控制的全过程监管。新建项目必须在发生实际排污行为之前申领排污许可证，环境影响评价文件及批复中与污染物排放相关的主要内容应当纳入排污许可证，其排污许可证执行情况应作为环境影响后评价的重要依据。

2018年1月10日公布并于2019年8月22日经《生态环境部关于废止、修改部分规章的决定》（生态环境部第7号）修改的《排污许可管理办法（试行）》中第四条指出，排污单位应当依法持有排污许可证，并按照排污许可证的规定排放污染物。应当取得排污许可证而未取得的，不得排放污染物。与此同时，该方案进一步明确了排污许可证核发程序等内容，细化了环保部门、排污单位和第三方机构的法律责任，为改革完善排污许可制迈出了坚实的一步。

3. 实施与监督、管理

根据国家的要求，以总量控制为基础的排污许可制工作，基本上概括为排污单位的申请登记、排污指标的规划分配、许可证的申请和审批颁发、执行情况的监督与处罚四个阶段。

（1）排污申请登记。排污申请登记是排污许可的基础工作，是核定排放许可限制、进行排污收税的重要依据，也是生态环境部门掌握排放现状、进行污染源动态管理、制定环境规划、环境标准的重要基础工作。排污申请登记的主要内容为：排污单位的基本情况；生产工艺、产品和材料消耗情况；污染物排放种类、排放去向、排放强度；污染处理设施建设、运行情况；排污单位的地理位置和平面示意图。各单位的申请登记表报齐后，生态环境部门组织汇总建档。

（2）污染物排放总量指标的规划分配。改变单纯以行政区域为单元分解污染物排放总量指标的方式和总量减排核算考核办法，通过实施排污许可制，落实企事业单位污染物排放总量控制要求，逐步实现由行政区域污染物排放总量控制向企事业单位污染物排放总量控制转变，控制的范围逐渐统一到固定污染源。环境质量不达标地区，要通过提高排放标准或加严许可排放量等措施，对企事业单位实施更为严格的污染物排放总量控制，推动改善环境质量。

（3）审核发证。由县级以上地方政府生态环境部门负责排污许可证核发，地方性法规另有规定的从其规定。企事业单位应按相关法规标准和技术规定提交申请材料，申报污染物排放种类、排放浓度等，测算并申报污染物排放量。生态环境部门对符合要求的企事业单位应及时核发排污许可证，对存在疑问的开展现场核查。首次发放的排污许可证有效期三年，延续换发的排污许可证有效期五年。上级生态环境部门要加强监督抽查，有权依法撤销下级生态环境部门作出的核发排污许可证的决定。生态环境部统一制定排污许可证申领核发程序、排污许可证样式、信息编码和平台接口标准、相关数据格式要求等。各地区现有排污许可证及其管理要按国家统一要求及时进行规范。

（4）排污许可证的监督处罚。要建立健全管理体系，确保排污许可证制度发挥应有的作用，并使问题监督规范化，抽查监督制度化。在推行过程中要抓住总量计量与监督管理这两个中心环节，这一阶段不仅包括生态环境部门对企业的管理，还包括企业自身的强化管理。主要有企业自报、监督检查、监督监测、总量控制、排污情况核算等。此外，环境管理制度也针对生态环境主管部门排污许可证受理、核发、监管执法中的各类行为以及排污单位在申请、污染物排放与整治及自身管理过程中的各类行为等明确了相应的法律责任。

七、污染集中控制制度

1. 基本概述

污染集中控制制度是从我国环境管理实践中总结出来的。多年的实践证明，我国的污染治理必须以改善环境质量为目的，以提高经济效益为原则。就是说，治理污染的根本目的不是去追求单个污染源的处理率和达标率，而应当是谋求整个环境质量的改善，同时讲求经济效率，以尽可能小的投入获取尽可能大的效益。但是，以往的污染治理常常过分强调单个污染源的治理，追求其处理率和达标率，实际上是"头痛医头、脚痛医脚"，零打碎敲，尽管花了不少钱，费了不少劲，搞了不少污染治理设施，可是区域总的环境质量并没有大的改善，环境污染并没有得到有效控制。

与单个点源的分散治理相对，污染物集中控制是在环境管理实践中出现和发展起来的。污染集中控制是在一个特定的范围内，为保护环境所建立的集中治理设施和采用的管理措施，是强化环境管理的一种重要手段。

2. 主要内容

经过多年的实践，考虑到中国的国情和制度优势，污染控制采取集中与分散相结合，以集中控制为主的发展方向是一条行之有效的污染治理政策。

（1）分散治理应与集中控制相结合。如不从实际出发，一律要求以厂内防治为主，各厂分散治理达到排放标准，那就可能造成浪费和达不到改善区域环境质量的目的。例如：某厂为了使酚达标排放，采用了二级处理。原来，含酚约 100×10^{-6} 的废水，由于在一级处理中采用加压气浮，效果较好，废水含酚量降至 10×10^{-6}，再用生物处理法进行二级处理，经济上就不合算了。有时甚至出现因废水含酚量低，生物处理难于运转的现象。所以，不能一律要求各厂分散处理达到排放标准，而应该统一规划，进行全面的经济效益分析，各厂处理达到一定的要求，然后再集中进行处理。

（2）集中治理要以分散治理为基础。制定区域污染综合防治规划的过程中，根据区域环境特征和功能确定环境目标，计算主要污染物应控制的总量，统一规划集中处理与各厂分散处理的分担量，然后把指标分配到各个污染源。各厂分散防治如果达不到要求，完不成分担的任务，集中处理便难以正常运行。所以集中处理不能代替分散处理，而应以分散处理为基础。另外，集中与分散相结合，合理分担，又能使各厂的分散防治经济合理，把环境效益与经济效益统一起来。

（3）实行集中控制，并不意味着企业防治污染的责任减轻了。第一，污染集中处理的资金仍然按照"谁污染谁治理"的原则，主要由排污单位和受益单位承担，以及在城市建设费用中解决；第二，对于一些危害严重，不宜集中治理的污染源，还要进行分散治理；第三，少数大型企业或远离城镇的个别企业，还应以单独点源治理为主。

3. 基本做法

（1）实行污染集中控制制度，必须以规划为先导。污染集中控制是与城市建设密切相关的，如完善排水管网、建立城市污水处理厂、发展城市绿化等。同时，城市污染集中控制是一项复杂的系统工程。因此，集中控制污染必须与城市建设同步规划、同步实施、同步发展。

（2）集中控制城市污染，要划分不同的功能区域，突出重点，分别整治。因为，各区域内污染物的性质、种类和环境功能不同，其主要的环境问题也不一样。所以，需要进行功能区划分，以便对不同的环境问题采取不同的处理方法。

（3）实行污染集中控制，必须由地方政府牵头，政府领导人挂帅，协调各部门，分工负责。因为，污染集中控制不仅涉及企业，还涉及政府各部门和社会各方面，单靠政府哪一部门是难以完成的，就需要政府出面，组织协调各方面的关系，分头负责实施。

（4）实行污染集中控制必须与分散治理相结合。因为，对于一些危害严重、排放重金属和难以生物降解的有害物质的污染源，对于少数大型企业或远离城镇的个别污染源，就要进行单独、分散治理。

（5）实行污染集中控制必须疏通多种资金渠道。污染集中治理与分散治理相比，总体上可以节省资金，但一次性投资却要大得多。所以，要多方筹集资金，由排污单位和受益单位出资，利用环境保护贷款基金、企业建设项目环境保护资金、银行贷款、地方财政补助、依靠国家能源政策、城市改造政策、企业改造政策等来筹集。

4. 几种形式

（1）废水污染集中控制形式。

①以大企业为骨干，实行企业联合集中处理。

②同类工厂互相联合对废水进行集中控制。

③对含特殊污染物的废水实行集中控制。

④工厂对废水预处理后送到城市综合污水处理厂进行集中处理。这是目前我国大部分城市普遍采用的一种集中处理办法。这种方法效益好，设施运行稳定，缺点是一次性投资大。

（2）废气污染集中控制形式。废气污染的集中控制是从城市生态系统整体出发，合理规划，科学地调整产业结构和城市布局，特别要注意改善能源利用方式。

①城市民用燃料向气体化方向发展。发展气体燃料是改变城市居民能源结构，控制大气污染的积极措施。中国目前城市民用气化率还较低，不能适应人民生活水平的提高和环境保护的需要，必须加快发展速度。

②回收企业放空的可燃性气体，集中起来供居民使用。目前中国工矿企业有些可燃性气体或者放空，或者自行燃烧，没有合理利用。如果能够回收利用，既可减少大气污染物的排放量，又能解决民用能耗问题，节省大量的民用煤，取得较好的经济效益、社会效益和环境效益。

③实行集中供热取代分散供热。集中供热的综合效益主要表现为：节约能源、改善大气环境质量、提高供热质量、节省占地面积、缓和当地的电力紧张、便于综合利用灰渣、减少城市运输量、提高机械化程度和减轻工人劳动强度。

④改变供暖制度，将间歇供暖改为连续供暖。连续供暖与间歇供暖相比，可以减少起火次数，削减污染源的源强，可避开早晚出现的煤烟型污染高峰，有利于改善大气环境质量。

⑤合理分配煤炭，把低硫、低挥发分的煤优先供给居民使用，积极推广和发展民用型煤。

⑥加速"烟尘控制区"建设，对烟尘加强管理和治理。加强对锅炉厂、炉排厂、除尘器厂的管理。

⑦扩大绿化覆盖率，铺装路面，对垃圾坑、废渣山覆土造林，防止二次扬尘。

（3）有害固体废物集中控制方式。

①回收利用有用物质。

②将废物转变成其他有用物质。

③将废物转变成能源。

④建设生物工程处理场，处理生活垃圾。

⑤建设集中填埋场。

⑥建设固体废物处理厂。

（4）噪声集中控制方式。主要是采取环境噪声达标区的办法来推进噪声的集中控制。

八、污染限期治理制度

1. 基本概述

污染限期治理制度，是指对严重污染环境的企业事业单位和在特殊保护的区域内超标排污的生产、经营和活动，由各级人民政府或其授权的生态环境部门决定、生态环境部门监督实施，在一定期限内治理并消除污染的法律制度。该制度是以污染源调查、评价为基础，以环境保护规划为依据，突出重点，分期分批地对污染危害严重、群众反映强烈的污染物、污染源、污染区域采取的限定治理时间、治理内容及治理效果的强制性措施，是人民政府为了保护人民的利益对排污单位采取的法律手段。

限期治理污染与治理污染计划不同，限期治理的决定是依据一定的法律程序，具有法律效力，而治理计划则只是一种行政管理手段，完不成也不追究法律责任。

2. 污染限期治理制度的特点

（1）有严厉的法律强制性。由国家行政机关依法作出的限期治理决定必须履行，给予未按规定履行限期治理决定的排污单位的法律制裁是严厉的，并可采取强制措施。

（2）有明确的时间要求。这一制度的实行是以时间限期为界线作为承担法律责任的依据之一。时间要求既体现了对限期治理对象的压力，也体现了留有余地的政策。

（3）有具体的治理任务。体现治理任务和要求的主要衡量尺度，是看是否达到消除或减轻污染的效果和是否符合排放标准。是否完成治理任务是另一个承担法律责任的依据。

（4）体现了突出重点的政策，有明确的治理对象。治理对象如下：

①位于居民稠密区、水源保护区、风景名胜区、城市上风向等环境敏感区，严重超标排放污染物的单位。

②排放有毒有害物，对环境造成严重污染，危害人群健康。

③污染物排放量大，对环境质量有重大影响。

3. 限期治理制度的原则

（1）要以污染源调查为基础，以环境保护规划为依据，与环境综合整治、污染源集中控制、污染物总量控制相结合，解决突出的环境问题。

（2）要坚持强制与自觉相结合的原则。对那些污染危害严重，不治理就会造成严重后果的污染源必须强制限期治理，被限期治理的单位必须无条件按期完成任务，否则，限期治理就变成了一句空话。但强制必须与自觉相结合，没有企业的自觉主动，限期治理也难以完成，即使完成了，也不能使治理设施运转，发挥预期效益。

（3）必须从国情出发，实事求是，先易后难。既要考虑环境保护的需要，又要考虑实施的可能性。列入限期治理的项目，首先要技术成熟，治理工艺和技术不过关的，不能被列为限期治理项目；其次要资金基本落实，对一点资金也没有，或只有少量资金的项目不能勉强列为限期治理项目。同时认为只有资金全部落实后才能列为限期治理项目的思想也是不对的。

（4）必须坚持环境效益、社会效益、经济效益统一的原则。在确定限期治理项目时，要考虑长远的、潜在的经济效益，要考虑经济效益的滞后性。

（5）必须坚持"谁污染谁治理"的原则。限期治理的资金主要应由造成污染的单位解决。

4. 污染限期治理制度适用范围

（1）区域性限期治理。指对污染严重的某一区域、某一水域的限期治理。区域性限期治理的措施、手段，除了进行必要的点源治理外，调整工业布局，调整经济结构（原材料与能源结构、产品结构等），技术改造，市政建设和改造等也都是区域性限期治理的重要措施。

（2）行业性限期治理。是指对某个行业性污染的限期治理。如对造纸行业制浆黑液的限期治理，对机械行业锅炉生产的限期改造更新，交通行业汽车尾气的机内净化的限期治理等。行业性限期治理也包括产品结构、原材料、能源结构、工艺和设备的调整与更新。

（3）污染源限期治理。指对污染严重的排放源进行限期治理。如对某个企业、某个污染源、某个污染物的限期治理。

5. 污染限期治理制度治理重点

（1）污染危害严重，群众反映强烈的污染物、污染源，治理后对改善环境质量，解决厂群矛盾，保障社会安定有较大作用的项目。汞、镉、铬、砷、铅、镍、苯并（a）芘等类污染物应首先进行限期治理。

（2）位于居民稠密区、水源保护区、风景游览区、自然保护区、温泉疗养区、城市上风向等环境敏感区，污染物排放超标，危害职工和居民健康的污染企业。

（3）区域或水域环境质量十分恶劣，有碍观瞻、损害景观的区域或水域的环境综合整治项目。

（4）污染范围较广、污染危害较大的行业污染项目。

（5）其他必须限期治理的污染企业。如存在重大环境污染事故隐患的企业。

限期治理不能单纯理解为污染物、污染源的治理，应当把它扩展为限期调整工业布局（关、停、并、转、迁），限期调整产业结构、能源与原材料结构，限期在技术改造的同时解决老污染。

第三节　环境管理制度的体系与发展趋势

一、环境管理制度体系

自 20 世纪 70 年代初以来，经过大胆的探索和实践，中国已经形成了以八项制度为核心的环境管理制度体系（图 3-4），这个体系的有效运行，是使环境管理上新台阶的条件和保证。

从图 3-4 中可以看出八项制度之间存在的几种十分重要的关系。

1. 层次关系

从总体上看，现阶段中国环境管理制度体系构成了四个层次的金字塔形。

塔顶层：由目标责任制构

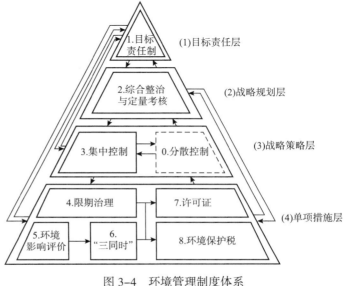

图 3-4　环境管理制度体系

成。这是制度体系的最高层，是各项管理制度的"龙头"。一方面它是实施其他各项制度的保证，另一方面，其他制度的实施又为目标责任制创造了条件。

塔身层：又可分为上、下两层，分别由综合整治定量考核、集中控制制度与分散治理措施（未确立为制度）组成。这是因为这两项制度和一项措施体现了环境质量保护与改善的客观规律，必须从综合战略、集中战略与策略、分散战略与策略（该分散的要分散，以有效地利用环境容量）角度采取强有力的制度措施才能解决。

塔底层：分别由环境影响评价、"三同时"制度、限期治理制度、排污许可证制度及环境保护税制度等五项环境管理制度组成，体现了污染源的系统控制关系，控制新、老污染源两条技术路线，并作为综合、集中、分散控制的管理手段。基础不配套、不完善，也不可能建起塔身和塔顶，也不能构成中国环境管理制度体系，所以必须切实打好基础。

2. 包含关系

上述层次关系中，也可看出包含关系，如集中控制制度与分散控制措施中就包含了环境影响评价制度、"三同时"制度、限期治理制度、环境保护税制度；而综合整治制度中包含了集中控制制度及分散控制措施。反过来说，下面层次的制度和措施，是上面层次的配套制度措施。

3. 系统关系

从基础层中的五项制度来看，是分别对新、老污染源的系统控制技术路线，体现了系统控制的思想。环境影响评价是超前控制；"三同时"是生产前控制；限期治理则是对老污染源的控制；排污许可证是生产后控制制度并与环境容量相结合的总量控制制度；环境保护税制度也是生产后控制制度并与浓度标准相结合。

4. 网络关系

综合分析，八项制度和一项措施组成的四个层次之间还存在正向联系与反馈联系的网络关系，这种联络关系显示出中国环境管理制度体系的运行机制，这是各级政府、各级环保部门的负责人应该十分清楚地理解与统筹规划、巧妙运用的规律。

二、中国环境管理制度的发展趋势

1. 协调好"四种情况"

由于历史背景的差异，如"三同时"是20世纪70年代初确定的制度，而其他大部分制度都是20世纪80年代以后建立的，在推行制度的过程中必然会出现新、老制度间的一些矛盾、交叉与衔接问题，需要加以研究解决。其中应主要协调好"四种情况"。

（1）协调法规上的不协调情况。出现这种情况应本着子法服从母法，小法服从大法，平级之间老法服从新法原则。

（2）协调标准上的不协调情况。一般来说，浓度标准应服从总量标准、低标准应服从高标准，行业标准应服从地区标准。但环境问题复杂，情况千差万别，以上只是原则，还必须切合实际。

（3）协调技术经济上的不协调情况。即使合法又达标，但不符合技术经济，可行合理也是不妥的，还必须坚持技术可行，经济合理的原则。

（4）协调经济、社会、环境三者之间不协调情况。当环境效益跟不上经济、社会效益时，环境政策与制度就需要强化；当经济、社会效益不如环境效益时，在一定程度和范围内应采取适当的让步政策与策略。

2. 完善制度体系的运行机制

（1）进一步发掘和调动环保工作的动力。除了继续深入发掘和调动行政负责人的动力外，还应进一步发掘和依靠人大、政协、人民团体等机构的权威作用和巨大的推动力；深入发掘和解放广大人民群众直接参与监督的巨大潜能。

（2）进一步探索已建立的各项制度的科学内涵、运行规律、机制和程序，使之科学化、规范化。

（3）进一步完善制度之间的协调配合，保证新老各项制度的顺利运行。

3. 完善制度体系的配套基础工作

（1）完善与制度体系推行有关的法规、技术、政策、标准、规范、规程、指南、手册、教材等的建设。

（2）有计划、多层次、全方位地进行环保系统岗位培训，提高人员素质，实现合格上岗。

（3）加强科学决策、管理、支持系统的建设，加强建立健全环境决策信息库、数据库、模型库、方法库、专家库及咨询网络。

（4）建立全国环境监测网络，提高监测人员的素质和业务水平。

思考题

1. 八项制度主要有什么作用？中国环境管理制度的发展趋势如何？

2. 什么叫环境影响评价？有哪些形式？

3. 什么叫"三同时"制度？如何有效实施"三同时"制度？

4. 什么叫环境保护税制度？征收环境保护税的目的是什么？

5. 环境保护目标责任制有哪些特点？排污许可证制度有哪些特点？

6. 城市环境综合整治定量考核的内容有哪些？

7. 污染集中控制的目的是什么？

8. 污染限期治理制度的治理重点有哪些？

讨论题

1. 通过收集资料及相关案例分析，加深对限期治理的认识，进一步理解环境管理八项制度的丰富内涵。

2. 通过问卷调查和资料收集、案例分析等方式，对环境管理中环境影响评价制度实施的重要性进行探讨。

第四章　环境标准

第一节　环境标准概述

环境标准是国家环境保护法律、法规体系的重要组成部分，是开展环境管理工作最基本、最直接、最具体的法律依据，是衡量环境管理工作最简单、最准确的量化标准，也是环境管理的工具之一，是为了执行各种环境法律法规而制定的必要技术规范。

一、环境标准的定义

环境标准是有关污染防治、生态保护和管理技术规范准则的总称。到目前为止，有关环境标准的定义有很多。

亚洲开发银行从环境资源价值角度给环境标准下的定义是：环境标准是为了维持环境资源价值，对某种物质或参量设置的允许极限含量。在环境资源概念下，环境标准可适用的范围很广，可分为水资源环境标准、土壤资源环境标准、大气资源环境标准和森林资源环境标准等。

在中国，有关环境标准的定义也不完全统一。有的专家学者把环境标准定义为：为保护人群健康、社会财产和促进生态良性循环，对环境中有害成分水平及其排放源规定的限量阈值和技术规范。在《中华人民共和国环境保护标准管理办法》中对环境标准的定义是：为了保护人群健康、社会物质财富和维持生态平衡，对大气、水、土壤等环境质量，对污染源的监测方法以及其他需要所制定的标准称为环境标准。

一般认为，环境标准是为了防治环境污染，维护生态平衡，保护人群健康对环境保护工作中需要统一的各项技术规范和技术要求所做的规定。具体地讲，环境标准是国家为了保护人民健康，促进生态良性循环，实现社会经济发展目标，根据国家的环境政策和法规，在综合考虑本国自然环境特征、社会经济条件和科学技术水平的基础上规定环境中污染物的允许含量和污染源排放污染物的数量、浓度、时间和速率以及其他有关技术规范。

二、环境标准的意义和作用

1. 环境标准是制订环境保护规划、计划的依据

保护人群健康、保持资源价值、维持良好的生态环境都需要使环境质量维持在一定的水平上，这就要求环境质量或污染物排放达到一定的标准。有了环境质量标准或污染物排放标准，国家和地方政府以及企业就可以较为容易地根据这些标准来制订污染控制规划、计划，也便于将环境保护纳入国家的经济、社会发展计划中。

2. 环境标准是国家环境法律、法规的重要组成部分

在国家环境法律、法规体系中，环境标准是最基础的内容，是各类环境法律、法规的具体解析。据统计，世界上有一半以上的国家环境标准是法制性标准。同样，中国的环境标准具有法规约束性，在《中华人民共和国环境保护法》《大气污染防治法》《水污染防治法》《海洋环境保护法》和《噪声污染防治法》等法规中都规定了实施环境标准的条款。应当说，离开了环境标准，环境管理将无所适从、寸步难行。

3. 环境标准是环保部门行使监督管理职能的依据

定量化管理是强化管理并实现管理科学化的重要途径。定量管理要求在污染源控制与环境目标管理之间建立一个定量评价关系。开展目标管理的实质是运用随机制宜原则，对不同时间、空间、污染类型，确定相应要达到的环境标准，使管理具有针对性。

不论是对污染源的监督管理，还是对企业行政主管部门的监督管理；不论是浓度控制，还是总量控制；不论是末端控制，还是全过程控制；不论是分散控制，还是集中控制，都离不开环境标准。

总之，环境标准是强化环境监督管理的核心，污染物排放标准和环境质量标准提供了衡量环境质量状况的尺度，为判别污染源是否违法提供了判断依据。方法标准、标准样品标准和基础标准统一了环境质量标准和污染物排放标准实施的技术要求。

4. 环境标准具有投资导向作用

根据《中华人民共和国环境保护税法》规定，对排放污染物的污染源征收环境保护税，对排放应税污染物浓度达到低于国家和地方规定的污染物排放标准的相关规定数值的减征环境保护税。由此可见，征收环境保护税的数量取决于污染物排放浓度与排放标准间的差距。可见，环境标准指标值的高低是确立环境保护税额的重要因素，同时也是确定污染源治理资金投入的技术依据，因而也对新建项目和技术改造项目的投资方向具有导向作用。

三、环境标准体系

体系，指在一定系统范围内具有内在联系的有机整体。环境标准体系，指各种不同环境标准依其性质功能及其客观的内在联系，相互依存、相互衔接、相互补充、相互制约所构成的一个有机整体，即构成了环境标准体系。

环境标准可分为国家级和地方级两级。但分类却很复杂，由环境标准的定义，因限制的对象不同，会产生不同的环境标准。所以，环境标准有许多种类型和分类方法。

1. 按照执行范围划分的环境标准

按照执行范围不同，环境标准可分为国家环境标准、行业环境标准和地方环境标准三种。

（1）国家环境标准是在全国范围内统一执行的环境保护标准。包括国家环境质量标准、国家污染物排放标准、国家监测方法标准、国家基础标准、国家环境标准样品标准以及由国际标准同等转化而来的标准六类。

（2）行业环境标准是依据《中华人民共和国标准化法》和《环境标准管理办法》的规定，在没有国家标准而又需要在本行业实行规范化管理的前提下，针对本行业环境问题特点所制定的在本行业范围内执行的环境保护标准。如化工行业、造纸行业、电镀行业、酿造行业、建材行业、电力行业、印染行业、钢铁行业、冶金行业环境保护标准等。行业环境标准带有行业性特点，是对国家环境标准的补充和具体化。

（3）地方环境标准是由地方政府根据地方环境问题特点所制定的在本辖区内执行的环境保护标准。包括地方环境质量标准和地方污染物排放标准。地方环境标准带有区域性特点，是对国家环境标准的补充和完善。

2.按照功能划分的环境标准

按照标准的功能不同，环境标准可分为环境质量标准、污染控制标准和环境管理标准三种。

（1）环境质量标准是针对特定环境要素在其区域内总体环境质量的人为要求和限制。按照环境要素可以分为大气环境质量标准、水环境质量标准、环境噪声质量标准、土壤环境质量标准、生物环境质量标准以及振动、电磁辐射、放射性辐射等方面的质量标准。

其中，水质质量标准按水体类型又可分为地表水水质标准、地下水水质标准和海水水质标准三种；按水源的用途又可分为生活饮用水水质标准、渔业用水水质标准、农业用水水质标准及工业用水水质标准等。

环境质量标准分国家和地方环境质量标准两种，在执行国家级环境质量标准不能改善区域环境质量时，则可以根据本地区实际情况的需要制定严于国家标准的地方性环境质量标准。这种标准是国家环境质量标准的补充和完善。

（2）污染控制标准可分为污染物排放标准和污染物总量控制标准两种，是根据环境质量标准的要求，结合社会、经济、技术条件针对特定环境要素中某种有害物质产生的数量和方式做出的人为最高允许限值。

污染控制标准可分为国家、行业和地方标准三种。在执行国家级污染控制标准不能解决区域和特定行业的污染控制问题时，则可以根据实际情况需要制定更为严格的地方性污染控制标准或行业性污染控制标准。后两种标准可以起到补充、修订和完善国家标准之不足的作用。其中，当地方污染控制标准与国家污染控制标准同时并存时，执行地方标准。

（3）环境管理标准是指环境质量标准和污染控制标准以外的环境标准。如环境监测方法标准、环境标准样品标准、环境基础标准和ISO14000环境管理系列标准等。其中，前三项属于国家标准，而ISO14000环境管理系列标准属于国际标准。

3.按照执行强度划分的环境标准

按照标准执行强度不同，环境标准可分为强制性环境标准和推荐性环境标准两种。

（1）凡是环境保护法律、法规和行政法规规定必须强制执行的环境标准称为强制性标准。如环境质量标准、污染控制标准、环境监测方法标准和环境基础标准等均属于强制性标准。

（2）凡是强制性标准以外的环境标准属于推荐性环境标准。如ISO14000环境管理系列标准就是推荐性环境标准，清洁生产技术标准也是推荐性标准。国家鼓励采用推荐性环境标准，但如果推荐性环境标准被强制性标准引用，也必须强制执行。

以上介绍的各类环境标准，就构成了以环境质量标准和污染物排放标准为轴线的中国环境标准体系，如图4-1所示。

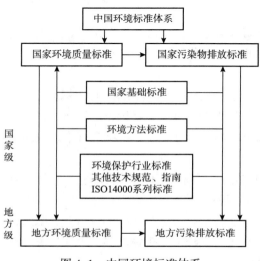

图4-1　中国环境标准体系

四、环境标准的管理和实施

国家已明确规定环境标准由国家环境保护机构统一归口管理，各省、市、自治区和一些重点城市也应设置机构或专人管好这项工作。标准管理的机构一般有如下几点职责。

1. 环境标准的制定

（1）为保护自然环境、人体健康和社会物质财富，限制环境中的有害物质和因素，制定环境质量标准。

（2）为实现环境质量标准，结合技术经济条件和环境特点，限制排入环境中的污染物或对环境造成危害的其他因素，制定污染控制标准。

（3）为监测环境质量和污染物排放，规范采样、分析测试、数据处理等技术，制定国家环境监测方法标准。

（4）为保证环境监测数据的准确、可靠，对用于量值传递或质量控制的材料、实物样品，制定国家环境标准样品标准。

（5）对环境保护工作中需要统一的技术术语、符号、代码、图形、指南、导则及信息编码等，制定国家环境基础标准。

（6）需要在全国环境保护工作范围内统一的技术要求而又没有国家环境标准时应制定国家环境保护行业标准。

（7）省、自治区、直辖市人民政府对国家环境质量标准中未作规定的项目，可以制定地方环境质量标准；对国家污染物排放标准中未作规定的项目，可以制定地方污染物排放标准；对国家污染物排放标准已作规定的项目，可以制定严于国家污染物排放标准的地方污染物排放标准。

国家环保部门负责制定国家环境标准和行业环境标准并具有解释权，同时负责地方环境标准的备案审查，指导地方环境标准管理工作。省、自治区和直辖市等地方政府负责地方环境标准的制定。

2. 环境标准的管理

国家环保总局于1999年4月1日颁发的《环境标准管理办法》中已经明确规定：环境标准由国家环保总局统一归口管理，县级以上地方人民政府环境保护行政主管部门负责本行政区域内的环境标准管理工作，负责组织实施国家环境标准、行业环境标准。同时，各省、市、自治区和一些重点城市也应设置专门机构或环保局设专人管理。标准管理机构的职责如下。

（1）编制标准制定、修订的规划和计划，组织好标准的制定和修订工作。其中，国家环保部门负责组织制定国家级环境标准和制定地方标准的方法指南以及其他的基础标准、方法标准、物质标准及其他标准等，省级环保部门负责制定区域性环境标准。

（2）制定环境标准管理条例，按条例进行标准的日常管理。内容包括：明确各类环境标准的地位和作用；明确各种环境标准在标准体系中的相互关系；规定环境标准审批、颁发、废止和实施的程序和方法；规定环境标准的统一编号及格式；建立环境标准资料的登记、存档制度；制订环境标准的基础研究计划。

（3）负责环境标准的宣传、解释和协调工作。环境标准的协调工作非常重要，主要协调各类环境标准之间以及环境标准与卫生、渔业、灌溉等标准之间的关系，明确分工，各司其职，共同发挥保护环境的作用。

（4）积极开展国际交流工作。加强与国际标准化组织（ISO）中空气质量委员会（TCl46）、水质技术委员会（TC147）及环境管理技术委员会（TC207）等的联系。

需要指出的是，为落实中共中央《深化党和国家机构改革方案》、国家生态环境法律、行政法规，以及《生态环境部"三定"规定细化方案》，我国的《生态环境标准管理办法（征求意见稿）》和《国家生态环境标准制修订工作管理办法（征求意见稿）》正在修订过程当中。

3. 环境标准的实施

环境标准的实施主要是针对强制性标准的执行情况而开展的监督、检查和处理。包括环境质量标准的实施、污染物排放标准的实施、国家环境监测方法标准的实施、国家环境标准样品标准的实施、国家环境基础标准的实施和行业环境标准的实施等六个方面。

强制性环境标准是必须执行的，任何单位和个人不得更改。省、自治区、直辖市和地、县各级环境保护行政主管部门负责对本行政区域内环境标准的实施进行监督检查。凡生产、销售、运输、使用和进口不符合强制性环境标准产品的，或者违反环境标准造成不良后果，甚至重大事故者按法律有关规定依法处理。

县级以上地方政府环境保护行政主管部门是环境标准的实施主体，各级环境监测站和有关的环境监测机构负责对环境标准的具体实施。当违反此类环境标准，对地方污染控制标准的执行有异议时，由地方环境保护行政主管部门进行协调，并由国家环境保护部门进行协调裁决。

环境标准的管理与实施主要是针对强制性标准而言的。有关推荐性环境标准的管理与实施，因采用的自愿性原则使其具有非强制性特征，不论是在管理与实施的形式上，还是在管理与实施的程序上都与强制性标准有很大的区别。

中国现行的各类环境标准基本上是与中国现阶段社会生产力发展水平相适应的。随着经济社会的发展，环境标准也必须经历一个由宽到严的过程，相对严格的环境标准不仅有利于保护环境，也有助于促进企业的技术进步和科学管理，提高产品的质量和竞争能力。面对来自国际环境标准的压力，我们应加强与 ISO 等国际标准化组织的联系与协调，最大限度地避免因环境标准问题影响对外贸易。同时，还应当充分了解世界各国的环境标准体系和各类产品的环境标准，在加强对进口产品环境管理的同时，借鉴国外的先进经验，改进中国的标准管理，实现与国际环境标准接轨。

第二节　环境质量标准

环境质量标准是以保护人群健康、促进生态良性循环为目标，而对有害物质或因素在一定时间和空间范围内规定的容许浓度或容许水平。它是环保政策目标及有关部门进行环境管理和制定排放标准的依据。

按适用范围不同，我国环境质量标准可分二级，即国家环境质量标准和地方环境质量标准。国家环境质量标准，适用于全国范围，地方环境质量标准适用于某省、某区、某流域……。地方环境质量标准应报地方政府机关批准，并报国家环保部门备案。

按环境因子不同，我国环境质量标准包括大气环境质量标准、地表水环境质量标准、城市区域环境噪声标准等。

一、环境空气质量标准

为贯彻《中华人民共和国环境保护法》和《中华人民共和国大气污染防治法》，保护和改善生活环境、生态环境，保障人体健康，制定《环境空气质量标准》（GB 3095—2012）。该标准的实施分阶段进行：2012 年，京津冀、长三角、珠三角等重点区域以及直辖市和省会城市；2013 年，113 个环境保护重点城市和国家环保模范城市；2015 年，所有地级以上城市。该标准自 2016 年 1 月 1 日起在全国实施。按有关法律规定，本标准具有强制执行的效力。

在此基础之上，2018 年 7 月 31 日，生态环境部常务会议上审议并原则通过《环境空气质量标准》（GB 3095—2012）的修改单。

1. 适用范围

标准规定了环境空气功能区分类、标准分级、污染物项目、平均时间及浓度限值、监测方法、数据统计的有效性规定及实施与监督等内容。该标准适用于环境空气质量评价与管理，本标准中的污染物浓度均为质量浓度。

2. 环境空气功能区分类和质量要求

（1）环境空气功能区分类。环境空气功能区分为二类：一类区为自然保护区、风景名胜区和其他需要特殊保护的区域；二类区为居住区、商业交通居民混合区、文化区、工业区和农村地区。

（2）环境空气功能区质量要求。一类区适用一级浓度限值，二类区适用二级浓度限值。一、二类环境空气功能区质量要求见表 4-1 和表 4-2。

表 4-1 环境空气污染物基本项目浓度限值

序号	污染物项目	平均时间	浓度限值		单位
			一级	二级	
1	二氧化硫（SO_2）	年平均	20	60	$\mu g/m^3$
		24h 平均	50	150	
		1h 平均	150	500	
2	二氧化氮（NO_2）	年平均	40	40	
		24h 平均	80	80	
		1h 平均	200	200	
3	一氧化碳（CO）	24h 平均	4	4	mg/m^3
		1h 平均	10	10	
4	臭氧（O_3）	日最大 8h 平均	100	160	
		1h 平均	160	200	
5	颗粒物（粒径小于等于 10 μm）	年平均	40	70	$\mu g/m^3$
		24h 平均	50	150	
6	颗粒物（粒径小于等于 2.5 μm）	年平均	15	35	
		24h 平均	35	75	

表 4-2　环境空气污染物其他项目浓度限值

序号	污染物项目	平均时间	浓度限值		单位
			一级	二级	
1	总悬浮颗粒物（TSP）	年平均	80	200	μg/m³
		24h 平均	120	300	
2	氮氧化物（NO_x）	年平均	50	50	
		24h 平均	100	100	
		1h 平均	250	250	
3	铅（Pb）	年平均	0.5	0.5	
		季平均	1	1	
4	苯并［a］芘（BaP）	年平均	0.001	0.001	
		24h 平均	0.0025	0.0025	

3. 污染物限值

各省级人民政府可根据当地环境保护的需要，针对环境污染的特点，对标准中未规定的污染物项目制定并实施地方环境空气质量标准。表 4-3 为环境空气中部分污染物参考浓度限值。

表 4-3　环境空气中镉、汞、砷、六价铬和氟化物参考浓度限值

序号	污染物项目	平均时间	浓度（通量）限值		单位
			一级	二级	
1	镉（Cd）	年平均	0.005	0.005	μg/m³
2	贡（Hg）	年平均	0.05	0.05	
3	砷（As）	年平均	0.006	0.006	
4	六价铬［Cr（Ⅵ）］	年平均	0.000 025	0.000 025	
5	氟化物（F）	1h 平均	①20	①20	
		24h 平均	①7	①7	
		月平均	②1.8	③3.0	μg/（dm²·d）
		植物生长季平均	②1.2	③2.0	

注：①适用于城市地区；②适用于牧业区和以牧业为主的半农半牧区，蚕桑区；③适用于农业和林业区。

二、水环境质量标准

1. 地表水环境质量标准

为贯彻《中华人民共和国环境保护法》和《中华人民共和国水污染防治法》，加强地表水环境管理，防治水环境污染，保障人体健康，维护良好的生态系统，制定《地表水环境质量标准》（GB 3838—2002）。

（1）适用范围。该标准按照地表水环境功能分类和保护目标，规定了水环境质量应控制的项目及限值，以及水质评价、水质项目的分析方法和标准的实施与监督。

该标准适用于中华人民共和国领域内江河、湖泊、运河、渠道、水库等具有使用功能的地表水水域。具有特定功能的水域，执行相应的专业用水水质标准。

（2）水域功能和分类标准。依据地表水水域环境功能和保护目标，按功能高低依次划分为五类：

Ⅰ类　主要适用于源头水、国家自然保护区；

Ⅱ类 主要适用于集中式生活饮用水水源地的一级保护区、珍稀水生生物栖息地、鱼虾类产卵场、仔稚幼鱼的索饵场等；

Ⅲ类 主要适用于集式生活饮用水地表水源地二级保护区、鱼虾类越冬场、洄游通道、水产养殖区等渔业水域及游泳区；

Ⅳ类 主要适用于一般工业用水区及人体非直接接触的娱乐用水区；

Ⅴ类 主要适用于农业用水区及一般景观要求水域。

对应地表水上述五类水域功能，将地表水环境质量标准基本项目标准值分为五类，不同功能类别分别执行相应类别的标准值。水域功能类别高的标准值严于水域功能类别低的标准值。同一水域兼有多类使用功能的，执行最高功能类别对应的标准值。实现水域功能与达标功能类别标准为同一含义。

（3）水域功能和分类标准。地表水环境质量标准基本项目标准限值见表4-4。

表 4-4 地表水环境质量标准基本项目标准限值   mg/L

序号	分类 标准值 项目		Ⅰ类	Ⅱ类	Ⅲ类	Ⅳ类	Ⅴ类
1	水温 /℃		人为造成的环境水温变化应限制在： 周平均最大温升≤1 周平均最大温降≤2				
2	pH 值（无量纲）		6~9				
3	溶解氧	≥	饱和率90% （或7.5）	6	5	3	2
4	高锰酸盐指数	≤	2	4	6	10	15
5	化学需氧量（COD）	≤	15	15	20	30	40
6	五日生化需氧量（BOD_5）	≤	3	3	4	6	10
7	氨氮（NH_3-N）	≤	0.15	0.5	1.0	1.5	2.0
8	总磷（以 P 计）	≤	0.02（湖、库0.01）	0.1（湖、库0.025）	0.2（湖、库0.05）	0.3（湖、库0.1）	0.4（湖、库0.2）
9	总氮（湖、库以 N 计）	≤	0.2	0.5	1.0	1.5	2.0
10	铜	≤	0.01	1.0	1.0	1.0	1.0
11	锌	≤	0.05	1.0	1.0	2.0	2.0
12	氟化物（以 F⁻ 计）	≤	1.0	1.0	1.0	1.5	1.5
13	硒	≤	0.01	0.01	0.01	0.02	0.02
14	砷	≤	0.05	0.05	0.05	0.1	0.1
15	汞	≤	0.00005	0.00005	0.0001	0.001	0.001
16	镉	≤	0.001	0.005	0.005	0.005	0.01
17	铬（六价）	≤	0.01	0.05	0.05	0.05	0.1
18	铅	≤	0.01	0.01	0.05	0.05	0.1
19	氰化物	≤	0.005	0.05	0.2	0.2	0.2
20	挥发酚	≤	0.002	0.002	0.005	0.01	0.1
21	石油类	≤	0.05	0.05	0.05	0.5	1.0
22	阴离子表面活性剂	≤	0.2	0.2	0.2	0.3	0.3
23	硫化物	≤	0.05	0.1	0.2	0.5	1.0
24	粪大肠菌群 /（个 /L）	≤	200	2000	10000	20000	40000

此外，标准还规定了集中式生活饮用水地表水源地补充项目标准限值和特定项目标准限值，补充项目包括硫酸盐、氯化物、硝酸盐、铁、锰；特定项目包括三氯甲烷、四氯化碳、三溴甲烷等40种化学物质。

2. 地下水环境质量标准

为保护和合理开发地下水资源，防止和控制地下水污染，保障人民身体健康，促进经济建设，制定《地下水环境质量标准》（GB/T 14848—2017）。该标准是地下水勘察评价、开发利用和监督管理的依据。

（1）适用范围。本标准规定了地下水的质量分类，指标及限值，地下水质量调查与监测，地下水质量评价等内容。

本标准适用于地下水质量调查、监测、评价与管理。

（2）地下水质量分类及质量分类指标。依据我国地下水质量状况和人体健康风险，参照生活饮用水、工业、农业等用水质量要求，依据各组分含量高低（pH除外），分为五类。

Ⅰ类　地下水化学组分含量低，适用于各种用途。

Ⅱ类　地下水化学组分含量较低，适用于各种用途。

Ⅲ类　地下水化学组分含量中等，以 GB 5749—2006 为依据，主要适用于集中式生活饮用水水源及工农业用水。

Ⅳ类　地下水化学组分含量较高，以农业和工业用水质量要求以及一定水平的人体健康风险为依据，适用于农业和部分工业用水，适当处理后可作为生活饮用水。

Ⅴ类　地下水化学组分含量高，不宜作为生活饮用水水源，其他用水可根据使用目的选用。

地下水质量常规指标分类及限制见表 4-5。

表 4-5　地下水质量常规指标分类及限制

序号	指标	Ⅰ类	Ⅱ类	Ⅲ类	Ⅳ类	Ⅴ类
感官性状及一般化学指标						
1	色（铂钴色度单位）	≤5	≤5	≤15	≤25	>25
2	嗅和味	无	无	无	无	有
3	浑浊度 /NTU[a]	≤3	≤3	≤3	≤10	>10
4	肉眼可见物	无	无	无	无	有
5	pH		6.5~8.5		5.5~6.5，8.5~9	<5.5，>9
6	总硬度（以 $CaCO_3$ 计）/（mg/L）	≤150	≤300	≤450	≤650	>650
7	溶解性总固体 /（mg/L）	≤300	≤500	≤1 000	≤2 000	>2 000
8	硫酸盐 /（mg/L）	≤50	≤150	≤250	≤350	>350
9	氯化物 /（mg/L）	≤50	≤150	≤250	≤350	>350
10	铁 /（mg/L）	≤0.1	≤0.2	≤0.3	≤2.0	>2.0
11	锰 /（mg/L）	≤0.05	≤0.05	≤0.1	≤1.5	>1.5
12	铜 /（mg/L）	≤0.01	≤0.05	≤1.0	≤1.5	>1.5
13	锌 /（mg/L）	≤0.05	≤0.5	≤1.0	≤5.0	>5.0
14	铝 /（mg/L）	≤0.01	≤0.05	≤0.2	≤0.5	>0.5
15	挥发性酚类（以苯酚计）/（mg/L）	≤0.001	≤0.001	≤0.002	≤0.01	>0.01

续表

序号	指标	I类	II类	III类	IV类	V类
感官性状及一般化学指标						
16	阴离子合成洗涤剂 /（mg/L）	不得检出	≤0.1	≤0.3	≤0.3	>0.3
17	耗氧量（COD_{Mn}法，以O_2计）/（mg/L）	≤1.0	≤2.0	≤3.0	≤10.0	>10.0
18	氨氮（以N计）/（mg/L）	≤0.02	≤0.10	≤0.50	≤1.50	>1.50
19	硫化物 /（mg/L）	≤0.005	≤0.01	≤0.02	≤0.10	>0.10
20	钠 /（mg/L）	≤100	≤150	≤200	≤400	>400
微生物指标						
21	总大肠菌群 /（MPN[b]/100mL）或（CFU[c]/100mL）	≤3.0	≤3.0	≤3.0	≤100	>100
22	菌落总数 /（CFU/mL）	≤100	≤100	≤100	≤1000	>1000
毒理学指标						
23	硝酸盐（以N计）/（mg/L）	≤2.0	≤5.0	≤20.0	≤30.0	>30
24	亚硝酸盐（以N计）/（mg/L）	≤0.01	≤0.10	≤1.00	≤4.80	>4.80
25	氟化物 /（mg/L）	≤1.0	≤1.0	≤1.0	≤2.0	>2.0
26	碘化物 /（mg/L）	≤0.04	≤0.04	≤0.08	≤0.50	>0.50
27	氰化物 /（mg/L）	≤0.001	≤0.01	≤0.05	≤0.1	>0.1
28	汞（Hg）/（mg/L）	≤0.0001	≤0.0001	≤0.001	≤0.002	>0.002
29	砷（As）/（mg/L）	≤0.001	≤0.001	≤0.01	≤0.05	>0.05
30	硒（Se）/（mg/L）	≤0.01	≤0.01	≤0.01	≤0.1	>0.1
31	镉（Cd）/（mg/L）	≤0.0001	≤0.001	≤0.005	≤0.01	>0.01
32	铬（六价）/（mg/L）	≤0.005	≤0.01	≤0.05	≤0.1	>0.1
33	铅（Pb）/（mg/L）	≤0.005	≤0.005	≤0.01	≤0.10	>0.10
34	三氯甲烷 /（μg/L）	≤0.5	≤6	≤60	≤300	>300
35	四氯甲烷 /（μg/L）	≤0.5	≤0.5	≤2.0	≤50.0	>50.0
36	苯 /（μg/L）	≤0.5	≤1.0	≤10.0	≤120	>120
37	甲苯 /（μg/L）	≤0.5	≤140	≤700	≤1400	>1400
放射性指标[d]						
38	总α放射性 /（Bq/L）	≤0.1	≤0.1	≤0.5	>0.5	>0.5
39	总β放射性 /（Bq/L）	≤0.1	≤1.0	≤1.0	>1.0	>1.0

[a] NTU 为散射浊度单位。

[b] MPN 表示最可能数。

[c] CFU 表示菌落形成单位。

[d] 放射性指标超过指导值，应进行核素分析和评价。

　　根据地下水各指标含量特征，分为五类，它是地下水质量评价的基础。以地下水为水源的各类专门用水，在地下水质量分类管理基础上，可按有关专门用水标准进行管理。

三、声环境质量标准

　　为贯彻《中华人民共和国环境噪声污染防治法》，防治噪声污染，保障城乡居民正常生

环境管理（第二版）

活、工作和学习的声环境质量，制定《声环境质量标准》（GB 3096—2008），于 2008 年 10 月 1 日起实施。该标准是对《城市区域环境噪声标准》（GB 3096—93）和《城市区域环境噪声测量方法》（GB/T 14623—93）的修订。

1. 适用范围

本标准规定了五类声环境功能区的环境噪声限值及测量方法。本标准适用于声环境质量评价与管理。机场周围区域受飞机通过（起飞、降落、低空飞越）噪声的影响，不适用于本标准。

2. 声环境功能区分类

按区域的使用功能特点和环境质量要求，声环境功能区分为以下五种类型：

0 类声环境功能区：指康复疗养区等特别需要安静的区域。

1 类声环境功能区：指以居民住宅、医疗卫生、文化教育、科研设计、行政办公为主要功能，需要保持安静的区域。

2 类声环境功能区：指以商业金融、集市贸易为主要功能，或者居住、商业、工业混杂，需要维护住宅安静的区域。

3 类声环境功能区：指以工业生产、仓储物流为主要功能，需要防止工业噪声对周围环境产生严重影响的区域。

4 类声环境功能区：指交通干线两侧一定区域之内，需要防止交通噪声对周围环境产生严重影响的区域，包括 4a 类和 4b 类两种类型。4a 类为高速公路、一级公路、二级公路、城市快速路、城市主干路、城市次干路、城市轨道交通（地面段）、内河航道两侧区域；4b 类为铁路干线两侧区域。

3. 环境噪声限值

（1）各类声环境功能区适用表 4-6 规定的环境噪声等效声级限值。

表 4-6　环境噪声限值　　　　　　　　　　　　　　　　　　dB（A）

声环境功能区类别		时段	
		昼间	夜间
0 类		50	40
1 类		55	45
2 类		60	50
3 类		65	55
4 类	4a 类	70	55
	4b 类	70	60

（2）表 4-6 中 4b 类声环境功能区环境噪声限值，适用于 2011 年 1 月 1 日起环境影响评价文件通过审批的新建铁路（含新开廊道的增建铁路）干线建设项目两侧区域。

（3）在下列情况下，铁路干线两侧区域不通过列车时的环境背景噪声限值，按昼间 70dB（A）、夜间 55dB（A）执行。

①穿越城区的既有铁路干线；

②对穿越城区的既有铁路干线进行改建、扩建的铁路建设项目。

既有铁路是指 2010 年 12 月 31 日前已建成运营的铁路或环境影响评价文件已通过审批

的铁路建设项目。

（4）各类声环境功能区夜间突发噪声，其最大声级超过环境噪声限值的幅度不得高于15 dB（A）。

4. 声环境功能区的划分要求

（1）城市声环境功能区的划分。城市区域应按照 GB/T 15190 的规定划分声环境功能区，分别执行本标准规定的 0、1、2、3、4 类声环境功能区环境噪声限值。

（2）乡村声环境功能的确定。乡村区域一般不划分声环境功能区，根据环境管理的需要，县级以上人民政府环境保护行政主管部门可按以下要求确定乡村区域适用的声环境质量要求：

①位于乡村的康复疗养区执行 0 类声环境功能区要求；

②村庄原则上执行 1 类声环境功能区要求，工业活动较多的村庄以及有交通干线经过的村庄（指执行 4 类声环境功能区要求以外的地区）可局部或全部执行 2 类声环境功能区要求；

③集镇执行 2 类声环境功能区要求；

④独立于村庄、集镇之外的工业、仓储集中区执行 3 类声环境功能区要求；

⑤位于交通干线两侧一定距离（参考 GB/T 15190 第 8.3 条规定）内的噪声敏感建筑物执行 4 类声环境功能区要求。

四、辐射环境质量标准

为贯彻《中华人民共和国环境保护法》，保护环境，保障人体健康，防治电磁污染，中华人民共和国环境保护部与国家质量监督检验检疫总局联合发布《电磁环境控制限值》（GB 8702—2014）作为国家环境质量标准。本标准自 2015 年 1 月 1 日起在全国实施，具有强制执行的效力。自本标准实施之日起，《电磁辐射防护规定》（GB 8702—88）和《环境电磁波卫生标准》（GB 9175—88）废止。

1. 适用范围

本标准规定了电磁环境中控制公众曝露的电场、磁场、电磁场（1Hz~300GHz）的场量限值、评价方法和相关设施（设备）的豁免范围。本标准适用于电磁环境中控制公众曝露的评价和管理。本标准不适用于控制以治疗或诊断为目的的所致病人或陪护人员曝露的评价与管理；不适用于控制无线通信终端、家用电器等对使用者曝露的评价与管理；也不能作为对产生电场、电磁场设施（设备）的产品质量要求。

2. 公众曝露控制限值

为控制电场、磁场、电磁场所致公众曝露，环境中电场、磁场、电磁场场量参数的方均根值应满足表 4-7 要求。

表 4-7　公众曝露控制限值

频率范围	电场强度 E/（V/m）	磁场强度 H/（A/m）	磁感应强度 B/μT	等效平面波功率密度 S_{eq}/（W/m²）
1Hz~8Hz	8000	$32000/f^2$	$40000/f^2$	—
8Hz~25Hz	8000	$4000/f$	$5000/f$	—
0.025kHz~1.2kHz	$200/f$	$4/f$	$5/f$	—
1.2kHz~2.9kHz	$200/f$	3.3	4.1	—

续表

频率范围	电场强度 $E/$（V/m）	磁场强度 $H/$（A/m）	磁感应强度 $B/\mu T$	等效平面波功率密度 $S_{eq}/$（W/m²）
2.9kHz~57kHz	70	$10/f$	$12/f$	—
57kHz~100kHz	$4000/f$	$10/f$	$12/f$	—
0.1MHz~3MHz	40	0.1	0.12	4
3MHz~30MHz	$67/f^{1/2}$	$0.17/f^{1/2}$	$0.21/f^{1/2}$	$12/f$
30MHz~3000MHz	12	0.032	0.04	0.4
3000MHz~15000 MHz	$0.22 f^{1/2}$	$0.00059f^{1/2}$	$0.00074f^{1/2}$	$f/7500$
15GHz~300 GHz	27	0.073	0.092	2

注：1. 频率 f 的单位为所在行中第一栏的单位。

2. 0.1MHz~300 GHz 频率，场量参数是任意连续 6min 内的方均根值。

3. 100kHz 以下频率，需同时限制电场强度和磁感应强度；100kHz 以上频率，在远场区，可以只限制电场强度或磁场强度，或等效平面波功率密度，在近场区，需同时限制电场强度和磁场强度。

4. 架空输电线路线下的耕地、园地、牧草地、畜禽饲养地、养殖水面、道路等场所，其频率 50Hz 的电场强度控制限值为 10kV/m，且应给出警示和防护指示标志。

对于脉冲电磁波，除满足上述要求外，其功率密度的瞬时峰值不得超过表 4-7 中所列限值的 1000 倍，或场强的瞬时峰值不得超过表 4-7 中所列限值的 32 倍。

五、土壤环境质量标准

为贯彻《中华人民共和国环境保护法》，保护土壤环境质量，管控土壤污染风险，制定《土壤环境质量农用地土壤污染风险管控标准（试行）》（GB 15619—2018）、《土壤环境质量建设用地土壤污染风险管控标准（试行）》（GB 36600—2018）两项国家环境质量标准，并于 2018 年 8 月 1 日起实施。自以上标准实施之日起，《土壤环境质量标准》（GB 15618—1995）废止。

1. 土壤环境质量农用地土壤污染风险管控标准

（1）修订的主要内容。本标准于 1995 年首次发布，本次为第一次修订。本次修订的主要内容如下：

①标准名称由《土壤环境质量标准》调整为《土壤环境质量　农用地土壤污染风险管控标准（试行）》；

②更新了规范性引用文件，增加了标准的术语和定义；

③规定了农用地土壤中镉、汞、砷、铅、铬、铜、镍、锌等基本项目，以及六六六、滴滴涕、苯并［a］芘等其他项目的风险筛选值；

④规定了农用地土壤中镉、汞、砷、铅、铬的风险管控值；

⑤更新了监测、实施与监督要求。

（2）适用范围。本标准规定了农用地土壤污染风险筛选值和管制值，以及监测、实施和监督要求。本标准适用于耕地土壤污染风险筛查和分类。园地和牧草地可参照执行。

（3）主要术语和定义。

农用地：指 GB/T 21010 中的 01 耕地（0101 水田、0102 水浇地、0103 旱地）、02 园地（0201 果园、0202 茶园）和 04 草地（0401 天然牧草地、0403 人工牧草地）。

农用地土壤污染风险：指因土壤污染导致食用农产品质量安全、农作物生长或土壤生态环境受到不利影响。

农用地土壤污染风险筛选值：指农用地土壤中污染物含量等于或者低于该值的，对农产品质量安全、农作物生长或土壤生态环境的风险低，一般情况下可以忽略；超过该值的，对农产品质量安全、农作物生长或土壤生态环境可能存在风险，应当加强土壤环境监测和农产品协同监测，原则上应当采取安全利用措施。

农用地土壤污染风险管制值：指农用地土壤中污染物含量超过该值的，食用农产品不符合质量安全标准等农用地土壤污染风险高，原则上应当采取严格管控措施。

（4）农用地土壤污染风险筛选值。

① 基本项目。农用地土壤污染风险筛选值的基本项目为必测项目，包括镉、汞、砷、铅、铬、铜、镍、锌，风险筛选值见表4-8。

表4-8 农用地土壤污染风险筛选值（基本项目）　　　　　　　mg/kg

序号	污染物项目		风险筛选值			
			pH≤5.5	5.5<pH≤6.5	6.5<pH≤7.5	pH>7.5
1	镉	水田	0.3	0.4	0.6	0.8
		其他	0.3	0.3	0.3	0.6
2	汞	水田	0.5	0.5	0.6	1.0
		其他	1.3	1.8	2.4	3.4
3	砷	水田	30	30	25	20
		其他	40	40	30	25
4	铅	水田	80	100	140	240
		其他	70	90	120	170
5	铬	水田	250	250	300	350
		其他	150	150	200	250
6	铜	水田	150	150	200	200
		其他	50	50	100	100
7	镍		60	70	100	190
8	锌		200	200	250	300

注：①重金属和类金属砷均按元素总量计。
　　②对于水旱轮作地，采用其中较严格的风险筛选值。

②其他项目。农用地土壤污染风险筛选值的其他项目为选测项目，包括六六六、滴滴涕、苯并［a］芘，风险筛选值见表4-9。

其他项目由地方环境保护主管部门根据本地区土壤污染特点和环境管理需求进行选择。

表4-9 农用地土壤污染风险筛选值（其他项目）　　　　　　　mg/kg

序号	污染物项目	风险筛选值
1	六六六总量①	0.10
2	滴滴涕总量②	0.10
3	苯并［a］芘	0.55

注：①六六六总量为 α－六六六、β－六六六、γ－六六六、δ－六六六四种异构体的含量总和。
　　②滴滴涕总量为 p, p′－滴滴伊、p, p′－滴滴滴、o, p′－滴滴涕、p, p′－滴滴涕四种衍生物的含量总和。

（5）农用地土壤污染风险管控值。农用地土壤污染风险管制值项目包括镉、汞、砷、铅、铬，风险管制值见表4-10。

表4-10 农用地土壤污染风险管制值 mg/kg

序号	污染物项目	风险管制值			
		pH≤5.5	5.5<pH≤6.5	6.5<pH≤7.5	pH>7.5
1	镉	1.5	2.0	3.0	4.0
2	汞	2.0	2.5	4.0	6.0
3	砷	200	150	120	100
4	铅	400	500	700	1000
5	铬	800	850	1000	1300

（6）农用地土壤污染风险筛选值和管制值的使用。

①当土壤中污染物含量等于或者低于表4-8和表4-9规定的风险筛选值时，农用地土壤污染风险低，一般情况下可以忽略；高于表4-8和表4-9规定的风险筛选值时，可能存在农用地土壤污染风险，应加强土壤环境监测和农产品协同监测。

②当土壤中镉、汞、砷、铅、铬的含量高于表4-8规定的风险筛选值、等于或者低于表4-10规定的风险管制值时，可能存在食用农产品不符合质量安全标准等土壤污染风险，原则上应当采取农艺调控、替代种植等安全利用措施。

③当土壤中镉、汞、砷、铅、铬的含量高于表4-10规定的风险管制值时，食用农产品不符合质量安全标准等农用地土壤污染风险高，且难以通过安全利用措施降低食用农产品不符合质量安全标准等农用地土壤污染风险，原则上应当采取退耕还林、禁止种植食用农产品等严格管控措施。

④土壤环境质量类别划分应以本标准为基础，结合食用农产品协同监测结果，依据相关技术规定进行划分。

2. 土壤环境质量 建设用地土壤污染风险管控标准

（1）主要内容。本标准规定了保护人体健康的建设用地土壤污染风险筛选值和管制值，以及监测、实施与监督要求。本标准为首次发布。

以下标准为配套本标准的建设用地土壤环境调查、监测、评估和修复系列标准：

HJ 25.1为场地环境调查技术导则；HJ 25.2为场地环境监测技术导则；HJ 25.3为污染场地风险评估技术导则；HJ 25.4为污染场地土壤修复技术导则。自本标准实施之日起，《展览会用地土壤环境质量评价标准（暂行）》（HJ 350—2007）废止。

（2）适用范围。本标准规定了保护人体健康的建设用地土壤污染风险筛选值和管制值，以及监测、实施与监督要求。本标准适用于建设用地土壤污染风险筛查和风险管制。

建设用地：指建造建筑物、构筑物的土地，包括城乡住宅和公共设施用地、工矿用地、交通水利设施用地、旅游用地、军事设施用地等。

建设用地土壤污染风险：指建设用地上居住、工作人群长期暴露于土壤中污染物，因慢性毒性效应或致癌效应而对健康产生的不利影响。

建设用地土壤污染风险筛选值：指在特定土地利用方式下，建设用地土壤中污染物含量等于或者低于该值的，对人体健康的风险可以忽略；超过该值的，对人体健康可能存在风险，应当开展进一步的详细调查和风险评估，确定具体污染范围和风险水平。

建设用地土壤污染风险管制值：指在特定土地利用方式下，建设用地土壤中污染物含量超过该值的，对人体健康通常存在不可接受风险，应当采取风险管控或修复措施。

（3）建设用地分类。建设用地中，城市建设用地根据保护对象暴露情况的不同，可划分为以下两类：

第一类用地：包括 GB 50137 规定的城市建设用地中的居住用地（R）、公共管理与公共服务用地中的中小学用地（A33）、医疗卫生用地（A5）和社会福利设施用地（A6），以及公园绿地（G1）中的社区公园或儿童公园工地等。

第二类用地：包括 GB50137 规定的城市建设用地中的工业用地（M），物流仓储用地（W），商业服务业设施用地（B），道路与交通设施用地（S），公用设施用地（U），公共管理与公共服务用地（A）（A33、A5、A6 除外），以及绿地与广场用地（G）（G1 中的社区公园或儿童公园用地除外）等。

建设用地中，其他建设用地可参照上述划分类别。

（4）建设用地土壤污染风险筛选值和管制值。保护人体健康的建设用地土壤污染风险筛选值和管制值见表 4-11 和表 4-12，其中表 4-11 为基本项目，表 4-12 为其他项目。

表 4-11　建设用地土壤污染风险筛选值和管制值（基本项目）　　mg/kg

序号	污染物项目	CAS 编号	筛选值		管制值	
			第一类用地	第二类用地	第一类用地	第二类用地
重金属和无机物						
1	砷	7440-38-2	20[①]	60[①]	120	140
2	镉	7440-43-9	20	65	47	172
3	铬（六价）	18540-29-9	3.0	5.7	30	78
4	铜	7440-50-8	2000	18000	8000	36000
5	铅	7439-92-1	400	800	800	2500
6	汞	7439-97-6	8	38	33	82
7	镍	7440-02-0	150	900	600	2000
挥发性有机物						
8	四氯化碳	56-23-5	0.9	2.8	9	36
9	氯仿	67-66-3	0.3	0.9	5	10
10	氯甲烷	74-87-3	12	37	21	120
11	1,1-二氯乙烷	75-34-3	3	9	20	100
12	1,2-二氯乙烷	107-06-2	0.52	5	6	21
13	1,1-二氯乙烯	75-35-4	12	66	40	200
14	顺-1,2-二氯乙烯	156-59-2	66	596	200	2000
15	反-1,2-二氯乙烯	156-60-5	10	54	31	163
16	二氯甲烷	75-09-2	94	616	300	2000
17	1,2-二氯丙烷	78-87-5	1	5	5	47
18	1,1,1,2-四氯乙烷	630-20-6	2.6	10	26	100
19	1,1,2,2-四氯乙烷	79-34-5	1.6	6.8	14	50

续表

序号	污染物项目	CAS 编号	筛选值		管制值	
			第一类用地	第二类用地	第一类用地	第二类用地
20	四氯乙烷	127-18-4	11	53	34	183
21	1，1，1-三氯乙烷	71-55-6	701	840	840	840
22	1，1，2-三氯乙烷	79-00-5	0.6	2.8	5	15
23	三氯乙烯	79-01-6	0.7	2.8	7	20
24	1，2，3-三氯丙烷	96-18-4	0.05	0.5	0.5	5
25	氯乙烯	75-01-4	0.12	0.43	1.2	4.3
26	苯	71-43-2	1	4	10	40
27	氯苯	108-90-7	68	270	200	1000
28	1，2-二氯苯	95-50-1	560	560	560	560
29	1，4-二氯苯	106-46-7	5.6	20	56	200
30	乙苯	100-41-4	7.2	28	72	280
31	苯乙烯	100-42-5	1290	1290	1290	1290
32	甲苯	108-88-3	1200	1200	1200	1200
33	间二甲苯+对二甲苯	108-38-3, 106-42-3	163	570	500	570
34	邻二甲苯	95-47-6	222	640	640	640
半挥发性有机物						
35	硝基苯	98-95-3	34	76	190	760
36	苯胺	62-53-3	92	260	211	663
37	2-氯酚	95-57-8	250	2256	500	4500
38	苯并[a]蒽	56-55-3	5.5	15	55	151
39	苯并[a]芘	50-32-8	0.55	1.5	5.5	15
40	苯并[b]荧蒽	205-99-2	5.5	15	55	151
41	苯并[k]荧蒽	207-08-9	55	151	550	1500
42	䓛	218-01-9	490	1293	4900	12900
43	二苯并[a,h]蒽	53-70-3	0.55	1.5	5.5	15
44	茚并[1,2,3-cd]芘	193-39-5	5.5	15	55	151
45	萘	91-20-3	25	70	255	700

注：①具体地块土壤中污染物监测含量超过筛选值，但等于或者低于土壤环境背景值水平的，不纳入污染地块管理。土壤环境背景值可参见相关资料。

表 4-12　建设用地土壤污染风险筛选值和管制值（其他项目）　　　　mg/kg

序号	污染物项目	CAS 编号	筛选值		管制值	
			第一类用地	第二类用地	第一类用地	第二类用地
重金属和无机物						
1	锑	7440-36-0	20	180	40	360
2	铍	7440-41-7	15	29	98	290
3	钴	7440-48-4	20[①]	70[①]	190	350

续表

序号	污染物项目	CAS 编号	筛选值		管制值	
			第一类用地	第二类用地	第一类用地	第二类用地
4	甲基汞	22967-92-6	5.0	45	10	120
5	钒	7440-62-2	165①	752	330	1500
6	氰化物	57-12-5	22	135	44	270
挥发性有机物						
7	一溴二氯甲烷	75-27-4	0.29	1.2	2.9	12
8	溴仿	75-25-2	32	103	320	1030
9	二溴氯甲烷	124-48-1	9.3	33	93	330
10	1，2-二溴乙烷	106-93-4	0.07	0.24	0.7	2.4
半挥发性有机物						
11	六氯环戊二烯	77-47-4	1.1	5.2	2.3	10
12	2，4-二硝基甲苯	121-14-2	1.8	5.2	18	52
13	2，4-二氯酚	120-83-2	117	843	234	1690
14	2，4，6-三氯酚	88-06-2	39	137	78	560
15	2，4-二硝基酚	51-28-5	78	562	156	1130
16	五氯酚	87-86-5	1.1	2.7	12	27
17	邻苯二甲酸二（2-乙基己基）酯	117-81-7	42	121	420	1210
18	邻苯二甲酸丁基苄酯	85-68-7	312	900	3120	9000
19	邻苯二甲酸二正辛酯	117-84-0	390	2812	800	5700
20	3，3-二氯联苯胺	91-94-1	1.3	3.6	13	36
有机农药类						
21	阿特拉津	1912-24-9	2.6	7.4	26	74
22	氯丹②	12789-03-6	2.0	6.2	20	62
23	$p，p'$-滴滴滴	72-54-8	2.5	7.1	25	71
24	$p，p'$-滴滴伊	72-55-9	2.0	7.0	20	70
25	滴滴涕③	50-29-3	2.0	6.7	21	67
26	敌敌畏	62-73-7	1.8	5.0	18	50
27	乐果	60-51-5	86	619	170	1240
28	硫丹④	115-29-7	234	1687	470	3400
29	七氯	76-44-8	0.13	0.37	1.3	3.7
30	α-六六六	319-84-6	0.09	0.3	0.9	3
31	β-六六六	319-85-7	0.32	0.92	3.2	9.2
32	γ-六六六	58-89-9	0.62	1.9	6.2	19
33	六氯苯	118-74-1	0.33	1	3.3	10
34	灭蚁灵	2385-85-5	0.03	0.09	0.3	0.9

续表

序号	污染物项目	CAS 编号	筛选值		管制值	
			第一类用地	第二类用地	第一类用地	第二类用地
多氯联苯、多溴联苯和二噁英类						
35	多氯联苯（总量）⑤	–	0.14	0.38	1.4	3.8
36	3，3′，4，4′，5-五氯联苯（PCB 126）	57465-28-8	4×10^{-5}	1×10^{-4}	4×10^{-4}	1×10^{-3}
37	3，3′，4，4′，5-六氯联苯（PCB 169）	32774-16-6	1×10^{-4}	4×10^{-4}	1×10^{-3}	4×10^{-3}
38	二噁英类（总毒性当量）	–	1×10^{-5}	4×10^{-5}	1×10^{-4}	4×10^{-4}
39	多溴联苯（总量）	–	0.02	0.06	0.2	0.6
石油烃类						
40	石油烃（$C_{10} \sim C_{40}$）	–	826	4500	5000	9000

注：①具体地块土壤中污染物检测含量超过筛选值，但等于或低于土壤环境背景值水平的，不纳入污染地块管理。土壤环境背景值可参见相关资料。

②氯丹为 α-氯丹、γ-氯丹两种物质含量总和。

③滴滴涕为 o，p′-滴滴涕、p，p′-滴滴涕两种物质含量总和。

④硫丹为 α-硫丹、β-硫丹两种物质含量总和。

⑤多氯联苯（总量）为 PCB77、PCB81、PCB105、PCB114、PCB118、PCB123、PCB126、PCB156、PCB157、PCB167、PCB169、PCB189 十二种物质含量总和。

（5）建设用地土壤污染风险筛选污染物项目的确定。表 4-11 中所列项目为初步调查阶段建设用地土壤污染风险筛选的必测项目。

初步调查阶段建设用地土壤污染风险筛选的选测项目依据 HJ25.1、HJ25.2 及相关技术规定确定，可以包括但不限于表 4-12 中所列项目。

（6）建设用地土壤污染风险筛选值和管控值的使用。建设用地规划用途为第一类用地的，适用表 4-11 和表 4-12 中第一类用地的筛选值和管制值；规划用途为第二类用地的，适用表 4-11 和表 4-12 中第二类用地的筛选值和管制值。规划用途不明确的，适用表 4-11 和表 4-12 中第一类用地的筛选值和管制值。

建设用地土壤中污染物含量等于或者低于风险筛选值的，建设用地土壤污染风险一般情况下可以忽略。

通过初步调查确定建设用地土壤中污染物含量高于风险筛选值，应当依据 HJ25.1、HJ25.2 等标准及相关技术要求，开展详细调查。

通过详细调查确定建设用地土壤中污染物含量等于或者低于风险管制值，应当依据 HJ25.3 等标准及相关技术要求，开展风险评估，确定风险水平，判断是否需要采取风险管控或修复措施。

通过详细调查确定建设用地土壤中污染物含量高于风险管制值，对人体健康通常存在不可接受风险，应当采取风险管控或修复措施。

建设用地若需采取修复措施，其修复目标应当依据 HJ25.3、HJ25.4 等标准及相关技术要求确定，且应低于风险管制值。

表 4-11 和表 4-12 中未列入的污染物项目，可依据 HJ25.3 等标准及相关技术要求开展风险评估，推导特定污染物的土壤污染风险筛选值。

第三节　污染物排放标准

一、大气污染物综合排放标准

根据《中华人民共和国大气污染防治法》第七条的规定，制定《大气污染物综合排放标准》（GB 16297—1996），从 1997 年 1 月 1 日起实施。

1. 适用范围

标准规定了 33 种大气污染物的排放限值，其指标体系为最高允许排放浓度、最高允许排放速率和无组织排放监控浓度限值。在我国现有的国家大气污染物排放标准体系中，按照综合性排放标准与行业性排放标准不交叉执行的原则，锅炉执行《锅炉大气污染物排放标准》（GB 13271—2014）、工业炉窑执行《工业炉窑大气污染物排放标准》（GB 9078—1996）、火电厂执行《火电厂大气污染物排放标准》（GB 13223—2011）、炼焦炉执行《炼焦炉大气污染物排放标准》（GB 16171—2012）、水泥厂执行《水泥厂大气污染物排放标准》（GB 4915—2013）、恶臭物质排放执行《恶臭污染物排放标准》（GB 14554—93）、汽车排放执行《汽车排放污染物限值及测试方法》（GB 14761—99）、摩托车排气执行《摩托车排气污染物排放标准》（GB 14621—2011），其他大气污染物排放均执行该标准。该标准实施后再行发布的行业性国家大气污染物排放标准，按其适用范围规定的污染源不再执行该标准。该标准适用于现有污染源大气污染物排放管理，以及建设项目的环境影响评价、设计、环境保护设施竣工验收及其投产后的大气污染物排放管理。

2. 指标体系

标准规定了 33 种大气污染物的排放限值，设置了三项指标：①通过排气筒排放废气的最高允许排放浓度。②通过排气筒排放的废气，按排气筒高度规定的最高允许排放速率。任何一个排气筒必须同时遵守上述两项指标，超过其中任何一项均为超标排放。③以无组织方式排放的废气，规定无组织排放的监控点及相应的监控浓度限值。

3. 排放速率标准分级

标准规定的最高允许排放速率，现有污染源分一、二、三级，新污染源分为二、三级。按污染源所在的环境空气质量功能区类别，执行相应级别的排放速率标准，即：位于一类区的污染源执行一级标准（一类区禁止新、扩建污染源，一类区现有污染源改建执行现有污染源的一级标准）；位于二类区的污染源执行二级标准；位于三类区的污染源执行三级标准。

4. 相关规定

该标准分为两个时间段，1997 年 1 月 1 日前设立的已有污染源（包括已有企业）执行现有污染源大气污染物排放限值（二氧化硫、氮氧化物、颗粒物指标见表 4-13），1997 年 1 月 1 日起设立（包括新建、扩建、改建）的污染源执行新污染源大气污染物排放限值（二氧化硫、氮氧化物、颗粒物指标见表 4-14）。

此外，还应符合以下规定：

（1）排气筒高度除须遵守表列排放速率标准值外，还应高出周围 200m 半径范围的建筑

5m以上，不能达到该要求的排气筒，应按其高度对应的表列排放速率标准值严格50%执行。

（2）两个排放相同污染物（不论其是否由同一生产工艺过程产生）的排气筒，若其距离小于其几何高度之和，应合并视为一根等效排气筒。当有三根以上的近距排气筒，且排放同一种污染物时，应以前两根的等效排气筒，依次与第三、四根排气筒取等效值。等效排气筒的有关参数计算方法见该标准附录A。

（3）若某排气筒的高度处于该标准列出的两个值之间，其执行的最高允许排放速率以内插法计算，内插法的计算式见该标准附录B；当某排气筒的高度大于或小于标准列出的最大或最小值时，以外推法计算其最高允许排放速率，外推法计算式见该标准附录B。

（4）新污染源的排气筒一般不应低于15m。当新污染源的排气筒必须低于15m时，其排放速率标准值按外推计算结果再严格50%执行。

（5）新污染源的无组织排放应从严控制，一般情况下不应有无组织排放存在，无法避免的无组织排放应达到新污染源大气污染物排放限值。

（6）工业生产尾气确需燃烧排放的，其烟气黑度不得超过林格曼1级。

5. 污染物排放限值标准

二氧化硫、氮氧化物、颗粒物三类主要大气污染物排放限值标准见表4-13和表4-14。

表 4-13　现有污染源大气污染物排放限值

序号	污染物	最高允许排放浓度/（mg/m³）	最高允许排放速率/（kg/h）				无组织排放监控浓度限值	
			排气筒（m）	一级	二级	三级	监控点	浓度/（mg/m³）
1	二氧化硫	1200（硫、二氧化硫、硫酸和其他含硫化合物生产） 700（硫、二氧化硫、硫酸和其他含硫化合物使用）	15 20 30 40 50 60 70 80 90 100	1.6 2.6 8.8 15 23 33 47 63 82 100	3.0 5.1 17 30 45 64 91 120 160 200	4.1 7.7 26 45 69 98 140 190 240 310	无组织排放源上风向设参照点，下风向设监控点[1]	0.50（监控点与参照点浓度差值）
2	氮氧化物	1700（硝酸、氮肥和火炸药生产） 420（硝酸使用和其他）	15 20 30 40 50 60 70 80 90 100	0.47 0.77 2.6 4.6 7.0 9.9 14 19 24 31	0.91 1.5 5.1 8.9 14 19 27 37 47 61	1.4 2.3 7.7 14 21 29 41 56 72 92	无组织排放源上风向设参照点，下风向设监控点	0.15（监控点与参照点浓度差值）
3	颗粒物	22（炭黑尘、燃料尘）	15 20 30 40	禁排	0.60 1.0 4.0 6.8	0.87 1.5 5.9 10	周界外浓度最高点[2]	肉眼不可见

序号	污染物	最高允许排放浓度 / (mg/m³)	最高允许排放速率 / (kg/h)				无组织排放监控浓度限值	
			排气筒 (m)	一级	二级	三级	监控点	浓度 / (mg/m³)
3	颗粒物	80³⁾ （玻璃棉尘、石英粉尘、矿渣棉尘）	15	禁排	2.2	3.1	无组织排放源上风向设参照点，下风向设监控点	2.0 （监控点与参照点浓度差值）
			20		3.7	5.3		
			30		14	21		
			40		25	37		
		150 （其他）	15	2.1	4.1	5.9		5.0 （监控点与参照点浓度差值）
			20	3.5	6.9	10		
			30	14	27	40		
			40	24	46	69		
			50	36	70	110		
			60	51	100	150		

注：1）一般应于无组织排放源上风向 2~50m 范围内设参照点，排放源下风向 2~50m 范围内设监控点。

2）周界外浓度最高点一般应设于排放源下风向的单位周界外 10m 范围内。如预计无组织排放的最大落地浓度点越出 10m 范围，可将监控点移至该预计浓度最高点。

3）均指含游离二氧化硅 10% 以上的各种尘。

表 4-14　新污染源大气污染物排放限值

序号	污染物	最高允许排放浓度 / (mg/m³)	最高允许排放速率 / (kg/h)			无组织排放监控浓度限值	
			排气筒 /m	二级	三级	监控点	浓度 / (mg/m³)
1	二氧化硫	960 （硫、二氧化硫、硫酸和其他含硫化合物生产）	15	2.6	3.5	周界外浓度最高点¹⁾	0.40
			20	4.3	6.6		
			30	15	22		
			40	25	38		
			50	39	58		
		550 （硫、二氧化硫、硫酸和其他含硫化合物使用）	60	55	83		
			70	77	120		
			80	110	160		
			90	130	200		
			100	170	270		
2	氮氧化物	1400 （硝酸、氮肥和火炸药生产）	15	0.77	1.2	周界外浓度最高点	0.12
			20	1.3	2.0		
			30	4.4	6.6		
			40	7.5	11		
			50	12	18		
		240 （硝酸使用和其他）	60	16	25		
			70	23	35		
			80	31	47		
			90	40	61		
			100	52	78		

序号	污染物	最高允许排放浓度 / （mg/m³）	最高允许排放速率 / （kg/h）			无组织排放监控浓度限值	
			排气筒 /m	二级	三级	监控点	浓度 / （mg/m³）
3	颗粒物	18 （炭黑尘、燃料尘）	15	0.51	0.74	周界外浓度 最高点	肉眼不可见
			20	0.85	1.3		
			30	3.4	5.0		
			40	5.8	8.5		
		60²⁾ （玻璃棉尘、石英粉尘、 矿渣棉尘）	15	1.9	2.6	周界外浓度 最高点	1.0
			20	3.1	4.5		
			30	12	18		
			40	21	31		
		120 （其他）	15	3.5	5.0	周界外浓度 最高点	1.0
			20	5.9	8.5		
			30	23	34		
			40	39	59		
			50	60	94		
			60	85	130		

注：1）周界外浓度最高点一般应设置于无组织排放源下风向的单位周界外10m范围内，若预计无组织排放的最大落地浓度点越出10m范围，可将监控点移至该预计浓度最高点。

2）均指含游离二氧化硅10%以上的各种尘。

排放氯气的排气筒不得低于25m，排放氰化氢的排气筒不得低于25m，排放光气的排气筒不得低于25m。

二、污水综合排放标准

中国对工业废水和城镇污水制定了一系列排放标准，主要有《污水综合排放标准》（GB 8978—1996）、《污水排入城镇下水道水质标准》（GB/T 31962—2015）、《城镇污水处理厂污染物排放标准》（GB 18918—2002）及各种行业排放标准等。此处仅介绍《污水综合排放标准》（GB 8978—1996）。制定该标准的目的是为贯彻《中华人民共和国环境保护法》《中华人民共和国水污染防治法》和《中华人民共和国海洋环境保护法》，控制水污染，保护江河、湖泊、运河、渠道、水库和海洋等地面水以及地下水水质的良好状态，保障人体健康，维护生态平衡，促进国民经济和城乡建设的发展。

1. 适用范围

本标准适用于现有单位水污染物的排放管理，以及建设项目的环境影响评价、建设项目环境保护设施设计、竣工验收及其投产后的排放管理。

按照国家综合排放标准与国家行业排放标准不交叉执行的原则，造纸工业、船舶及船舶工业、海洋石油开发工业、纺织染整工业、肉类加工工业、合成氨工业、钢铁工业、航天推进剂使用、兵器工业、磷肥工业、烧碱、聚氯乙烯工业执行各自的排放标准。新增加国家行业水污染物排放标准的行业，按其适用范围执行相应的国家水污染物行业标准，不再执行该标准。

2. 标准分级

（1）排入 GB 3838 Ⅲ类水域（划定的保护区和游泳区除外）和排入 GB 3097 中二类海域的污水，执行一级标准。

（2）排入 GB 3838 中Ⅳ、Ⅴ类水域和排入 GB 3097 中三类海域的污水，执行二级标准。

（3）排入设置二级污水处理厂的城镇排水系统的污水，执行三级标准。

（4）排入未设置二级污水处理厂的城镇排水系统的污水，必须根据排水系统出水受纳水域的功能要求，分别执行（1）和（2）的规定。

（5）GB 3838 中Ⅰ、Ⅱ类水域和Ⅲ类水域中划定的保护区，GB 3097 中一类海域，禁止新建排污口，现有排污口应按水体功能要求，实行污染物总量控制，以保证受纳水体水质符合规定用途的水质标准。

3. 污染物分类

标准将排放的污染物按其性质及控制方式分为两类。

第一类污染物，不分行业和污水排放方式，也不分受纳水体的功能类别，一律在车间或车间处理设施排放口采样，其最高允许排放浓度必须达到该标准要求（采矿行业的尾矿坝出水口不得视为车间排放口）。

第二类污染物，在排污单位排放口采样，其最高允许排放浓度必须达到该标准要求。

4. 执行标准

对于 1997 年 12 月 31 日之前建设（包括改、扩建）的单位，水污染物的排放必须同时执行标准中规定的第一类污染物最高允许排放浓度限值，第二类污染物最高允许排放浓度（1997 年 12 月 31 日之前建设的单位）和部分行业最高允许排水量（1997 年 12 月 31 日之前建设的单位）。

1998 年 1 月 1 日起建设（包括改、扩建）的单位，水污染物的排放必须同时执行标准中规定的第一类污染物最高允许排放浓度限值，第二类污染物最高允许排放浓度（1998 年 1 月 1 日起建设的单位）和部分行业最高允许排水量（1998 年 1 月 1 日起建设的单位）。

建设（包括改、扩建）单位的建设时间，以环境影响评价报告书（表）批准日期为准划分。对于排放含有放射性物质的污水，除执行该标准外，还须符合《辐射防护规定》（GB 8703—88）。

同一排放口排放两种或两种以上不同类别的污水，且每种污水的排放标准又不同时，其混合污水的排放标准按该标准的附录 A 计算。工业污水污染物的最高允许排放负荷量按该标准的附录 B 计算。

5. 污染物最高允许浓度限值（表 4-15~ 表 14-17）

表 4-15　第一类污染物最高允许排放浓度　　　　mg/L

序号	污染物	最高允许排放浓度	序号	污染物	最高允许排放浓度
1	总汞	0.05	8	总镍	1.0
2	烷基汞	不得检出	9	苯并［a］芘	0.000 03
3	总镉	0.1	10	总铍	0.005
4	总铬	1.5	11	总银	0.5
5	六价铬	0.5	12	总α放射线	1Bq/L
6	总砷	0.5	13	总β放射线	10Bq/L
7	总铅	1.0			

表 4-16 第二类污染物最高允许排放浓度

（1997 年 12 月 31 日之前建设的单位） mg/L

序号	污染物	适用范围	一级标准	二级标准	三级标准
1	pH	一切排污单位	6~9	6~9	6~9
2	色度（稀释倍数）	染料工业	50	180	—
		其他排污单位	50	80	—
3	悬浮物（SS）	采矿、选矿、选煤工业	100	300	—
		脉金选矿	100	500	—
		边远地区砂金选矿	100	800	—
		城镇二级污水处理厂	20	30	—
		其他排污单位	70	200	400
4	五日生化需氧量（BOD$_5$）	甘蔗制糖、苎麻脱胶、湿法纤维板工业	30	100	600
		甜菜制糖、酒精、味精、皮革、化纤浆粕工业	30	150	600
		城镇二级污水处理厂	20	30	—
		其他排污单位	30	60	300
5	化学需氧量（COD）	甜菜制糖、焦化、合成脂肪酸、湿法纤维板、染料、洗毛、有机磷农药工业	100	200	1000
		味精、酒精、医药原料药、生物制药、苎麻脱胶、皮革、化纤浆粕工业	100	300	1000
		石油化工工业（包括石油炼制）	100	150	500
		城镇二级污水处理厂	60	120	—
		其他排污单位	100	150	500
6	石油类	一切排污单位	10	10	30
7	动植物油	一切排污单位	20	20	100
8	挥发酚	一切排污单位	0.5	0.5	2.0
9	总氰化合物	电影洗片（铁氰化合物）	0.5	5.0	5.0
		其他排污单位	0.5	0.5	1.0
10	硫化物	一切排污单位	1.0	1.0	2.0
11	氨氮	医药原料药、染料、石油化工工业	15	50	—
		其他排污单位	15	25	—
12	氟化物	黄磷工业	10	20	20
		低氟地区（水体含氟量 <0.5mg/L）	10	20	30
		其他排污单位	10	10	20
13	磷酸盐（以P计）	一切排污单位	0.5	1.0	—
14	甲醛	一切排污单位	1.0	2.0	5.0
15	苯胺类	一切排污单位	1.0	2.0	5.0
16	硝基苯类	一切排污单位	2.0	3.0	5.0

续表

序号	污染物	适用范围	一级标准	二级标准	三级标准
17	阴离子表面活性剂（LAS）	合成洗涤剂工业	5.0	15	20
		其他排污单位	5.0	10	20
18	总铜	一切排污单位	0.5	1.0	2.0
19	总锌	一切排污单位	2.0	5.0	5.0
20	总锰	合成脂肪酸工业	2.0	5.0	5.0
		其他排污单位	2.0	2.0	5.0
21	彩色显影剂	电影洗片	2.0	3.0	5.0
22	显影剂及氧化物总量	电影洗片	3.0	6.0	6.0
23	元素磷	一切排污单位	0.1	0.3	0.3
24	有机磷农药（以P计）	一切排污单位	不得检出	0.5	0.5
25	粪大肠菌群数	医院*、兽医院及医疗机构含病原体污水	500 个 /L	1 000 个 /L	5 000 个 /L
		传染病、结核病医院污水	100 个 /L	500 个 /L	1 000 个 /L
26	总余氯（采用氯化消毒的医院污水）	医院*、兽医院及医疗机构含病原体污水	<0.5**	>3（接触时间≥1h）	>2（接触时间≥1h）
		传染病、结核病医院污水	<0.5**	>6.5（接触时间≥1.5h）	>5（接触时间≥1.5h）

注：* 指 50 个床位以上的医院。

    ** 加氯消毒后须进行脱氯处理，达到本标准。

表 4-17 第二类污染物最高允许排放浓度

（1998 年 1 月 1 日之后建设的单位）

mg/L

序号	污染物	适用范围	一级标准	二级标准	三级标准
1	pH	一切排污单位	6~9	6~9	6~9
2	色度（稀释倍数）	一切排污单位	50	80	—
3	悬浮物（SS）	采矿、选矿、选煤工业	70	300	—
		脉金选矿	70	400	—
		边远地区砂金选矿	70	800	—
		城镇二级污水处理厂	20	30	—
		其他排污单位	70	150	400
4	五日生化需氧量（BOD_5）	甘蔗制糖、苎麻脱胶、湿法纤维板、染料、洗毛工业	20	60	600
		甜菜制糖、酒精、味精、皮革、化纤浆粕工业	20	100	600
		城镇二级污水处理厂	20	30	—
		其他排污单位	20	30	300

续表

序号	污染物	适用范围	一级标准	二级标准	三级标准
5	化学需氧量（COD）	甜菜制糖、合成脂肪酸、湿法纤维板、染料、选毛、有机磷农药工业	100	200	1000
		味精、酒精、医药原料药、生物制药、苎麻脱胶、皮革、化纤浆粕工业	100	300	1000
		石油化工工业（包括石油炼制）	60	120	500
		城镇二级污水处理厂	60	120	—
		其他排污单位	100	150	500
6	石油类	一切排污单位	5	10	20
7	动植物类	一切排污单位	10	15	100
8	挥发酚	一切排污单位	0.5	0.5	2.0
9	总氰化合物	一切排污单位	0.5	0.5	1.0
10	硫化物	一切排污单位	1.0	1.0	1.0
11	氨氮	医药原料药、染料、石油化工工业	15	50	—
		其他排污单位	15	25	—
12	氟化物	黄磷工业	10	15	20
		低氟地区（水体含氟量 <0.5mg/L）	10	20	30
		其他排污单位	10	10	20
13	磷酸盐（以 P 计）	一切排污单位	0.5	1.0	—
14	甲醛	一切排污单位	1.0	2.0	5.0
15	苯胺类	一切排污单位	1.0	2.0	5.0
16	硝基苯类	一切排污单位	2.0	3.0	5.0
17	阴离子表面活性剂（LAS）	一切排污单位	5.0	10	20
18	总铜	一切排污单位	0.5	1.0	2.0
19	总锌	一切排污单位	2.0	5.0	5.0
20	总锰	合成脂肪酸工业	2.0	5.0	5.0
		其他排污单位	2.0	2.0	5.0
21	彩色显影剂	电影洗片	1.0	2.0	3.0
22	显影剂及氧化物总量	电影洗片	3.0	3.0	6.0
23	元素磷	一切排污单位	0.1	0.1	0.3
24	有机磷农药（以 P 计）	一切排污单位	不得检出	0.5	0.5
25	乐果	一切排污单位	不得检出	1.0	2.0
26	对硫磷	一切排污单位	不得检出	1.0	2.0
27	甲基对硫磷	一切排污单位	不得检出	1.0	2.0
28	马拉硫磷	一切排污单位	不得检出	5.0	10
29	五氯酚及五氯酚钠（以五氯酚计）	一切排污单位	5.0	8.0	10

续表

序号	污染物	适用范围	一级标准	二级标准	三级标准
30	可吸附有机卤化物（AOX）（以 Cl 计）	一切排污单位	1.0	5.0	8.0
31	三氯甲烷	一切排污单位	0.3	0.6	1.0
32	四氯化碳	一切排污单位	0.03	0.06	0.5
33	三氯乙烯	一切排污单位	0.3	0.6	1.0
34	四氯乙烯	一切排污单位	0.1	0.2	0.5
35	苯	一切排污单位	0.1	0.2	0.5
36	甲苯	一切排污单位	0.1	0.2	0.5
37	乙苯	一切排污单位	0.4	0.6	1.0
38	邻二甲苯	一切排污单位	0.4	0.6	1.0
39	对二甲苯	一切排污单位	0.4	0.6	1.0
40	间二甲苯	一切排污单位	0.4	0.6	1.0
41	氯苯	一切排污单位	0.2	0.4	1.0
42	邻二氯苯	一切排污单位	0.4	0.6	1.0
43	对二氯苯	一切排污单位	0.4	0.6	1.0
44	对硝基氯苯	一切排污单位	0.5	1.0	5.0
45	2，4- 二硝基氯苯	一切排污单位	0.5	1.0	5.0
46	苯酚	一切排污单位	0.3	0.4	1.0
47	间甲酚	一切排污单位	0.1	0.2	0.5
48	2，4- 二氯酚	一切排污单位	0.6	0.8	1.0
49	2，4，6- 三氯酚	一切排污单位	0.6	0.8	1.0
50	邻苯二甲酸二丁酯	一切排污单位	0.2	0.4	2.0
51	邻苯二甲酸二辛酯	一切排污单位	0.3	0.6	2.0
52	丙烯腈	一切排污单位	2.0	5.0	5.0
53	总硒	一切排污单位	0.1	0.2	0.5
54	粪大肠菌群数	医院*、兽医院及医疗机构含病原体污水	500 个 /L	1 000 个 /L	5 000 个 /L
		传染病、结核病医院污水	100 个 /L	500 个 /L	1 000 个 /L
55	总余氯（采用氯化消毒的医院污水）	医院*、兽医院及医疗机构含病原体污水	<0.5**	>3（接触时间≥1h）	>2（接触时间≥1h）
		传染病、结核病医院污水	<0.5**	>6.5（接触时间≥1.5h）	>5（接触时间≥1.5h）
56	总有机碳（TOC）	合成脂肪酸工业	20	40	—
		苎麻脱胶工业	20	60	—
		其他排污单位	20	30	—

注：* 指 50 个床位以上的医院。

　　** 加氯消毒后须进行脱氯处理，达到本标准。

三、环境噪声限值标准

1. 机场周围飞机噪声环境标准

（1）评价量。《机场周围飞机噪声环境标准》（GB 9660—88）采用一昼夜的计权等效连续感觉噪声级作为评价量，用 L_{WECPN} 表示，单位为 dB。

（2）标准值和适用区域见表 4-18。

表 4-18 机场周围飞机噪声环境标准值　　　　　　　　　　　　dB

适用区域	标准值
一类区域	≤70
二类区域	≤75

注：一类区域：特殊住宅区，居住、文教区。二类区域：除一类区域以外的生活区。

该标准适用的区域地带范围由当地人民政府划定。

2. 城市区域环境振动标准

（1）适用范围。《城市区域环境振动标准》（GB 10070—88）适用的地带范围，由地方人民政府划定。可参照城市区域环境噪声功能区划的结果来确定。昼间和夜间的时间由当地人民政府按当地习惯和季节变化划定。

（2）标准值及适用地带范围见表 4-19。

表 4-19 城市各类区域铅垂向 Z 振级标准值　　　　　　　　　　dB

适用地带范围	昼间	夜间
特殊住宅区	65	65
居民区、文教区	70	67
混合区、商业中心区	75	72
工业集中区	75	72
交通干线道路两侧	75	72
铁路干线两侧	80	80

注："特殊住宅区"是指特别需要安静的住宅区。
"居民区、文教区"是指纯居民区和文教、机关区。
"混合区"是指一般商业与居民混合区，工业、商业、少量交通与居民混合区。
"商业中心区"是指商业集中的繁华地区。
"工业集中区"是指在一个城市或区域内规划明确定的工业区。
"交通干线道路两侧"是指车流量每小时 100 辆以上的道路两侧。
"铁路干线两侧"是指距每日车流量不少于 20 列的铁道外轨 30m 外两侧的住宅区。

3. 工业企业厂界环境噪声排放标准

（1）适用范围。《工业企业厂界环境噪声排放标准》（GB 12348—2008）规定了工业企业和固定设备厂界环境噪声排放限值及其测量方法。

该标准适用于工业企业噪声排放的管理、评价及控制。机关、事业单位、团体等对外环境排放噪声的单位也按该标准执行。

（2）环境噪声排放限值见表 4-20。

表 4-20　工业企业厂界环境噪声排放限值　　　　　　　　　　dB（A）

边界处声环境功能区类型	时段	
	昼间	夜间
0	50	40
1	55	45
2	60	50
3	65	55
4	70	55

4. 社会生活环境噪声排放标准

（1）适用范围。《社会生活环境噪声排放标准》（GB 22337—2008）规定了营业性文化娱乐场所和商业经营活动中可能产生环境噪声污染的设备、设施边界噪声排放限值和测量方法。

该标准适用于对营业性文化娱乐场所、商业经营活动中使用的向环境排放噪声的设备、设施的管理、评价与控制。

（2）环境噪声排放限值。社会生活噪声排放源边界噪声不得超过表 4-21 规定的排放限值。在社会生活噪声排放源边界处无法进行噪声测量或测量的结果不能如实反映其对噪声敏感建筑物的影响程度的情况下，噪声测量应在可能受影响的敏感建筑物窗外 1m 处进行。当社会生活噪声排放源边界与噪声敏感物距离小于 1m 时，应在噪声敏感建筑物的室内测量，并将表 4-21 中相应的限值减 10dB（A）作为评价依据。

表 4-21　社会生活噪声排放源边界噪声排放限值　　　　　　dB（A）

边界外声环境功能区类别	时段	
	昼间	夜间
0	50	40
1	55	45
2	60	50
3	65	55
4	70	55

四、固体废物污染控制标准

1. 生活垃圾填埋场污染控制标准

（1）适用范围。《生活垃圾填埋污染控制标准》（GB 16889—2008）适用于生活垃圾填埋场建设、运行和封场后的维护与管理过程中的污染控制和监督管理。该标准的部分规定也适用于生活垃圾填埋场配套建设的生活垃圾转运站的建设、运行。该标准只适用于法律允许的污染物排放行为；新设立污染源的选址和特殊保护区域内现有污染源的管理，按照《大气污染防治法》《水污染防治法》《海洋环境保护法》《固体废物污染环境防治法》《放射性污染防治法》《环境影响评价法》等法律、法规、规章的相关规定执行。

（2）填埋废物的入场要求。

①下列废物可以直接进入生活垃圾填埋场填埋处置：

a. 由环境卫生机构收集或者自行收集的混合生活垃圾，以及企业事业单位产生的办公废物；

b. 生活垃圾焚烧炉渣（不包括焚烧飞灰）；

c. 生活垃圾堆肥处理产生的固态残余物；

d. 服装加工、食品加工以及其他城市生活服务行业产生的性质与生活垃圾相近的一般工业固体废物。

②《医疗废物分类目录》中的感染性废物经过下列方式处理后，可以进入生活垃圾填埋场填埋处置。

a. 按照 HJ/T 228 要求进行破碎毁形和化学消毒处理，并满足消毒效果检验指标；

b. 按照 HJ/T 229 要求进行破碎毁形和微波消毒处理，并满足消毒效果检验指标；

c. 按照 HJ/T 276 要求进行破碎毁形和高温蒸汽处理，并满足处理效果检验指标；

d. 医疗废物焚烧处置后的残渣的入场标准按照第③条执行。

③生活垃圾焚烧飞灰和医疗废物焚烧残渣（包括飞灰、底渣）经处理后满足下列条件，可以进入生活垃圾填埋场填埋处置：含水率小于 30%；二噁英含量低于 3μg TEQ/kg；按照 HJ/T 300 制备的浸出液中危害成分浓度低于表 4-22 规定的限值。

表 4-22　浸出液污染物浓度限值　　　　　　　　　　　　　　　　　mg/L

序号	污染物项目	浓度限值	序号	污染物项目	浓度限值
1	汞	0.05	7	钡	25
2	铜	40	8	镍	0.5
3	锌	100	9	砷	0.3
4	铅	0.25	10	总铬	4.5
5	镉	0.15	11	六价铬	1.5
6	铍	0.02	12	硒	0.1

④一般工业固体废物经处理后，按照 HJ/T 300 制备的浸出液中危害成分浓度低于表 4-22 规定的限值，可以进入生活垃圾填埋场填埋处置。

⑤经处理后满足③要求的生活垃圾焚烧飞尘和医疗废物焚烧残渣（包括飞灰、底渣）和满足④要求的一般工业固体废物在生活垃圾填埋场中应单独分区填埋。

⑥厌氧产沼等生物处理后的固态残余物、粪便经处理后的固态残余物和生活污水处理厂污泥经处理后含水率小于 60%，可以进入生活垃圾填埋场填埋处置。

⑦处理后分别满足②、③、④和⑥要求的废物应由地方环境保护行政主管部门认可的监测部门检测、经地方环境保护行政主管部门批准后，方可进入生活垃圾填埋场。

⑧下列废物不得在生活垃圾填埋场中填埋处置。

a. 除符合③规定的生活垃圾焚烧飞灰以外的危险废物；

b. 未经处理的餐饮废物；

c. 未经处理的粪便；

d. 禽畜养殖废物；

e. 电子废物及其处理处置残余物；

f. 除本填埋场产生的渗滤液之外的任何液态废物和废水。

国家环境保护标准另有规定的除外。

（3）水污染物排放控制要求。

①生活垃圾填埋场应设置污水处理装置，生活垃圾渗滤液（含调节池废水）等污水经处理并符合该标准规定的污染物排放控制要求后，可直接排放。

②现有和新建生活垃圾填埋场自 2008 年 7 月 1 日起执行表 4-23 规定的水污染物排放浓度限值。

表 4-23 现有和新建生活垃圾填埋场水污染物排放浓度限值

序号	控制污染物	排放浓度限值	特别排放限值	污染物排放监控位置
1	色度（稀释倍数）	40	30	
2	化学需氧量（COD_{Cr}）/（mg/L）	100	60	
3	生化需氧量（BOD_5）/（mg/L）	30	20	
4	悬浮物 /（mg/L）	30	30	
5	总氮 /（mg/L）	40	20	
6	氨氮 /（mg/L）	25	8	
7	总磷 /（mg/L）	3	1.5	
8	粪大肠菌群数 /（个 /L）	10 000	1 000	常规污水处理设施排放口
9	总汞 /（mg/L）	0.001	0.001	
10	总镉 /（mg/L）	0.01	0.01	
11	总铬 /（mg/L）	0.1	0.1	
12	六价铬 /（mg/L）	0.05	0.05	
13	总砷 /（mg/L）	0.1	0.1	
14	总铅 /（mg/L）	0.1	0.1	

③ 2011 年 7 月 1 日前，现有生活垃圾填埋场无法满足表 4-23 规定的水污染物排放浓度限值要求的，满足以下条件时可将生活垃圾渗滤液送往城市二级污水处理厂进行处理：

a. 生活垃圾渗滤液在填埋场经过处理后，总汞、总镉、总铬、六价铬、总砷、总铅等污染浓度达到表 4-23 规定排放浓度限值；

b. 城市二级污水处理厂每日处理生活垃圾渗滤液总量不超过污水处理量的 0.5%，并不超过城市二级污水处理厂额定的污水处理能力；

c. 生活垃圾渗滤液应均匀注入城市二级污水处理厂；

d. 不影响城市二级污水处理场的污水处理效果。

2011 年 7 月 1 日起，现有全部生活垃圾填埋场应自行处理生活垃圾渗滤液并执行表 4-23 规定的水污染排放浓度限值。

④根据环境保护工作的要求，在国土开发密度已经较高、环境承载能力开始减弱或环境容量较小、生态环境脆弱，容易发生严重环境污染问题而需要采取特别保护措施的地区，应严格控制生活垃圾填埋场的污染物排放行为，在上述地区的现有和新建生活垃圾填埋场自

2008 年 7 月 1 日起执行表 4-23 规定的水污染物特别排放限值。

2. 危险废物贮存、填埋与焚烧的污染控制要求

（1）危险废物贮存污染控制要求。

①适用范围。《危险废物贮存污染控制标准》（GB 18597—2001）适用于所有危险废物（尾矿除外）贮存的污染控制及监督管理，适用于危险废物的产生者、经营者和管理者。

②一般要求。

a. 所有危险废物产生者和危险废物经营者应建造专用的危险废物贮存设施，也可利用原有构筑物改建成危险废物贮存设施。

b. 在常温常压下易爆、易燃及排出有毒气体的危险废物必须进行预处理，使之稳定后贮存，否则，按易爆、易燃危险品贮存。

c. 在常温常压下不水解、不挥发的固体危险废物可在贮存设施内分别堆放。

d. 除上述 c 规定外，必须将危险废物装入容器内。

e. 禁止将不相容（相互反应）的危险废物在同一容器内混装。

f. 无法装入常用容器的危险废物可用防漏胶袋等盛装。

g. 装载液体、半固体危险废物的容器内须留足够空间，容器顶部与液体表面之间保留 100mm 以上的空间。

h. 医院产生的临床废物，必须当日消毒，消毒后装入容器。常温下贮存期不得超过 1 天，于 5℃以下冷藏的，不得超过 7 天。

i. 盛装危险废物的容器上必须粘贴符合该标准附录 A 所示的标签。

j. 危险废物贮存设施在施工前应做环境影响评价。

（2）危险废物填埋污染控制要求。

①适用范围。《危险废物填埋污染控制标准》（GB 18598—2019）适用于危险废物填埋场的选址、设计、施工、运行、封场及监测管理。该标准首次发布于 2001 年，2019 年修订的主要内容包括：规范了危险废物填埋场场址选择技术要求；严格了危险废物填埋的入场标准；严格了危险废物填埋场废水排放控制要求；完善了危险废物填埋场运行及监测技术要求。危险废物填埋场排放的恶臭污染物、环境噪声适用相应的国家污染物排放标准。同时需要注明的是，该标准不适用于放射性废物的处置及突发事故产生危险废物的临时处置。

②填埋废物的入场要求。

a. 下列废物不得填埋：医疗废物；与衬层具有不相容性反应的废物；液态废物。

b. 除 a 所列废物，满足下列条件或经预处理满足下列条件的废物，可进入柔性填埋场：根据 HJ/T 299 制备的浸出液中有害成分浓度不超过表 4-24 中允许填埋控制限制的废物；根据 GB/T 15555.12 测得浸出液 pH 值在 7.0~12.0 之间的废物；含水率低于 60% 的废物；水溶性盐总量小于 10% 的废物，测定方法按照 NY/T 1121.16 执行，待国家发布固体废物中水溶性盐总量的测定方法后执行新的监测方法标准；有机质含量小于 5% 的废物，测定方法按照 HJ 761 执行；不再具有反应性、易燃性的废物。

c. 除 a 所列废物，不具有反应性、易燃性或经预处理不再具有反应性、易燃性的废物，可进入刚性填埋场。

d. 砷含量大于 5% 的废物，应进入刚性填埋场处置，测定方法按照表 4-24 执行。

表 4-24 危险废物允许填埋的控制限制

序号	项目	稳定化控制限制/（mg/L）	检测方法
1	烷基汞	不得检出	GB/T 14204
2	汞（以总汞计）	0.12	GB/T 15555.1、HJ 702
3	铅（以总铅计）	1.2	HJ 766、HJ 781、HJ786、HJ787
4	镉（以总镉计）	0.6	HJ 766、HJ 781、HJ786、HJ787
5	总铬	15	GB/T 15555.1、HJ 749、HJ750
6	六价铬	6	GB/T 15555.4、GB/T 15555.7、HJ 687
7	铜（以总铜计）	120	HJ 751、HJ752、HJ 766、HJ781
8	锌（以总锌计）	120	HJ 766、HJ781、HJ786
9	铍（以总铍计）	0.2	HJ 752、HJ766、HJ781
10	钡（以总钡计）	85	HJ 766、HJ767、HJ781
11	镍	2	GB/T 15555.10、HJ751、HJ752、HJ766、HJ781
12	砷（以总砷计）	1.2	GB/T 15555.3、HJ702、HJ766
13	无机氟化物（不包括氟化钙）	120	GB/T 15555.11、HJ999
14	氰化物（以 CN⁻ 计）	6	暂时按照 GB 5085.3 附录 G 方法执行，待国家固体废物氰化物监测方法标准发布实施后，应采用国家监测方法标准

③填埋场污染物排放控制要求。

a. 废水污染物排放控制要求。填埋场产生的渗滤液（调节池废水）等污水必须经过处理，并符合本标准规定的污染物排放控制要求后方可排放，禁止渗滤液回灌。2020 年 8 月 31 日前，现有危险废物填埋场废水进行处理，达到 GB 8978 中第一类污染物最高允许排放浓度标准要求及第二类污染物最高允许排放浓度标准要求后方可排放。第二类污染物排放控制项目包括：pH 值、悬浮物（SS）、五日生化需氧量（BOD_5）、化学需氧量（COD_{Cr}）、氨氮（NH_3–N）、磷酸盐（以 P 计）。自 2020 年 9 月 1 日起，现有危险废物填埋场废水污染物排放执行表 4–25 规定的限值。

表 4-25 危险废物填埋场废水污染物排放限制   mg/L，pH 除外

序号	污染物项目	直接排放	间接排放①	污染物排放监控位置
1	pH	6~9	6~9	
2	生化需氧量（BOD_5）	4	50	
3	化学需氧量（COD_{Cr}）	20	200	
4	总有机碳（TOC）	8	30	危险废物填埋场废水总排放口
5	悬浮物（SS）	10	100	
6	氨氮	1	30	
7	总氮	1	50	
8	总铜	0.5	0.5	

续表

序号	污染物项目	直接排放	间接排放①	污染物排放监控位置
9	总锌	1	1	危险废物填埋场废水总排放口
10	总钡	1	1	
11	氰化物（以CN计）	0.2	0.2	
12	总磷（TP，以P计）	0.3	3	
13	氟化物（以F计）	1	1	
14	总汞	0.001		渗滤液调节池废水排放口
15	烷基汞	不得检出		
16	总砷	0.05		
17	总镉	0.01		
18	总铬	0.1		
19	六价铬	0.05		
20	总铅	0.05		
21	总铍	0.002		
22	总镍	0.05		
23	总银	0.5		
24	苯并（a）芘	0.00003		

注：①工业园区和危险废物中处置设施内的危险废物填埋场向污水处理系统排放废水时执行间接排放限值。

b.填埋场有组织气体和无组织气体排放应满足GB 16297和GB 37822的规定。监测因子由企业根据填埋废物特性从上述两个标准的污染物控制项目中提出，并征得当地生态环境主管部门同意。

c.危险废物填埋场不应对地下水造成污染。地下水监测因子和地下水监测层位由企业根据填埋废物特性和填埋场所处区域水文地质条件提出，必须具有代表性且能表示废物特性的参数，并征得当地生态环境主管部门同意。常规监测项目包括：浑浊度、pH值、溶解性总固体、氯化物、硝酸盐（以N计）、亚硝酸盐（以N计）。填埋场地下水质量评价按照GB/T 14848执行。

（3）危险废物焚烧污染控制要求。

①适用范围。《危险废物焚烧污染控制标准》（GB 18484—2020）适用于现有危险废物焚烧设施（不包含专用多氯联苯废物和医疗废物焚烧设施）的污染控制和环境管理，以及新建危险废物焚烧设施建设项目的环境影响评价、危险废物焚烧设施的设计与施工、竣工验收、排污许可管理及建成后运行过程中的污染控制和环境管理。

②污染物排放控制要求。

a.危险废物焚烧炉的技术性能指标见表4-26。

表4-26　危险废物焚烧炉的技术性能指标

指标	焚烧炉高温段温度/℃	烟气停留时间/s	烟气含氧量（干烟气，烟囱取样口）	烟气一氧化碳浓度/（mg/m³）（烟囱取样口）		燃烧效率	焚毁去除率	热灼减率
				1小时均值	24小时均值或日均值			
限值	≥1100	≥2.0	6%~15%	≤100	≤80	≥99.9%	≥99.99%	<5%

b.污染物（项目）排放控制要求。危险废物焚烧设施烟气污染物排放浓度限值如表4–27所示。

表 4-27　危险废物焚烧设施烟气污染物排放浓度限值　　　　　　　　　　mg/m³

序号	污染物项目	限值	取值时间
1	颗粒物	30	1h 均值
		20	24h 值或日均值
2	一氧化碳（CO）	100	1h 均值
		80	24h 值或日均值
3	氮氧化物（NOx）	300	1h 均值
		250	24h 值或日均值
4	二氧化硫（SO₂）	100	1h 均值
		80	24h 值或日均值
5	氟化氢（HF）	4.0	1h 均值
		2.0	24h 值或日均值
6	氯化氢（HCl）	60	1h 均值
		50	24h 值或日均值
7	汞及其化合物（以 Hg 计）	0.05	测定均值
8	铊及其化合物（以 Tl 计）	0.05	测定均值
9	镉及其化合物（以 Cd 计）	0.05	测定均值
10	铅及其化合物（以 Pb 计）	0.5	测定均值
11	砷及其化合物（以 As 计）	0.5	测定均值
12	铬及其化合物（以 Cr 计）	0.5	测定均值
13	锡、锑、铜、锰、镍、钴及其化合物（以 Sn+Sb+Cu+Mn+Ni+Co 计）	2.0	测定均值
14	二噁英类（ng TEQ/Nm³）	0.5	测定均值

注：表中污染物限值为基准氧含量排放浓度。

危险废物焚烧厂排放废水时，其水中污染物最高允许排放浓度按 GB 8978《污水综合排放标准》执行。焚烧残余物按危险废物进行安全处置。危险废物焚烧厂噪声执行 GB 12348《工业企业厂界环境噪声排放标准》。

3.一般工业固体废物贮存、处置场污染控制标准

（1）适用范围。《一般工业固体废物贮存、处置场污染控制标准》（GB 18599—2001）适用于新建、扩建、改建及已经建成投产的一般工业固体废物贮存、处置场的建设、运行和监督管理。不适用于危险废物的贮存、处置设施和生活垃圾填埋场。此外，该标准的第 5.1.2、6.1.3 条和 4.4、4.5、4.6 条均已完成修订。

（2）污染控制项目。

①渗滤液及其处理后的排放水：渗滤液及其处理后的排放水应根据贮存和处置的一般工业固体废物的特征组分作为控制项目。

②地下水：在贮存、处置场投入使用前，以 GB/T 14848《地下水质量标准》规定的项目为控制项目，使用过程中和关闭或封场后的控制项目，可选择所贮存、处置的固体废物的特

征组分。

③大气：工业固体贮存、处置场以颗粒物为控制项目，其中属于自燃性煤矸石的贮存、处置场，以颗粒物和二氧化硫为控制项目。

思考题

1. 什么是环境保护标准？环境保护标准的意义与作用是什么？

2. 中国的环境标准体系内容是什么？如何进行环境标准的分类？

3. 什么是环境质量标准？中国有哪些主要的环境质量标准？中国环境质量标准如何分级？

4. 《环境空气质量标准》（GB 3095—2012）中的环境空气功能区分类及各功能区质量要求是什么？

5. 《地表水环境质量标准》（GB 3838—2002）中的水域功能和分类标准是什么？

6. 《声环境质量标准》（GB 3096—2008）中的声功能区分类和标准限值是什么？

7. 《土壤环境质量农用地土壤污染风险管控标准（试行）》（GB 15619—2018）和《土壤环境质量建设用地土壤污染风险管控标准（试行）》（GB 36600—2018）的主要内容是什么？

8. 我国目前有哪些常用的污染物排放标准？

9. 《大气污染物综合排放标准》（GB 16297—1996）的适用范围及主要内容是什么？

10. 《污水综合排放标准》（GB 8978—1996）的适用范围及主要内容是什么？

11. 危险废物贮存、填埋与焚烧的污染控制要求及污染物排放标准是什么？

讨论题

1. 通过收集资料及相关案例分析，加深对我国环境质量标准的认识，进一步理解环境质量标准的实际应用内涵。

2. 通过问卷调查和资料收集、案例分析等方式，对我国污染物排放标准的重要性进行探讨，明确各类污染物排放标准的实际应用内涵。

第五章　环境规划

第一节　环境规划概念

一、环境规划含义

环境规划是人类为使环境与经济和社会协调发展而对自身活动和环境所做的空间和时间上的合理安排。其目的是指导人们进行各项环境保护活动，按既定的目标和措施合理分配排污削减量，约束排污者的行为，改善生态环境，防止资源破坏，保障环境保护活动纳入国民经济和社会发展计划，以最小的投资获取最佳的环境效益，促进环境、经济和社会的可持续发展。这个含义包括的内容主要有：

（1）环境规划是国民经济与社会发展规划的有机组成部分。首先，经济与社会发展规划的制定要以环境为基础（资源），合理开发利用自然资源，维护生态平衡，只有基础（资源）满足需要，国民经济才能实现持续发展。其次，环境规划制定的主要依据是经济社会发展规划，没有经济社会发展规划不可能编制出环境规划。再次，经济与环境协调发展最终要通过经济社会发展规划与环境规划的目标协调一致体现出来，使人的主观能动性在预定的轨道上得以充分发挥。通过对目标的贯彻和落实达到发展经济保护环境的目的。

（2）经济发展与环境污染是客观存在的现实矛盾。环境规划就是要解决发展经济与保护环境之间的矛盾，通过环境规划手段协调与发展之间的关系，达到促进经济发展、改善和保护环境的目的。

（3）环境规划的研究对象是"社会—经济—环境"这一大的复合生态系统。这一复合生态系统可以指整个国家，也可以指一个区域。区域既可指城市区域，也可指省域区域，或是流域区域。

（4）环境规划是环境决策在时间、空间上的具体安排。环境规划含义的核心内容是在一定时期内对环境保护目标和措施作出决定。这里的环境决策是指在环境规划过程中，决策者根据环境状况和预定的环境目标，在几种可行的方案中作出最合理和适时的选择，以获得经济、社会和环境效益统一的最佳效果。决策恰当，环保事业就有发展；反之，可能带来失误。由此可见，环境决策正确与否直接关系到环境管理乃至环保事业兴旺发展的大问题。环境保护的核心是环境管理，环境管理的重要内容是环境规划，环境规划的中心则是环境决策。在时间和空间上对环境决策做出科学具体安排，环境管理工作便有了科学依据，并为之奋斗和落实。

二、环境规划的指导思想与一般原则

1. 指导思想

环境规划的指导思想是谋求经济、社会和环境的协调发展，保护人民健康，促进社会生产力持续发展及资源和环境的永续利用。在经济发展的同时，改善环境；在改善环境中，促进经济发展。环境规划要适应社会主义初级阶段经济社会发展水平，体现社会主义市场经济特点，贯彻环境保护的总方针与总战略：坚持经济建设、城乡建设与环境建设同步规划、同步实施、同步发展，实现经济效益、社会效益和环境效益的统一。

2. 一般原则

（1）以生态理论和社会主义经济规律为依据，正确处理开发建设与环境保护的辩证关系。环境规划以生态理论为指导，促进生态系统的良性循环。生态理论的研究使我们能深入理解人类活动与环境之间相互作用的规律及其机理，以此为指导才能制定出正确的环境规划。但是，生态理论的研究非常广泛和复杂，需要长期进行探讨，这就需要有针对性地进行研究，以指导环境规划工作。与此同时，环境规划是经济社会发展规划的有机组成部分，必须以社会主义经济规律为指导。在我国制定环境规划，应以社会主义基本经济规律，有计划按比例和价值规律等为指导。

（2）以经济建设为中心，以经济、社会发展战略思想为指导的原则。我国发展国民经济的战略思想要求以经济建设为中心，使经济、技术、社会发展相结合；人口、资源、环境相结合协调发展。发展经济要求全面的经济效益，保证经济持续发展。大力开发能源，又要努力节约能源，建立低能耗高效益的社会经济结构，制定技术经济政策。搞环境规划应考虑到我国是一个人口众多的国家，特别要注意的是不但要建设物质文明，也要建设精神文明。这些战略思想是制定环境规划的指导方针。

（3）合理开发利用资源的原则。合理开发利用自然资源，使资源消耗与资源再生增值相平衡，对不可再生资源要节约使用。建立低投入、多产出、低消耗、高效益的社会经济结构，这是制定环境规划的重要指导原则。

（4）综合分析，整体优化的原则。

三、环境规划的类型与特点

1. 环境规划的类型

环境规划所涉及的内容相当广泛，不同类型的环境规划内容也各不相同。

（1）从范围和层次划分可分为国家环境保护规划、区域环境规划和部门环境规划。

①国家环境规划。它的范围很大，包括整个国家。国家环境规划协调全国经济社会发展与环境保护之间的关系，成为全国发展规划的组成部分。国家环境规划对全国的环境保护工作是指令性文件，各省（州）、地（市）各级政府和环保部门都要依据国家环境规划提出环境保护目标和要求，结合各地实际情况制定本地区的环境规划，并加以贯彻和落实。

②区域环境规划。区域在我国习惯上认为是省或相当于（或大于）省的经济协作区。区域环境规划的综合性、地区性很强，它是国家环境规划的基础，又是制定城市环境规划、工矿区环境规划的依据。区域环境规划包括：城市环境规划，乡镇环境规划，风景游览区环境规划，水系环境规划，资源、能源开发区环境规划，专题环境规划等。

③部门环境规划。包括：工业部门环境规划，农业部门环境规划，交通运输环境规划等。

（2）从性质上划分主要有生态规划、污染综合防治规划（以时间序列为主）和专题规划。

①生态规划。在编制国家或地区经济社会发展规划时，不是单纯考虑经济因素，而是要把当地的地球物理系统、生态系统和社会经济系统紧密结合在一起进行考虑，使国家或区域的经济发展能够符合生态规律，既能促进和保证经济发展，又不致使当地的生态系统遭到破坏。

②污染综合防治规划。这种规划也称污染控制规划，是当前我国环境规划的重点。根据范围和性质不同又可分为区域污染综合防治规划和部门污染综合防治规划。前者如经济协作区、能源基地、城市、水域等的污染综合防治规划等。后者如工业系统污染综合防治规划、农业污染综合防治规划、商业污染综合防治规划和企业污染防治规划等。

③自然保护规划（或重点保护对象）。这类规划范围虽然广泛，但根据《中华人民共和国环境保护法》（2015年）规定，主要是要保护生物资源和其他可更新资源。此外，还有文物古迹、有特殊价值的水源地、地貌景观等。

④环境科学技术发展规划。主要内容有：为实现上述三方面规划所需要的科学技术研究；发展环境科学体系所需要的基础理论研究；环境管理现代化的研究。

（3）从时间上可以划分为长远期规划（10年及以上）、中期规划（5~10年）和年度环境保护计划。

2. 环境规划的特点

环境规划是一项政策性、科学性很强的技术工作。有它自身的特点和规律性，具有综合性强、预测难、涉及面广和长期性等特点。

（1）综合性。环境规划集经济、社会和自然环境三大系统于一体，是一项复杂的系统工程；环境规划又是生态经济学、人类生态学、环境化学、环境物理学、环境工程、环境经济、环境法学以及系统工程等多种学科知识、理论和技术的综合运用，具有很强的学科综合性。

（2）整体性和地域性。环境规划既体现国家或地域环境生态的整体性，又体现环境与经济、社会的整体性，同时具有很大的地域性，即体现地域的自然、地理、经济、社会等特殊性，因而是整体性和地域性的有机结合。

（3）目的性和目标性。目标选择是规划的核心。规划的目的一般具有如下特点：预见性和长期性，即着眼于未来、长远，根据未来作安排；宏观指导性，即具有普遍指导意义；相对稳定性，即在规划期间不致大起大落；全面性，体现整体利益与局部利益、长期利益与近期利益的协调以及各种利害关系的平衡；可分解性，即可分解实施。

（4）政策性。规划涉及人口控制、能源结构、工业布局、发展战略、重大工程建议以及投资方向等，都须体现国家和地方的政策精神，因而规划编制就是一个重大的决策过程。

（5）科学性。以生态规律为指导，以经济规律为前提，既要满足近期需求，也要兼顾长远利益，将局部与全局统一起来。

（6）可操作性。这是规划生命力的主要标志。可操作性体现在以下7个方面：

①目标可行，即符合经济和技术支撑能力，经过努力可以达到。

②方案具体而有弹性，即方案建立在可行性基础上，便于实施并且留有余地。

③措施落实，最重要的是资金和工程配套措施的落实，并与其他建设规划相匹配。

④易分解执行。环境规划目标能被分解成任务，并且均能分解给具体的承担者，而承担者亦有完成任务的能力。

⑤与现行管理制度和管理方法相结合。能够运用法律的、经济的和行政的手段保证和促进规划目标的实现，特别是能运用目前行之有效的三项政策和五项制度对规划实施监督检查，促进其落实与实施。

⑥充分估计科技进步带来的环境效益，保证目标的先进性。

⑦与经济社会发展规划紧密结合，便于纳入国民经济计划中。

四、环境规划的主要内容

1. 环境调查与评价

环境规划所应用的各种科学数据信息，主要通过对环境的调查和环境质量评价获得，环境调查与评价是制定环境规划的基础。

2. 环境预测

环境预测是通过现代科学技术手段和方法，对未来的环境状况和环境发展趋势进行描述（定量、半定量）和分析，没有环境方面的科学预测，就不可能编制出一个理想的环境规划。因此，环境预测是编制环境规划的先决条件。

3. 环境区划

环境区划是从整体空间观点出发，根据自然环境特点和经济社会发展状况，把特定的空间划分为不同功能的环境单元，研究各环境单元环境承载能力（环境容量）及环境质量的现状与发展变化趋势，提出不同功能环境单元的环境目标和环境管理对策。

4. 环境目标

确定恰当的环境目标是制定环境规划的关键。环境目标太高，环境保护投资多，超过经济负担能力，则环境目标无法实现。环境目标过低，不能满足人们对环境质量的要求或造成严重的环境问题。因此，在制定环境规划时，确定恰当的环境保护目标是十分重要的。

5. 环境规划设计

（1）环境规划设计主要依据。①环境问题；②各有关政策和规定；③污染物削减量；④环境目标；⑤投资能力及效益；⑥措施可行。

（2）环境规划设计（污染综合防治规划）。①环境区划及功能分区；②提出污染综合防治方案：大气污染综合整治方案，水环境污染综合整治方案，固体废弃物综合整治方案，噪声污染综合整治方案，生产力布局（产业合理布局）及产业结构调整，自然保护（生态）。

6. 环境规划方案的选择

环境规划方案主要是指实现环境目标应采取的措施以及相应的环境投资。

在制定环境规划时一般要做多个不同的规划方案，经过对各方案的定性、定量比较，综合分析对比优缺点，得出一个经济上合理、技术上先进、满足环境目标要求的几个最佳方案。

环境规划方案的确定应考虑如下问题：①方案要有鲜明的特点。比较的项目不宜太多，要抓住起关键作用的问题做比较，注意可比性。②确定的方案要结合实际。针对不同方案的关键问题，提出不同办法（不同规划方案的实施措施）。③综合分析各方案的优缺点，取长补短，最后确定出最佳方案。④对比各方案的环保投资和三个效益的统一。希望达到投资少、效果好。不能片面追求先进技术或过分强调投资。总之，在制定环境规划方案时要遵循环境经济大系统，生产全过程控制，废物资源化、减量化、无害化的技术路线，以最小的费用实现环境目标，达到经济效益、社会效益和环境效益的统一。

7. 实施环境规划的支持与保证

（1）投资预算。

（2）编制年度计划。

（3）技术支持。

（4）强化环境管理等。

由于环境问题比较复杂，到目前为止，环境规划没有一个固定的模式。在理论上、方法上都还不够完善，正处在发展之中。因此，在环境规划之前需要弄清的问题有：①环境规划类型；②环境规划步骤；③环境规划使用的技术和方法；④环境规划目标的确定；⑤环境系统评价标准；⑥环境系统预测；等等。在明确上述问题的基础上，结合本地实际开展环境规划工作。

五、环境规划的技术步骤

1. 环境规划的步骤

（1）准备阶段。包括建立环境规划组、计划安排、明确任务、调查资料、评价。

（2）预测阶段。

（3）规划阶段（规划设计阶段）。包括削减量计算，确定环境目标，建立规划目标体系，产业结构调整与布局，提出污染防治措施，提出规划方案并进行优化，领导审批通过等。

（4）环境规划实施阶段。包括将环境规划分解成年度计划，组织实施、修改和补充。

2. 环境规划程序

环境规划程序如图 5-1 所示。

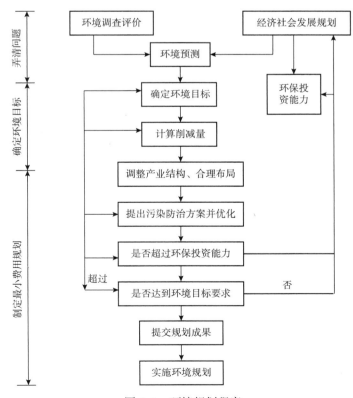

图 5-1　环境规划程序

第二节　环境规划指标体系的选择

一、环境规划指标体系概述

1. 环境规划指标含义

指标是目标的具体内容、要素特征和数量的表述。环境规划指标则是指能够直接反映环境现象以及相关的事物，并用来描述环境规划内容的总体数量和质量的特征值。环境规划指标包括两层含义：一是表示规划指标的内涵和所属范围的部分，即规划指标的名称；二是表示规划指标数量和质量特征的数值，经过调查登记、汇总整理而得到的数据。

2. 环境规划指标体系

环境规划指标体系是由一系列相互联系、相对独立、互为补充的指标所构成的有机整体，在实际规划中，由于规划的层次、目的、要求、范围、内容等不同，规划指标体系也不尽相同。指标体系的选择宜适当，指标过多，会给规划工作带来困难；指标太少，则难以保证规划的科学性和完整性，需根据规划对象、所要解决的主要问题、信息资料拥有量以及经济技术力量等条件决定，以能基本表征规划对象的实际状况和体现规划目标内涵为原则。

环境规划指标体系的内容应体现环境管理运行机制，体现环境保护规模、速度、比例、技术水平、投资与效益，反映社会、经济活动过程中环境保护主要方面和主要过程，体现环境保护战略目标、方向、重点、投资及效益，以及环境保护的方针和政策等。所以，环境规划指标体系是一个多层次、多单元的复杂体系。环境规划指标体系除了与规划区的性质和规划本身的要求有关外，将随着社会经济的发展而变化。

二、指标选取的原则

建立环境规划指标体系，就是要建立起能全面、准确、系统、科学地反映各种环境现象特征和内容的一系列环境规划指标。因此，指标的选取应遵循以下原则。

（1）科学性原则。指标或指标体系能全面、准确地表征规划对象的特征和内涵，具有完整性特点，并且可分解、可操作、方向性明确。

（2）规范化原则。指标的涵义、范围、量纲、计算方法具有统一性或通用性，而且在较长时间内不会有大的改变，或者可以通过规范化处理，可与其他类型的指标表达法进行比较。

（3）适应性原则。体现环境管理的运行机制，与环境统计指标、环境监测项目和数据相适应，以便于规划和规划实施的检查。此外，所选指标还应与经济社会发展规划的指标相联系或相呼应。

（4）针对性原则。指标能够反映环境保护的战略目标、战略重点、战略方针和政策，反映区域经济社会和环境保护的发展特点和发展需求。

三、区域性环境指标体系分类及内容

环境规划指标按其表征对象、作用以及在环境规划中的重要度或相关性分为环境质量指标、污染物总量控制指标、环境规划措施与管理指标以及相关指标。

环境规划指标类别与内容见表 5-1。

表 5-1　环境规划指标类别与内容

指标类别与内容	应用范围				要求
	省域	城市	部门行业	流域	
一、环境质量指标					
1. 大气					
大气 TSP 浓度（年日均值）或达到大气环境质量等级		0			0
SO_2（年日均值）或达到大气环境质量等级		0			0
NO_x（年日均值）或达到大气环境质量等级		0			选择
降尘（年日均值）		0			选择
酸雨频度与平均 pH 值	0	0			选择
2. 水环境					
饮用水源水质达标率，饮用水源数		0			0
地表水达到地表水水质标准的类别或 COD 浓度	0	0		0	0
地下水矿化度、总硬度、COD、硝酸盐氮、亚硝酸盐氮浓度		0			选择
海水达到近海海域水质标准类别或 COD、石油、氨氮、磷浓度	0	0			选择
3. 噪声					
区域噪声平均值和达标率（按功能区分）		0			0
城市交通干线噪声平均声级和达标率		0			0
二、污染物总量控制指标					
1. 大气污染物宏观总量控制					
大气污染物（SO_2、烟尘、工业粉尘、NO_x）总排放量；燃烧废气排放量、消烟除尘量；工艺废气排放量，处理量；工业废气处理量，处理率；新增废气处理能力	0	0	0		0
大气污染物（SO_2、烟尘、工业粉尘、NO_x）去除量（回收量）和去除率（回收率）	0	0	0		0（NO_x 选择）
1t 蒸汽以上锅炉数量、达标量、达标率；窑炉数量、达标量、达标率	0	0	0		选择
汽车数量、耗油量、NO_x 排放量		0			选择
2. 水污染物宏观总量控制					
工业用水量和工业用水重复利用率，新鲜水用量	0	0	0	0	0
废水排放总量；工业废水总量、外排量；生活废水总量	0	0	0	0	0
工业废水处理量、处理率、达标率，处理回用量和回用率；外排工业废水达标量、达标率；新增工业废水处理能力	0	0	0	0	0
万元产值工业废水排放量	0	0	0	0	0
废水中污染物（COD、BOD、重金属）的产生量、排放量、去除量	0	0	0	0	0
3. 工业固体废物宏观控制					

续表

指标类别与内容	应用范围				要求
	省域	城市	部门行业	流域	
工业固体废物（冶炼渣、粉煤灰、炉渣、煤矸石、化工渣、尾矿、其他）产生量、处置量、处置率；堆存量，累计占地面积，占耕地面积	0	0	0		0
工业固体废物（冶炼渣、粉煤灰、炉渣、煤矸石、化工渣、尾矿、其他）综合利用量、综合利用率；产品利用量、产值、利润；非产品利用量	0	0	0		0
有害废物产生量、处置量、处置率	0	0	0		选择
4. 乡镇环境保护规划					
乡镇工业大气污染物排放（产生）量、治理量、治理率、排放达标率	0	0			选择
水污染物排放（产生）量、削减量、治理率，排放达标率	0	0			选择
固体废物产生量、综合利用量、排放量等	0	0			选择
三、环境规划措施与管理指标	0				0
1. 城市环境综合整治		0			0
燃料气化：建成区居民总户数、使用气体燃料户数、城市气化率		0			0
型煤：城市民用煤量、民用型煤普及率		0			0
集中供热："三北"采暖建筑面积、集中供热面积；热化率，热电联产供热量		0			0
烟尘控制区：建成区总面积，烟尘控制区面积及覆盖率		0			0
汽车尾气达标率		0			0
城市污水量、处理量、处理率、处理厂数及能力（一、二级）和处理量；氧化塘数、处理能力及处理量；污水排海量，土地处理量		0			0
地下水位、水位下降面积、区域水位降深；地面下沉面积、下沉量		0			0
工业固体废物集中处理场数、能力、处理量	0		0		
生活垃圾无害化处理量、处理率；机械化清运量、清运率；绿化；建成区人口、绿地面积、覆盖率；人均绿地面积	0	0	0		选择
2. 乡镇环境污染控制					
污染严重的乡镇企业数，关、停、并、转、迁数目	0	0			选择
污灌水质	0	0			选择
3. 水域环境保护					
功能区：工业废水、生活污水、COD、氨氮纳入量（湖泊加总磷、总氮纳入量）	0	0		0	0
监测断面：COD、BOD、DO、氨氮浓度或达到地表水水质标准类别（湖泊取COD、氮、磷浓度）	0	0		0	0
海洋功能区划；工业废水和生活污水入海通量	0	0			选择
4. 重点污染源治理					
污染物处理量、削减量；工程建设年限，投资预算及来源	0	0	0		选择
5. 自然保护区建设与管理					

续表

指标类别与内容	应用范围				要求
	省域	城市	部门行业	流域	
自然保护区类型、数量、面积、占国土面积百分比、新辟建的自然保护区	0				0
重点保护的濒危动植物物种和保存繁育基地数目、名称	0				0
6. 投资					
环保投资总额占国民收入的百分数	0	0			0
环保投资占基本建设和技改资金的比例	0	0	0		0
四、相关指标					
1. 经济					
国民生产总值；工、农业生产总值及年增长率；部门工业产值	0	0			选择
工业密度：单位土地面积企业数、产值	0	0			选择
2. 社会					
人口总量与自然增长率、分布、城市人口	0	0			选择
3. 生态					
森林覆盖率、人均森林资源量、造林面积	0	0			选择
草原面积、产草量（千克／公顷）、载畜量、人工草场面积	0	0			选择
耕地保有量、人均量；污灌面积；农药化肥污染土壤面积	0	0			选择
水资源：水资源总量、调控量、水源地面积、水利工程、地下水开采	0	0			选择
水土流失面积、治理面积、减少流失量	0	0			选择
土地沙化面积、沙化控制面积	0				选择
土地盐渍化面积、改造复垦面积	0				选择
农村能源、生物能占能源比重，薪柴林建设	0				选择
生态农业试点数量及类型	0				选择

注：省内城市按城市要求，城市内行业按行业要求。

第三节 环境调查与评价

环境调查与评价的目的是认识环境现状，发现主要环境问题，确定各环境问题的重要程度和造成环境污染的主要污染源。

一、环境调查与环境信息采集

环境调查要从信息情报的收集和分析入手，发现问题，列出调查项目表，逐项调查，逐步深入，包括进行必要的检测、现场勘测以及征询各方面专家意见等。信息和情报的收集与分析是贯穿于规划全过程的基础性工作，是规划的重要支持系统之一。

初期的信息情报收集以广和全为原则，应包括与规划有关的一切经济的、社会的、科技的、人文的以及自然、地理、生态、污染情况等。待规划方向、内容、范围基本确定以后，信息情报的收集就有重点地进行，向深度发展。

信息情报源主要包括：

（1）先前的环境规划、计划及其基础资料；

（2）统计部门历年的统计资料，包括经济、社会和环境等方面；

（3）有关部门的规划和背景资料；

（4）环境科研部门收藏的文献资料（包括环境调查、科研成果等）；

（5）环境监测部门的有关资料和历年的环境质量报告书；

（6）专家系统提供的信息情报；

（7）为规划编制而专门进行的实地考察、测试所得的资料。

二、环境特征调查

1. 自然环境特征调查

自然环境特征调查不同于自然地理学调查，根据环境规划需要进行自然环境调查，主要内容包括：

（1）地质地貌调查：区域地质、岩性等基本情况；山地形态、组成、山地高度、山脉走向等。

（2）气象和水文调查：风向、风速、气温、降水、日照、能见度、大气稳定度等；流量、流速、水位、水深、含沙量、水质成分等。

（3）土壤及生物调查：土壤化学性质（pH值、土壤氧化还原电位 E_h 值、石灰反应、有机质、氮、磷、钾及微量元素的含量）、土壤物理性质（含水量、质地）、土壤的黏土矿物（高岭石、蒙脱石、水云母等）、土壤的成土母质（岩石的种类、组成和化学成分）、土壤微生物等。

（4）背景调查：环境背景值等。

2. 社会环境调查

社会环境调查内容包括人口（数量、组成、密度分布）、产业（工业结构、布局、产品种类及产量）、经济密度、建筑密度、交通及公共设施等。产值、农田面积、作物品种及种植面积、灌溉设施及方法、渔业人口及数量、水产品种类及数量、畜牧业人口数量、牧业饲养种类及数量、牧场面积等。

乡镇企业布局与行业结构、工艺水平、产值、排水量、污染治理设施等。

环境规划区域内水资源承载利用状况、能源结构与利用状况、工业及生活污染源的种类与分布也是调查重要内容。

3. 经济社会发展规划调查

经济社会发展规划规定了一个地区在一定时期内经济发展方向、规模、水平和目标，也规定了发展的性质和轮廓。规划所规定的所有活动必然会对未来的环境产生影响。虽然经济社会发展规划不是目前环境状况的背景资料，但它是研究环境发展和变迁的重要依据。相对来说，自然背景在形成之后发生变化的速度是很缓慢的，而社会经济变化却相当快，根据经济社会发展规划，通过预测，可以做到对未来某个水平年环境状况的了解，采取污染控制措施，使预防为主的环境政策落到实处。因此，掌握经济社会发展与环境之间的关系，对于把握环境变化的脉搏，以及掌握环境对经济发展的制约关系，从整体上协调经济发展与保护环境之间的关系是一个十分重要的问题。

经济与社会发展规划调查的主要内容主要包括国民生产总值、国民收入、工农业产品产量、原材料品种及使用量、能源结构、水资源利用、工农业生产布局以及人口发展规划、居民住宅建设规划、交通、上下水、煤气、供热、供电等公用设施状况等方面的内容。对于潜在的污染物和污染源，特别是对那些能源、水资源、原材料消耗大的工业企业，或者对排放有毒、有害物质，可能对环境造成重大危害的工业企业要做重点调查和研究。

三、生态调查

1. 生态效应分析

生态效应是指因为人类活动造成环境污染和环境破坏，引起生态系统结构和功能的变化。生态效应研究是认识和估计环境质量现状及其变化趋势的重要依据。环境质量的生物学评价是生态效应研究理论的具体运用，也是研究分析生态效应的重要方法。目前多以陆地生态系统进行评价，项目和内容可根据树木、地衣、作物、植被、绿化状况等分别进行调查和评价。要选择那些有代表性的，可以表征环境质量的项目和内容。具体做法如下。

（1）对需要调查的项目进行野外调查，有方格法、样条法和随机法等。

（2）指示植物法。将一些对污染敏感的指示植物栽在盆罐中，同时放到各调查点上，经过一定时间后测定各点上植物干物重，求出相对生长率，以此来评价各点的环境质量。

（3）污染成分分析法。即分析植物叶片中的污染物含量，以含污量的多少反映环境质量。

（4）绘图。首先绘制出环境规划区环境质量图。该图可以是单项的（如大气环境质量现状图、农药污染分布图、某种重金属污染分布图等），也可以是综合的环境质量图，把选择的要素综合起来表示在图上。

2. 生态登记

生态登记是城市生态规划的基础，城市生态系统是人类改造自然的产物，以人类为主体，经济活动起着决定性的作用，经济再生产过程是城市生态系统的中心环节，由其他系统输入资源、能源（包括食物）、排出废物，与自然生态系统的结构和功能大不相同。进行城市生态登记的主要内容如下。

（1）明确城市主要生态问题。

（2）生态因子的选择。通过对调查来的大量原始资料的分析，根据规划区域的性质和功能，采用专家咨询或效应调查分析等方法，筛选出生态因子。一般中小城市生态因子主要包括土地条件、气象因子、绿地覆盖率、人口密度、经济密度、建设密度、能耗密度、交通量等。

（3）进行生态登记。在城市区（或扩大）的 1 : 10000（或 1 : 50000）的地形图上按经纬度方向（或结合总体规划功能分区的要求）划分网格，每一网格面积为 $1km^2$ 或 $2km^2$。将筛选出的生态因子逐个网格调查，并登记在调查表上。

（4）生态绘图。将调查来的信息资料，经汇总统计分析，绘制出生态图。

四、污染源调查

1. 污染源定义及分类

凡是产生（或排放）污染环境物质的发生源都称之为污染源。通常指向环境排放有毒有害物质或对环境产生影响的场所、设备和装置。每一种对环境产生污染的物质都称之为污染物或污染因子。

按照污染物的来源可将污染源分为天然污染源和人为污染源两大类。天然污染源是指自然界自行向环境排放有害物质或造成有害影响的场所。如火山喷发、地震、海啸、泥石流等。人为污染源是指人类社会活动所形成的污染源。后者是环境保护工作研究和控制的主要对象，也是环境规划调查评价的重要内容。调查来的基础资料和数据，必须能满足环境评价、预测、制定污染综合防治方案等的需要。依据不同目的和要求，将污染源分为各种类型。

（1）按排放污染物种类划分为无机物污染源、有机物污染源、热污染源、噪声污染源、放射性污染源、病原体污染源和同时排放多种污染物的混合污染源。

（2）按污染的主要对象分为大气污染源、水体污染源和土壤污染源。

（3）按排放污染物的空间分布方式分为点污染源、面源污染源。

（4）按照人类社会活动功能分为工业污染源、农业污染源、交通运输污染源和生活污染源。环境规划多数采用这种类型。

2. 污染源调查内容

（1）工业污染源调查。工业企业在生产过程中排放大量废气、废水、废渣、废热，机械设备运转产生的噪声、振动、强光及某些工业产品进入环境，都会给环境带来影响。因此，工业污染源调查内容很多，主要有：

①生产和管理。a. 概况：企业名称、厂址、主管机关、企业性质、规模、厂区占地面积、职工构成、投产时间、产品、产量、产值等。b. 生产工艺：工艺原理、流程、工艺水平及设备条件等。c. 能源及原材料：种类、产地、成分、单耗、总耗、资源利用等。d. 水源：供水类型、水源、供水量、单耗、耗水指标、重复利用率等。e. 生产布局：原材料堆场、水源位置、车间、办公室、居住区位置、废渣堆放地、绿化、污水量、排放系数等。f. 生产管理：体制、编制、规章制度、管理水平及经济指标等。

②污染物排放与治理。a. 污染物产生与排放：种类、数量、成分、浓度、性质、绝对排放量、排放方式、排放规律、污染历史、事故记录、排放口位置、类型、数量等。b. 污染治理：工艺改革、综合利用、治理方法、工艺、投资、成本、效果、运行费用、管理体制等。

③污染危害及事故。危害对象、程度、原因、历史、损失、赔偿，职工及居民职业病、常见病、多发病、癌症死亡率、病物相关分析、代谢产物有毒成分分析，重大事故发生时间、原因、危害程度及处理情况。

④生产计划。发展方向、规模、布局、指标，污染物治理计划、预期效果等。

（2）农业污染源调查。农业生产一方面受到环境污染的危害，另一方面由于生产技术与管理的落后，又污染环境，特别是在农药、化肥和塑料使用量日增的情况下。农业污染源主要调查：

①农药使用情况。使用农药可造成土壤、地表水、地下水以及水生生物的污染。调查农药品种（杀虫剂、杀菌剂、除草剂）、数量、使用方法、有效成分含量（有机氯、有机磷、汞制剂、砷制剂等）、使用剂量、时间、农作物品种、使用年限等。

②化肥使用调查。调查施用化肥的品种、数量、施肥方式、施用时间、单位面积施用量等。

③农用地膜塑料调查。调查地膜使用量、残留量、使用地膜的土地面积、作物种类、土

壤性状、每亩残留量及污染危害等。

④农业废弃物调查。主要有水土流失（量）、牲畜粪便、农用机油等。

（3）生活污染源调查。生活污染是指人们生活排放污染物对环境产生的污染，虽然不及工业污染严重，但它的分布面广、环境影响也大，越是人口密集的地区，排放量越多，影响也就越大。生活污染源产生物理的、化学的和生物的污染因素，排放废气、废水和废渣。生活污染源主要包括生活垃圾、粪便、生活污水、污泥，炊事排放的废气。主要调查：

①居民人口：总人口、总户数、分布、密度、流动人口、居住环境等。

②用水排水：用水设备标准、用水量、排水量。

③生活垃圾：种类、数量、垃圾点分布等。

④民用燃料：燃料构成、年用量、使用方法等。

⑤污水及垃圾处理情况：处理厂数量、位置、工艺流程、基建投资、运行费用、处理效果等。

（4）交通污染源调查。交通运输业的特点就是它的可移动性，因而对环境造成的危害也是面大、范围广。交通运输主要产生两方面污染：交通噪声和尾气排放污染。主要调查汽车种类、数量、年耗油量、单耗指标、燃油构成、成分、排气量、NO_x、CO_x、C_xH_x、Pb、S 和苯并（a）芘的含量等。

（5）噪声源调查。通常把各种不同频率和强度的无规则的组合，使人生厌受害、不为人们所需要的声音称为噪声。噪声污染是暂时性的、局部的，它没有残留物，没有后遗影响，但声音又是普遍存在的。噪声源可分为如下三大类：

①交通噪声。主要指汽车、火车、飞机等在发动运行中产生的噪声，是城市噪声主要来源。

②工业噪声。指由机械运行、互相撞击、摩擦产生的噪声，包括工厂和施工现场的噪声。

③社会噪声。指社会活动与家庭生活发出的噪声。如收音机和扬声器，炊事机械用具，以及人们高声谈笑嘈杂声等。

（6）电磁辐射污染源调查。电磁辐射可以影响通信，干扰收音机、电视机接收效果，微波辐射还会影响人体健康。电磁辐射源分为自然和人工两大类。自然界的雷电、恒星爆发、太阳黑子、宇宙射线等都会产生电磁辐射；人工制造的电子设备、电磁系统也能产生电磁辐射。人工电磁辐射源的调查内容包括使用单位名称、射频设备名称及型号、制造工厂、设备数量、输出功率、输出形式、工作频率、屏蔽条件、接地状况等。

射频设备近区场强分布情况的调查与测试。电磁污染调查以其对通信信号的干扰为主。

（7）放射性污染源调查。环境中的放射性污染源分为自然放射源和人工放射源两大类。在天然放射性物质富集并接近地表时，可直接危害人体健康。人工放射性可能由核试验、核工业、原子反应堆和核动力及核废物的排放产生。

放射性污染源调查首先是本底调查，搞清评价区内的水、土、气、农作物等的环境本底含量，这是研究人工放射性污染的基础。对企业的调查主要是企业类型、厂矿位置、原料来源、放射性废物的处理与排放方式、地点、排放量；周围环境受放射性污染的情况，现场测定 β、γ 剂量。放射性同位素使用单位也要作类似的调查。

五、环境质量调查

1. 调查对象

环保部门（监测站）及各工厂企业历年的监测资料。

2. 调查内容

一般包括大气、水（地表水、地下水）、土壤、作物、粮食等监测分析数据资料。将调查来的资料进行整理、统计分析、绘图，提供环境规划所需要的数据和参数。

六、环境保护措施效益调查

随着环保事业的发展和国民经济实力的不断增长，用于环保措施的资金日益增加。为提高环保措施费用的综合效益，需要对环保措施的投资效果进行调查，这既是工程技术问题，也是投资方向问题，不可盲目照搬其他地区的调查结果。因各地的污染因素、污染程度、经济发展、自然条件等具体情况不同，因而使用同等数量的投资，甚至采取相同的治理措施，其效果也不一定相同。在调查工程措施、做投资效益分析时，一般有两种方法。一种方法是对环境工程措施削减排放量的效果进行分析；另一种是对环境工程措施的经济效益、社会效益和环境效益进行综合分析。

七、环境管理现状调查

1. 环境管理机构及环境管理体制调查

环境管理机构调查是要搞清规划区的环境管理部门是何种机构，是环境保护局，还是环境保护办公室；是独立机构，还是与其他部门合署办公或归属于其他部门。环境管理体制的调查是要搞清该规划区的环保部门（局或办公室）在本地区环保系统中上下左右的关系。

2. 环境保护工作人员的业务素质

要对规划区内从事环保工作人员的学历结构、知识结构、职称结构、接受专业培训的情况、工作经验、实际工作水平等进行调查分析。

3. 政策、法规、标准的实施，地方法规、标准的配套及执行情况

要调查清楚规划区的《中华人民共和国环境保护法》《中华人民共和国大气污染防治法》《中华人民共和国水污染防治法》、环境管理八项制度等政策、法规及一系列标准执行情况。调查规划区是否制定过环境管理办法等地方性法规制度、是否制定过地方环境标准，对已有的地区性环境管理办法、实施细则、环境标准的执行情况如何。

4. 环境监督的实施情况调查

（1）监督的范围与重点是否明确；

（2）环境监督的物质支持与技术支持现状；

（3）专业监督与群众监督相结合情况；

（4）环境监督实效分析等。

5. 环境管理措施综合经济效益调查

环境保护管理措施的综合经济效益可分为直接效益和间接效益。直接效益表现在因污染物排放量减小而节约的人工、原材料和其他投入；间接效益则表现在居民体质增强，发病率降低，劳动和休息条件的改善，生态保护等方面。通常情况下，直接效益计算可采用损失补

偿折算法，间接效益可采用损失估价的办法。

八、环境质量评价

1. 含义

环境质量是指环境要素的优劣，环境质量评价是对环境优劣进行的定量描述。即按一定评价标准和评价方法对一定范围内的环境质量进行定量的判定、解释和预测。环境规划编制必须进行环境质量评价。通过评价查明规划区环境质量的历史和现状，确定影响环境质量的主要污染物和主要污染源，掌握规划区环境质量变化规律，预测其未来的发展趋势，为规划区的环境规划提供科学依据。环境质量评价是协调发展和保护环境的有效手段。

2. 评价类型

根据国内外对环境质量评价的研究，可按时间、环境要素、区域空间、职能等把环境质量评价分为几种不同的类型。

环境质量评价按时间可分为回顾评价、现状评价和影响评价。回顾评价是根据一个地区历年积累的环境资料进行评价，据此回顾一个地区环境质量的发展和演变过程；现状评价是根据环境监测资料对一个地区的环境质量作现状评价；影响评价是根据一个地区的经济发展规划，预测该地区的环境质量变化趋势，通常把预估一个建设项目将来的环境影响并制定出预防公害的对策称为环境影响评价。

环境质量评价按环境要素可分为单要素评价、联合评价和综合评价。单要素评价包括大气环境质量评价、水环境质量评价（地表水、地下水）、噪声环境质量评价等。联合评价是指对两个以上环境要素联合进行评价，例如，地表水与地下水联合评价，土壤及作物的联合评价等。联合评价可揭示污染物在各环境要素间的迁移转化规律，反映各个环境要素环境质量的相互关系；综合评价是指对整体环境的质量评价，是在单要素评价的基础上进行的。它可以从整体上全面反映一个地区环境质量的状况。

环境质量评价按区域可划分为城市环境质量评价、流域环境质量评价等。环境质量评价按空间可分为区域环境质量评价、全国环境质量评价、全球环境质量评价。按职能可分为城市环境质量评价、工业环境质量评价、农业环境质量评价及交通环境质量评价等。

环境规划中的环境质量评价，根据环境规划的需要多采用综合环境质量评价和单要素环境质量评价。

3. 基本内容

（1）污染源评价。通过调查、监测和分析研究，找出主要污染源和主要污染物以及污染物的排放方式、途径、特点、排放规律和治理措施等。

（2）环境质量现状评价。根据污染源调查结果和环境监测数据的分析，在进行环境质量评价时，一般要筛选评价参数、确定评价标准、环境质量评价模型、环境质量分级、绘制环境质量评价图等。

（3）环境自净能力的确定。研究与应用主要污染物在环境中的污染状态（分布、浓度、变化）、平衡（自净、残留率）、形态、价态、转化等迁移转化规律及环境容量成果，为建立环境规划模型提供依据。

（4）对人体健康（与生态系统）的影响评价。通过环境流行病学和人体健康的调查，研究污染和人体健康相关性和因果关系。

（5）环境经济学评价。调查因污染造成的环境质量下降带来的经济损失（直接、间接），分析治理污染的费用和所得经济效益之间的关系。

环境自净能力的确定，多利用已有的科研成果，环境规划一般不进行这方面研究。

第四节　环境功能区划

一、环境功能区划的含义和内容

1. 环境功能区划的含义

环境功能区划是环境规划和环境管理工作的基础。在确定环境规划目标之前，自然就联想到环境功能区划问题。根据各环境功能区的性质和环境特征分别制定各环境功能区的环境目标，这样的环境规划才有实际意义。

环境功能区划的目的主要体现在如下两个方面：一是研究各环境单元环境承载能力（环境容量）及环境质量现状的发展趋势，提出不同环境单元功能的环境保护目标和环境管理对策；二是研究不同环境单元的特点、结构与人们经济社会活动之间的规律，从环境保护要求出发，提出不同环境单元的经济社会发展目标和要求。

2. 环境功能区划的内容

依据环境功能区划的含义，环境功能区划的内容主要包括以下几个方面。

（1）在所研究的范围内，根据各环境要素的组成、自净能力等条件，合理确定使用功能的不同类型区，确定界面、设立监测控制点位。

（2）在所研究范围的层次上，根据社会经济发展目标，以功能区为单元，提出生活和生产布局以及相应的环境目标与环境标准的建议。

（3）在各功能区内，根据其在生活和生产布局中的分工职能以及所承担的相应的环境负荷，设计出污染物流和环境信息流。

（4）建立环境信息库，以便将生产、生活和环境信息进行实时处理，及时掌握环境状况及其发展趋势，并通过反馈作出合理的控制决策。

二、环境功能区划的原则和依据

环境功能区划的原则和依据主要表现为以下六点。

（1）功能与规划相匹配。保证区域或城市总体功能的发挥，与区域或城市总体规划相匹配。

（2）根据自然条件划分功能区。根据地理、气候、生态特点或环境单元的自然条件划分功能区，如自然保护区、风景旅游区、水源区或河流及其岸带、海域及其岸带等。

（3）根据环境的开发利用潜力划分功能区。如新经济开发区、绿色食品基地、绿地等。

（4）根据社会经济的现状、特点和未来发展趋势划分功能区。如工业区、居民区。

（5）根据行政辖区划分功能区。行政辖区往往不仅反映环境的地理特点，而且也反映某些经济社会特点。按一定层次的行政辖区划分功能区，有时不仅有经济、社会和环境合理性，而且亦便于管理。

（6）根据环境保护的重点和特点划分功能区。一般可分为重点保护区、一般保护区、污染控制区和重点污染治理区等。

三、环境功能区划的类型

1. 按其范围划分

（1）城市环境规划的功能区。城市环境规划的功能区一般有：工业区；居民区；商业区；机场、港口、车站等交通枢纽区；风景旅游或文化娱乐区；特殊历史文化纪念地；水源区；卫星城；农副产品生产基地；污灌区；污染处理地（垃圾场、污水处理厂等）；绿化区或绿色隔离带；文化教育区；新科技经济区；新经济开发区；旅游度假区。

（2）区域（省区）环境规划的功能区。一般包括：工业区或工业城市；矿业开发区；新经济开发区或开放城市；水系或水域；水源保护区和水源林；林、牧、农区；自然保护区；风景旅游区或风景旅游城市；历史文化纪念地或文化古城；其他特殊地区。

2. 按其内容划分

城市综合环境区划主要以城市中人群的活动方式以及对环境的要求为分类准则。一般可分为重点环境保护区、一般环境保护区、污染控制区和重点污染治理区等。

（1）重点保护区。一般指城市中（或城市影响的临近地区）风景游览、文物古迹、疗养、旅游和度假等综合环境质量要求高的地区。

（2）一般保护区。主要是以居住、商业活动为主的综合环境质量要求较高的地区。

（3）污染控制区。一般指目前环境质量相对较好，需严格控制新污染的工业区，这类地区应逐步建成清洁工业区。

（4）重点治理区。主要指现状污染比较严重，在规划中要加强治理的工业区。

（5）新建经济技术开发区。新建经济技术开发区以其发展速度快、规模大、土地开发强度高和土地利用功能复杂为主要特征，应单独划出。该区环境质量要求以及环境管理水平根据开发区的功能确定，但应从严要求。

3. 按环境要素划分

（1）大气环境功能区划。所谓大气环境功能区划并不是指对大气环境的区划，而是指为确定研究地区的大气环境规划目标而对这些地区进行的功能区划。

一般地说，城市大气环境功能区划常划分成工业区、商业区、居民区、文化区、交通稠密区和清洁区六种类型。旅游区域环境应按清洁区来看待。广大的农业环境也可按这一体系进行划分，功能区的划分对于监测点的布置、监测浓度的统计、对照也都有重要意义。

①工业区。工业区以各种工业为主体，由于释放大量的烟尘、SO_2、NO_2 等，使这里的大气污染十分严重，一船难以治理清洁，故居民区一般都与工业区之间有一定间隔。

②商业区。商业区以经营各种商品为主，但由于流动人口多，解决流动人口的食、宿服务设施也就应运而生，各种饮食摊点的污染源释放就成了商业区的重要污染源。

③居民区。居民区是居民生活、休息的场所。由于用餐、取暖，因而也释放出大量污染物。

④文化区。文化区是指文化、教育、科技相对集中的地区。但中国的实际情况往往是文化区也夹杂着居民区。

⑤交通稠密区。交通稠密地区由于汽车排放出的大量尾气而使污染十分严重。它包括城市交通枢纽和交通干线两侧。一般把交通线两侧到以外 50m 处的范围都划成交通稠密区。

⑥清洁区。清洁区要求达到一级标准。它包括国家规定的自然保护区、风景游览区、名胜古迹和疗养地等。

（2）地表水域环境功能区划。

①源头水。源头水是指各地面水域特别是江、河的最上游地段的水体。由于源头水要直接流向江、河的上、中、下游，因此源头水质不好对整条河流的水质都会产生影响。

②国家自然保护区。国家自然保护区是由国家划定的有重要经济价值或生物多样性等需保护的重要水域。

③生活饮用水水源地保护区。生活饮用水水源地保护区是指居民通过取水口集中取水的地方。由于地表水饮用水源多为江河，江、河水都是流动水体，同时水体本身还存在回流、分子扩散等现象，所以一般要求取水口上、下游之间一定距离内水质应达到较高的标准。根据距离的长短，又可把生活饮用水水源地保护区分为一级保护区和二级保护区。

④鱼类保护区。鱼类保护区又分为珍贵鱼类保护区、鱼虾产卵场和一般鱼类保护区三类。

⑤一般工业用水区。一般工业用水对水质要求相对较低。

⑥农业用水区。由于土壤有较强的自净作用，农作物能有选择地吸收各种营养元素，因此农业用水区对水质的要求可适当降低。

⑦一般景观水域。即那些没有明显的使用功能而又是人们时常经过的地方，如具有航运功能的水体和居民集中区的水体，这些水体不能发臭变色或孳生令人厌恶的水生生物，以免引起人们的不适感。

（3）噪声环境功能区划。由于噪声也是在空气中传播、扩散的，其污染源也主要来自工业、交通及人们日常生活、工作时发出的声音，因此噪声功能区划和大气功能区划有着较大的相似性。但由于噪声的衰减速度快等特殊性，噪声功能分区又与大气功能分区有所不同。

①特殊住宅区。该区是指特别需要安静的住宅区，如医院、疗养院等地区，该区昼夜间的等效声级（L_{eq}）应小于45dB，夜间应小于35dB，相当于大气功能分区中的居民区。

②文化区。该区是指居民区和文教、机关区，要求昼间的等效声级低于50dB，夜间低于40dB。

③混合区。该区系指一般商业区与居民住宅相混杂的地区，该区昼间等效声级应低于55dB，夜间应低于45dB。

④二类混合区。该区系指工业、商业、少量交通与居民住宅混杂在一起的混合区。多是由于老城在发展时未作合理规划造成的。该区昼间等效声级应低于60dB，夜间应低于50dB。

⑤商业中心区。该区系指商业集中的繁华地区，其噪声标准同"二类混合区"。

⑥工业集中区。系指在一个城市或区域内规划明确确定的工业区。其噪声标准要求昼间低于65dB，夜间低于55dB。

⑦交通干线道路两侧。系指车流量每小时100辆以上的道路两侧，该区要求昼间等效声级低于70 dB，夜间低于55dB。

对其他环境，目前还没有制定相应的功能区划方法和质量标准。因此往往根据污染物对环境的危害情况和研究区的实际情况具体研究确定。

四、功能区的环境容量

环境容量是指在功能区边界范围内对污染的可承载负荷量。环境容量的大小取决于特定功能区的自然条件和所选取的环境质量标准。

1. 涵义与内容

环境容量是个尚有争论的问题。容量的概念是动态的，例如河流的枯水期和丰水期容量差异甚大；大气环境在静风和有风条件下，容量各不相同。但容量概念的提出，有助于科学认识环境和利用环境。

目前提出的容量概念较多，如大气环境容量、水环境容量、城市人口适宜度、旅游区游客容量、土壤污染容量、海区环境容量等，并由此导出允许排放量、最大纳污量、最适利用度、环境经济计量等新概念。本书中所指的环境容量主要指大气和水体对污染物的稀释、扩散和净化能力（容量），或者说是在一定时期和一定环境状态下，某一区域环境对人类社会经济活动支持能力的阈值。

2. 环境容量确定的基本思路

环境容量主要包括稀释容量和自净容量两部分。

环境容量一般用科学实验（模拟实验或监测）的方法取得基本数据，通过一定的数学模型表达出来，常用的模型有大气扩散模型和各种水质模型。

由于环境容量受气象、地形地貌、水文条件的影响，因而这些模型都比较复杂，但在固定对象后，其地形地貌条件的变化都不大，气象水文条件变化一般也符合正态分布规律，因而模型常可简化成一个黑箱，用输入响应关系加以描述。

在已有环境容量模型的地区，可以用原模型求得相应的污染物输入响应系数矩阵。在没有环境容量模型的地区，可以用历年污染物排放和监测数据通过回归分析求得。

第五节　环境预测

一、环境预测的含义

预测是指运用科学的方法对研究对象的未来行为与状态进行主观估计和推测。环境预测就是以人口预测为中心，以社会经济预测和科学技术预测为基础，对未来的环境发展趋势进行定性与定量相结合的轮廓描绘，并提出防止环境进一步恶化和改善环境的对策。

环境预测过程是在环境现状调查与评价和科学实验基础上，结合社会经济发展状况，对环境的发展趋势进行的科学分析。环境预测是环境规划科学决策的基础；预测 – 规划 – 决策所形成的完整体系，是整个环境规划工作的核心。

预测的主要目的是了解环境的发展趋势，指出影响未来环境质量的主要因素，寻求改善环境和环境与经济社会协调发展的途径。

二、环境预测的主要依据

环境规划预测主要目的是要预先推测出实施经济社会发展规划达到某个水平年时的环境状况，以便在时间和空间上做出相应的安排和部署。所以，环境预测与经济发展密切相关，并且把经济社会发展规划（发展目标）作为环境预测的主要依据。如工业产值、农业产值、各行业产值、产品产量、人口、城镇发展规模、交通运输及其他行业发展规划等，这些都是环境预测的重要依据。

（1）规划区环境质量评价是环境预测的基础工作和依据。通过环境评价一方面探索出经济社会发展与环境之间内在关系和变化规律，一方面为建立规划模型（预测、决策）提供足够的信息资料打下基础。

（2）规划区内经济开发和社会发展规划中各水平年的发展目标是环境预测的主要依据。一个地区的经济社会发展与环境质量状况存在着一定的相关性。利用这种关系做出未来环境状况的科学预测。

（3）城镇（乡村）建设发展规划为环境预测提供必要的数据资料。当前环境保护的重点还在城市，如城市集中供热、发展型煤、煤气、污水处理厂、绿化等环境建设，这直接关系到未来环境质量状况，这些数据资料都是环境预测不可缺少的组成部分。

城镇总体发展战略和发展目标，交通运输等有关资料都是环境预测的依据。

三、环境预测要素和数据

1. 环境预测要素

（1）时间。预测本身就是对时间而言的，通常分为短期预测（5年以内），中期预测（5~10年）、长期预测（10年以上）。定性预测一般可用于长期预测，定量预测较适用于中、短期环境预测。

（2）数据。数据是环境预测的基础，没有数据的预测是定性预测。数据对环境预测非常重要。在取得数据的基础上选择合适的预测方法，也可以根据所确定的预测方法去收集数据（或试验）。

（3）模型。多数环境预测都要运用某种类型的预测模型。根据预测目的要求选择预测模型，模型有两种，物理模型和数学模型。

（4）精度。预测精度是预测质量可达到的尺度和标准。预测精度取决于很多因素。对于环境问题这个多因素系统，目前还不可能达到很高的精度。

2. 数据统计整理

这里的数据是指经济、人口、科学技术、资料、能源、环境污染等方面的数据，这些数据来源于环境规划区内政府经济社会发展规划（计划）、环保及有关部门，包括历史、现状和未来的信息资料。

（1）国民经济数据。包括工农业总产值和国民收入（总额、人均收入）。工业部门按国家统计局工业分类方法分类进行统计整理。如冶金（黑色、有色）、煤炭及炼焦、石油、化学、机械、建材、食品、纺织、缝纫、皮革、造纸文教用品等工业部门。统计各部门的产值、产品、产量、排放污染物种类及数量、污染治理及排污系数等。

（2）能源数据。①能耗：各部门能耗及能耗系数及人均能耗系数。②能源结构：煤炭、石油、天然气、核电等能源的消耗量及比例系数。

（3）交通运输数据。①汽车：各种车辆数量、流量、各种车的耗油系数。②火车：流量、耗煤、油及耗油系数等。③船舶：数量、流量、耗煤、耗油及能耗系数。

（4）人口数据。①城市：城镇、乡村人口总数，单位面积人口数（密度）。②人口增长率。

除了以上数据外，还有科技进步等方面的数据。

四、环境预测的主要内容

1. 污染源预测

预测主要内容有废水排放量，各种污染物产生量及时、空分布，污染物治理率、治理能力和累计（固定资产）投资。污染项目可根据大气、水、固体废弃物、噪声等污染要素进行选择。

2. 环境污染预测

参照环境规划指标体系的要求选择预测内容，污染物宏观总量预测的重点是确定合理的排污系数（如单位产品和万元工业产值排污量）和弹性系数（如工业废水排放量与工业产值的弹性系数）；环境质量预测的要点是确定排放源与汇之间的输入响应关系。预测的项目和预测的深度可以根据规划区具体情况和规划目标确定。

3. 生态环境预测

城市生态环境预测主要内容包括：水资源合理开发利用情况（贮藏量、可用量、消耗量、循环水量及地下水位）；城市绿地面积（包括水面）及其对环境的影响；土地利用状况及城市发展趋势。

农业生态环境预测主要内容包括：水土流失面积、强度、分布及其危害；盐碱土及盐渍土的面积、分布及其变化趋势；耗地数和质量的变化情况；乡村能源结构现状及发展方向。

森林环境预测主要内容包括：森林面积及其分布；森林覆盖率；森林蓄积量、消耗量和增长量；森林动物资源的消长情况及变化趋势；森林的综合功能（对温度、湿度、降水的影响）。

草原和沙漠生态环境预测主要内容包括：草原面积、分布、牲畜量、野生动物资源及草原的发展；沙漠面积、分布及沙漠化的发展趋势；草原植被破坏和沙漠化对气候变化及风沙化的影响。

珍稀濒危物种和自然保护区现状及发展趋势的预测，其内容主要包括：一般描述（过去、现在和将来）；分析和研究珍稀物种的保护机制、健全自然保护区的意义及自然保护区的未来发展趋势。

此外还包括对古迹和风景区的现状及变化趋势的预测等内容。

4. 环境资源破坏和环境污染造成的经济损失预测

内容主要包括：资源不合理开发的资源损失、资源不合理利用造成的资源损失；环境问题造成的农业减产损失；环境污染造成的工业加工成本增加损失；环境问题造成的渔业减产损失；大气中 SO_2 浓度过高引起的金属腐蚀、建筑物腐蚀的损失；环境污染引起人体健康损失（仅计算损失工作日费用和医疗费用）。除了上述七个方面的预测外，还应包括污染治理措施、管理、投资等方面的预测。

5. 社会发展和经济发展预测

经济社会发展是环境预测的基本依据。社会发展预测重点是人口预测，其他要素因时因地确定。经济发展预测要注意经济社会与环境各系统之间和系统内部的相互联系和变化规律。重点是能源消耗预测、国民生产总值预测、工业总产值预测，同时对经济布局与结构、交通和其他重大经济建设项目作必要的预测与分析。经济发展预测要注重选用社会和经济部门的资料和结论。

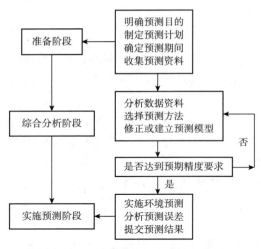

图 5-2　环境预测的一般程序示意图

五、环境预测的程序和方法

1. 环境预测的程序

进行环境预测一般要经过准备、分析和实施三个阶段。图 5-2 是环境预测的一般程序示意图。

准备阶段包括明确预测的目的，确定环境预测的时间范围，搜集进行环境监测所必需的数据和资料等；综合分析阶段包括分析数据资料，选择预测方法，修改或建立预测模型，模型检验等；实施预测阶段包括实施预测、误差分析和提交预测结果等。因此，环境预测是一项多层次的活动，各层次之间的预测任务既有区别，又有联系。

2. 环境预测的方法

环境预测是在环境调查和现状评价（含经济社会调查评价）的基础上，结合经济发展规划（或预测），通过综合分析或一定的数学模拟手段，推求未来的环境状况。其技术关键如下：

首先，把握影响环境的主要经济社会因素并获取充足的信息；其次，寻求合适的表征环境变化规律的数学模式和（或）了解预测对象的专家系统；再次，对预测结果进行科学分析，得出正确的结论，这一点取决于规划人员的素质和综合分析问题的能力与水平。

目前常用预测技术方法大致可分为两类。第一类是定性预测技术，如专家调查法（召开会议、书面征询意见）、历史回顾法、列表定性直观预测等。这类方法以逻辑思维为基础，综合运用这些方法，对分析复杂、交叉和宏观问题十分有效。第二类是定量预测技术，方法约有 200 种之多，常用的有外推法、回归分析法等。这类方法以运筹学、系统论、控制论、系统动态仿真和统计学为基础，对于定量分析环境演变，描述经济社会与环境相关关系比较有效。

预测方法的选择应力求简便和适用。目前所发展的预测数学模型大多还不完善，均有各自的缺点，因而实际预测时，亦可采用几种模型同时对某一环境要素进行预测，然后进行比较、分析和经验判断，得出可以接受的结果。

环境预测常用的几个简单的数学模型有以下几种。

（1）产值预测。环境预测所需产值及人口数据通常容易得到，如果没有或缺少这方面资料，可采用如下模型进行预测。

$$M = M_0 (1+a)^{t-t_0} \tag{5-1}$$

式中　M——预测年产值，万元 / 年；

　　　M_0——起始（基准）年产值，万元 / 年；

　　　a——年均增长率；

　　　t——预测年；

　　　t_0——起始（基准）年。

（2）人口预测。人口预测可采用下列两个公式预测：

$$N=N_0(1+a)^{t-t_0} \tag{5-2}$$

$$N=N_0 e^{k(t-t_0)} \tag{5-3}$$

式中　N——预测年人口数，人／年；

N_0——起始（基准）年人口数，人／年；

t——预测年；

t_0——起始（基准）年；

a——人口年均增长率；

k——人口增长系数或自然增长率，以人口年净增的千分数表示。

（3）污染物浓度预测。在中小城市或在数据资料缺少的情况下，可以采用简单概略性预测方法（如比例法）进行污染物浓度预测。

六、环境预测结果的综合分析

对预测结果进行综合分析评价，目的是找出主要环境问题及其主要原因，并由此规定规划的对象、任务和指标。预测的综合分析主要包括下述内容。

1. 资源态势和经济发展趋势分析

分析规划区的经济发展趋势和资源供求矛盾，同时分析影响经济发展的主要制约因素，以此作为制定发展战略，确定规划区功能的重要依据。

2. 环境污染发展趋势分析

明确必须控制的主要污染物、污染源、污染地域或受污染的环境介质；明确大气、水体的环境质量变化趋势，指出其与功能要求的差距，确定重点保护对象，必要时，可定量给出污染造成的危害和损失（如经济损失、健康危害）等，以此加强规划的重要性和说服力。

3. 环境风险分析

环境风险有两种类型：一类是指一些重大的环境问题，如全球气候变化、臭氧层破坏或严重的环境污染问题等，一旦发生会造成全球或区域性危害甚至灾难；另一类是指偶然的或意外发生事故对环境或人群安全和健康的危害。这类事故所排放的污染物往往量大、集中、浓度高，危害也比常规排放严重，如核电站泄漏、化工厂爆炸、采油井喷、海上溢油、水库溃坝、交通运输中有毒物质溢泄、电厂灰库溃坝等事故。对环境风险的预测和有针对性地采取措施，防患于未然或者制定应急措施，在事故发生时可控制事故规模，降低事故损失。

第六节　环境目标的确立

一、环境目标概念与层次

1. 环境目标概念

所谓环境目标是在一定的条件下，决策者对环境质量所想要达到（或希望达到）的境地（结果）或标准。在"一定条件下"是指规划区内的自然条件、物质条件、技术条件和管理水平等。"决策者"是指各级政府、城市建设部门、环保部门或依法行使职权的单位。有了环境目标就可以确定出环境规划区环境保护和生态建设的控制水平。

经过对环境规划区评价、预测后就可转入确定环境目标阶段。环境目标是进行环境规划的重要内容之一，确定恰当的环境目标是制定环境规划的关键。

2. 环境目标层次

环境目标一般分为总目标、单项目标、环境指标三个层次。

（1）总目标：指全国、地区、城市环境质量所要达到的境地、要求。

（2）单项目标：依据规划区环境要素和环境特征以及不同环境功能所确定的环境目标。为实现总目标，根据环境区划所确定的环境目标。如大气环境、水环境等要求的目标。

（3）环境指标：体现环境目标的指标，可形成一个指标体系。

3. 环境目标与环境标准的关系

一般来讲，环境标准是制定环境目标的准绳。这里讲的环境标准可以是国家的，也可以是地方的。不少国家把环境标准作为环境目标。如：美国环境立法所规定的大气、水环境的阶段目标，就是各州的阶段环境目标。北京的大气、地表水等也是如此。当环境目标确定以后就可以计算环境容量和削减量，据此提出环境污染的控制对策。

二、环境目标的内容

环境目标内容很多，根据环境规划管理工作的要求，按照国家或地方的统一部署，环境目标可分为不同的类型和层次。

1. 从目标的高低划分

可以分为三个层次，即低目标、中目标和高目标。低目标是对环境保护工作最低要求，使环境污染保持现有的水平，低目标是必须要达到的目标。中目标是对环境保护工作一般的要求，使环境质量有所提高，环境面貌有所改善，通过一定手段，经过努力能够实现的目标。高目标是对环境工作的严格要求，做到经济建设、城市建设、环境建设协调发展，环境质量有较大幅度提高和改善，是一个优质、高效、低耗的生态社会复合系统。一般来说，高目标较难实现，但应该把高目标作为环境保护工作努力的一个方向，一个总的奋斗目标。

2. 从时间上划分

环境目标从时间上可以分为短期目标、中期目标和长期目标，或者分为年度目标、五年目标、十年至十五年目标、二十年目标等。十年以上的为长期目标。短期目标要求目标准确、具体、定量。中期目标一般既包括内容具体的定量指标，又包括一些定性的宏观要求。长期目标是对环保工作在一个历史时期的总的宏观要求或设想，是制定短期和中期目标的依据。

3. 从空间上划分

环境目标从空间上可划分为国家环境目标、省市自治区环境目标、城市/县环境目标以及大经济区、流域、海域环境目标等。若从城市来划分，可分为城市环境总目标、各功能分区的环境目标。城市总的环境目标是对城市环保工作总的安排，由城市总体的性质功能决定。各功能区的环境目标是根据各功能区的环境特征、性质、功能要求确定的，是城市总目标的具体体现和落实。

4. 从行业上划分

环境目标从行业上可分为工业部门、交通部门、农业部门、商业部门、建设部门等的环境目标。对城市而言，工业部门是重点。国家对工业部门中重污染行业，有一个总的目标要求，这些目标要求可作为城市环境目标的参考。

5. 从环境规划指标体系划分

一般可分为环境质量目标、环境建设目标、污染控制目标和环境管理目标等，也可分为环境质量目标、环境影响总量目标和环境治理手段目标。

区域环境规划目标一般包括：区域污染控制目标（大气、水体、固体废弃物、噪声）、区域生态保护目标（森林、草原、野生生物、矿产、土地、水等生态资源的规划目标；水土流失、土地沙化、盐碱化等环境防止规划目标；自然保护区和风景区的建设规划目标）、区域环境管理目标（组织、协调、监督等项目管理目标；实施环境规划、执行各项环境法规以及环境保护的宣传、教育等管理目标），以及总体环境目标的确定及宏观环境战略分析。

三、环境目标的可达性分析

初步确定环境目标之后，就要论述环境目标是否可达。只有从整体上认为目标可达后，才能进行目标的分解，落实到具体污染源、具体区域、具体环境工程项目和措施。

1. 从投资分析环境目标的可达性

环境目标确定以后，污染物的总量削减指标以及环境污染控制和环境建设等指标也就确定了。根据完成这些指标的总投资，可以计算出总的环境投资，然后与同时期的国民生产总值进行比较，根据环保投资占同期国民生产总值的比例论述目标可达性时，一定要结合具体的经济结构（特别是工业结构），因为不同工业结构，环保投资比例相同时，环境效益会出现明显的差异。

2. 从环境管理技术和污染防治技术的提高论述目标的可达性

五项新制度的实施，标志着我国环境管理发展到了一个新的水平，也标志着我国环境管理发展到了由定性转向定量、由点源治理转向区域综合防治的新阶段。环境管理技术的提高必将进一步促进和强化环境管理，为环境目标的实施提供保证。

随着科学技术总体实力在增强，我国许多污染治理技术也在发展，生产的工艺技术在不断更新，逐渐淘汰了一大批高消耗、低效益的生产设备，一些新技术的普及也必将为环境目标的实现提供技术保证。

3. 从污染负荷削减的可行性论述环境目标的可达性

在分析总量削减的可行性时，要分析目前削减的潜力及挖掘潜力的可能性，然后粗略地分析今后一定时期内可能增加的污染负荷削减能力。也就是比较污染物总量负荷削减能力和目标要求的削减能力。如总量削减能力大于目标削减量，一方面说明目标可能定得太低，另一方面说明目标可达；如果总削减量能力小于目标削减量，一方面说明目标可能定得太高，另一方面说明在不重新增加污染负荷削减能力的条件下，目标难以实现。

第七节　环境规划的编制与实施

一、编制环境规划的工作程序

编写环境规划的工作包括从任务下达到上报审批直至纳入国民经济和社会发展规划的全过程。编制工作由管理部门组织，由专业技术组完成规划文本的编制。环境规划工作程序见图 5-3。

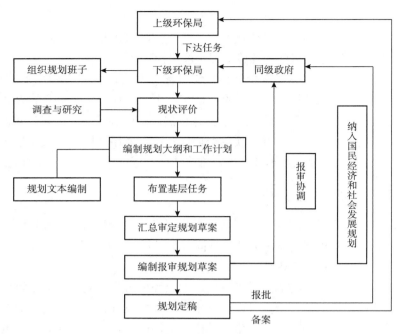

图 5-3　环境规划工作程序

1. 规划的编制

环境规划的编制是一个动态的、不断反馈和协调的过程。一般包括如下两个步骤。

（1）接受任务与组织规划编制。上一级环保部门代表同级政府下达编制规划的任务，提出主要要求、时间进度，下一级环保部门代表同级政府组织规划编制组，编制工作计划和规划大纲。也可以由政府下达编制规划的任务，同级环保部门组织规划编制组。

（2）完成规划文本的编制。环境规划由专门组织的技术队伍（规划编制组）承担，这是规划编制的主要阶段，其编制程序参见图 5-1。

2. 规划的申报与审批

环境规划的申报和审批是整个规划工作的有机组成部分，同时也是环境规划管理工作的一项重要制度。环境规划的申报审批采取由上而下、由下而上、上下结合，既有民主，又有集中，协调协商的原则。

（1）规划初级申报和审核。规划编制单位在规划基本编制完成后，将文本报送同级政府和上一级环保部门初审，同级政府在其职权范围内，可对方案进行决策、批准、驳回或提出修改意见；上级环保部门在收到申报文本后，进行初审，在与有关部门取得协商意见后，对申报文本批准或提出修改意见。

（2）终级申报与审批。下级环保部门在得到初审意见后，要根据审批意见，对规划进行修改、完善或重新编制。若认为初审意见不合理，可提出申辩，对规划进行修改或重新编制后，再次申报给同级政府审批和上一级生态环境部门备案。同级政府收到申报文本后，应予迅速批准，并将批准后的环境规划付诸实施。

（3）环境规划文本。一次环境规划工作结束时，一般应有三类文本。

①技术档案文本：指将规划过程所收集的背景材料、调查或检测所采集的信息、规划编制过程的技术档案或记录进行整理而成的背景材料文本。此文本存放当地，供规划的核查、

调整或下次编制规划时参考。

②环境规划文本：指正式的环境规划文本。它由环境规划管理部门管理，作为进行规划实施与管理的蓝本。

③环境规划报审文本：这是正式的环境规划文本的缩编文本或简编文本，主要用于申报、审批。简编文本内容应包括：自然环境特点；经济和社会简况，前期环境规划（或计划）执行简况；规划要解决的主要环境问题；规划目标（时空限定）；主要措施；主要工程项目及说明；投资预算及来源；主要困难及要求提供的条件等。

二、环境规划编制的具体内容

环境规划编制的内容应根据规划的对象和实际情况确定，对于区域或城市综合性规划一般应包括以下内容。

1. 自然环境现状与社会经济发展状况概述

自然环境概述着重于规划区域的气候、地理、生态状况和开发历史等。这是规划的基础内容，是保证环境规划适应性和针对性所必需的内容。社会经济发展概述着重于经济发展规模、产业结构与布局、资源利用分析、科技水平、经济发展与环境的相互依赖关系、经济发展对环境的影响以及环境污染与破坏对可持续经济发展的影响等。在规划中对上述问题进行追述和概略分析，作为环境规划的重要出发点和依据。

2. 环境保护工作情况概述

概述环境规划以前的若干年环境保护计划完成情况，包括污染控制、环境建设、完成的环境工程项目、投资与效益等，以及完成以前的环境规划目标存在的主要问题、困难及原因等，以此作为新环境规划的重要参考。

3. 环境变化趋势分析

环境变化趋势分析包括环境质量总的发展趋势、污染发展趋势、生态环境变化趋势以及重大环境问题的发展趋势等。环境趋势分析是环境调查、评价、预测的综合描述与分析。列入描述与分析的内容项目应与环境规划目标基本相对应，同时阐明今后应注意的问题、发展方向等。环境变化趋势分析是编制环境规划的重要基础和起点。

4. 环境规划总目标

概括阐明环境规划的总目标以及将要达到的主要指标。综合性规划的总目标必须包括两个主要方面：环境质量目标和污染物总量控制目标。区域（如省、区）环境规划总目标视情况还应包括生态环境目标。

5. 重点城市和经济区环境综合整治规划

城市和经济区是经济、社会活动高度集中的地方，也是环境问题比较突出的场所。城市和经济区环境综合整治，是环境保护工作的重点。重点城市和经济区环境综合整治内容应包括以下内容：

①重点城市环境质量目标；

②城市环境功能区划分，特别是新经济开发区的环境功能区划分；

③污染物总量控制目标与方案；

④重点综合整治项目规划和重点污染源治理；

⑤城市土地利用（布局与产业结构）规划或方案；

⑥实现目标的主要措施；

⑦城市生态建设规划。

6. 工业污染防治或部门行业污染控制规划

中国的环境污染主要来自工业，工业污染防治是整个环境污染控制的重点。工业污染防治规划应包括以下内容：

①规划区内工业污染物排放（产生）、治理（削减）总量或各主要工业部门（行业）污染物的排放（产生）、治理（削减）总量；

②主要工业污染源或重大污染源治理工程项目的确定与安排；

③工业污染防治的主要政策与措施。

7. 乡镇环境保护与建设规划

乡镇是城市发展的基础，广阔的乡镇环境与城市环境有着相互影响、相互依存的关系。乡镇环境保护与建设规划的重点，一是控制乡镇企业的污染，二是改善乡镇的生态环境，为大农业的发展创造基础条件。乡镇环境保护与建设规划应包括以下内容：

①乡镇工业发展的产业政策和产业结构宏观调控政策；

②规划区内乡镇企业污染物排放（产生）与治理（削减）规划；

③污水灌溉及农药、化肥污染土壤的控制；

④乡镇生态建设及生态农业试点发展计划。

8. 水源与水环境保护规划

水环境（河流、湖泊、地下水、海洋）是环境的主要组成要素，对国民经济和社会发展以及人民生活有重大影响，水资源短缺和水污染是中国主要环境问题之一。水环境保护规划应包括以下内容：

①规划水域功能、水质要求、水环境容量及纳污量；

②主要污染源排序及主要污染物排序；

③水污染控制措施、方案及主要工程项目；

④跨辖区的水环境问题的协调解决措施；

⑤水源保护计划。

9. 大气环境保护规划

大气环境保护主要指城市地区而言。规划应包括以下主要内容：

①能源消耗量、能源结构分析与大气污染特征；

②功能区划分与大气质量目标的确定；

③大气污染防治主要工程项目与污染物削减计划；

④大气污染主要防治措施。

10. 产业结构与生产力布局规划

产业结构与生产力布局对环境有着长远、深刻的影响。确定合理的产业结构和生产力布局，对于促进经济、社会与环境的协调持续和稳定发展，有着十分重要的意义。产业结构与生产力布局规划的考虑原则如下：

①因地制宜，充分发挥规划区的环境优势，如城市特色的保持与发展；

②合理利用自然资源，做到优势资源的优化利用；

③发挥技术、经济综合优势，促进经济发展，如辟建新经济开发区等；

④现实可行性和长远利益相结合，注重克服自然的或技术的、经济的主要约束因素；

⑤有利于环境污染的综合防治和能够合理利用自然净化能力；

⑥保证社会效益、经济效益与环境效益的统一。

产业结构与生产力布局规划应包括以下内容：

①规划区（城市、经济区）的性质与规模，产业结构合理化；

②功能区划分及经济建设总体布局；

③基础设施建设和环境设施建设（含生态建设）计划；

④污染物集中处理计划；

⑤生产力布局规划实施的政策与措施。

11. 自然保护规划

建立自然保护区是自然生态系统的一个重要手段。中国自然、地理条件复杂，生物多样性高，拥有许多很有价值的自然生态系统。建立自然保护区，保护这些自然生态系统，尤其加强对珍稀濒危物种的保护，不仅是对国家也是对人类的重要贡献。自然保护与生态环境建设应坚持重点保护与普遍改善相结合的原则，正确处理保护与开发利用以及保护区与周围地区群众生产利用的关系。自然保护规划应包括以下内容：

①自然保护区的范围及重点保护对象；

②自然保护区建设与管理计划；

③珍稀濒危动植物保护计划（包括物种保存与繁育扩群基地的建设）；

④保护区与周围其他事业发展的协调关系与措施。

12. 科技发展与环境保护产业发展计划

科技发展和环境保护产业发展是环境规划实施的技术和物质基础。重视发展环境保护科学技术和环境保护产业，不仅是完成环境规划目标所必需的，而且是环境保护潜力增长的必要因素。环境保护科技的发展应注重硬技术的开发与应用，也应适当发展软科学技术，提高科技为环境保护服务的水平。环境保护科技发展与环境保护产业发展计划应包括以下内容：

①科学研究与装备计划；

②重大科技开发项目与攻关组织计划；

③环境保护工业、技术装备与环境保护技术服务发展计划；

④科技引进、交流和人才培养计划。

三、环境规划的实施与保障

环境规划的实施有两个关键环节：一是要纳入国民经济和社会发展规划体系，城市环境规划要结合到城市总体规划中；二是要与环境管理制度相配合，通过管理制度的推行使规划付诸实践。

1. 环境规划纳入国民经济和社会发展规划

保护环境是发展经济的前提和条件，发展经济是保护环境的基础和保证。环境与经济协调发展是人类经济社会发展的客观要求。环境规划纳入国民经济与社会发展规划的内容主要包括指标和技术政策纳入、资金平衡以及项目纳入。

2. 环境规划与环境管理制度相结合

环境规划是环境管理制度的先导和依据，而环境管理制度是环境规划的实施措施和手段。将环境规划与环境保护目标责任制相结合，运用目标责任制来保障规划的实施，必须注重规划的实施要与责任制的运行机制相匹配，环境规划指标要与责任制指标相协调。环境规划管理部门依据环境规划，为政府的年度工作计划提供基本指标、实施办法，以利于在责任制推行中将规划指标落实。

3. 完善环境保护法规体系，切实依法保护环境

制定有关环境影响评价、化学物质污染防治、核安全、放射性污染防治、污染物排放总量控制、清洁生产、生物安全、生态环境保护、机动车排放污染防治和环境监测等方面的法律、法规。做好有关国际环境公约和应对加入 WTO 的有关法规、标准制定与修订工作。加强生态保护相关标准和技术规范的制定，加快环境标志产品和环境管理体系标准的制定。坚持依法行政，规范执法行为，加大执法力度，提高执法效果，依法打击违法犯罪行为，实行重大环境事故责任追究制度，坚决改变有法不依、执法不严、违法不究的现象。

4. 运用激励性政策措施，营造环境保护良好氛围

积极采用激励措施，实现环境保护的公益性与市场经济的竞争性有机结合，法律法规的强制性与企业、公众的自愿性有机结合，综合运用法规强制、行政管理、市场引导、公众自愿等手段，形成全社会自觉保护环境的良好氛围。开展环境普法教育和环境警示教育，增强公众环境法制观念和维权意识。同时，加大新闻媒体环境宣传和舆论监督力度，建立舆论监督和公众监督机制。规范环境信息发布制度，依法保障公众的环境知情权。

思考题

1. 环境规划有哪几种类型？有哪些主要特点？
2. 环境规划包括哪些主要内容？环境规划与社会经济发展规划有什么关系？
3. 阐述编制环境规划的技术程序。
4. 环境质量评价的主要内容有哪些？
5. 如何确定环境规划的目标？环境规划目标体系如何分类？
6. 什么是环境功能？环境功能区划有哪些类型？
7. 试述城市综合环境功能区划分的方法。
8. 试述大气、水、声环境功能区的划分方法。
9. 环境预测的应用有什么实际意义？

讨论题

1. 环境规划目标有哪些类型？如何确定环境规划目标？

要求：自行组织环境规划课程作业小组，在图书馆或网上收集某一地区或行业的一篇环境规划资料。

目标：通过讨论，对照收集的规划，分清环境规划目标属于哪些类型，确定了哪些环境规划目标。对于其中的环境质量目标，试分析实现该目标所采取的主要措施。

2. 什么是环境功能？环境功能区划有哪些类型？试根据你所在城市提出你依据的自然环境条件和当地环境管理标准划分大气或水环境的功能区划分方法。

要求：环境功能区划分要符合规划的基本程序和要求。

目标：绘制你所在城市水域、大气或噪声环境功能区的模拟图。

第六章　区域环境管理

区域，是个相对的地域概念。相对于全球而言，一个国家或一个地区就是一个区域。相对于国家而言，一个省、一个市、一个流域、一个湖泊等也是一个区域。相对于一个市而言，一个乡镇也是一个区域。但区域的概念又不可无限缩小，以至把一块地、一间房也称为一个区域。因此，所谓区域，其面积必须有一定的大小，同时在这个地域中还必须有相对独立的自然生态系统。环境管理，就其目标而言，必须落实到一定的区域上，大到全球或一个国家，小到一个市县、一个乡镇。就其对象而言，必须关注人类的社会行为对其作用到的环境所造成的影响和所受到的制约。因此，环境管理工作的重点和中心都在于区域环境管理。

第一节　城市环境管理

一、城市与城市环境

1. 城市

城市是人类利用和改造环境而创造出来的一种高度人工化的地域，是人类经济活动集中，非农业人口大量聚居的地方。

城市是一个复杂的巨系统，它包括自然生态系统、社会经济系统与地球物理系统，这些系统相互联系、相互制约，共同组成庞大的城市系统。

2. 城市环境及其主要特征

城市环境是经过人类充分改造过的一个人工环境系统，也是一个复杂的巨系统。它主要有以下特点。

①人在城市环境中，社会经济系统起着决定性的作用，它使原有的自然生态系统组成和结构发生了巨大的变化。

②城市环境中的自然生态系统是不独立和不完全的生态系统。由于该系统内部的生产者有机体与消费者有机体相比数量显著不足，分解者有机体严重匮乏，因此大量的能量与物质需要靠人力从外部输入。实践证明，这样的生态系统，也必须依靠人的技术手段，通过向其他生态系统输出，利用其他生态系统的自净能力，才能消除其不良影响，保证物质循环的畅通。

二、城市环境问题

随着城市化的迅速发展，人口也在迅速地向城市聚集。当前，我国城市人口占全国人口总数已超过50%。由于我国长期奉行"变消费城市为生产城市"的政策，忽视了生活环境的保护与改善，致使城市环境的结构和功能不尽合理。具体原因分述如下。

1. 城市大气环境污染

目前，中国大气环境形势依然十分严峻，城市大气污染问题依然突出。依据生态环境部发布的《2018中国环境状况公报》，2018年，全国338个地级及以上城市中，有121个城市环境空气质量达标，占全部城市数量的35.8%，比2017年上升6.5个百分点；217个城市环境空气质量超标，占64.2%。338个城市发生重度污染1899天次，比2017年减少412天；严重污染822天次，比2017年增加20天。以$PM_{2.5}$为首要污染物的天数占重度及以上污染天数的60.0%，以PM_{10}为首要污染物的占37.2%，以O_3为首要污染物的占3.6%。

$PM_{2.5}$、PM_{10}、O_3、SO_2、NO_2和CO浓度分别为$39\mu g/m^3$、$71\mu g/m^3$、$151\mu g/m^3$、$14\mu g/m^3$、$29\mu g/m^3$和$1.5mg/m^3$，超标天数和比例分别为9.4%、6.0%、8.4%、不足0.1%、1.2%和0.1%。与2017年相比，O_3浓度和超标天数比例均上升，其他五项指标浓度和超标天数比例均下降。以$PM_{2.5}$为首要污染物的天数占总超标天数的44.1%，以O_3为首要污染物的占43.5%，以PM_{10}为首要污染物的占11.6%，以NO_2为首要污染物的占1.1%，以SO_2和CO为首要污染物的不足0.1%。

474个城市（区、县）开展了降水监测，酸雨频率平均为10.5%，比2017年下降0.3个百分点。出现酸雨的城市比例为37.6%，比2017年上升1.5个百分点；酸雨频率在25%及以上、50%及以上和75%及以上的城市比例分别为16.3%、8.3%和3.0%。与2017年相比，硫酸根和镁离子当量浓度比例有所下降，硝酸根、氯离子和钙离子有所上升，其他离子保持稳定。

2. 城市地表水环境

2018年，全国地表水监测的1935个评价、考核、排名断面中，Ⅰ~Ⅲ类比例为71.0%，比2017年上升3.1个百分点；劣Ⅴ类比例为6.7%，比2017年下降1.6个百分点。544个重要省界断面中，Ⅰ~Ⅲ类、Ⅳ~Ⅴ类和劣Ⅴ类水质断面比例分别为69.9%、21.1%和9.0%。主要污染指标为总磷、化学需氧量、五日生化需氧量和氨氮。与2017年相比（543个可比断面），Ⅰ~Ⅲ类水质断面比例上升2.6个百分点，劣Ⅴ类下降3.9个百分点。2018年，按照监测断面（点位）数量统计，监测的337个地级及以上城市的906个在用集中式生活饮用水水源监测断面（点位）中，814个全年均达标，占89.8%。其中地表水水源监测断面（点位）577个，534个全年均达标，占92.5%，主要超标指标为硫酸盐、总磷和锰；地下水水源监测断面（点位）329个，280个全年均达标，占85.1%，主要超标指标为锰、铁和氨氮。按照水源地数量统计，871个在用集中式生活饮用水水源地中，达标水源地比例为90.9%。

3. 土地

根据第一次全国水利普查成果，全国土壤侵蚀总面积$294.9\times10^4km^2$，占普查总面积的31.1%。其中，水力侵蚀面积$129.3\times10^4km^2$，风力侵蚀面积$165.6\times10^4km^2$。2017年，农业用水量占全社会用水总量的62.4%，农田灌溉水有效利用系数为0.536。水稻、玉米和小麦

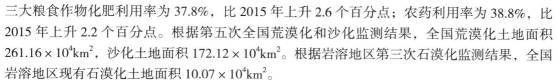

三大粮食作物化肥利用率为 37.8%，比 2015 年上升 2.6 个百分点；农药利用率为 38.8%，比 2015 年上升 2.2 个百分点。根据第五次全国荒漠化和沙化监测结果，全国荒漠化土地面积 $261.16 \times 10^4 \text{km}^2$，沙化土地面积 $172.12 \times 10^4 \text{km}^2$。根据岩溶地区第三次石漠化监测结果，全国岩溶地区现有石漠化土地面积 $10.07 \times 10^4 \text{km}^2$。

4. 自然生态

2018 年，818 个国家重点生态功能区县域中，2018 年与 2016 年相比，生态环境质量变好的县域占 9.5%，基本稳定的占 79.1%，变差的占 11.4%。

5. 城市噪声

2018 年，323 个地级及以上城市开展了昼间区域声环境监测，平均等效声级为 54.4dB。13 个城市昼间区域声环境质量为一级，占 4.0%；205 个城市为二级，占 63.5%；99 个城市为三级，占 30.7%；4 个城市为四级，占 1.2%；2 个城市为五级，占 0.6%。319 个地级及以上城市开展了夜间区域声环境监测，平均等效声级为 46.0dB。4 个城市夜间区域声环境质量为一级，占 1.3%；121 个城市为二级，占 37.9%；172 个城市为三级，占 53.9%；17 个城市为四级，占 5.3%；5 个城市为五级，占 1.6%。

2018 年，311 个地级及以上城市开展了功能区声环境监测，共监测 21904 点次，昼间、夜间各 10952 点次。各类功能区昼间达标点次为 10140 个，达标率为 92.6%；夜间达标点次为 8054 个，达标率为 73.5%。

6. 洪涝旱灾

2018 年，全国未发生大范围流域性暴雨洪涝灾害，总体上比常年偏轻。旱情比常年偏轻，25 个省份发生干旱灾害，区域性和阶段性干旱明显。

此外，城市还面临土地资源短缺，水土流失等众多问题。城市环境质量的不良变化，给城市经济发展和居民健康带来了很大危害。更重要的是，城市居民的健康也受到了损害。一些城市的地方病、多发病、常见病的发病率明显增加，癌症的发病率及死亡率也明显高于农村。

三、城市环境管理的基本途径和方法

1. 污染物浓度指标管理

污染物浓度指标管理指控制污染源的排放浓度，其控制指标一般分三类：综合指标、类型指标、单项指标。

综合指标一般包括污染物的产生量、产生频率等。在水环境中如丰水期、平水期、枯水期的污水排放量；大气环境中如冬季或夏季主导风向下的烟尘排放量，最大飘移距离等。

类型指标一般分为化学污染指标、生态污染指标和物理污染指标三种。各类指标都是单项指标的集合。

单项指标一般有多种，任何一种物质如果在环境中的含量超过一定限度都会导致环境质量的恶化，因此就可以把它作为一种环境污染单项指标。在水环境中，常用的单项指标有：pH、水温、色度、臭味、溶解氧、生化需氧量（BOD）、化学需氧量（COD）、挥发酚类、氰化物、大肠杆菌、石油类、重金属类等；在大气环境中，常用的单项指标有：气温、颗粒物、二氧化硫、氮氧化物、烃类、一氧化碳等。

污染物指标管理和环保税制度相结合，构成了我国城市环境管理的一个重要方面。这种管理方法对于控制环境污染，保护城市环境发挥了很大的作用。但随着技术进步和社会的发展，也暴露出诸如：忽略污染物的流量、环境污染物总量不断增加以及分散治理情况下，其规模效益难以保证等问题。

2. 污染物总量指标管理

污染物总量指标管理指对污染物的排放总量进行控制。所谓总量包括地区的、部门的、行业的，以至企业的排污总量。具体做法首先是推行排污许可证制度。污染物排放总量控制管理，是建立在环境容量这一概念基础之上的。环境所能接受的污染物限量或忍耐力极限，一般称为环境容量，即单元环境中某种污染物质的最大允许容纳量。

一般说来，一个地区某种污染物的排放源不止一个，因此从排污总量管理的实施来说，关键在于排污总量的正确分配和合理调配。比如说，假定某一地区的污染物 X 的环境容量为 M_x，排污总量控制即意味着该地区的污染物 X 的排故放量 Q_x 应小于或等于 M_x。如果该地区排放污染物 X 的污染源有 n 个，各污染源排放量分别为 $Q_{xi}(i=1,2,\cdots,n)$，则污染物 X 的总量控制应满足下式：

$$\sum_{i=1}^{n} Q_{xi} \leqslant M_x \quad i=1,2,\cdots,n$$

若第 i 个污染源治理前后的排放量分别为 Q_{xi0} 和 Q_{xi1}，则第 i 个污染源的削减量为 $\Delta Q_{xi}=Q_{xi0}-Q_{xi1}$。如果第 i 个污染源的治理费用为 C_{xi}，则该地区优化的费用目标函数应为：

$$\min F_x = \sum_{i=1}^{n} C_{xi}$$

C_{xi} 和 Q_{xi} 之间的关系常称为费用函数，一般是非线性函数，因此以总费用作为目标函数的规划是非线性规划。当污染物的种类多，污染物来源复杂时，试图通过非线性规划问题求得排污总量的分配方案是比较困难的。

在实际管理工作中，污染物总量控制管理主要包括总量审核以及颁发排放许可证和临时排放许可证等内容。

3. 城市环境综合整治

所谓城市环境综合整治，就是从最大限度地发挥城市整体功能出发，运用综合的对策、措施来整治、保护和塑造城市环境，以协调经济建设、城乡建设和环境建设之间的关系。

作为人类的社会行为，城市环境综合整治的工作原则是经济、社会、环境三大子系统的协同，不同部门、行业之间的利益协调，各类生产、生活全过程的环境审计，各单位之间双赢几大原则。

城市环境综合整治工作内容主要包括以下三个方面：①确定综合整治目标；②正确制定综合整治方案；③改革环境管理体制，建立综合整治方案实施保障体系。

国家环境保护局于 1989 年开始在全国重点城市实施"城考"制度。到 2011 年为止，全国参与"城考"的城市已达 655 个，接近全国城市总数的 100%。由国家环境保护总局直接考核的有 113 个国家环境保护重点城市。自 2002 年起，国家环境保护总局每年发布《中国城市环境管理和综合整治年度报告》，并向公众公布结果和排名。这已成为衡量城市环境保护和管理工作绩效的重要参考资料。表 6-1 为"十二五"期间城市环境综合整治定量考核的指标及工作考核计分表。

表 6-1　城市环境综合整治定量工作考核计分表

序号	指标名称	计分
一	环境空气质量	15 分
二	集中式饮用水水源地水质达标率	8 分
三	城市水环境功能区水质达标率	8 分
四	区域环境噪声平均值	3 分
五	交通干线噪声平均值	3 分
六	清洁能源使用率	2 分
七	机动车环保定期检验率	5 分
八	工业固体废物处置利用率	2 分
九	危险废物处置率	12 分
十	工业企业排放稳定达标率	10 分
十一	万元工业增加值主要工业污染物排放强度	3 分
十二	城市生活污水集中处理率	8 分
十三	生活垃圾无害化处理率	8 分
十四	城市绿化覆盖率	3 分
十五	环境保护机构和能力建设	7 分
十六	公众对城市环境保护满意率	3 分

四、城市环境目标管理

所谓环境目标管理，是指在一定的时空条件下，为实现定量化的环境目标，而进行的以责任制为基础的管理工作。在城市中实施环境目标管理标志着我国的城市环境管理已进入定量管理阶段。

1. 建立目标管理指标体系

图 6-1 是指标体系粗略的结构示意图，共分三个层次，最下一个层次是由具体的污染参数（污染因子）来表示的。建立指标体系需要解决以下三方面问题。

（1）参数筛选。就一般城市而言，环境质量目标管理应包括大气污染、水污染、固体废物和噪声污染整治四个方面，但不一定所有城市都包括这四个方面，这就需要通过污染参数的筛选来确定。构成城市污染的参数很多，为了简化，在指标体系中一类即作为一个参数；噪声污染一般只列 2~3 个参数，即：交通噪声、环境噪声、工业噪声等。城市环境污染参数筛选，通常使用专家咨询法。

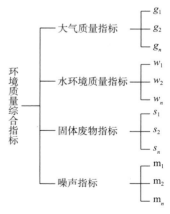

图 6-1　环境目标管理指标体系示意图

（2）分指标权值的确定。根据我国城市环境的现状，一般工业城市的污染控制指标体系和参数如图 6-2 所示。

指标体系由三个层次组成，第二个层次由 4 个因素组成，第三个层次由 11 个参数组成，

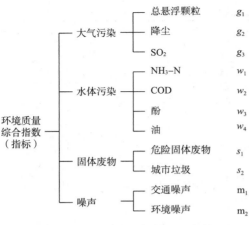

图6-2　污染控制指标体系和参数

在逐层综合构成综合指标时，每种因素或每个参数的权值是不同的。确定分指标的权值，可以由第三个层次到第二个层次（或反之）。常用方法有：①经验判断；②环境效应调查分析，根据效应的大小、定量化地确定权值；③层次分析法。

（3）分项指标与综合指标的确立。参加筛选和分指标权值确定以后，还要解决分指标的综合问题。上述第三层次分指标共11个参数，大气污染和水体污染共7个参数，以环境中的含量水平来表示，噪声以分贝表示（环境中的强度），固体废物以处理率来表示。这11个分指标如何综合成第二层次的4个分指标，以及第二层次的4个指标如何综合成第一层次的综合指标，需要解决好如下几个问题：①用什么方法来表示第一层次的综合指标和第二层次的分项指标，综合指标和分项指标如何分级；②分指标如何综合成综合指标。

城市环境污染的综合指数，通常用污染综合指数，或舒适度、清洁度等来表示。综合指标用舒适度来表示，分为：舒适、基本舒适、不舒适三级；第二层次分指标用控制度来表示，分为：一级（5分）、二级（4分）、三级（5分），如果采取分项指标评级打分后，加权作为综合指标，则舒适度可以这样分级：大于或等于4.8为舒适；小于4.8，大于或等于3.8为基本舒适：小于3.8为不舒适。也就是大气与水体污染控制度达到一级，其余两项达到二级或三级以上为舒适；大气与水体污染控制度达到二级，其余两项达到三级或三级以上即为基本舒适。低于这个标准的即为不舒适。

2. 城市环境目标管理的实施办法

实施城市环境目标管理有四个步骤。

（1）分功能区确定环境目标。指标体系建立以后，确定了城市应控制的污染因素（参数）、控制重点以及综合指标的建立和分级。但要实施环境目标管理还需具体确定污染控制水平——环境目标。确定环境目标主要考虑三方面因素，一是城市的性质功能（按功能区或按水域的功能）；二是城市居民生存发展的需要；三是城市的经济技术发展水平。性质功能是制定城市总体规划时定下来的，性质功能不同，环境目标也应有不同的要求。

（2）计算总量控制指标。①根据环境目标、地区（水域）的环境容量计算主要污染因素的总量控制指标。包括：主要污染物的最大允许排放量、噪声控制水平、固体废物处理率。②计算削减量，按原始运行预测可能达到的污染水平及排污量，与最大允许排放量比较计算出削减量。即：削减量＝预测排放量－最大允许排放量。③根据经济技术发展的可能，结合环境目标的要求，计算万元产值排污量递减率。

（3）按功能区实施环境目标管理，将控制指标分解下达。总量控制指标按各种类型污染源（以户头为单位计算）的排污分担率、污染分担率来分配指标，在分配时还要考虑到各户头的经济技术水平。万元产值排污量递减率只作为对工业污染源的控制指标。

（4）签订责任状，监督考核。责任状的主要内容可以包括两个方面，一是污染物控制目标；二是环境管理目标。污染控制目标包括"三废"排放总量、处理量、达标排放量及主要污染物控制目标，城市区域噪声达标率等。环境管理目标主要包括环保制度执行情况，开发建设项目"三同时"执行情况，限期治理计划完成情况，烟尘控制区建设情况，环保法规的实施情况，监察员制度执行情况，以及排污收税、宣传教育和环境监测工作情况等。

责任状签订后，要加强舆论监督，要有严格的奖惩制度做保证。各地区还可把环保办实事和责任状结合起来，推动责任制的进一步落实。

五、绿色生态市建设

1. 绿色生态市的起源及含义

绿色代表自然，象征生命，又象征和谐，绿色能给城市和建筑带来舒适、优美、清新和充满生趣的环境。因此，千百年来人类一直在追求着城市生活中的绿色理想。

1898 年，由英国社会活动家霍华德提出了建设城乡结合、环境优美的"田园城市"的基本构思，可以算是"绿色生态城市"的起源。现代建筑运动大师勒·柯布西耶在 1930 年布鲁塞尔展出的"光明城"规划中提出了"绿色城市"这个概念。

1987 年，有人提出"生态城市"的概念，即以生态学等学科为基础创造一种理想环境。我国著名科学家钱学森提出的"山水城市"的概念，是城市园林和城市森林的结合。

上述提法主要是建设大面积完善的城市绿地系统，而本书"绿色生态城市"的概念是这些学说的综合完善，是环境可持续发展的必然要求，它扩大到保护自然生态环境和社会环境生态化的区域范围，并将生态学、美学、社会学原理与城市园林绿化工作相结合，从自然生态和社会心理去创造一种能充分融合技术和自然的人类活动的最优环境，激发人的创造精神和生产力，提供较高的物质和文化生活水平。

绿色生态城市首先要有健全的绿地系统和稳定的、文明的社会环境，使人们身心健康、安居乐业，这正是人类的理想追求，也是人类社会发展的客观需要和必然归宿。

2. 绿色生态市建设的目标、原则与途径

（1）绿色生态市建设目标。创造一个优美、舒适的城市生态环境，为人们的工作和生活及经济社会的长远发展创造良好的环境、提供良好的条件，努力实现较好的环境质量和较高的生活质量，按照可持续发展的要求，从自然和社会两方面出发，建设经济与环境协调发展的城市，保护自然环境，高效组织社会生活。

（2）绿色生态市建设原则。生态城市的建设要满足以下原则。

①人类生态学的满意原则：满足人的生理需求和心理需求；满足现实需求和未来需求；满足人类自身进化的需求。

②经济生态学的高效原则：资源的有效利用；最小人工维护原则；时空生态位的重叠利用；社会、经济和环境效益的优化。

③自然生态学的和谐原则：共生原则；自净原则；持续原则。

（3）绿色生态市建设途径。全国人大环境与资源保护委员会主任委员曲格平指出，要建设一个绿色城市，至少应当符合六个方面的要求，即合理的规划布局；完善的城市基础设施；有效控制污染，环境质量达到优良状态；选择使用清洁能源；城市面积有一定比例的绿化覆盖；居民有强烈的环境意识。据此，绿色生态市建设具体途径有如下几个方面：

①制定科学合理的城市规划；

②推行以循环经济为核心的经济运行模式；

③建设功能齐全的城市环境基础设施；

④建立快捷便利和清洁的城市交通体系；

⑤建立以清洁能源为主体的城市能源体系；

⑥建设环境优美、服务配套和高品质环境质量的生态居住区；

⑦开发和研制对环境有利的技术支撑体系；

⑧完善可持续发展的法律法规体系；

⑨提高全社会的环境保护意识和资源节约意识，倡导生态价值观和绿色消费观。

3. 绿色生态市建设的主要内容

（1）自然环境。建设绿色生态城市就要参照城市环境容量，使人类生产、生活以不打破自然生态平衡为限度，制定科学合理而又切实可行的生态环境建设目标。

绿色生态城市的建立要有良好的城市绿色空间，既要有公共绿地和生产防护绿地，又要有城郊的农田、菜地、果园、水面、自然山林及交通干线、水系的防护绿带等生态绿地。要突破现行"城市绿地定额"限制，按可持续发展的要求加大绿地比重（至少占30%，人均占有公共绿地面积 $7m^2$ 左右），构筑"点、线、面""三维空间"立体交互，网状联接，多元优化组合的绿地系统，以满足生物因子适宜"生态性"与"生态价"的双重需要。城市规划建设与单体建筑设计都应从这个基点出发，积极促进现代城市建筑艺术景观向未来城市生态建筑艺术景观过渡，减缓工业活动的环境压力，优化城市空气功能，减轻"城市病"危害，促进整体良性代谢循环系。

（2）社会环境。

①持续的经济发展：经济的持续发展可以为环境的改善和污染治理提供必要的资金和技术，提高人类保护环境的能力。经济发展带来的人均收入提高和城市化进程的加速可以减轻对自然环境的压力及保持社会的安定团结。

②安定的社会秩序：安定的社会秩序是人类正常工作和学习的重要条件，是人们社会心理的基本需求，是良好投资环境的一个衡量指标，是建设绿色生态城市的基本要求。

③开放民主的社会环境：社会环境的民主开放是指政府做重大决策时，倾听民众呼声，切实做到人民政府为人民，密切联系群众，加强民众对政府工作的监督。

④健全的社会保障体系：健全的社会保障体系是指公众享有充分可靠的生活保障体系和失业保险体系，使公众在任何情况下都能安定可靠地生活。

⑤全面的文化发展：全面的文化发展一方面指公共场所服务文明，秩序井然，环境优雅，市民有良好的环境意识和社会公德，为人类的相互影响提供机会；另一方面指开展持久的绿色文明教育。

⑥绿色的生活社区：建设绿色的生活社区使居民安居乐业，满足居民对空气、阳光、绿化的需要。社区内应有配套的卫生设备，公共环境清洁卫生，创造一个"家家都在绿荫下，户户居住花园中，山清水秀，花果飘香"的优美生态城市环境。

⑦生态化的城市空间环境。城市空间环境是指城市建设的整体风貌，它属于城市设计的范畴。生态化的城市空间环境依赖城市设计、城市建设和城市管理的水平。要求从城市的自然、人文、艺术、传统等因素出发，开发利用自然因素，建设城市绿色空间；重视城市人文景观的创造与积累，在建设街头绿地、小品、雕塑时将传统风貌与时代特征融合在一起；创造出人与自然更加亲和的"生态建筑群"；还要强调城市轴线和视觉走廊，以满足人在城市

空间环境中的心理和生理需要。

综上所述，绿色生态城市的建设是人类社会发展的客观需要，它提供面向未来文明进程的人类生存地和新空间，是城市满足可持续发展战略的必然要求。

第二节　农村环境管理

一、农村环境

农村环境有广义和狭义之分。狭义的农村环境仅指乡居和田园、山林、荒野，广义的则还包括小城镇。不论是广义还是狭义的理解，它们都与城市环境有很大差异。农村的人口较为稀疏，就组成生态系统的生产者、消费者和分解者三大类生物部分来说，生产者足够充分，多余的生产量也有足够的分解者进行分解。除太阳能外，它基本上不需要从外界输入物质和能量即可维持自身物质循环的平衡。因此，农村不会产生城市中那样的交通紊乱、废物堆积、污染严重等问题，但却面临农业污染和乡镇工矿企业污染两大难题。前者比如农药的使用既杀死了害虫，取得了农业丰收，又同时毒死了自然生态系统中许多有益动植物。而害虫的耐药性不断增强，以至于农药的使用量不得不一再增大，农药的品种不得不一再更新。由此使大量的农药经过土壤和地下水，并通过食物链进入了动物体内，威胁着生态环境和人类的健康。后者如工艺落后，设备陈旧，管理水平较低等造成严重的环境污染问题。由此可见，农村环境也面临着一系列严重的问题，亟需得到人类的重视和关注。

二、农村环境问题

具体而言，农村环境存在以下两个方面的问题。

1. 农业生产活动对农村环境的影响

（1）水土流失。我国山地丘陵占国土总面积的 2/3，农业生产活动历史悠久。由于开荒种粮、滥伐森林、过度采伐等，致使植被覆盖率日趋缩小，水土流失范围日益扩大。水土流失不仅使土壤肥力减退，影响作物或植物生长，甚至会使整个表土层丧失掉，从而使生态系统完全毁灭。另外，由于流失的泥沙淤塞河道，或抬高河床，或沉积于水库或湖泊，从而缩短水库或湖泊的寿命，增加洪水灾害的威胁。

（2）土地荒漠化。土地荒漠化的最主要成因是干旱和强风。而人类过度的农牧业生产活动和其他经济活动则是促使土地迅速沙漠化的主要根源。因为人类的垦耕活动和过度放牧、樵采，可在短时间内大面积地毁灭地表植被，从而促使大片土地迅速沙化。荒漠化的发展不仅使沙化土地利用价值降低，而且由于沙化导致的气候恶化等影响，严重地威胁着邻近地区的农业生产，并对更大范围的环境产生不利影响。沙漠化是全球性的最大环境问题之一。全世界受沙化威胁的土地占地球陆地总面积的 35%，受威胁的人口占世界人口的 20%，因沙漠化而丧失的土地以每年 $6 \times 10^4 km^2$ 的速度扩展。

（3）盐碱化和潜育化。盐碱化是土壤特别是干旱地区土壤的一个环境问题。地球陆地表面几乎有 10% 的土地为不同类型的盐碱土地覆盖，而且还以每年约增加 $1 \times 10^4 \sim 5 \times 10^4 km^2$ 的速度在扩展。中国约有盐碱地 $27 \times 10^4 km^2$，其中 1/4 是耕地，主要分布在黄淮海平原和北方半干旱灌溉平原；3/4 是荒地，大部分在西北干旱、半干旱地区。

潜育化指土壤长期滞水，严重缺氧，产生较多还原物质，使高价铁、锰化合物转化为低价状态，使土壤变为蓝灰色或青灰色的现象。潜育化土壤还原性有害物质较多，土性冷，土壤的生物活动较弱，有机物矿化作用受抑制，易导致稻田僵苗不发，迟熟低产。

2. 乡镇工业污染对农村环境的影响

中国乡镇工业数量多、规模小、布点分散、行业复杂，是农村环境问题日益严重的又一重要原因。随着城市工业向农村的转移，农村环境问题将日益严重，必须给以充分的注意。

乡镇工业引发的环境问题主要表现如下。

（1）废气污染。乡镇工业大气污染主要来源于建材行业，如小水泥厂、砖瓦厂、石灰厂等，是乡镇企业中产生废气的大户。土法炼硫、炼焦、窑业以及小化肥等行业，污染物以二氧化硫和氟最为严重。大量的含硫废气排入环境，造成农作物大量减产，给农业生态环境造成了持久的影响。此外，水泥厂、玻璃厂、陶瓷厂生产过程中逸出的粉尘对农作物和林木也有严重的危害。

（2）废水污染。乡镇工业中，废水危害较严重的有小化肥、小化工、酿造、屠宰、冶炼、铸造、造纸、印染、电镀和食品加工业等行业。如味精厂每生产1t味精，排放污水在30t以上；小造纸厂每吨纸产品的废水量都在200t以上，排放的废水占乡镇工业总废水量的20%左右，是所在地区的主要污染源。

（3）废渣污染。乡镇工业的废渣主要来自采掘业。由于采掘方法落后，矿石、废石、尾矿大量产生，有的向湖泊、江河、洼地倾倒，有的占用了大量农田，对土壤、水体和大气都造成了不同程度的严重污染。在乡镇工业中废渣还来源于冶炼厂、铸造厂、化工厂、电镀厂、建材及各种炉窑，如年产 $5 \times 10^8 t$ 的钢铁厂，每年炉渣可达 $1 \times 10^6 t$。

乡镇工业环境污染的特点如下。

①环境污染迅速蔓延，局部地区污染严重；

②污染企业数量大、行业多、规模小、分布散；

③污染类型复杂；

④工业技术水平低，防治技术跟不上，恢复和改善环境困难。

三、农村环境的改善途径与管理方法

1. 加强对乡镇工业的环境管理

调整乡镇工业的发展方向。首先，乡镇工业应严格遵守国家关于"不准从事污染严重的生产项目"之规定；其次，乡镇工业应扎根于农业，重点发展支持和带动农业生产的项目；同时，在有条件的地方可适度发展小型采掘业、小水电和建材工业等。在经济发达地区，根据实际需要和自身条件，也可发展为大工业配套、为出口服务和为城乡人民服务的加工业、服务业等。

合理安排乡镇工业的布局。乡镇工业必须十分重视其行业布局和企业的空间布局问题，必须严格遵守国务院《关于加强乡镇、街道企业环境管理的规定》，"在城镇上风向、居民稠密区、水源保护区、名胜古迹、风景游览区、温泉疗养区和自然保护区内，不准建设污染环境的乡镇、街道企业"等的规定。

与此同时，加强乡镇工业管理的途径还包括严格控制新的污染源、坚决制止污染转嫁，以及提高乡镇工业领导人环境管理的水平和能力等。

2. 防治农药、化肥的污染

防治农药的污染是开展农村环境管理的又一内容，它主要包括以下几个方面：一是正确选用农药品种，合理施用农药；二是改革农药剂型和喷施技术；三是实行综合防治措施，如选用抗病品种，采用套作、轮作技术，逐步停用高残留的有机氯、有机汞、有机砷农药等。

防治化肥污染的主要途径首先是要做到提高化肥利用率，其次是广种绿肥，增加有机肥的数量和质量。

3. 推广生态农业

农村人口、资源、环境、产业、景观的特殊性决定了农村生态系统的特殊性。农业不仅是农村的主体产业，而且是农村生态系统的主要环节。因此，农业生产活动是否以生态学原则去组织将关系到整个农村生态系统的稳定和良性运行。生态农业既不同于传统的有机农业，也有别于常规的现代农业。

4. 制定农村及乡镇环境规划

乡镇环境规划，是在农村工业化和城镇化过程中防止环境污染与生态破坏的根本措施之一。通过乡镇环境规划，可以协调乡镇社会经济发展与生态环境保护的关系；可以防止污染向广大农村蔓延、扩散，保护农林牧副渔生态环境和自然生态环境；可以使自然资源得到合理开发和永续利用，实现三效益的协调统一。

四、社会主义新农村建设

社会主义新农村建设是指在社会主义制度下，按照新时代的要求，对农村进行经济、政治、文化和社会等方面的建设，最终实现把农村建设成为经济繁荣、设施完善、环境优美、文明和谐的社会主义新农村的目标。社会主义新农村建设是农村实现环境、经济、社会协调持续发展的关键。

1. 背景

建设社会主义新农村，不是一个新概念，自 20 世纪 50 年代以来曾多次使用过类似提法，但在新的历史背景下，党的十六届五中全会提出的建设社会主义新农村具有更为深远的意义和更加全面的要求。新农村建设是在我国总体上进入以工促农、以城带乡的发展新阶段后面临的崭新课题，是时代发展和构建和谐社会的必然要求。当前中国全面建设小康社会的重点难点在农村，农业丰则基础强，农民富则国家盛，农村稳则社会安；没有农村的小康，就没有全社会的小康；没有农业的现代化，就没有国家的现代化。世界上许多国家在工业化有了一定发展基础之后都采取了工业支持农业、城市支持农村的发展战略。目前，中国国民经济的主导产业已由农业转变为非农产业，经济增长的动力主要来自非农产业，根据国际经验，中国现在已经跨入工业反哺农业的新阶段。因此，中国新农村建设重大战略性举措的实施正当其时。

2. 要求

2005 年 10 月，中国共产党十六届五中全会通过《十一五规划纲要建议》，提出要按照"生产发展、生活宽裕、乡风文明、村容整洁、管理民主"的要求，扎实推进社会主义新农村建设。

生产发展，是新农村建设的中心环节，是实现其他目标的物质基础。建设社会主义新农村好比修建一幢大厦，经济就是这幢大厦的基础。如果基础不牢固，大厦就无从建起。如果经济不发展，再美好的蓝图也无法变成现实。

生活宽裕，是新农村建设的目的，只有农民收入上去了，衣食住行改善了，生活水平提高了，新农村建设才能取得实实在在的成果。

乡风文明，是农民素质的反映，是体现农村精神文明建设的要求。只有农民群众的思想、文化、道德水平不断提高，崇尚文明、崇尚科学，形成家庭和睦、民风淳朴、互助合作、稳定和谐的良好社会氛围，教育、文化、卫生、体育事业蓬勃发展，新农村建设才是全面的、完整的。

村容整洁，是展现农村新貌的窗口，是实现人与环境和谐发展的必然要求。社会主义新农村呈现在人们眼前的，应该是脏乱差状况从根本上得到治理、人居环境明显改善、农民安居乐业的景象。这是新农村建设最直观的体现。

管理民主，是新农村建设的政治保证，显示了对农民群众政治权利的尊重和维护。只有进一步扩大农村基层民主，完善村民自治制度，真正让农民群众当家做主，才能调动农民群众的积极性，真正建设好社会主义新农村。

3. 社会主义新农村的实质

建设社会主义新农村的实质是农村经济、政治、文化全面发展、全面进步，以推动建设中国特色社会主义的进程。

（1）农村要毫不动摇地坚持以经济建设为中心，大力解放和发展生产力。

（2）农村要从实际情况出发，采取符合自身发展的措施，充分发挥自身的优势。

（3）坚持对内进行改革，完善社会主义市场经济体制；对外坚持开放，充分吸收和利用外来的资金、人才以及一切可利用的先进文明成果来发展自己。

（4）要落实科学发展观，正确处理好经济发展与人口、资源、环境的关系。

4. 社会主义新农村的实施

构建社会主义新农村需要从如下几方面着手。

（1）经济建设。社会主义新农村的经济建设，主要指在全面发展农村生产的基础上，建立农民增收长效机制，千方百计增加农民收入，实现农民的富裕，农村的发展，努力缩小城乡差距。

（2）政治建设。社会主义新农村的政治建设，主要指在加强农民民主素质教育的基础上，切实加强农村基层民主制度建设和农村法制建设，引导农民依法实行自己的民主权利。

（3）文化建设。社会主义新农村的文化建设，主要指在加强农村公共文化建设的基础上，开展多种形式的、体现农村地方特色的群众文化活动，丰富农民群众的精神文化生活。

（4）社会建设。社会主义新农村的社会建设，主要指在加大公共财政对农村公共事业投入的基础上，进一步发展农村的义务教育和职业教育，加强农村医疗卫生体系建设，建立和完善农村社会保障制度，以期实现农村幼有所教、老有所养、病有所医的愿望。

（5）法制建设。社会主义新农村的法制建设，主要指在经济、政治、文化、社会建设的同时大力做好法制宣传工作，按照建设社会主义新农村的理念完善我国的法律制度。进一步增强农民的法制意识，提高农民依法维护自己的合法权益，依法行使自己合法权利的觉悟和能力，努力推进社会主义新农村的整体建设。

第三节 流域环境管理

一、流域环境问题的主要特点

流域一般以某一水体为主，包括此水体所邻近的陆域，它往往分属于多个同一级别和层次的行政单元管辖，如省、市、县直至村，因而也就决定了流域环境问题的多样性与复杂性，从而也就决定了流域环境管理的特殊性。流域环境问题指的是发生在该流域主要地表水体中的环境问题，而把该流域陆域上的环境问题除外，因此也可称为流域水环境问题。流域水环境问题大致可以分为两大类。

1. 表现在水量方面的环境问题。

表现在水量方面的环境问题，又可以进一步分为水量过多导致的环境问题和水量过少导致的环境问题。水量过多造成的环境问题主要是洪涝灾害问题，水量过少造成的环境问题主要是干旱问题。

2. 表现在水质方面的环境问题

表现在水质方面的环境问题主要是水体污染问题。主要原因来自两方面：一是人类社会在水域上的活动，二是人类在水体周边陆域上的活动。前者如航运过度、水产养殖过度，以及围湖造田、围垸造田导致水环境净化能力的降低等；后者如生活污水与工业废水不加处理即直接排入水体等。其结果是水域生态系统的破坏甚至崩溃。

水量方面的环境问题与水质方面的环境问题是紧密联系在一起的。因此在研究流域水环境问题时应该把水质、水量两方面问题综合起来考察。

二、流域环境管理的基本原则

流域环境管理的基本原则是：整体性原则、边界活动控制原则和双赢原则。如对一条河流，必须从上游到下游进行统一管理，尽管上、下游可能分属于不同的省、市等行政单元；必须严格控制河流两岸的人类活动，如取水、用水、排水的安排，航运船只的质量和密度、水产养殖的数量、品种和规模等。

由于人类行为的主体各自从自身的经济利益出发，选用有利于自己的发展活动，因而似乎都具有"合理"性，但从总体来看，很可能会损害这条河流的环境质量与整体功能。如位于上游的省、市可能根据自身社会经济发展的需要从河流中取用过量的淡水，排入大量未经处理的污水，从而使整个下游可能要花大量资金去治理才能使用河水，或者根本无法利用河水。因此必须把上述三个原则结合起来作为流域环境管理的基本原则来进行环境管理。

三、流域环境管理的主要内容

由于流域环境问题复杂、多样，因而流域环境管理所包含的内容也极其复杂。简要归纳如下。

首先，从管理体制上必须设立一个统一的有权威的环境管理机构。这一机构有权协调、检查、监督可能影响该流域环境系统品质、功能的各类社会行为主体的发展活动。

其次，在管理方法上必须坚持全流域环境规划优先。这里需要注意的是在全流域环境规划中，环境功能区的划分，包括环境质量标准和排放标准在内，排污总量的分配、水资源使用量的分配等都必须兼顾各行政单元和各行为主体发展的合理需要，都必须考虑到全流域社会经济总体实力提高的需要。

第三，在全流域环境规划中，必须把资金政策、技术政策和经济政策等有关内容包括在内。

第四，在全流域环境规划中，必须附有保证规划得以有效实施的法律法规体系的设计与审批程序。

四、流域环境综合整治

由于流域环境问题是一种跨区域的环境问题，决定了流域环境问题的特殊性和流域环境综合治理的特殊作用。通过流域特别是重点流域的环境综合治理，可以带动区域环境综合治理，促进城市和乡镇水污染和生活垃圾污染的防治工作。因此，解决流域环境问题对区域环境问题的解决具有居高临下的指导和促进作用，是国家环境保护的重点和切入点。

1. 流域污染综合治理

流域环境污染包括工业废水污染、石油污染、固体废物污染三大类，且以工业污染占主导地位，因此要把工业污染综合治理放在首位。

（1）流域工业污染防治。国家自1996年以后确立的"33211"计划中的"三河"（淮河、海河、辽河）和"三湖"（滇池、太湖、巢湖）就是针对流域工业污染问题而确立的重点流域污染治理计划。其目的是以此带动全国的流域环境综合治理工作。

解决流域工业污染问题要坚持重点与一般相结合、流域与区域相结合的原则。在国家产业政策指导下，参照国家当前重点流域的环境保护任务，结合区域污染防治工作，根据流域环境保护规划的阶段性目标，以工业污染源限期治理为主要措施，以污染源达标排放或污染物总量控制为基本要求，通过污染限期治理促进污染源达标排放和总量控制，实现流域污染治理的目标。

开展流域工业污染治理要重点抓好乡镇企业污染限期治理工作。①要结合企业的联合兼并与改组，关闭一批规模小、经济效益差的污染企业，结合企业技术改造推行清洁生产，促进企业环境管理向生产的全过程延伸。②要对污染企业实施区别对待、分类管理。③要抓好流域污染治理重点工程项目的建设，以重点污染治理项目带动一般的污染治理工作。④对重点流域的污染治理，除了抓工业污染源的限期达标排放之外，同时要完善污水排放收费政策，加快城镇污水处理厂的建设。

（2）流域石油污染防治。流域石油污染主要来源于水上运输工具、工业造成的油污染以及大气石油烃的沉降等。解决流域石油污染，主要是要加强对各种船舶等水上运输工具动力设施的安全检查，防止石油意外泄漏。一要加强对船只修理、停靠设施及沿岸企业的环境管理，防止含油废水直接排入自然水体。二要加大对石油污染事故的执法力度，减少或杜绝石油污染。

（3）流域固体废物污染防治。流域固体废物污染以生活垃圾污染为主，而生活垃圾由流域沿岸居民生活垃圾和船舶产生的生活垃圾两部分组成。其中大量的废旧包装用塑料膜、塑料袋和一次性塑料餐具（统称塑料包装物）以及使用后的地膜等"白色污染"是流域固体废物污染的一个主要方面，应该引起足够的重视。

治理"白色污染"是一项社会系统工程，应采取积极对策，运用行政、科技、经济手段综合治理，除了实施减量化、资源化、无害化等技术手段外，还应采取如下措施。①制定全国性的专门法规和相关的经济政策，加强行业环境管理工作，不断提高公民对"白色污染"危害的认识。②在流域沿线设立固定的垃圾回收站，对水、陆交通运输、旅游过程中的生活垃圾实行封闭式管理。③提高"白色污染"的收费标准，用经济手段规范人们乱扔垃圾尤其是白色垃圾的行为。④在餐饮业积极推广可降解的塑料替代产品，定点、强行回收废旧塑料制品。⑤在人口稠密区建设生活垃圾处理厂，加强执法监督，禁止在流域两岸非法堆放生活垃圾。

2. 流域生态环境综合治理

造成流域植被破坏的原因有两点，一是流域源头和上游大量砍伐森林和毁林开荒，降低或丧失了植被固土功能，二是缺少水土保持的资源开发活动及农业生产活动造成了植被的严重破坏。为此，为了加强流域生态环境综合治理，要坚持统筹规划、突出重点、量力而行、分步实施的原则，做好以下工作：①大力植树造林，增加植被覆盖率；②搞好水土保持，加强资源开发的环境管理；③加强流域水利工程保护；④加强流域水资源管理。

加强流域水资源管理是流域生态环境综合治理的主要内容。其主要措施如下。

①建立流域源头生态保护区，加强流域源头的生态保护。

②建立流域水资源统一管理机构，理顺上、中、下游责、权、利和经济补偿关系，加强流域水资源的统一调度，慎重建设流域水利工程，合理分配和使用流域水资源。

③优化产业结构，建立节水型产业。在工业中推行节水的生产工艺和技术，在农业中推广节水灌溉技术和方法。

④加强流域水污染治理。从污染防治中节约水资源，获取生态效益。

⑤严格把关，全面加强新的取水建设项目管理，同时对城乡和工农业生产引水实行严格的配给制度，降低经济用水量，提高生态用水量，以维持流域生态平衡。

⑥提高水资源价格和工农业用水征收标准，制定流域水资源保护和利用的经济补偿政策和市场激励机制。

⑦大力推广参与式小流域治理和管理模式。参与式流域管理是以人为本的流域管理，以农民为主体，调动农民流域治理的积极性，吸引社会各方面的资金、技术、劳力、信息等生产要素用于流域治理，改变过去单纯依靠政府投资和农民投劳的局面，把流域治理与农民的切身利益紧密联系在一起，使农民自觉自愿地投入到流域治理中来，治理和效益紧密相结合，逐步走上全社会进行流域治理的新局面，既加快了治理速度，加速了治理流域的管理和保护工作，又使得治理效益非常显著。

⑧积极实施取水许可制度和征收管理水资源税制度。

第四节　开发区环境管理

一、开发区环境问题的基本特征

开发区是一类具有较大特殊性的地域，是我国改革开放政策的产物。它具有开发强度大，开发行为集中，开发速度快，对自然环境的作用强烈等特点。它对于我国改善投资环境，吸引和利用外资，调整经济结构和经济布局，以及发展完善有中国特色的社会主义市场经济体制有着重要作用。目前，几乎我国所有大中城市都有至少一个开发区。这些开发区都已发展成为各城市社会经济发展的新增长点。各种类型、不同级别的城市开发区的蓬勃发展，在促进区域社会经济发展的同时，也带来了一系列独特的环境问题，具体而言，开发区环境问题具有如下基本特征。

（1）开发区生态环境所受冲击严重，变化剧烈，一般不易恢复。这是由于开发区的开发强度，开发行为集中的特点造成的。

（2）开发区生态环境的变化趋势具有很强的不确定性。这是由于开发区的开发方案、投资强度的不确定性造成的。

（3）开发区的环境污染物的种类、来源复杂。我国开发区的经济活动一般以工业为主，结合贸易、旅游，并带有出口加工和自由贸易性质。具有明显综合性、开放性的外向型开发区的产业结构，在初建时主要由劳动密集型的来料加工、补偿贸易等项目组成，规模也以中小型为主。随之即向劳动与技术双密集型转变。这样，一方面使污染源与污染物向多样化发展；另外，不少地方政府和开发区的管理部门，为了吸引投资，纷纷出台一系列从税收到信贷的优惠政策，有些甚至不顾本地生态环境特点，把一些西方国家濒临淘汰的污染严重的"夕阳产业"也引进了开发区。

（4）在相当一段时间内，自然资源利用率下降。据《中国开发区审核公告目录（2018年版）》显示，目前全国已有国家级开发区552家。其中，国家级经济技术开发区数量最多，达到219家；国家级高新技术开发区和海关特殊监管区数量为156家和135家。边境/跨境经济合作区与其他类型则数量较少，分别为19家和23家。开发区建设中不可避免存在部分地方政府一味地在开发区规划面积上的互相攀比，过度征用耕地。同时又由于缺乏相应政策，多占的耕地大多不再进行耕作和其他经营，造成大量耕地资源闲置，加剧了我国本来就十分突出的人多地少矛盾；另外，有些开发区只注重投资硬环境的改善，而忽视了包括生态环境建设、政府服务职能在内的投资软环境建设，也造成了一定程度上基础设施资源的浪费。

（5）缺少针对性强、明确可操作的环境管理办法。如开发区环境规划所采用的方法仍不外乎是对城市环境规划方法的简单拓展，而没有能真正针对开发区的特点，形成独特的一套思路和程序。

二、开发区环境管理的基本原则

在开发区环境保护管理工作中，除坚持环境保护的32字方针外，还需根据开发区的具体特点，在环境效益与经济效益、社会效益统一的总原则下，坚持以下具体原则：

（1）必须坚持环境规划领先的原则，对开发区社会经济建设与环境保护，统筹安排，作出合理布局；

（2）必须坚持与科技进步、经济结构调整、强化企业内部科学化管理相结合的原则；

（3）必须遵照整体化、系统化原理，坚持防治结合，以防为主的原则。

三、开发区的环境规划管理

1. 开发区环境规划特点分析

开发区环境规划是开发区环境管理的一个重要组成部分，它的对象是一定时空区域内长

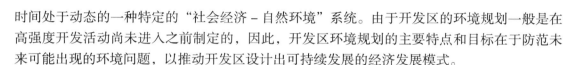

时间处于动态的一种特定的"社会经济－自然环境"系统。由于开发区的环境规划一般是在高强度开发活动尚未进入之前制定的，因此，开发区环境规划的主要特点和目标在于防范未来可能出现的环境问题，以推动开发区设计出可持续发展的经济发展模式。

2. 编制开发区环境规划的具体原则

（1）防治结合，以防为主原则；

（2）环境规划实施主体必须兼具行政职能和经济职能；

（3）实行污染物总量控制原则；

（4）以发展高新技术项目为主，实行清洁生产的原则；

（5）将环境管理手段融入项目管理全过程的原则。

3. 开发区环境规划的主要内容

开发区环境规划是一项技术性极强的工作，其主要内容应包括：

（1）确定规划区范围和环境保护目标；

（2）进行环境质量现状调查与评价，并在此基础上划分环境功能区；

（3）确定开发区主要控制污染物及其允许排放总量；

（4）将排污总量按环境功能区合理分配；

（5）进行区域环境承载力研究，确定实施总量控制的技术、经济路线，制定相应的技术措施；

（6）提出环境规划投资概算分析和资金来源分析，并对各方案进行比较分析，最终提出优化方案；

（7）提出保证规划实施的政策、制度、法律措施与运行机制。

思考题

1. 什么是区域？

2. 区域环境管理要坚持的四个原则是什么？

3. 城市环境有哪些主要特征？

4. 当前城市有哪些环境问题？

5. 城市环境管理的基本途径是什么？

6. 什么是污染物浓度指标管理，其指标包括哪几类？

7. 什么是污染物总量指标管理？它包括哪些内容？

8. 城市环境综合整治的原则是什么？

9. 如何进行城市环境的综合整治？

10. 农村环境具有哪些特征？

11. 中国农村当前具有哪些环境问题？

12. 如何进行农村环境的综合整治？

13. 流域环境问题的主要特点是什么？

14. 流域环境管理的主要内容有哪些？

15. 开发区环境问题有哪些特征？

16. 开发区环境管理的基本原则是什么？

讨论题

1. 调查本地区城市存在的主要环境问题，如水、大气、噪声或固体废物。就其污染程度和主要污染源进行定性或定量分析，在查阅大量资料的基础上，探讨解决这些环境问题的方法和途径，并制定出详细的解决方案。

要求：对污染源进行现场调查，大致测出排污流量和污染物浓度，根据区域确定的该类污染物总量控制方案，或者根据国家关于该类污染物有关标准提出污染物控制方案，在此基础上提出城市环境进一步优化的具体措施。

目标：通过调查和讨论，以及污染控制方案设计，使每个人都认识到当前城市环境问题的严重性，深刻领会公民环境意识的提高对环境管理的作用，保护环境要从自身做起、从现在做起。

2. 就本地区所属的主要流域当前存在的主要环境问题进行调查，通过查阅资料或走访有关部门，收集该流域水文历史资料，与现状对比后得出流域环境的变化趋势，特别注意这些变化对当地社会经济发展的影响。

要求：采取有效的方法广泛收集第一手资料，综合分析所掌握的资料和当前信息，列出流域环境变化对当地社会经济造成的影响，以及当前人们所采取的措施。

目标：通过对流域环境变化对当地社会经济的影响趋势分析，体会流域环境质量对人类社会经济发展的重要作用，明确自己在流域环境保护中应尽的义务。

第七章　工业企业环境管理

人类社会的工业企业活动是人类社会通过社会组织和劳动开采自然资源，并加以提炼、加工、转化，从而制造出人类所需要的生活和生产资料，形成物质财富的过程，同样也是人类经济社会生存与发展的重要活动，以及生态破坏、环境污染的重要原因。因此，工业企业环境管理意义重大。

第一节　工业企业环境管理的概念和内容

一、工业企业环境管理的概念

工业企业是一个以生产产品的活动为主线的小系统，它从环境中获取资源和能源，生产出产品供给人类消费，向环境中输出废物。整个系统是一个以工业生产活动为主体的人工生态系统。作为人类社会 – 自然环境巨系统的一个子系统，它不同于农业生态系统及城市居民区人工生态系统，其主要特点是能源、资源消耗大，物质的循环、转化速度快，比原有的自然循环要大很多倍。依据"三种生产"理论可知，人类社会的工业企业活动是使环境生产所遭受巨大压力的直接原因。如果这种活动超出了环境容量及自然生态系统的调节能力，就必然会使环境的物理、化学及生物特征发生不良变化，改变原来自然生态系统的结构和功能，造成严重的环境问题。反馈过去，也给工业企业的生产过程带来不利影响。

工业企业环境管理有两个方面的含义：一方面是工业企业自身环境管理，即企业作为管理的主体对企业内部自身进行管理，另一方面是政府对工业企业的环境管理，即政府将企业作为管理的对象而被其他管理主体如政府职能部门所管理。这两种含义或两方面的内容之间有着十分密切的内在联系。做到了前一方面的要求，才可能符合后一方面的要求；只有明确后一种要求，才能对前一方面的工作加以推动。

二、工业企业环境管理的内容

工业企业环境管理内容的核心为：把环境保护融于企业经营管理的全过程，使环境保护成为工业企业的重要决策因素，就是要重视研究本企业的环境对策，采用新技术、新工艺，减少有害废弃物的排放。对废旧产品进行回收处理及循环利用，变普通产品为"绿色"产品，努力通过环境认证，积极参与社区环境整治，推动对员工和公众的环保宣传和引导，树立"绿色企业"的良好形象等。

不论是作为环境管理的主体，还是作为环境管理的对象，工业企业自身都必须在企业活动的全过程贯彻经济与环境相协调的原则。具体来说就是必须设立专门的机构，指定专职人员，建立一系列配套的规章制度，必须在产品的制作、包装、运输、销售、售后服务以及生产过程中出现的废品处置和产品使用价值兑现后的处理、处置等全部环节上，从节约资源，减少投入，降低环境污染的角度进行严格的审查、监督，采取有效、有力的措施。

三、工业企业环境管理的体制

所谓工业企业环境管理体制，就是在企业内部建立全套从领导、职能科室到基层单位，在污染预防与治理，资源节约与再生，环境设计与改进以及遵守政府的有关法律法规等方面的各种规定、标准、制度甚至操作规程等，并有相应的监督检查制度，以保证在企业生产经营的各个环节得到执行。

1. 企业环境管理体制的特点

（1）企业生产的领导者同时也必须是环境保护的责任者。近年来，国务院一些工业部门所颁布的环境保护条例中都明确规定厂长、经理在环境保护方面对国家应负法律责任。企业的最高管理者在阐明企业的环境价值观、宣传对环境方针的承诺，以及树立企业环境意识、对员工进行激励方面具有关键性的作用。

（2）企业环境管理要同企业生产经营管理紧密结合。在工业企业各项管理中，环境管理具有突出的综合性、全过程性及专业性等特点，因此它必须渗透到企业各项管理之中。只有这样，企业环境管理才能得到真正地实现。

（3）企业环境管理的基础在基层。工业企业管理的基础在基层，企业环境管理应与其相一致。这就要求把企业环境管理落实到车间与岗位，建立厂部、车间及班组的企业环境管理网络，明确相应的管理人员及职责，使企业环境管理在厂长、经理的领导下，通过企业自上而下的分级管理，得到有力、有效的保证。

2. 企业环境管理机构的职能与职责

（1）基本职能。企业环境管理机构是企业管理工作的职能部门，其基本职能有以下三个方面。

①组织编制环境计划与规划；

②组织环境保护工作的协调；

③实施企业环境监测。

（2）主要工作职责。

①督促、检查本企业执行国家环境保护方针、政策、法规；

②按照国家和地区的规定制定本企业污染物排放指标和环境管理办法；

③组织污染源调查和环境监测，检查企业环境质量状况及发展趋势，监督全厂环境保护设施的运行与污染物排放；

④负责企业清洁生产的筹划、组织与推动；

⑤会同有关单位做好环境预测，负责本企业污染事故的调查与处理，制定企业环境保护长远规划和年度计划，并督促实施；

⑥会同有关部门组织和开展企业环境科研以及环境保护技术信息的交流，以推广国内外先进的防治技术和经验；

⑦开展环境教育活动，普及环境科学知识，提高企业员工环境意识。

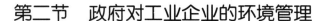

第二节　政府对工业企业的环境管理

一、政府对工业企业环境管理的概念、特点与内容

政府对工业企业的环境管理是政府运用现代环境科学和政策管理科学的理论和方法，以产业活动中的环境行为为管理对象，综合采用法律、行政、经济、技术、宣传教育等手段，调整和控制产业活动中资源消耗、废弃物排放以及相关技术和设备标准、产业发展方向等的各种管理行为的总称。

政府对工业企业的环境管理有以下三个特征。

（1）具有强制性和引导性，政府是从经济社会发展的高度来调控整个工业企业的发展方向和规模，可以克服微观企业个体发展的片面性和局限性。

（2）政府对工业企业环境管理的具体内容和形式与企业性质密切相关，要根据不同企业的资源环境特点采取不同的管理模式，其管理重点是那些资源和能源消耗量大、各种废弃物排放量大的企业，如冶金、化工、焦炭、电力等。

（3）政府对工业企业环境管理具有较强的综合性，它不仅需要政府环保部门的努力，也需要政府内部综合性经济管理部门的参与，还需要政府外部的行业协会、行业科学技术协会、行业发展咨询服务公司等的参与。

依据全过程控制的原理，政府对工业企业环境管理的主要内容有三个方面：一是政府对工业企业发展建设过程的环境管理；二是政府对产品生产、销售过程的环境管理；三是政府对工业企业环境管理体系的环境管理。

二、政府对工业企业发展建设过程的环境管理

对工业企业进行环境管理，必须对其发展建设活动，特别是活动的全过程进行管理。工业企业发展建设活动的全过程大体可以分为以下四个阶段。

1. 筹划立项阶段的环境管理

在工业企业发展建设的筹划立项阶段，政府进行工业企业环境管理的中心任务是对企业建设项目进行环境保护审查，组织开展企业建设项目的环境影响评价，以妥善解决建设项目的合理布局，制定恰当的环境对策，选择有效地减轻对环境不利影响的措施。

（1）企业建设项目的环境保护审查。企业建设项目的环境保护审查，要依据国家、政府或主管职能部门的政策和法律规定进行。当然要注意地区及行业差异。主要内容包括产品项目审查、企业布局审查，以及污染物排放情况的预审核。

（2）企业建设项目的环境影响评价。建设项目的环境影响评价是政府对企业建设项目前期环境管理的重要内容之一。坚持将环境影响评价纳入企业建设发展管理的全过程，体现了"预防为主"的方针。对建设项目的厂址选择、产品的工艺流程、使用的原料及其排污等进行环境影响评价，是政府环保职能部门对企业发展行为进行环境管理及监控的有效手段，有利于促进经济与环境的协调发展。

企业建设项目的环境影响评价应将下述与清洁生产有关的内容包括在内。

①项目建议书阶段，要对拟建项目工艺和产品是否符合清洁生产要求提出初评；

②项目可行性研究阶段，要重点评审原材料选用、生产工艺和技术、产品的方案，以最大限度地减少技术和产品的环境风险；

③对于使用国家规定限期淘汰的落后工艺和设备及不符合清洁生产要求的建设项目，环保行政主管部门不得批准其环境影响报告书（表）；

④环境影响报告书（表）所提出的清洁生产措施要与主体工程同时设计、同时施工、同时投产使用。

（3）审查环境对策和防治措施的实施原则。通过对企业建设项目的环境审查和环境影响评价，应该对企业建设项目的选址及污染防治措施等环境对策的实施原则，提出明确的审查意见。

在审查企业建设项目的污染防治措施时，要重点审查环境影响评价报告书（表）中提出的措施是否能得到落实，以确保新建项目排放的污染物能得到有效治理；同时也要考虑到现有的国情条件、当地的技术水平、经济承受能力等因素，以尽可能促使环境效益与经济效益的统一及经济与环境的协调发展。

2. 设计阶段的环境管理

建设项目设计阶段环境管理工作的中心是如何将建设项目的环境目标和环境污染防治对策转化成具体的工程措施和设施，保证环境保护设施的设计。

（1）生产工艺的综合防治设计。生产工艺的综合防治设计要体现清洁生产和产品生命周期分析的思路，在生产过程的最前端，就将环境因素和预防污染的环境保护措施纳入产品设计准则之中，使环境保护准则成为产品设计固有的一部分，并且置于优先考虑的地位。其内容主要包括：①合理利用资源和能源；②选用先进工艺技术和设备；③节约能源，提高用水循环率。

（2）环保设施设计。

①按照初步设计中规定的排放标准设置净化或处理设备，使污染物的净化或处理效果达到设计排放标准，同时还应在不降低排放污染物设计标准的前提下，注意技术经济指标的合理性。

②废弃物的资源化和无害化处理，特别要注意地区性的专业协作，力争使某个企业的废弃物能作为另外一个企业的原材料。

3. 施工阶段的环境管理

企业建设项目施工阶段的环境管理工作，重点主要是两个方面：一是督促检查环境保护设施的施工，二是注意防止施工现场对周围环境产生不利影响。前者主要包括：①复查设计文件；②检查环境保护设施的施工进度；③检查环境保护设施的施工质量；④妥善处理环境保护设计的变更。后者主要包括：①防止施工现场对自然环境造成不应有的破坏；②防止施工现场对周围生活居住区的污染和危害等内容。

4. 验收阶段的环境管理

企业建设项目竣工验收阶段的环境管理是工业企业环境管理的一个重要环节。其主要内容是验收环境保护设施的完成情况。验收时，环境保护设施必须与主体工程一起进行验收，并且必须有生态环境部门参加。只有在原审批环境影响报告书（表）的环境保护行政主管部门验收合格后，该建设项目方可投入生产。

（1）验收依据。验收的依据是经批准的设计任务书、初步设计或扩大初步设计、施工图纸和设备技术说明等文件以及检测单位提交的检测报告。

（2）单项工程验收中的环境管理内容。单项工程，如一个车间，若按设计要求建成并经调试、试运转考核已能满足生产条件或具备使用条件后，可以组织验收。其中环境管理内容是：①对照审批下达的环境保护设施清单，核对环境保护设施项目；②检查环境保护设施的施工质量；③清点交付的验收文件。

（3）总体验收中的环境管理内容。在按国家规定的验收程序验收建设项目的总体工程时，环境管理的内容主要有：①环境保护设施的调试、考核；②各单项工程或车间的环境保护验收报告的审定；③建设项目环境保护对策的总体验收。

（4）验收中遗留问题的处理。在环境验收中发现的问题由参加验收部门提出具体的处理意见。环境保护设施没有建成或达不到规定要求的不予验收；环境保护设施存在一定问题但不是严重危害环境的可以采取同意投产、预留投资、限期解决的方式处理；对于暂时无法解决的遗留问题，应作为专题，拟定处理意见，上报主管部门会同有关部门审查批准后执行。

三、政府对产品生产过程的环境管理

1. 对污染源排放的环境管理

政府环境保护职能部门对污染源排放的监督管理，并不是去代替工业企业治理污染源，而是依靠国家的政策、法规和排放标准，对污染源实行监控，以确保污染物排放符合国家及地方的有关规定。

（1）对现有污染源的环境管理。对现有污染源的监督管理，主要是监控其排放是否符合国家及地方法定的排放标准，监控其在技术改造中是否采用符合规定要求的技术措施。实践经验表明，从持续发展的动态观念来看，忽视污染源之间及环境功能区之间的差别，仅采用浓度标准静态控制，难以有效控制区域环境污染的发展。因此，目前环境管理正逐渐由浓度控制向总量控制转移，由末端治理向源头控制、过程控制转移。

（2）对新建项目污染源的环境管理。目前新建项目的污染源管理大体可以分为两个阶段：第一阶段是在建设前进行环境影响评价，即对建设项目的厂址选择、产品的工艺流程、使用的原料及其排污等进行环境影响评价，提出预防污染的措施和对策，并作为整个建设项目可行性研究的一个组成部分；第二阶段是要保证环境影响报告书（表）中提出的措施得到落实，确保新建项目排放的污染物能得到有效治理。

（3）对矿产资源开发利用的环境管理。矿产资源开发利用的环境管理的主要内容和手段是进行环境影响评价，不仅要在开发前做好环境影响评价工作，而且要做好开发后的回顾性评价。在进行评价时，要考虑自然资源开发引起的自然风险和社会风险，注意资源开发的外部不经济性。具体说来，要在制定矿山开发利用方案的同时制定出全面完善切实可行的综合整治规划。

2. 对生产过程的环境审计

（1）环境审计的概念。环境审计是近年来发展起来的一种对生产过程进行环境管理的方法。我国的环境审计是指审计机构接受政府授权或其他有关机关的委托，依据国家的环保法律、法规，对排放污染物的企业的污染状况、治理状况以及污染治理专项资金的使用情况，进行审查监督，并向授权人或委托人提交书面报告和建议的一种活动。

环境审计通过定期或不定期地审查企业污染治理状况及污染治理专项资金的使用情况，以及治理后的效益，监督企业在此过程中的行为，促使企业加强环境管理，积极治理污染，使环境保护得到真正落实。

环境审计的全过程是审计主体对于审计客体（对象）的生产过程进行全面环境管理的过程。

环境审计主体，包括国家审计机关和社会审计机构两类。前者为政府职能部门，它经政府授权对排污单位进行环境审计；后者是一种社会性的民间审计机构，它可接受环保主管部门、审计机关及产品进出口审查机关等有关部门的委托，从事一些特定目的的环境审计工作。环境审计的客体，即环境审计的对象，包括排放或超标排放污染物的一切企业、事业单位。

（2）环境审计的层次划分。随着环境保护工作的发展，环境审计工作也在逐步深化，出现了三个不同层次的环境审计。

①以审查执法情况为目的的环境审计。依据国家、地方和行业规定，审查企业的执行和达标情况，从中发现问题，制定出有针对性的行动计划，改进企业的环保工作，防止污染事故的发生。

②以废物减量为目的的环境审计。从生产过程中发掘削减废物发生量的机会，通过分析评估，提出改进方案，从而使之对环境的污染减少至最低。

③以清洁生产为目的的环境审计。对某一产品的生产全过程进行总物料平衡、水总量平衡、废物起因分析和废物排放量分析，从原材料、产品、生产技术、生产管理及废物等整个生产过程的各个环节进行评估，寻找出存在的问题，并通过审计评估，提出实施清洁生产的多层次方案。

（3）企业生产过程的清洁生产审计。

①企业清洁生产审计的思路。清洁生产审计的对象是企业，其总体思路主要是：判明废弃物的产生部位，分析废弃物的产生原因，提出减少或消除废弃物的方案。即通过对企业生产过程的重点环节及工序产生的污染进行定量监测，找出高物耗、高能耗及高污染的原因，并有针对性地提出对策、制定解决方案，以减少和防止污染物的产生。

②企业清洁生产审计的作用。通过对企业生产过程进行清洁生产审计，可以起到以下作用：a.核对有关单元操作、原材料、产品、用水、能源和废弃物的资料；b.确定废弃物的来源、数量以及类型，确定废弃物削减的目标，制定经济有效的削减废弃物的对策；c.提高企业对削减废弃物获得效益的认识；d.判定企业效率低的瓶颈部位和管理不善的地方；e.提高企业经济效益和产品质量。

③企业清洁生产审计的特点及工作程序。清洁生产审计具有以下特点：a.鲜明的目的性；b.系统性；c.突出预防性；d.符合经济性；e.强调持续性；f.注意可操作性。

根据上述清洁生产审计的思路，清洁生产审计整个过程可分解为具有可操作性的7个步骤，具体工作程序见图7-1。

3. 制订合理的环境保护税政策，做好环境保护税工作

1972年5月，OECD环境委员会提出了PPP原则（Pollution Pay Principle），即污染者付费原则。这一原则主要是针对污染者将外部不经济性转嫁给社会的不合理现象，目的是将外部不经济性内部化。PPP原则提出后在世界各国得到广泛响应。因情况不尽相同，各国的做法也不尽相同，大体有以下三种。

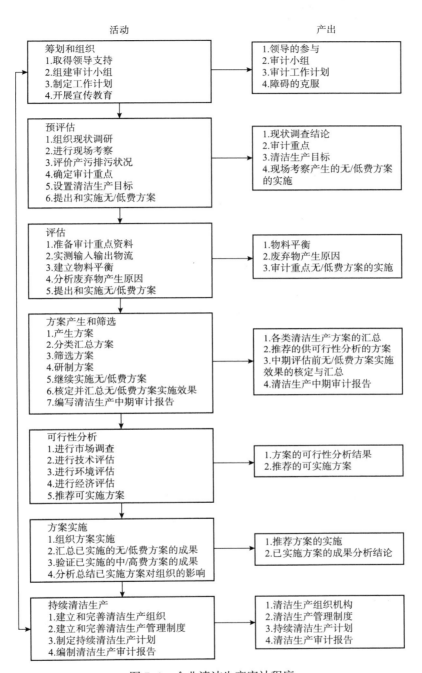

活动

筹划和组织
1.取得领导支持
2.组建审计小组
3.制定工作计划
4.开展宣传教育

预评估
1.组织现状调研
2.进行现场考察
3.评价产污排污状况
4.确定审计重点
5.设置清洁生产目标
6.提出和实施无/低费方案

评估
1.准备审计重点资料
2.实测输入输出物流
3.建立物料平衡
4.分析废弃物产生原因
5.提出和实施无/低费方案

方案产生和筛选
1.产生方案
2.分类汇总方案
3.筛选方案
4.研制方案
5.继续实施无/低费方案
6.核定并汇总无/低费方案实施效果
7.编写清洁生产中期审计报告

可行性分析
1.进行市场调查
2.进行技术评估
3.进行环境评估
4.进行经济评估
5.推荐可实施方案

方案实施
1.组织方案实施
2.汇总已实施的无/低费方案的成果
3.验证已实施的中/高费方案的成果
4.分析总结已实施方案对组织的影响

持续清洁生产
1.建立和完善清洁生产组织
2.建立和完善清洁生产管理制度
3.制定持续清洁生产计划
4.编制清洁生产审计报告

产出

1.领导的参与
2.审计小组
3.审计工作计划
4.障碍的克服

1.现状调查结论
2.审计重点
3.清洁生产目标
4.现场考察产生的无/低费方案的实施

1.物料平衡
2.废弃物产生原因
3.审计重点无/低费方案的实施

1.各类清洁生产方案的汇总
2.推荐的供可行性分析的方案
3.中期评估前无/低费方案实施效果的核定与汇总
4.清洁生产中期审计报告

1.方案的可行性分析结果
2.推荐的可实施方案

1.推荐方案的实施
2.已实施方案的成果分析结论

1.清洁生产组织机构
2.清洁生产管理制度
3.持续清洁生产计划
4.清洁生产审计报告

图7-1　企业清洁生产审计程序

（1）等量负担。即要求污染者要负担治理污染源，消除环境污染，赔偿污染损害等全部费用。

（2）欠量负担。污染者只负担治理污染源、消除环境污染、赔偿损害等部分费用。这主要根据国情，考虑到污染者的支付能力，我国现行的PPP原则实际上是欠量负担。

（3）超量负担。污染者需支付超过污染损失的费用。

我国的环境保护税制度即是在污染者付费原则的基础上从排污收费制度转化而来。该项制度作为污染物排放监督管理中的一种重要经济手段，是"污染者付费"原则的具体运用。环境保护税的征收是利用价值规律，通过征收环境保护税，给排污单位以外在的经济压力，促进其治理污染，并由此带动企业内部的经营管理，节约和综合利用自然资源，减少或消除污染物的排放，以实现改善和保护环境的目的。

四、政府对产品生命周期的环境管理

1. 产品生命周期环境管理的提出

产品生命周期是指产品的生产（包括原料的利用）、销售（运输）、使用和后处理这四个阶段，在产品生命周期的每个阶段，产品以不同的方式和程度影响着环境。因此，不能从产品生命周期某个阶段对环境的影响就得出产品对环境的影响程度。产品生命周期的环境管理，是指对一种产品从加工制造到废弃分解（俗称从摇篮到坟墓）的全过程进行全面的环境影响分析和评估，以寻求改善环境的途径。加强对产品生命周期环境管理的目的，是通过采用产品生命周期评价 LCA（Life Cycle Assessment），在生产过程的最前端，就将环境因素和预防污染的环境保护措施纳入产品设计准则之中，力求从产品生命全过程的角度来减轻环境的污染负荷，这有力地体现了环境与经济一体化的思想。

2. 产品生命周期评价

产品生命周期评价是对产品生命周期进行环境管理的一个技术方法手段。它是对产品的整个生命周期进行环境影响分析，通过编制一个系统的物资投入与产出的清单记录，来评价与这些投入产出有关的潜在环境影响，并根据生命周期评价的目的解释清单记录和环境影响的分析结果。一个完整的生命周期评价应由三个既独立、又相互联系的部分组成，即生命周期清单分析、生命周期影响分析和生命周期改善分析。

（1）生命周期清单分析。生命周期清单是运用系统分析的原理，将一个产品从生产、使用到废弃整个生命过程中所投入的所有原材料和能源作为收入逐一列出，而在这个过程中排出的所有影响环境的物质（包括副产品）作为支出也逐一列出，作为支出表。在对生命周期清单进行分析时，首先要给出生命周期清单分析的目标和生命周期系统的范围，目标和范围设定的恰当与否将直接影响到生命周期评价结论的准确性。

进行生命周期清单分析时不能遗漏掉产品生命周期中的任何一个阶段，产品的制造过程还要细分为原材料加工、产品生产组合及加工、充填、包装、发送等各环节。在对主要过程和辅助过程充分细化的基础上，按统一制定的单位标准，将收入项、支出项逐一列入生命周期分析清单之中。一般收入项包括各种资源、过程中间投加的物料、能源，以及从土地、水体、大气中获得的各种自然资源等；支出项包括生产过程的各阶段中所排放的气、液、固体废弃物及各种微量有害物质、过程中间或最后产生的主副产品等。另外，在计算收支时，还必须考虑产品发送的交通运输方式，因为不同的交通运输方式消耗和排放的物质在种类和数量上都有明显的差异。

（2）生命周期影响分析。生命周期影响分析，是将从产品生命周期清单分析中所得到的各种排放物对外界环境的影响进行定性定量评价，这是生命周期评价最重要的部分，也是难度较大的环节。一般将生命周期影响分析分为三个阶段：即分类、特征化和赋值评价。

分类阶段，即定性地将对环境有类似影响的排放物分作一类，一般按照对人类健康的影响、对生态环境的影响、对资源（特别是对枯竭资源）的影响和对社会福利的影响等分类。

特征化阶段，是把各影响因子对环境影响的强度和程度定量化。由于多数影响因素其影响的程度随着环境条件及发生时间等的变化很大，而且往往是非线性的，因此不能将其简单地叠加。

赋值评价阶段，即对不同领域内的环境影响进行横向比较，将以上分类并定量化的各种影响因子归为统一的数值，作为该产品对环境影响的综合评价指标。

（3）生命周期改善分析。生命周期改善分析，是指对所评价产品生命周期的某一阶段或某一时期提出改进措施，以减少该产品对环境的污染影响。产品生命周期的任何过程均可单独从不同方面进行鉴定、评价和选择。

五、政府对企业环境管理体系的环境管理

1. 企业环境管理体系的审核

企业建立环境管理体系，可以使企业通过资源配置、职责分工以及对惯例、程序和过程的不断评价，有序、一致地处理环境事务，减小直至消除其活动、产品和服务对环境的潜在影响。为促进企业实施持续改进的环境管理体系，有关机构对企业环境管理体系进行审核是必要的。环境管理体系审核，是指客观地获取审核证据并予以评价，以判断一个企业的环境管理体系是否符合该企业所规定的环境管理体系准则的一个系统化、文件化的核查过程。

2. 企业环境管理体系的认证

企业应该设法努力贯彻 ISO14000 系列环境管理体系标准，但是否申请环境管理体系的审核认证，可以根据企业自身的技术经济可能和需要以及企业产品、服务活动的具体特点来决定。企业环境管理的认证，须由经过政府认可的认证机构实施外部环境审核。

通过环境管理体系的审核，最主要的是要明确企业环境管理体系对环境管理体系审核准则的符合情况、体系是否得到正确的实施与保持、内部管理评审过程是否足以确保环境管理体系的持续适用与有效。

第三节　工业企业自身的环境管理

一、工业企业自身环境管理的概念和特点

工业企业自身环境管理是工业企业运用现代环境科学和工商管理科学的理论与方法，以企业生产和经营过程中的环境行为和活动为管理对象，以减少企业不利环境影响和创造企业优良环境业绩的各种管理行动的总称。

工业企业自身环境管理的特点主要有两个方面。一是自主性。企业作为自身环境管理的主体，决定了企业环境管理的主要内容和方式，但同时还受到政府法律、法规、公众特别是消费者相关要求的外部约束。企业环境管理的具体内容和形式与企业的行业性质密切相关，如从事资源开采、加工制造等行业的企业环境管理与金融业、旅游业等服务性行业的企业环境管理会有很大差异。企业环境管理必须根据企业自身的行业性质、行业发展规划等，来制定企业内部的环境管理目标、计划和政策。二是目标层次的多样性。最低层次可以是满足政府法律的要求，稍高层次是减少企业生产带来的不利环境影响，更高层次则是创造优异的环境业绩，承担起一个卓越企业在可持续发展中的环境责任和社会责任。

二、工业企业环境管理现状及存在问题

在市场经济体制下，企业环境管理行为可大致分为三类。

（1）消极的环境管理行为。具体表现为企业在经济利益的刺激下不遗余力地降低成本，不重视或忽视环境问题，宁愿缴纳排污费和罚款也不治理污染，能够非法排污就不会运行环境治理设施，能够蒙混过关就不会在环保上投入一分钱。这种现象在企业中大量存在，引发了众多的资源浪费、环境污染和生态破坏问题。

（2）不自觉的环境管理行为。在政府越来越严格的环保法律和标准及消费者对绿色产品越来越多的需要的双重作用下，企业为了提高竞争能力，会努力变革传统的粗放型生产经营方式，通过加强管理、改进技术、循环利用、清洁生产等措施实现节能降耗和生产绿色产品的目的。这样，企业在实现自身经济利益的同时，在一定程度上也不自觉地保护了环境。

（3）积极的环境管理行为。一些企业，特别是大企业在追求企业经济利益和投资者利润的同时，为了达到企业可持续发展，实现"基业长青"的目标，也意识到企业还应该为提高人们生活质量、促进社会进步作出贡献，其方式就是主动承担起企业的社会责任，这已成为一些现代企业发展和管理的重要原则。

三、工业企业自身环境管理手段

目前，就工业企业自身环境管理而言，其主要内容包括三个方面。

1. 企业内部环境管理体系的建立

（1）企业内部建立环境管理体系的目的。企业内部的环境管理体系是企业环境管理行为的系统、完整、规范的表达方式，它有利于高效、合理地系统调控企业的环境行为（各个方面、各个环节、各种类型企业经济活动对环境结构与状态的影响），有利于企业实现对社会的环境承诺；保证环境承诺和环境行为活动所需的资源投放；通过循环反馈，保持企业环境管理体系的动态提高。

（2）企业环境管理体系的基本模式——企业环境管理国际标准（ISO14000 系列标准）。ISO14000 系列是国际标准化组织继 ISO9000 系列后作出的一个重大举措。企业要生存发展，一方面必须实施质量管理标准（ISO9000 系列），以使企业产品保持竞争力；另一方面必须实施环境管理标准（ISO14000 系列标准），以树立企业的环保形象，进一步提高竞争能力。

ISO14000 系列标准制定的初衷是通过规范全球工业、商业、政府、非营利组织和其他用户的环境行为，改善人类环境，促进世界贸易和经济的持续发展。ISO14000 系列主要包括环境管理体系及环境审核、环境标志、生命周期评价三大部分。ISO14000 系列标准的提出和实施，为环境管理体系的认证提供了合适的规范，使企业环境管理更加规范有序，同时也为企业国际交往提供了共同语言。

（3）参照 ISO14000 系列标准，建立和实施企业内部环境管理体系。ISO14000 不仅可以用作认证的规范，也可以直接用于指导一个组织或企业建立、实施和完善有效的环境管理体系。我国企业应对照 ISO14000 系列的要求，根据自身的经济、技术条件，采取切实措施使企业环境管理逐步向 ISO14000 系列标准的要求靠拢。

2. 防治生产过程中排出的污染物与废弃物

企业环境管理应坚持预防为主、防治结合、综合治理的方针，减少能源与原材料消耗，

采用清洁生产工艺，促进资源回收与循环利用。但受经济、技术、条件的制约，企业在生产过程中产生一定量的污染物是不可避免的。因此，在合理利用环境自净能力的前提下，企业对产生的污染物进行厂内治理，将其所产生的外部不经济性内部化，以达到国家或地方规定的有关排放标准及总量控制要求。

以下简单介绍工业企业对不同类型污染物和废弃物方面的环境管理。

（1）大气污染物的防治。能源结构的不合理是大气污染特别是尘和二氧化硫污染的首要原因。对于企业来说，改善能源结构、采用集中供热、发展无污染或少污染的新能源，能够有效地降低煤烟型大气污染物的排放。

另外，燃烧方式和设备的落后也是大量排放大气污染物的一个重要原因。因此，对于企业来说，结合技术改造和设备更新，有计划、有步骤地改进燃烧设备，努力提高烟气净化效率，可以从根本上减少大气污染物的排放。比如有计划地淘汰污染严重的老式锅炉，加快更新改造锅炉，配备除尘设备。对于燃煤电厂，应推行静电除尘等高效除尘技术，努力提高水膜除尘器及多管施风除尘器的除尘效率。此外，企业还应注意改革工艺和革新原料和产品，发展脱硫、脱氮等气体污染物治理技术。

（2）污水、废水的防治。水污染治理就是用各种方法将污水和废水中所含有的污染物质分离、回收，或将其转化为无害的物质，从而使废水得到净化。废水特别是工业废水多种多样，不可能只用一种方法就能把所有的污染物质都去除干净。

工业废水的处理要协调好厂内处理和污水集中处理的关系。对于一些特殊污染物，如难降解有机物和重金属应以厂内处理为主。而对大多数能降解和易集中处理的污染物，应尽可能考虑集中处理，以取得规模效应和区域大环境的改善。

（3）固体废物的利用和处理。固体废物特别是工业废弃物往往具有两重性，对于某一生产或消费过程来说是废弃物，但对于另一个过程来说可能是有使用价值的原料。因此，企业应对工业固体废物采取综合管理的办法与相应的工艺措施，尽可能实现废物资源化和综合利用。

综合利用、化害为利是固体废物处理的首选考虑，但是在一定的技术经济条件下，废弃物的综合利用是有一定限度的，而且也并非所有的固体废物都可被综合利用或资源化。因此在固体废物防治上，要把综合利用和无害化处理结合起来。

（4）噪声污染控制。同水污染、大气污染和固体废物污染不同，噪声污染是一种物理污染。噪声污染的控制目前只能采用工程技术措施，从声源或传播途径控制角度降低噪声对环境的影响。

控制声源有两种途径：一是改进结构，提高部件的加工精度和装配质量，采用合理的操作方法等，以降低声源的噪声发射功率；二是利用声的吸收、反射、干涉等特征，采用吸声、隔声、减振、隔振等技术，以及安装消声器等，以控制噪声的传播与辐射。

3. 推行清洁生产

企业层面清洁生产的相关内容详见本书第十章。

4. 环境标志

（1）定义。环境标志，又称生态标志、绿色标志、环境标签等，它是由政府环境管理部门依据有关法规、标准向一些商品颁发的一种张贴在产品上的图形，用以标识该产品从生产到使用以及回收的整个过程都符合规定的环境保护要求，对生态环境无害或危害极小，并易于资源的回收和再生利用。

（2）环境标志制度的作用。首先，能够促进公众参与环境保护。公众参与是环境标志生存的沃土，是环境标志大厦构造的基石。实施环境标志，为公众参与环境保护提供了一个好的方式，它能扩大环境保护在公众中的影响，培养消费者的环境意识。其次，具有明显的环境效益和经济效益。环境标志在市场中对购买者的直接导向作用，使之能够实现明显的环境和经济效益。实施环境标志，对公众来说，他们从标志上识别哪些产品的环境行为更好，买哪些产品对保护生态环境更有利；对于生产环境标志产品的企业来说，则应对产品从设计、生产、使用到处理处置全过程环境行为进行控制。不但要尽可能地把污染消除在生产阶段，而且也最大限度地减少产品使用和处理处置过程中对环境的危害程度。

环境标志以其独特的经济手段，使广大公众行动起来，将购买力作为一种保护环境的工具，促使生产者从产品生产到废弃物处置的各个阶段都注意其环境影响，从而达到预防污染、保护环境、增加效益的目的。

（3）推动全球贸易。世界贸易组织WTO的运转使国际贸易中的关税大幅度降低，同时在很大程度上限制了不少关税壁垒。而"绿色壁垒"作为非关税壁垒的主要类型之一，造成了国际贸易的严重障碍。特别是发达国家，利用国际社会对环境问题的广泛关注和人们环保意识的日益增强，开始筑起"绿色壁垒"，以阻碍发展中国家产品进入其市场。这种贸易保护主义的新动向，不仅损害发展中国家的经济利益，而且对国际贸易产生重大影响。

1991年，国际标准化组织（ISO）环境战略咨询组成立了环境标志分组，旨在统一环境标志方面的有关定义、标准和测试方法，避免导致国际贸易上的障碍，以推动全球贸易。

思考题

1. 工业企业环境管理的概念是什么？

2. 工业企业环境管理包括哪两个方面的含义？

3. 工业企业环境管理的核心内容是什么？

4. 工业企业环境管理体制的特点是什么？

5. 工业企业环境管理机构的职能与职责是什么？

6. 政府对工业企业环境管理的概念是什么？

7. 政府对工业企业发展建设如何进行环境管理？

8. 审查环境对策和防治措施的实施原则是什么？

9. 建设项目设计阶段环境管理工作的内容是什么？

10. 企业建设项目施工阶段环境管理的主要内容是什么？

11. 企业建设项目竣工验收阶段环境管理的主要内容是什么？

12. 政府如何实施对产品生产过程的环境管理？

13. 政府如何实施对产品生产过程的环境审计？

14. 政府如何实施对产品生命周期的环境管理？

15. 政府如何实施对企业环境管理体系的环境管理？

16. 工业企业自身环境管理的概念和特点是什么？

17. 工业企业自身环境管理现状如何？主要存在哪些问题？

18. 如何实现工业企业自身的环境管理？其具体实现途径是什么？

19. 什么是环境标志？环境标志制度有哪些作用？

讨论题

1. 某化工企业准备对本厂的一条硫酸生产线进行技术改造，使其生产能力由原来的 $1 \times 10^5 t/a$ 提高到 $3 \times 10^5 t/a$，问：该企业对这一技术改造建设项目应该怎样落实国家有关环境管理的政策规定？

要求：收集企业《建设项目环境保护管理条例》相关资料，以项目建设单位的名义组织工作小组，拟定该项目报批程序。

目标：学习项目报批程序的相关管理政策，同时提出对本项目在建设过程和投入生产后制定相应的环境管理制度。

2. 某电镀厂生产多层印刷电路板，生产中使用了化学镀铜工艺和蚀刻工艺，产生了大量的酸性含铜电镀废水，请从企业对工业企业进行环境管理的角度明确环境管理的主要内容？

要求：收集有关印刷电路板生产工艺及排放含铜废水专项治理的技术资料，明确企业生产过程中现存的环境管理问题所在。

目标：提出环境管理的具体实施方案。

第八章　废弃物环境管理

　　工业化进程的加速发展，一方面使得社会生产力不断提高，另一方面却带来了日益严峻的环境问题。工业生产中排出大量的危险废物，这些废物具有急性毒性、浸出毒性、腐蚀性、传染性、易燃易爆性、反应性等一种或多种危害。危险废物对环境的污染日益加剧，已经对人类的生存条件构成严重威胁。因此，了解我国各类废弃物的基本状况，明确废弃物的管理方法与途径，加强废弃物的环境管理至关重要。

第一节　废弃物环境管理概述

一、废弃物概念与分类

　　废弃物，或称环境废弃物，是指人类将从自然环境中开采出的自然资源进行加工、流通、消费过程中与过程结束后产生并排放到自然环境中的物质。这些废弃物进入自然环境系统后，会在环境中扩散、迁移、转化，使自然环境系统结构与功能发生不利于人类及生物正常生存和发展的变化。

　　废弃物的类型有多种不同的划分办法。按废弃物进入自然环境要素的种类，可分为空气环境废弃物、水体环境废弃物、土壤环境废弃物等；按人类排放废弃物的活动或部门分为工业环境废弃物、农业环境废弃物、城市生活废弃物等；按废弃物本身的物理化学性质可分为化学废弃物、生物废弃物、物理性废弃物（噪声、放射性、光、热、电磁波等）等；按废弃物的形态可分为气体废弃物、液体废弃物、固体废弃物等。

二、废弃物的基本特征

　　废弃物一般具有如下三个特征。

　　（1）废弃物是人类活动的重要、有害、无用的副产品，人类从自然环境中获取的资源，通过各种形式的加工、利用、转化和消耗之后，限于人类科学技术水平，总会有一部分资源转化成为废弃物，排放到自然环境中。因此，废弃物对于人类活动而言具有"末端性""无用性"的特征。

　　（2）废弃物进入自然环境后，一般会造成一定的环境污染，因而也就变成了环境污染物。由于这些废弃物在自然环境中可通过生物或理化作用发生转化、代谢、降解或富集，从而改变其原有的形状和浓度，产生不同的危害。大气、水体、土壤中的废弃物还可以通过与人的直接接触、食物链富集等多种途径对人体健康产生重要影响。因此，废弃物对于自然环境和人类而言均具有"有害性""污染性"的特征。

（3）废弃物的治理一般比较困难。废弃物本身就是资源没有得到充分利用的表现，限于科学技术水平或者在一般情况下治理费用高昂，废弃物难于得到充分治理或消除。而废弃物进入自然环境后，除了一部分能够被环境同化外，大多会造成环境污染。受到污染的环境，要想恢复原状，需要耗费巨大的人力和物力，且难以奏效。因此，废弃物对于治理而言具有"自然容纳有限性""人工治理困难性"的特征。

三、废弃物管理的目的和任务

废弃物环境管理的目的和任务就是运用各种环境管理的政策和技术方法，尽可能地限制废弃物向自然环境中的排放，或使不得不排放到自然环境中的废弃物能与自然环境的容纳能力（环境容量和环境承载力）相协调，达到保证环境质量的目的。

废弃物环境管理与环境质量管理有密切联系，前者注重的是对废弃物排放的管理，如限制排放、制定处理处置和排放标准、管理排放废弃物单位和个人的排放行为等；后者注重的是从区域自然环境的角度，关注废弃物排放到环境之后导致的环境质量下降情况，并根据环境质量情况对废弃物的排放提出要求。可见，这二者是环境管理领域中联系密切的工作视角。

第二节　气体废弃物环境管理

一、气体废弃物概况

1. 气体废弃物的种类

气体废弃物一般也称为废气、空气污染物、大气污染物等。气体废弃物多为废弃的气态污染物质，它们由于人类活动或自然过程，直接或经处理后排入空气环境，并对人和环境产生不利影响。

气体废弃物的种类很多，按其来源可分为一次污染物和二次污染物。一次污染物是指直接由污染源排放的污染物。而在大气中一次污染物之间或一次污染物与大气正常成分之间发生化学作用生成的污染物，称为二次污染物，它常比一次污染物对环境和人体的危害更为严重。

气体废弃物按其存在状态可分为两大类。一类是气溶胶状态污染物，也称颗粒物，常用总悬浮颗粒物、飘尘、降尘表示。另一类是气体状态污染物，一般简称气态污染物。一些重要的气态污染物如表 8-1 所示。

表 8-1　气态污染物及其人为源

发生源	一次污染源	二次污染源	人为源
含硫化合物	SO_2、H_2S	SO_3、H_2SO_4、硫酸盐	含硫燃料燃烧
含氮化合物	NO、NH_3	NO_2、硝酸盐	N_2 和 O_2 在高温时化合
含碳化合物	C_1~C_{12} 化合物	醛类、酮类、酸类	燃料燃烧、精炼石油等
碳的氧化物	CO、CO_2	无	燃烧
卤素化合物	HF、HCl	无	冶金

2. 气体废弃物的来源

大气污染物的来源可分为自然源和人为源两大类。按人类社会的活动功能，大气污染物人为源可以分为工业污染源、农业污染源、生活污染源和交通污染源四类；按污染源的运动状态，也可分为固定污染源和流动污染源两类；按污染源影响范围，还可分为点污染源、线污染源和面污染源三类。一些常见的大气污染物的自然源和人为源情况如表8-2所示。

表8-2 一些大气污染物的自然源和人为源

污染物	自然排放		人类活动排放		大气中背景浓度
	排放源	排放量/（t/a）	排放源	排放量/（t/a）	
SO_2	火山活动	未估计	煤和油的燃烧	146×10^6	0.2×10^9
H_2S	火山活动 沼泽中的生物作用	100×10^6	化学过程污水处理	3×10^6	0.2×10^9
CO	森林火灾、海洋、萜烯反应	33×10^6	机动车和其他燃烧过程排气	304×10^6	0.1×10^6
$NO-NO_2$	土壤中的细菌作用	$NO：30 \times 10^6$ $NO_2：658 \times 10^6$	燃烧过程	53×10^6	$NO：0.2 \times 10^9 \sim 4 \times 10^9$ $NO_2：0.5 \times 10^9 \sim 4 \times 10^9$
NH_3	生物糜烂	1160×10^6	废物处理	4×10^6	$6 \times 10^9 \sim 20 \times 10^9$
N_2O	土壤中的生物作用	590×10^6	无	无	0.25×10^6
C_mH_n	生物作用	$CH_4：1.6 \times 10^9$ 萜烯：200×10^6	燃烧和化学过程	88×10^6	$CH_4：1.5 \times 10^6$ 非 $CH_4：<1 \times 10^9$
CO_2	生物腐烂、海洋释放	10^{12}	燃烧过程	1.4×10^{19}	320×10^9

3. 气体废弃物的特征

（1）来源广泛、成分复杂。气体废弃物的来源十分广泛，人类社会生产生活的各个方面均要产生各种各样的气体废弃物，同时各种自然环境过程也要产生各种与人类产生的气体废弃物成分一致的各种气体。因此，气体废弃物具有多种来源、成分复杂的特征。这些气体物质一般都直接进入大气环境，经过非常复杂的物理、化学和生物过程形成大气污染。

（2）空间层次性。按气体废弃物排放后的影响范围，可分为微观、中型和宏观三个层次，分别对公众健康和大气环境造成影响。如放射性建筑材料的自然辐射所引起的室内空气污染属于微观空气污染。工业生产及汽车排放所引起的室外周围空气的污染属中型空气污染。空气污染物的远距离传输及对全球的影响属于宏观空气污染，如酸雨污染。空气污染对全球的潜在影响是使大气层上层发生改变，引起臭氧层破坏及全球变暖。

（3）造成多种典型污染。由于人类生产活动的区别，特别是使用化石燃料的区别，排放气体废弃物会造成多种典型的大气污染类型。如使用煤作为主要燃料时，会排放较多的 SO_2 和颗粒物等，形成煤烟型大气污染；排放的 SO_2 过多时，会造成酸雨；使用石油燃料作为能源时，其燃料产生的废气碳氢化合物、CO、氮氧化物、O_3 容易产生光化学烟雾污染；在冰箱、灭火设备中使用氟利昂物质时，会导致臭氧层损耗问题。

二、气体废弃物管理实践

气体废弃物管理和大气环境污染控制涉及的领域非常广泛，目前还没有形成气体废弃物管理的统一理念。一般而言，气体废弃物管理，或称为大气污染管理主要包括以下一些重要领域。

（1）清洁能源使用。化石能源的使用是产生气体废弃物，造成大气环境污染的主要原因。因此，控制化石能源利用中气态废弃物的产生，尽可能使用清洁能源是气体废弃物管理的重要领域。一些主要的工作包括：①煤炭、石油等常规能源的清洁利用，如发展和使用型煤、煤气、水煤浆等洁净煤技术等。②开发新能源和可再生能源，包括太阳能、水能、风能、海洋能、生物质能、地热能、核能、氢能等，这些低碳或非碳能源，很少或不产生气体废弃物。如在广大农村推行沼气化工作，是控制农村气体废弃物排放的重要方法。③发展各项节能技术，如集中供热、能源循环利用、节电技术等，减少能源总的消耗量。

（2）发展绿色交通和控制机动车尾气。汽车是现代社会发展的重要标志。随着世界范围内汽车数量的迅速增加和城市化进程的加速，许多城市都出现了由于机动车尾气排放导致的大气污染问题。这种汽车尾气污染与汽车类型、汽车数量、燃料利用率、燃料性能，城市中的交通状况、道路状况等诸多因素密切相关，其根本的解决对策是发展绿色交通，主要措施有：①发展清洁汽车，研发燃气汽车、混合动力汽车、电动汽车等清洁燃料汽车，取代燃油汽车，减少气体废弃物排放。②制定合理的交通规划，建设布局合理、高效快捷的绿色交通体系，减少交通拥堵时间和车辆出行时间，减少汽车燃料消耗和废弃物排放。

（3）末端治理技术和大气环境自净能力利用。清洁能源和绿色交通是从源头上消除或减少了气体废弃物的排放总量。但在目前条件下，仍然会有大量气体废弃物产生，需要进行末端治理，这些属于环境技术科学和环境工程科学的研究内容。从环境管理的角度，需要对气体废弃物最终排放浓度和总量制定出严格的控制标准和管理要求，形成一整套规范和约束末端治理的管理体系，使污染者必须采取末端治理技术治理污染。

利用大气环境的自净作用也是气体废弃物管理的重要工作，包括识别和预防各种气象条件下污染的产生、加强绿化造林等措施。

三、气体废弃物管理的主要途径和方法

1. 气体废弃物的管理机构和体制

我国目前的气体废弃物管理体系，是指以生态环境主管部门为主，会同有关部门和省、自治区、直辖市人民政府，共同对气体废弃物实行管理。

根据《中华人民共和国大气污染防治法》：①重点大气污染物排放总量控制目标，由国务院生态环境主管部门在征求国务院有关部门和各省、自治区、直辖市人民政府意见后，会同国务院经济综合主管部门报国务院批准并下达实施。省、自治区、直辖市人民政府应当按照国务院下达的总量控制目标，控制或者削减本行政区域的重点大气污染物排放总量。确定总量控制目标和分解总量控制指标的具体办法，由国务院生态环境主管部门会同国务院有关部门规定。省、自治区、直辖市人民政府可以根据本行政区域大气污染防治的需要，对国家重点大气污染物之外的其他大气污染物排放实行总量控制。国家逐步推行重点大气污染物排污权交易。②对超过国家重点大气污染物排放总量控制指标或者未完成国家下达的大气环境质量改善目标的地区，省级以上人民政府生态环境主管部门应当会同有关部门约谈该地区人民政府的主要负责人，并暂停审批该地区新增重点大气污染物排放总量的建设项目环境影响评价文件。约谈情况应当向社会公开。③国务院生态环境主管部门负责制定大气环境质量和大气污染源的监测和评价规范，组织建设与管理全国大气环境质量和大气污染源监测网，组

织开展大气环境质量和大气污染源监测，统一发布全国大气环境质量状况信息。县级以上地方人民政府生态环境主管部门负责组织建设与管理本行政区域大气环境质量和大气污染源监测网，开展大气环境质量和大气污染源监测，统一发布本行政区域大气环境质量状况信息。④国务院生态环境主管部门会同有关部门，建立和完善大气污染损害评估制度。生态环境主管部门及其环境执法机构和其他负有大气环境保护监督管理职责的部门，有权通过现场检查监测、自动监测、遥感监测、远红外摄像等方式，对排放大气污染物的企业事业单位和其他生产经营者进行监督检查。⑤生态环境主管部门和其他负有大气环境保护监督管理职责的部门应当公布举报电话、电子邮箱等，方便公众举报。

2. 空气环境质量标准和污染物综合排放标准

国务院环境保护行政主管部门制定国家空气环境质量标准和大气污染物综合排放标准。自治区、直辖市人民政府对国家大气环境质量标准中未作规定的项目，可以制定地方标准，并报国务院环境保护行政主管部门备案。

国务院环境保护行政主管部门根据国家大气环境质量标准和国家经济、技术条件制定国家大气污染物排放标准。

省、自治区、直辖市人民政府对国家大气污染物排放标准中未作规定的项目，可以制定地方排放标准；对国家大气污染物排放标准中已作规定的项目，可以制定严于国家标准的地方排放标准。地方排放标准须报国务院环境保护行政主管部门备案。

省、自治区、直辖市人民政府制定机动车船大气污染物地方排放标准严于国家排放标准的，须报经国务院批准。

凡是向已有地方排放标准的区域排放大气污染物的，应当执行地方排放标准。

3. 制定和严格执行各项气体废弃物管理制度

根据我国国情并借鉴国外的经验和教训，我国先后制定了八项环境管理制度，如环境影响评价制度和"三同时"制度，排污许可证制度，环境保护税制度，浓度控制和总量控制制度，大气污染排放限期治理制度，大气污染防治重点城市制度，酸雨控制区或者二氧化硫污染控制区制度，大气污染防治的清洁生产、工艺淘汰等企业管理制度，突发性大气污染事件应急管理制度，大气污染监测制度，城市大气环境质量公报制度以及大气污染防治的经济激励和奖励制度等。上述各项制度都为我国的气体废弃物管理奠定了坚实的基础。

4. 防治燃煤产生大气污染物的管理途径

（1）煤炭使用。国家推行煤炭选洗加工，降低煤的硫分和灰分，限制高硫分、高灰分煤炭的开采。新建的所采煤炭属于高硫分、高灰分的煤矿，必须建设配套的煤炭选洗设施，使煤炭中的硫分、灰分达到规定的标准。对已建成的所采煤炭属于高硫分、高灰分的煤矿，应当按照国务院批准的规划，限期建成配套的煤炭选洗设施，禁止开采含放射性和砷等有毒有害物质超过规定标准的煤炭。

（2）清洁能源的使用。国务院有关部门和地方各级人民政府应当采取措施，改进城市能源结构、推广清洁能源的生产和使用。大气污染防治重点城市人民政府可以在本辖区内划定禁止销售、使用国务院环境保护行政主管部门规定的高污染燃料的区域。该区域内的单位和个人应当在当地人民政府规定的期限内停止燃用高污染燃料，改用天然气、液化石油气、电或者其他清洁能源。国家采取有利于煤炭清洁利用的经济、技术政策和措施，鼓励和支持使用低硫分、低灰分的优质煤炭，鼓励和支持洁净煤技术的开发和推广。

（3）锅炉等的使用。国务院有关主管部门应当根据国家规定的锅炉大气污染物排放标准，在锅炉产品质量标准中规定相应的要求；达不到规定要求的锅炉，不得制造、销售或者进口。

城市建设应当统筹规划，在燃煤供热地区，统一解决热源，发展集中供热。在集中供热管网覆盖的地区，不得新建燃煤供热锅炉。

大、中城市人民政府应当制定规划，对饮食服务企业限期使用天然气、液化石油气、电或者其他清洁能源。对未划定为禁止使用高污染燃料区域的大、中城市市区内的其他民用炉灶，限期改用固硫型煤或者使用其他清洁能源。

（4）促进燃煤电厂的清洁生产。新建、扩建排放二氧化硫的火电厂和其他大中型企业，超过规定的污染物排放标准或者总量控制指标的，必须建设配套脱硫、除尘装置或者采取其他控制二氧化硫排放、除尘的措施。在酸雨控制区和二氧化硫污染控制区内，还需要优先符合总量控制要求。国家鼓励企业采用先进的脱硫、除尘技术。企业应当对燃料燃烧过程中产生的氮氧化物采取控制措施。

（5）煤炭储运过程的管理。在人口集中地区存放煤炭、煤矸石、煤渣、煤灰、砂石、灰土等物料，必须采取防燃、防尘措施，防止污染大气。

5.防治机动车船排放污染的主要管理途径

（1）控制机动车船排放标准。机动车船向大气排放污染物不得超过规定的排放标准。任何单位和个人不得制造、销售或者进口污染物排放超过规定排放标准的机动车船。

在用机动车不符合制造当时的在用机动车污染物排放标准的，不得上路行驶。省、自治区、直辖市人民政府规定对在用机动车实行新的污染物排放标准并对其进行改造的，须报经国务院批准。机动车维修单位，应当按照防治大气污染的要求和国家有关技术规范进行维修，使在用机动车达到规定的污染物排放标准。

（2）使用机动车船清洁能源。国家鼓励生产和消费使用清洁能源的机动车船。支持生产、使用优质燃料油，采取措施减少燃料油中有害物质对大气环境的污染。

（3）机动车船污染排放年检。省、自治区、直辖市人民政府环境保护行政主管部门可以委托已取得公安机关资质认定的承担机动车年检的单位，按照规范对机动车排气污染进行年度检测。交通、渔政等有监督管理权的部门可以委托已取得有关部门资质认定的承担机动船舶年检的单位，按照规范对机动船舶排气污染进行年度检测。县级以上地方人民政府环境保护行政主管部门可以在机动车停放地对在用机动车的污染物排放状况进行监督抽测。

6.防治废气、尘和恶臭污染的主要管理途径

（1）对粉尘、可燃性气体、硫化物气体、含放射性物质的气体和气溶胶排放的规定。向大气排放粉尘的排污单位，必须采取除尘措施。严格限制向大气排放含有毒物质的废气和粉尘；确需排放的，必须经过净化处理，不超过规定的排放标准。

工业生产中产生的可燃性气体应当回收利用，不具备回收利用条件而向大气排放的，应当进行防治污染处理。向大气排放转炉气、电石气、电炉法黄磷尾气、有机烃类尾气的，须报经当地环境保护行政主管部门批准。可燃性气体回收利用装置不能正常作业的，应当及时修复或者更新。在回收利用装置不能正常作业期间确需排放可燃性气体的，应当将排放的可燃性气体充分燃烧或者采取其他减轻大气污染的措施。

炼制石油、生产合成氨、煤气和燃煤焦化、有色金属冶炼过程中排放含有硫化物气体

的，应当配备脱硫装置或者采取其他脱硫措施。向大气排放含放射性物质的气体和气溶胶，必须符合国家有关放射性防护的规定，不得超过规定的排放标准。

（2）对恶臭气体、焚烧产生气体物质、散发气体的物质、扬尘等的规定。向大气排放恶臭气体的排污单位，必须采取措施防止周围居民区受到污染。

在人口集中地区和其他依法需要特殊保护的区域内，禁止焚烧沥青、油毡、橡胶、塑料、皮革、垃圾以及其他产生有毒有害烟尘和恶臭气体的物质。禁止在人口集中地区、机场周围、交通干线附近以及当地人民政府划定的区域露天焚烧秸秆、落叶等产生烟尘污染的物质。除前两项之外，城市人民政府还可以根据实际情况，采取防治烟尘污染的其他措施。

运输、装卸、贮存能够散发有毒有害气体或者粉尘物质的，必须采取密闭措施或者其他防护措施。

城市饮食服务业的经营者，必须采取措施，防治油烟对附近居民的居住环境造成污染。

城市人民政府应当采取绿化责任制，加强建设施工管理、扩大地面铺装面积、控制渣土堆放和清洁运输等措施，提高人均占有绿地面积，减少市区裸露地面和地面尘土，防治城市扬尘污染。

（3）对消耗臭氧物质及其替代品的规定。国家鼓励、支持消耗臭氧层物质替代品的生产和使用，逐步减少消耗臭氧层物质的产量，直至停止消耗臭氧层物质的生产和使用。在国家规定的期限内，生产、进口消耗臭氧层物质的单位必须按照国务院有关行政主管部门核定的配额进行生产、进口。

7. 大气环境保护综合规划

大气环境保护综合规划的实质是为了达到区域环境空气质量控制目标，对多种大气污染控制方案的技术可行性、经济合理性、区域适应性和实施可能性等进行最优化选择和评价，从而得到最优的控制方案和工程措施的规划方案。

第三节　水体废弃物环境管理

一、水体废弃物概况

1. 水体废弃物的种类

水体污染物按其在水体中的状态或形态可划分为水体颗粒物、浮游生物、溶解物质；按其危害特征可分为耗氧有机物、难降解有机污染物、植物性营养物质、重金属污染物、放射性污染物、石油类污染物、病原体等。

一些主要的水体污染物如表8-3所示。

表8-3　一些主要的水体污染物及其来源

种类	污染物及来源
水体颗粒物	指纳米以上的胶体、矿物微粒、生物残体颗粒。胶体包括硅胶体、重金属的水合氧化物、腐殖酸、蛋白质、多糖、类脂等；矿物颗粒包括碳酸钙晶体、硅铝酸盐、黏土等。水体颗粒物在水体中呈悬浮状态，影响水体的感观和透明程度，影响水体中的光合作用

种类	污染物及来源
浮游生物	浮游动物、浮游植物和微生物。主要浮游动物有枝角目、太阳虫目、腰鞭毛虫目、轮虫等；主要浮游植物有绿藻、蓝藻、硅藻、裸藻、隐藻、金藻等；主要微生物有变形虫类、细菌、病毒等。水体污染时，浮游生物可改变水体感观性状、恶化水质（赤潮和水华），传播疾病
溶解物质	包括溶解金属化合物、小分子有机物，如有机酸、氨基酸、糖类、油脂类天然有机物，多氯联苯、有机磷农药、有机氯农药等，也包括溶解在水中的气体化合物，如 CO、CO_2、H_2S、NH_3、Cl_2 等
耗氧有机物	指有机酸、氨基酸、糖类、油脂等有机物质，在有氧条件下分解时需要大量氧气，导致水体溶解氧耗竭，主要来自生活污水和某些工业废水
难降解有机污染物	也称持久性有机污染物（POPs），主要包括卤代有机物、有机磷化合物、有机胺化合物、有机金属化合物及多环芳烃等。多为亲脂性化合物，难以自然降解，易在生物体内蓄积，且多具有较强的"三致"作用
植物性营养物质	包括硝酸盐、亚硝酸盐、铵盐、氨氮、无机和有机磷化合物等，是水体富营养化的主要原因
重金属污染物	指汞、铅、铬、镉、砷等有显著生物毒性的非必需金属元素，及过量存在的铜、锌、钼、钴等必需金属元素。具有长期存留、导致多种不可逆的毒性作用
物理污染因素	影响水体温度、电导率、氧化还原电位、色度、能见度等物理性因素，包括热污水、酸性废水、高含盐废水、色素、无机悬浮物等
放射性污染物	天然放射性核素有 ^{40}K、^{238}U、^{226}Ra、^{14}C 和氚；核试验通过大气沉降、核电站的废水废气废渣产生的 ^{90}Sr、^{137}Cs 等
石油类污染物	主要来自石油开采、运输过程的泄漏、排放和事故及炼油和石化含油废水排放
病原体	包括病菌、病毒、寄生虫，主要来自生活污水、医院废水，以及屠宰、制革、生物制品等行业

2. 水体废弃物的来源

水体污染源按污染成因可分为天然污染源和人为污染源；按污染物种类可分为物理性、化学性和生物性污染源；按分布和排放特性可分为点源、面源、扩散源和内源。通常使用的术语是点源和面源。

工矿企业、城市或社区的集中排放一般被认为是点源。点源污染物的种类和数量与点源本身的性质密切相关。而在流域集水区和汇水盆地，污染通过地表径流进入天然水体的途径被认为是面源，其主要污染物有氮、磷、农药和有机物等。

3. 水体废弃物的特征

（1）来源广泛、成分复杂、排放量大。与气体废弃物一样，水体废弃物包括有机物、无机物、重金属、营养物质等在内的水体废弃物具有多种来源，成分复杂、排放量大的特点，这些水体废弃物一般都间接或直接进入江河湖海和地下水等环境，有可能经过非常复杂的物理、化学和生物过程造成水污染。

（2）水污染与水资源、水灾害的关联性高。人与水的关系可划分为水资源、水安全和水污染三个层面。水资源关系到人类的基本生存需要、水灾害是威胁生产生活的主要灾害之一、水污染则直接危害人体健康和水生态系统。因此，解决水污染问题，必须结合水资源、水灾害统筹考虑。

二、水体废弃物管理实践

水体废弃物管理和水环境污染控制涉及的领域非常广泛，目前还没有形成水体废弃物管理的统一理念。一般而言，水体废弃物管理，或称为水污染管理主要包括以下一些重要领域。

1. 点源管理

点源是指排放水体废弃物的污染源的排放形式为集中在一点或一个可以当作一点的小范围，实际上多由管道收集后进行集中排放。最主要的点源有工业废水和城市生活污水，前者通过工厂的集中排污口排放，后者经过收集和处理后通过城市的集中排污口排放。点源管理主要包括：①废弃物浓度和总量的管理，包括各种排污许可证的审核发放、排污费收取、废弃物的区域总量控制、接入城市排水管道的废弃物浓度控制等。②废弃物最终排入自然水体后的环境影响的控制，如控制集中排放口的出水深度和总量，使其对水体环境的影响控制在可接受的范围内。③制定各种控制和激励点源减少废弃物排放量、节约用水的政策和管理措施。

2. 面源管理

面源又称为非点源，其废弃物排放一般分散在一个较大的区域范围内，通常表现为无组织排放。面源污染主要有城市中的地表径流、含有农药化肥的农田排水、农村畜禽养殖废水、区域水土流失等。另外，农村中没有纳入污水收集系统而分散排放的生活污水和乡镇工业废水，其进入自然水体的方式大多是无组织的，通常也被当作面源来处理。面源管理的主要内容有：①建设面源污水的收集和处理系统，如城市中要完善雨水收集系统，将污染严重的雨水纳入城市污水处理厂进行处理；在农村要大力建设污水收集和处理的基础设施，将农村生活污水和工业废水进行集中处理。②加强农田、城市街道等面源本身的环境管理，如农田合理施用化肥农药、积极进行水土保持，及时清扫街道等。③制定各种控制和激励面源减少废弃物排放量、节约用水的政策和管理措施。

三、水体废弃物管理的主要途径和方法

1. 水体废弃物的管理机构和体制

我国目前的水体废弃物管理体系，是指以环境保护主管部门为主，结合有关的工业主管部门和城市建设主管部门，共同对水体废弃物实行管理。

根据《中华人民共和国水污染防治法》，各级人民政府的生态环境部门是对水污染防治实施统一监督管理的机关。各级交通部门和行政机关是对船舶污染实施监督管理的机关。各级人民政府的水利管理部门、卫生行政部门、地质矿产部门、市政管理部门、重要江河的水源保护机构，结合各自的职责，协同生态环境部门对水污染防治实施监督管理。

一切单位和个人都有责任保护水环境，并有权对污染损害水环境的行为进行监督和检举。因水污染危害直接受到损失的单位和个人，有权要求致害者排除危害和赔偿损失。

2. 水环境质量标准和污染物排放标准

国务院生态环境部门制定国家水环境质量标准及各类污染物排放标准。

3. 水污染防治主要的监督管理途径

目前，我国水污染防治主要的监督管理途径主要有以下几点：加强水资源的保护和合理利用，环境影响评价和三同时制度，排污许可证制度，环境保护税制度，浓度控制和总量控制制度，重要江河流域的水资源和水环境管理制度，城市污水进行集中处理制度，生活饮用水地表水源保护制度，水污染防治的清洁生产、工艺淘汰等企业管理制度以及跨行政区域的

水污染纠纷解决制度。

4. 防止地表水污染的主要管理途径

（1）地表水源保护。在生活饮用水源地、风景名胜区水体、重要渔业水体和其他有特殊经济文化价值的水体的保护区内，不得新建排污口。在保护区附件新建排污口，必须保证保护区水体不受污染。

（2）突发性水污染防治。排污单位发生事故或者其他突发性事件，排放污染物超过正常排放量的，造成或者可能造成水污染事故的，必须立即采取应急措施，通报可能受到污染危害和损害的单位，并向当地生态环境部门报告。船舶造成污染事故的，应当向就近的航政机关报告，接受调查处理。造成渔业污染事故的，应当接受渔政监督管理机构的调查处理。

（3）禁止向水体排放特殊污染物的管理。禁止向水体排放油类、酸液、碱液或者剧毒废液。禁止在水体中清洗装贮过油类或者有毒污染物的车辆和容器。禁止将含有重金属、氰化物、黄磷等可溶性剧毒废渣向水体排放、倾倒或者直接埋入地下。存放可溶性剧毒废渣的场所，必须采取防水、防渗漏、防流失的措施。禁止向水体排放、倾倒工业废渣、城市垃圾和其他废弃物。禁止在江河、湖泊、运河、渠道、水库最高水位线以下的滩地和岸坡堆放、存贮固体废弃物和其他废弃物。禁止向水体排放或者倾倒放射性固体废物或者含有高放射性和中放射性物质的废水。

（4）关于排放放射性废水、医院废水、农业废水、污水灌溉的相关管理。向水体排放含低放射性物质的废水，必须符合国家有关放射性防护的规定和标准。向水体排放含热废水，应当采取措施，保证水体的水温符合水环境质量标准，防止热污染危害。排放含病原体的污水，必须经过消毒处理，符合国家有关标准后，方准排放。向农田灌溉渠道排放工业废水和城市污水，应当保证其下游最近的灌溉取水点的水质符合农田灌溉水质标准。利用工业废水和城市污水进行灌溉，应当防止污染土壤、地下水和农产品。使用农药，应当符合国家有关农药安全使用的规定和标准。运输、存贮农药和处置过期失效农药，必须加强管理，防止造成水污染，等等。

（5）船舶排放污染的管理。船舶排放含油污水、生活污水必须符合船舶污染物排放标准。从事海洋航运的船舶，进入内河和港口的，应当遵守内河船舶污染物排放标准。船舶的残油、废油必须回收，禁止排放水体。禁止向水体倾倒船舶垃圾。船舶装载运输油类或者有毒货物，必须采取防止溢流和渗漏的措施，防止货物落水造成水污染。

5. 防止地下水污染的主要管理措施

禁止企事业单位利用渗井、渗坑、裂隙和溶洞排放、倾倒含有毒污染物的废水、含病原体的污水和其他废弃物。在无良好隔渗地层，禁止企事业单位使用无防止渗漏措施的沟渠、坑塘等输送或者存贮含有毒污染物的废水、含病原体的污水和其他废弃物。在开采多层地下水的时候，如果各含水层的水质差异大，应当分层开采；对已受到污染的潜水和承压水，不得混合开采。兴建地下工程设施或者进行地下勘探、采矿等活动，应当采取保护性措施，防止地下水污染。人工回灌补给地下水，不得恶化地下水质。

6. 制定流域水污染防治规划

防治水污染应当按照流域或者按区域进行统一规划。国家确定的重要江河流域水污染防治规划，由国务院生态环境部门会同计划主管部门、水体管理部门等有关部门和有关省、自治区、直辖市人民政府编制，报国务院批准。其他跨省、跨县江河的流域水污染防治规划，根据国家确定的重要江河的流域水污染防治规划和本地实际情况，由省级以上人民政府生态环境部门会同水利管理部门等有关部门和有关地方人民政府编制，报国务院或者省级人民政府批准。不跨省的其他江河的流域水污染防治规划由该省级人民政府报国务院备案。经批准的水污染防治规划是防治水污染的基本依据，规划的修订须经原批准机关的批准。县级以上人民政府，应根据依法批准的江河流域水污染防治规划，组织制定本行政区域的国民经济和社会发展中长期和年度计划。

第四节　固体废弃物环境管理

一、固体废弃物概况

1. 固体废弃物的种类

固体废弃物是指人类在生产建设、日常生活和其他活动中产生的，在一定时间和地方无法利用而被丢弃的固体、半固体物质。

固体废弃物分类的方法有多种，按其组成可分为有机废物和无机废物；按其形态可分为固态废物、半固态废物和液态（气态）废物；按其污染特性可分为危险废物和一般废物等。根据《中华人民共和国固体废物污染环境防治法》分为城市固体废物、工业固体废物、农业固体废物和危险废物。

在我国，一些不能排入水体的液态废物和不能排入大气的置于容器中的气态废物，由于多具有较大的危险性，也归入固体废物管理体系。

（1）工业固体废物。工业固体废物是指各个工业部门生产过程中产生的固体与半固体废物，是产生量最大的一类固体废物。

工业固体废物主要包括以下几类：①冶金工业固体废物，如各种废渣等。②能源工业固体废物，如粉煤灰、炉渣等。③石油化学工业固体废物，如油泥、废催化剂等。④矿业固体废物，如采矿废石、尾矿等。⑤轻工业固体废物，如各种污泥、动物残物、废酸、废碱等。⑥其他工业固体废物，如各种金属碎屑、污泥、建筑废料等。

（2）城市固体废物。城市固体废物又称为城市垃圾，是指在城市居民生活、商业活动、市政建设、机关办公等活动中产生的固体废物。

城市固体废物一般分为四类：①生活垃圾，是在城市居民日常生活中或为城市日常生活提供服务的活动中产生的固体废物，可以分为居民生活垃圾、街道保洁垃圾和单位垃圾三类。居民生活垃圾数量大、性质复杂，受时间和季节影响大，一般包括厨余物、废纸、废塑料、粪便，以及废家具、废旧电器等。②城建渣土，城市建设中的废砖瓦、碎石、渣土、混凝土碎块等。③商业固体废物，包括废纸、各种废旧包装材料、丢弃的食品饲料等。④粪便，城市基础设施建设完善时，居民的粪便大都通过下水道进入污水处理厂处理，而缺乏城市下水及污水处理设施时，粪便需要收集、清运，是城市固体废物的重要组成部分。

（3）农业固体废物。农业固体废物是农业生产、农产品加工和农村居民生活产生的废物。农业废物种类很多，一般可以归纳为四类：①农田和果园残留物，如秸秆、残株、杂草等。②牲畜和家禽粪便以及栏圈铺垫物等。③水产养殖废物以及农产品加工废物。④人粪尿及生活垃圾。

农业固体废弃物多产生于城市郊区以外，一般就地加以综合利用，或作沤肥处理，或作燃料焚烧，还有一些露天堆放。我国《固体废物污染环境防治法》对种植、养殖产生的固体废物提出的预防污染、合理利用的要求，对农村生活垃圾提出清扫、处置的要求。

（4）危险废物。危险废物是指列入《国家危险废物名录》或是根据国家规定的危险废物鉴别标准和鉴别方法认定具有危险特性的废物。危险废物通过具有易燃性、腐蚀性、化学反应性、毒害性及生物蓄积性、遗传变异性、刺激性等有害特性，对人体和环境产生极大危害。我国在 2016 年 8 月 1 日起施行的《国家危险废物名录》（以下简称《名录》）中，列出了包括医疗废物、农药废物、废溶剂等在内 46 大类别 479 种（362 种来自原名录，新增 117 种）危险废物。

同时，2016 版《名录》增加《危险废物豁免管理清单》。在所列的豁免环节，且满足相应的豁免条件时，可以按照豁免内容的规定实行豁免管理。在满足上述条件前提下，"豁免内容"含义如下：

"全过程不按危险废物管理"：全过程（各管理环节）均豁免，无需执行危险废物环境管理的有关规定；

"收集过程不按危险废物管理"：收集企业不需要持有危险废物收集经营许可证或危险废物综合经营许可证；

"利用过程不按危险废物管理"：利用企业不需要持有危险废物综合经营许可证；

"填埋过程不按危险废物管理"：填埋企业不需要持有危险废物综合经营许可证；

"水泥窑协同处置过程不按危险废物管理"：水泥企业不需要持有危险废物综合经营许可证；

"不按危险废物进行运输"：运输工具可不采用危险货物运输工具；

"转移过程不按危险废物管理"：进行转移活动的运输车辆可不具有危险货物运输资质；转移过程中可不运行危险废物转移联单，但转移活动需事后备案。

在工业固体废物中有不少危险废物。我国工业危险废物的产生量估计约占工业固体废物总量的 3%~5%，其来源主要分布在化学工业、矿业、金属冶炼及加工业、石油工业等。在城市生产垃圾中，除医院的临床废物外，居民生活用品中的废电池、废日光灯、废家电等，也属于危险废物。

2. 固体废弃物来源

固体废弃物来源于资源开发、产品制造、商品流通和生活消费这些物质流环节，其来源大体可以分为两大类。一类是生产过程中产生的固体废物，称为生产废物；另一类是生产进入市场后在流通过程或消费后产生的固体废物，称为生活废物。如表 8-4 可见，在生产生活的大多数部门和领域，都会产生固体废弃物。

表 8-4　各类产生源产生的主要固体废弃物

发生源	产生的主要固体废弃物
矿业	废石、尾矿、金属、废木、砖瓦和水泥、砂石等
金属结构、交通、机械等工业	金属、渣、砂石、陶瓷、涂料、管道、绝热和绝缘材料、胶黏剂、污垢、废木、塑料、橡胶、纸、各种建设材料、烟尘等
建筑材料工业	金属、水泥、黏土、陶瓷、石膏、石棉、砂、石、纸、纤维等

续表

发生源	产生的主要固体废弃物
食品加工业	肉、谷物、蔬菜、硬壳果、水果、烟草等
橡胶、皮革、塑料等工业	橡胶、塑料、皮革、纤维、燃料等
石油化工业	化学药剂、金属、材料、橡胶、陶瓷、沥青、油毡、石棉、涂料等
电器、仪器仪表工业	金属、玻璃、木、橡胶、塑料、化学药剂、研磨料、陶瓷、绝缘材料等
纺织服装工业	纤维、金属、橡胶、塑料等
造纸、木材、印刷等工业	刨花、锯末、碎木、化学药剂、金属、塑料等
居民生活	食物、纸、抹布、庭院标准修剪物、金属、玻璃、塑料、瓷、燃料灰渣、脏土、碎砖瓦、废器具、粪便等
商业机关	同上，另有管道、碎砌体、沥青及其他建筑材料，含有易爆、易燃、腐蚀性、放射性废物以及废汽车、废电器、废器具等
市政维护、管理部门	碎砖瓦、树叶、死畜禽、金属、锅炉灰渣、污泥等
农村	秸秆、蔬菜、水果、果树枝条、人和畜禽粪便、农药等
核工业和放射性医疗单位	金属、含放射性废渣、粉尘、污泥、器具和建筑材料等

3. 固体废弃物的主要特征

（1）资源和废弃物的相对性。固体废弃物品种繁多，数量巨大，从资源利用的角度看具有明显的相对性。从时间上看，大多数固体废弃物在当前科学技术和经济条件下无法利用，但随着时间推移，今天的废弃物有可能成为明天的资源。从空间上看，废弃物仅相对于生产或生活中的某一过程或方面没有了使用价值，但对于其他过程，则可能成为一种原材料。

（2）富集终态和污染源头的双重作用。固体废弃物往往是许多成分的终极状态。一些有害气体或飘尘，通过大气污染治理最终富集成为固体废弃物；一些有害溶质和悬浮物，最终被分离出来成为污泥或残渣；一些含重金属的可燃固体废弃物，通过焚烧处理，有害重金属最终浓集于灰烬中。但是，这些"终态"物质中的有害成分，在长期的自然因素作用下，又会转入大气、水体和土壤中，成为环境污染的"源头"。

（3）具有潜在性、长期性、灾难性的危害特点。固体废弃物对环境的污染和危害不同于废水和废气。固体废弃物停滞性大、扩散性小，直接占用土地，其对环境的污染主要通过水、大气或土壤介质影响人类赖以生存的生物圈，给居民身体健康带来危害。固体废弃物中污染成分的迁移转化，是一个较慢的过程，因此，从这个意义上讲，固体废弃物，特别是有害固体废弃物对环境的危害是潜在的、长期的，甚至可能是灾难性的，其危害后果要比废水和废气的危害严重得多。

二、固体废弃物管理实践

1. 固体废弃物管理的"三化"原则

固体废弃物管理的"三化"原则是指减量化、资源化和无害化。

减量化是指减少固体废弃物的产生量和排放量。减量化的要求，不只是减少固体废物的数量和体积，还包括尽可能地减少其种类、降低危险废弃物中有害成分的浓度、减轻或清除其他危害特性等。减量化是对固体废物的数量、体积、种类、有害性质的全面管理，是防止固体废物污染环境的优先措施。

资源化是指采取管理和工业措施从固体废物中回收物质和能源，加速物质和能量的循环，创造经济价值的方法。资源化包括三个方面：①物质回收，即处理废物并从中回收指定的二次物质如纸张、玻璃、金属等。②物质转换，利用废物制造新形态的物质，如利用炉渣生产水泥、利用有机垃圾堆肥等。③能量转换，从废物处理过程中回收热能或电能，如垃圾发电等。

无害化是指对已产生又无法或暂时尚不能综合利用的固体废物，经过物理、化学或生物方法，进行对环境无害或低危害的安全处理处置，达到废物的消毒、解毒或稳定化，以防止进而减少固体废物的污染危害。

2. 固体废弃物管理、第四产业与循环经济

循环经济是相对传统的线性经济而言的，是一种通过资源和废弃物的循环、高效利用以提高经济效率和效益的经济生产的组织和运行方式。循环经济基本特征是"物质循环"，而其最终落脚点是"经济效益"。

废物处置和再生利用产业是循环经济发展中的一个重要的节点产业，可称之为第四产业，没有这个中间环节，就不能建设成循环流动的联网，也就不能实现物质的环状流动。而一直以来，固体废物的管理、处置，被当成是社会公益事业由政府包揽，环境卫生部门既是监督机构，又是管理和执行单位，政企合一，不利于形成有效的监督和竞争机制。为此，有必要建立固体废物处置的市场竞争机制，完善管理体系的根本转换，营造固体废物集中处置的社会服务网络，建立监督和社会保障系统，将固体废物处置产业直接推向市场。

三、固体废弃物管理的主要途径和方法

1. 建立和健全固体废弃物管理体系

随着对固体废弃物污染的日益关注，建立完整有效的管理体系显得非常迫切。我国目前的固体废弃物管理体系，是指以环境保护主管部门为主，结合有关的工业主管部门和城市建设主管部门，共同对固体废物实行管理。《固体废物污染环境防治法》规定了各个主要部门的分工。

各级环境保护主管部门对固体废物污染环境的防治工作实施统一监督管理。其主要工作包括：①制定有关废弃物管理的规定、规则和标准。②建立固体废物污染环境的监测制度。③审批产生固体废物的项目以及建设贮存、处置固体废物项目的环境影响评价。④验收、监督和审批固体废物污染环境防治设施的"三同时"及其关闭、拆除。⑤对与固体废物污染环境防治有关的单位进行现场检查。⑥对固体废物的转移、处置进行审批、监督。⑦对进口可用做原料的废物进行审批。⑧制定防治工业固体废物污染环境的技术政策，组织推广先进的防治工业固体废物污染环境的生产工艺和设备。⑨制定工业固体废物污染环境防治工作规划。⑩组织工业固体废物和危险废物的申报登记。⑪对所产生的危险废物不处置或处置不符合国家有关规定的单位实行行政代执行审批、颁发危险废物经营许可证。⑫对固体废物污染事故进行监督、调查和处理。

国务院有关部门、地方人民政府有关部门在各自的职责范围内负责固体废物污染环境防治的监督管理工作，其主要工作包括：①对所管辖范围内的有关单位的固体废物污染环境防治工作进行监督管理。②对造成固体废物严重污染环境的企业事业单位进行限期治理。③制

定防治工业固体废物污染环境的技术政策，组织推广先进的防治工业固体废物污染环境的生产工艺和设备。

各级人民政府环境卫生行政主管部门负责城市生活垃圾的清运、贮存、运输和处置的监督管理工作。其主要工作包括：①组织制定有关城市生活垃圾管理的规定和环境卫生标准。②组织建设城市生活垃圾的清扫、贮存、运输和处置设施，并对其运转进行监督管理。③对城市生活垃圾的清扫、贮存、运输和处置经营单位进行统一管理。④组织研究、开发和推广减少工业固体废物产生量的生产工艺和设备，限期淘汰落后的生产工艺和设备。⑤制定工业固体废物污染环境防治工作规划。⑥组织建设工业固体废物和危险废物贮存、处置设施。

2. 制定和严格执行各项固体废弃物管理制度

根据我国国情并借鉴国外的经验和教训，《固体废物污染环境防治法》制定了一些行之有效的管理制度，主要有以下几个方面：分类管理制度、工业固体废物排污许可证制度、固体废物污染环境影响评价制度及其防治设施的"三同时"制度、环境保护税制度、限期治理制度、进口废物审批制度、危险废物行政代执行制度、危险废物经营单位许可证制度、危险废物转移报告单制度。

3. 转变和创新固体废弃物管理方式

（1）注重固体废物综合管理的实现。在循环经济思想的指导下，固体废物管理的重点不再单纯局限于如何实现固体废物的安全、卫生处置，而是遵循全面化和层次化的原则，从固体废弃物的产生、排放、运输、处理、利用到最终处置各个环节进行全过程的管理，从管理机构建设、源头削减的实现、循环利用的优化、最终处置的无害化等方面加强研究。

（2）延伸固体废物管理权限。就固体废物源头控制而言，管理的实施必然要涉及对工业与商业机构的管理；固体废物资源化产品进入市场，则涉及对市场价格体系和税收干预到城市固体废物分类收集的实施有赖于社区管理部门的配合；公众环境意识的提高，则有赖于各类传媒积极有效地参与。

（3）全社会公众参与。公众事实上是所有城市固体废物处理处置费用的最终支付者，当然也是固体废物综合管理所引起的环境生态改善的享有者。社会成员公平地参与固体废物管理，包括对管理决策的知情权和发言权，也包含社会成员公平地承担责任与义务。社会成员应优先购买和使用含再生资源物质多的商品，同时可能承担其中包含的资源化过程成本，积极改变消费习惯，抵制使用产废率高的一次性商品。

4. 加强固体废弃物综合管理规划

固体废物的收集、运输、处理是一个大的系统工程，涉及技术、经济、自然环境、管理等各个方面，并需较大的经济投入，所以需要制定切实可行的固体废物综合管理规划方案。

固体废物综合管理规划的主要内容有：源头管理规划、收运管理规划、处理处置管理规划、固体废物资源化利用及产业化发展规划、固体废物处理处置与资源化利用的技术发展规划等。

固体废物综合管理规划的步骤主要有：固体废物现状调查与评价、固体废物变化趋势预测、规划目标与指标设置、规划方案确定、规划方案的实施及保障等内容。

思考题

1. 什么是环境废弃物？废弃物类型如何划分？

2. 废弃物的特点是什么？

3. 废弃物环境管理的目标和任务是什么？

4. 气体废弃物的种类有哪些？气体废弃物有哪些自然来源和人为来源？

5. 气体废弃物的特征是什么？

6. 气体废弃物管理的主要途径和方法是什么？

7. 水体废弃物的种类有哪些？

8. 水体废弃物的来源有哪些？

9. 水体废弃物的特征是什么？

10. 水体废弃物管理的主要途径和方法是什么？

11. 固体废弃物的种类有哪些？

12. 固体废弃物的来源有哪些？

13. 固体废弃物的主要特征是什么？

14. 固体废弃物管理的主要途径和方法是什么？

讨论题

1. 通过对当地工业企业相关资料的收集、现场的调查，探讨地方工业企业工业废弃物的主要类型和工业废弃物产生的主要途径，寻求工业废弃物削减的主要方法和途径，制定适用于地方工业废弃物削减的环境保护规划方案。

2. 通过对你所在城市相关资料的收集、现场的调查，探讨该地区城市废弃物的类型和城市废弃物产生的途径，寻求城市废弃物削减的主要方法和途径，制定适用于地方城市废弃物削减的环境保护规划方案。

第九章　循环经济

环境是人类生存和经济发展的物质基础和载体，而以"高消耗、高污染"为主要特征的传统经济发展方式片面追求经济发展，造成了资源枯竭、环境污染和生态退化等一系列环境问题，同时也在一定程度上带来了经济的低效增长和重复建设。人类不仅为已有的经济增长付出了沉重的代价，而且这种经济增长方式的延续，还将威胁人类社会或区域社会经济的可持续发展。循环经济以减量化（Reducing）、再利用（Reusing）、再循环（Recycling）为原则（简称"3R"原则），以资源高效利用和循环利用为核心，对促进经济增长方式转型、提高资源利用效率、减少环境污染、落实生态保护目标具有重要意义。

第一节　循环经济概述

一、循环经济内涵

虽然循环经济的理论和实践不断发展，但学者们较为普遍地认为循环经济本质上就是生态经济，因此，并没有将循环经济学作为一门独立的学科来研究。例如：

有学者认为，所谓循环经济，本质上就是一种生态经济，它要求运用生态学规律而不是机械论规律来指导人类社会的经济活动。

有学者从生态环境系统与经济系统相互关系角度认为，在传统经济模式下，人们忽略了生态环境系统中能量和物质的平衡，过分强调扩大生产来创造更多的福利；而循环经济则强调经济系统与生态环境系统之间的和谐，着眼点在于如何通过对有限资源和能量的高效利用、减少废弃物排放来获得更多的人类福利，循环经济本质上是一种生态经济。

有学者直接认为，循环经济其实是生态经济的俗称，是基于系统生态原理和市场经济规律组织起来的，是具有高效的资源代谢过程、完整的系统耦合结构及整体、协同、循环、自生功能的网络型、进化型的复合型生态经济。循环经济是物质循环、能量更新、信息反馈、空间和谐、时间连贯、资金融通、人力进化过程的整合。

有学者从生态系统运行角度，认为循环经济就是借助于对生态系统和生物圈的认识，特别是产业代谢研究，找到能使经济体系和生物生态系统"正常"运行相匹配的可能的革新途径，最终就是要建立理想的经济生态系统。

有学者从减少废弃物排放或废弃物资源化角度认为：所谓循环经济，就是将清洁生产和废弃物（排泄物）的综合利用融为一体的经济，本质上是一种生态经济。它要求运用生态学规律来指导人类社会的经济活动，这门学科称为"循环经济学"。

还有学者进一步拓展了循环经济的内涵，认为：循环经济的经济学基础应该是兼具微观、宏观和宇观思想的、以"生态－经济－社会"三维复合系统的矛盾及其运动和发展规律为研究对象的可持续发展经济学。

从以上定义可以看出，一是主要将循环经济理解为生态经济；二是上述有关生态的阐述，更多地侧重于生态关系，而不是生态学。从生态学来看，生态是研究包括人在内的生命与环境的相互关系，因此突破了生态本身的内涵。因此，针对一般认为循环经济的本质就是生态经济，也有学者认为，这其实是没有认识到循环经济是生态经济的发展和提升，是片面的。

人地关系是认知当前经济社会发展与资源、环境、生态等一系列问题的基础，因此，如何在特定的人地关系约束下，通过最少的自然资源投入、最小化的废弃物排放实现人类社会的可持续发展，是循环经济发展的核心目标。据此，可以将循环经济学理解为：以最少的自然资源投入和废弃物排放为目标的经济活动及经济运行关系的总和。

二、循环经济基本原则

循环经济的建立依赖于一组以"减量化、再使用、再循环"为内容的行为原则，每一个原则对循环经济的成功实施都是必不可少的。其中：

减量化或减物质化原则所针对的是输入端，旨在减少进入生产和消费流程的物质和能量流量。

再利用或反复利用原则属于过程性方法，目的是延长产品和服务的时间强度，尽可能多次或多种方式地使用物品，避免物品过早地成为垃圾。

再循环、资源化或再生利用原则是输出端方式，是要求通过将废弃物再次变成资源以减少最终处理量。资源化有两种途径，一是原级资源化，即将消费者遗弃的废弃物资源化后形成与原来相同的新产品，例如将废纸生产出再生纸，废玻璃生产玻璃，废钢生产钢铁等；二是次级资源化，即将废弃物生产成与原来不同类型的产品。一般原级资源化利用再生资源比例高，而次级资源化利用再生资源比例低。

此外，需要指出的是对于循环经济原则，也有些学者提出了"4R"的概念。如认为"4R"就是减量化、再利用、再循环、再制造（Reproducing）；还有认为"4R"就是"3R"＋再思考（Rethinking）；也有提出"4R"就是"3R"＋再回收（Recovery）；也有学者提出了新循环经济学即"5R"原则，即"3R"＋再思考（Rethinking）、再修复（Repairing）；还有学者提出了"6R"原则，即"3R"＋观念更新（Rethinking）、体制革新（Reform）、技术创新（Renovation）；还有学者提出了基于可持续发展的"3R"原则，即算账（Reckoning）、调整（Readjusting）及重构（Reconstructing）。

可以看出关于循环经济原则的探讨对于丰富和发展循环经济理论与实践，都具有积极意义。总体来看，大部分观点仍然是持"3R"的观点，在此，有关论述尤其是指标体系构建主要围绕"3R"原则开展。

三、循环经济基本特征

循环经济发展通过在家庭、园区及社会等多层面实现减量化、再利用和再循环等方面，实现了从资源－产品－污染的资源消费或线形经济模式向资源－产品－再生资源的资源消费或循环经济模式转变，有效地提高了资源利用效率，减少了污染排放，对于推进经济社会全面、协调、可持续发展起到了积极的作用。当然，这种循环不是简单的周而复始或闭路循环，而是一种螺旋式上升的有机进化和系统发育过程。其主要特征主要在于：

（1）生态环境的弱胁迫性。传统的经济产业发展方式对于环境生态的依赖性强，从而一定程度上导致快速的产业发展，也将加剧资源的消耗、生态的破坏和环境的污染。而循环经济发展方式，将会占用更少的资源及生态、环境要素，从而使得快速的经济发展对于资源、生态、环境要素的压力也得到降低。

（2）资源利用的高效性。随着经济发展规模的不断放大，资源消耗不断加剧，也在一定程度上使得全球经济发展尤其是处于快速工业化时期的国家或地区经济发展开始从资金制约型转为资源制约型。而循环经济的建设与发展，实现了资源的减量化投入、重复性使用，从而提高了有限资源的利用效率。

（3）行业行为的高标准性。循环经济要求原料供应、生产流程、企业行为、消费行为等都要符合生态友好、环境友好的要求，从而对于行业行为从原来的单位的经济标准，转变为经济标准、资源节约标准、生态标准、环境标准并重，并通过有效的制度约束，确保行业行为高标准的实现。

（4）产业发展的强持续性。在资源环境生态要素占用成本不断提升的情况下，循环经济产业的发展将更具备竞争优势，同时由于循环经济企业或行业存在技术进步的内在要素，这样就会更有效地推进循环型产业的可持续发展。

（5）经济发展的强带动性。循环型产业的发展对于经济可持续发展具有带动作用，而且产业之间及内部的关联性也将增强，从而推进了产业协作与和谐发展。例如循环型服务业的发展，也将对于循环型农业、循环型工业乃至循环型社会的建设与发展产生有效的带动作用，从而提升区域经济竞争力，并有效推进实现区域经济可持续发展战略的全面实现。

（6）产业增长的强集聚性。循环经济的发展，将在一定层次上带来区域产业结构的重组与优化，从而实现资源利用效率高、生态环境胁迫性弱的产业部门的集聚，这将更有效地推进循环经济以及循环型企业的快速、健康发展。

第二节　循环经济评价

一、循环经济评价概述

1. 循环经济评价内涵

传统经济通常又被称为"线型经济"，以"资源－产品－污染物"为顺序的资源单向流动为基本特征，而循环经济则是以"资源－产品－再生资源"闭环形式的资源循环使用为基本特征，因此，循环经济被认为是区别于传统经济的一种经济模式，其基本特征在于资源的循环使用。因此，对循环经济加以评价，则应包含两个相互联系的过程：①识别经济活动的类型，即判别被评价对象是属于循环经济还是线型经济；②若评价对象为循环经济，则确定评价对象的发展程度。因此，循环经济评价又称循环经济发展评价，就是按照一定评价标准和评价方法，对一定范围内的循环经济发展情况加以调查分析，并在此基础上做出科学、客观和定量的评定。评价的目的在于揭示特定范围内循环经济发展程度，阐明影响循环经济发展的原因以及可能采取的措施以促进循环经济发展。

2. 循环经济评价分类

按照评价对象的层次以及规模，可以将循环经济评价划分成不同的类型，主要包括区域层次循环经济评价、产业层次循环经济评价和企业层次循环经济评价。区域层次循环经济评价就是按照一定评价标准和评价方法，对一定区域范围内的循环经济发展情况加以调查分析，并在此基础上做出科学、客观和定量的评定；产业层次循环经济评价就是按照一定评价标准和评价方法，对一定地域范围内的某一产业的循环经济发展情况加以调查分析并做出科学、客观和定量的评定；企业层次循环经济评价则是按照一定评价标准和评价方法对某一企业资源循环利用效果加以调查分析并做出科学、客观和定量的评定。除区域层次、产业层次和企业层次之外，通常还有园区层次和项目层次的循环经济评价，园区层次循环经济评价是以园区为评价单元，对于园区内的资源循环利用情况加以评价；而项目层次循环经济评价是以具体项目为评价单元，对某一具体项目的资源循环利用情况加以评价。

根据区域类型，区域层次循环经济评价可以行政辖区为评价单元，也可以其他区域为评价单元，例如对城市循环经济的评价可以城区为评价单元；根据产业类型，产业层次循环经济评价可划分成农业循环经济评价、工业循环经济评价和服务业循环经济评价等。

3. 循环经济评价方法

要对一定区域、产业以及企业的循环经济情况加以判断，需要采用一定方法。不少研究尝试采用不同的方法对循环经济进行评价，从目前的研究和实践工作来看，主要有以下几种。

（1）多因素综合评价法。综合考虑多种因素，选择能够反映循环经济发展情况的指标，建立循环经济评价指标体系，并通过一定的方法将各因素或者指标的作用加以综合，以此来判断循环经济发展状况。

（2）潜力分析法。循环经济发展不仅表现为历史过程，更表现为未来的经济运行状态，尤其是未来的经济运行状态对于日益加剧的资源环境压力的适应性，因此，分析循环经济发展的资源减量投入、资源循环利用和污染减排潜力，也是评价循环经济的重要方法。

（3）物质代谢分析。循环经济是以资源循环利用为基础的，资源可以物质形态出现也可以能量形态出现，在不少场合，资源的循环利用表现为物质的循环使用，因此，分析物质代谢效率也是评价循环经济的一个重要手段。

（4）价值链分析。循环经济机制创新的过程，也是企业以及社会创造价值的过程，如果将资源减少投入、资源循环利用以及污染减排纳入社会价值体系或企业价值体系，则可使得社会或企业能够真正建立循环经济型生产方式。因此，有研究将价值链分析方法引入循环经济评价。

（5）仿真模型。应用仿真的手段模仿循环经济系统的运行，通过建立循环经济仿真系统来评价循环经济。

（6）能值分析。资源流动可以物质形态来衡量，也可以能量形态来衡量，因此，同物质流分析类似，从能值的角度来分析物质的流动与转换也是可行的。

在这几种评价方法中，目前在研究和实践工作中使用最为广泛的是多因素综合评价法，因此，以下内容主要以多因素综合评价法为基础，阐明循环发展评价的目标、思路以及指标体系等。

4.循环经济评价特点

循环经济评价指标体系是以循环经济的指导原则为基础，结合所描述对象的特点，能够定量评价所描述对象发展过程的指标集合。一般来说，建立循环经济评价指标体系的重要性体现在五个方面：①通过评价体系，构建评估信息系统，对某一区域的循环经济发展状况进行评估，为管理决策提供依据；②通过定量评价某一区域循环经济发展的总体水平，监测和揭示该区域发展中矛盾和问题产生的原因，及时提供给当地管理部门，以便采取对策，促进本区域的发展；③利用评价体系引导当地政府完成其自身的发展规划和目标；④进行国际间、地区间、城市间循环经济发展水平的评价与比较，从比较中找差距和薄弱环节，并分析落后的原因；⑤进行区域发展趋势的分析，利用预测手段制定本区域的发展战略规划，以进行有效的宏观管理。

从系统论的角度看，对区域循环经济发展的评价指标体系应具有以下特点。

（1）整体性：即从整个大系统的角度出发，将生态环境、社会与经济发展等诸方面作为一个整体来考虑，实现经济、社会与生态环境的三维整合。

（2）体现循环经济的指导原则：减量化、再利用、资源化。

（3）层次性：循环经济的发展都具有鲜明的层次性。若以全球为总系统，下面可依次划分为洲、国家、国内地区、城市等若干层次。另外，就某一具体区域的循环经济发展系统而言，是由经济、社会、生态环境三个子系统组成的，而经济子系统又可按三次产业分为三个子系统，其中的工业子系统循环经济又由企业层面上的循环经济、区域层面上的循环经济（生态工业园区）和工业层面上的循环经济组成，而各子系统又由诸多元素组成。

（4）动态性：人的认识是不断进步的，随着社会的发展，对循环经济评价体系又会随之有新的认识。因此，评价指标体系应具有动态性，随着区域的不断发展而不断改进。

（5）地域性：由于区域之间的自然条件、经济发展水平、社会发展状况等方面的差异，各地区之间社会、经济、生态发展状况不一，造成各区域间发展的不平衡性。循环经济发展模式的实现要基于不同地区的实际情况展开。

（6）阶段性：制定循环经济评价指标体系，除考虑地域特性外，还要有阶段性特色。

二、循环经济综合评价

1.循环经济综合评价的目标和总体思路

（1）综合评价目标。循环经济评价的主要目标就是要凭借一定的方法通过一系列的计算，将体现经济循环程度的各个方面反映出来，并且通过一定的综合手段，得到一个综合性的指数，即循环经济发展指数。

循环经济可以体现在人类活动的各个方面，对循环经济发展的评价可以从人类的活动与结果两个方面来考虑，因此，建立一个 APRP 分析框架（见图 9-1）：活动（Action）-压力（Pressures）-反应（Response）-绩效（Performance）。人类的活动，包括生产活动和消费活动，需要从"社会-经济"系统外获得能量和物质，因此，需要从外部环境摄入资源；人类"社会-经济"系统通过人类的活动完成系统的物质与能量代谢并向系统外输出代谢产生的废弃物质与能量。

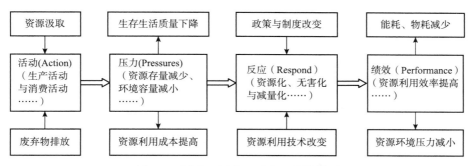

图 9-1 活动－压力－反应－绩效模型

（2）评价思路。在考虑如何分解评价对象之后，需要考虑的是为实现评价目标该如何综合，即应当考虑用什么方法来获得循环经济发展指数这一问题。从评价目标可以看出，循环经济发展评价是一个多指标综合评价的过程，其结果是一个多指标综合评价指数。因此，在整个评价过程中，关键的工作就是确定科学的评价指标体系、选择合适的评价综合方法、指标的转换。

2. 循环经济综合评价的技术路线

评价工作可划分为四个阶段：评价目标确定、资料收集与整理、评价计算、评价结果分析，并且将评价计算部分的工作分成两个部分：一般描述性评价、循环经济综合评价。评价工作可根据图 9-2 所示的技术路线进行。

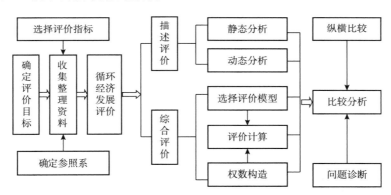

图 9-2 循环经济发展评价的技术路线

3. 循环经济综合评价模型

构建循环经济综合评价指标体系，对于科学评价并积极推进循环经济发展具有重要意义。可在建立循环经济评价指标体系基础上，形成评估信息系统，对循环经济的发展状况进行评估，为管理决策提供依据；利用循环经济评价指标体系定量评价循环经济发展的总体水平；利用指标体系以及评价结果引导当地政府贯彻循环经济的思想，引导和督促其完成当地的发展规划和循环经济建设的基本目标；可利用循环经济评价指标监测和评价循环经济规划的执行程度并分析导致执行偏差的原因，以便及时采取措施保证规划目标的实现。

对应用于循环经济综合评价的两类模型，即概念模型和调控模型进行分析如下。

（1）概念模型。根据社会发展过程当中经济、社会、生态环境三个子系统之间的关系，循环经济综合评价的概念模型可表示如下：

目标函数：$OPT_Z=F(X, Y, Z)$

约束条件：$X \geqslant X_{min}$，$Y \geqslant Y_{min}$，$Z \geqslant Z_{min}$

式中　OPT_Z——循环型社会的发展状态；

　　　　X——社会子系统发展变量；

　　　　Y——经济子系统发展变量；

　　　　Z——生态环境子系统发展变量；

　　　　X_{min}，Y_{min}，Z_{min}——分别为各子系统的边界条件。

模型也就是评价在各子系统承受能力条件下，大系统中社会、经济、生态环境子系统相互协调、相互发展而实现循环经济的发展状态。

（2）调控模型。循环经济的目的在于使经济发展、社会进步、生态环境得到保护，三个子系统之间达到一种理想的优化组合状态。经济子系统、社会子系统和环境子系统在循环经济发展模式下的关系如图9-3所示。

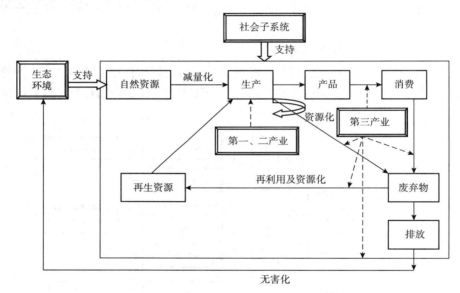

图9-3　循环经济发展模式下的三个子系统的关系

循环经济调控模型的总目标按照经济子系统、社会子系统和生态环境子系统分解为一系列具体目标。经济子系统的主要目标是经济发展，实现第一、二、三类产业的循环经济，使得产业结构优化、经济增长；社会子系统的主要目标是社会进步和稳定，使得人民生活水平得到提高、生活有保障；生态环境子系统的主要目标是资源永续利用和环境改善，使得节约了资源、减少了废物的产生、控制了污染、保护了环境。根据社会、经济、生态环境子系统的调控目标，建立下面的循环经济调控模型，如图9-4所示。

三、循环经济评价指标体系

1.循环经济评价指标体系的设计思路、原则

（1）循环经济评价指标体系的设计思路。指标体系的建立主要是指标选取及指标之间结构关系的确定。这是一个非常复杂的过程，应该采用定性分析和定量研究相结合的方法。定性分析主要是从评价的目的和原则出发，考虑评价指标的充分性、可行性、稳定性、必要性

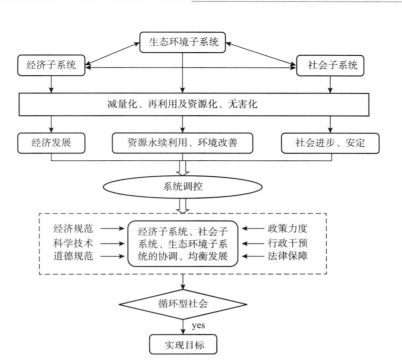

图 9-4　循环经济的调控模型

等因素。定量研究则是通过一系列检验，使指标体系更加科学和合理的过程。因此，指标体系的构建过程可以分为两个阶段，即指标的初选过程和指标的完善过程。

指标体系的初选方法有综合法和分析法两类。综合法是指对已存在的一些指标按一定的标准进行聚类，使之体系化的一种构造指标体系的方法。分析法是指将度量对象和度量目标划分成若干部分、侧面（即子系统），并逐步细分（即形成各级子系统及功能模块），直到每一部分和侧面都可以用具体的统计指标来描述、实现。

科学的指标体系是获得正确的统计分析结论的前提条件。而初选后的指标体系未必是科学的，因此必须对初选的指标体系进行科学性测验。指标体系的测验包括两个方面的内容：单体测验和整体测验。单体测验是指测验每个指标的可行性和正确性。可行性是指指标的数值能否获得，那些无法或很难取得准确资料的指标，或者即使能取得但费用很高的指标，都是不可行的。正确性是指指标的计算方法、计算范围及计算内容应该正确。

（2）构建循环经济评价指标体系的设计原则。依据循环经济发展的理论和目标，建立指标体系应遵循如下 8 个统一性原则：①科学性和实用性相统一的原则；②系统性与层次性相统一的原则；③全面性和代表性相统一的原则；④可比性和可靠性相统一的原则；⑤相关性和整体性相统一的原则；⑥动态性与静态性相统一的原则；⑦引导性与针对性相统一的原则；⑧可操作性与简明性相统一的原则。建立适合中国实际的循环经济评价指标体系，同时必须充分考虑中国的特殊国情及特点，要重点考虑以下几个问题：应突出经济发展的重要性；要体现"保护环境"的基本国策；要体现"科学发展观"的思想；要突出资源的合理开发与保护；要体现"科教兴国"的基本思想。

2. 循环经济评价指标体系的功能

作为反映循环经济发展状态、程度的评价体系应具有以下功能。

（1）描述功能：所选指标应能客观反映任何一个时间点上或时期内社会、经济、生态环境发展的现实状况和变化趋势。

（2）解释功能：能对循环经济的发展状态、协调程度、失调原因、变化原因作出科学合理的解释。

（3）评价功能：根据一定的判别标准，综合测度一个国家或一个地区发展的各子系统之间的协调性，从而在整体上对循环经济发展状况作出客观评价。

（4）监测功能：在获取有关资料后，可对大系统的循环经济发展状况进行监测，并对导致系统失调的主要因素进行干预，为决策和政策的制定提供科学依据。

（5）预测功能：可对未来系统的结构、功能进行预测，为循环经济发展模式的实现提供切实可行的决策方案。

3. 循环经济评价指标体系的框架

循环经济评价体系是对区域社会、经济、生态环境系统协调发展状况进行综合评价与研究的依据和标准，是综合反映社会、经济、生态环境系统不同属性的指标按隶属关系、层次关系原则组成的有序集合。根据上面提出的设计原则以及对社会、经济、生态环境系统的认识与研究，将反映循环经济发展的因素加以分析和合理综合，提出综合评价指标体系。

（1）经济子系统。经济子系统包括第一、二、三产业，在经济子系统中对循环经济的发展评价考虑数量和质量。数量表示经济子系统的发展能力，质量表示在数量增长的同时经济子系统的减量化、再利用及资源化和无害化指标的发展水平。在经济子系统循环经济的评价中要以农业循环经济、工业循环经济、服务业循环经济为基础。

评价农业循环经济发展状况也就是对农业生态园区的发展总体状况的评价，可选用"农业生态园区产值占农业总产值的比例、人均耕地面积"作为经济子系统的数量指标。

工业循环经济有三种模式：工业企业内部循环、工业企业之间循环（生态工业园）和工业子系统的整体循环。工业企业内部循环是企业根据循环经济的思想设计生产过程，促进原料和能源的循环利用。在评价中，从数量和质量两方面考虑，数量是对企业效益的评价，质量是根据循环经济的指导原则设计企业循环经济的指标：减量化指标、再利用及资源化指标、无害化指标。企业循环经济的评价指标体系见图9-5。生态工业园区即采用企业与企业之间的循环，评价园区循环经济的发展仍然依据"三化"原则，即采用减量化指标、再利用及资源化指标和无害化指标来反映。生态工业园区循环经济的评价指标体系见图9-6。工业子系统的整体循环要求工业子系统形成循环经济的模式。

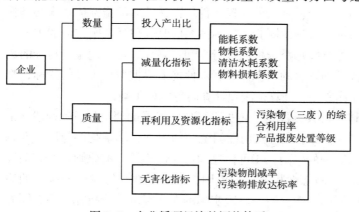

图9-5　企业循环经济的评价体系

因此，要求工业子系统的发展应形成生态工业园区的形式，在评价中除采用反映生态工业园区的形成情况外，还采用反映对环境保护技术的重视程度的指标，以及关于工业废水、工业固体废弃物、城市垃圾（生活和建筑）再利用的各类指标。总体而言，对工业子系统的评价采用以下指标：生态园区内企业所占的比例、高新技术中环境保护技术的比例、城市垃圾（生活和建筑）的资源化利用率、工业用水循环利用率、工业废气综合利用率、工业固废综合利用率，以及万元产值物耗、能耗、水耗，清洁能源占总能源比率等。

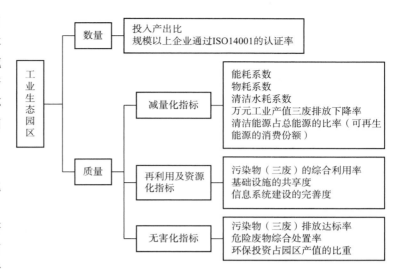

图 9-6　工业生态园区循环经济的评价体系

服务业本身在循环经济中发挥着不可替代的耦合与促进作用，它可以通过履行相应的责任，引导绿色文明消费等方式来促进服务业废弃物加快进入循环经济系统，实现再利用和减量化。在评价中，对服务业循环经济评价所采用的指标是：第三产业占 GDP 的比重。

综上所述，对经济子系统循环经济评价的数量指标选用：GDP 密度（单位平方公里的 GDP），人均耕地面积，农业生态园区产值占农业总产值的比例，生态园区内工业产值占工业总产值的比重，高新技术中环境保护技术的比例，第三产业占 GDP 的比重；质量指标选用：减量化指标、再利用及资源化指标和无害化指标。

（2）社会子系统。现代社会的风险性要远远高于传统社会，社会问题日益尖锐。随着城市化进程，人口的集中在带来经济效益的同时，也不可避免地增加了社会面临的潜在风险，诸如城镇的失业率逐年上升，城乡差别日趋加大，老年人口抚养系数上升等等。而循环经济在服务业的发展则有助于上述问题的解决，因此，评价指标可分别从就业、平等、福利和安全四方面来考虑。

评价就业的目的是体现循环经济所带来的就业变化和就业稳定，所用的指标为：发展循环经济增加的就业率、第三产业从业人数比率、失业率、再就业比率。

评价平等的目的是体现循环经济缩小收入不平等的程度，所用指标为：基尼系数、城乡收入水平差异。

通过有效的制度和设施，对社会成员特别是困难群体提供经济资助和生活帮助，从而维护社会安定，促进社会公平。评价福利的目的是体现循环经济为社会成员带来的社会生活的保障程度，所用的指标为：恩格尔系数、社会保障覆盖率、文教体卫增加值占 GDP 的比重。

社会安全是人类发展的条件和表现，一个社会在这方面达到的水平和程度，表明了人们对彼此关系和行为的认识以及控制、调整的能力。评价安全的指标为：通货膨胀率、交通事故指标、犯罪指标、家庭破裂指标。

（3）生态环境子系统。从生态环境的角度看，循环经济要求从资源开采、生产、运输、消费和再利用的全过程中控制环境问题，根本目标是节约资源，避免、减少废物，控制污染和保护环境。

根据循环经济的"三化"原则，衡量减量化指标可采用：万元产值废水排放下降率，万元产值废气排放下降率，万元产值固废排放下降率；衡量无害化指标可采用：人均拥有城市维护建设资金，噪声达标区覆盖率，烟尘控制区覆盖率，环境保护投资占 GDP 的比重。

（4）总体框架

循环经济的评价体系总体框架如图 9-7 所示。

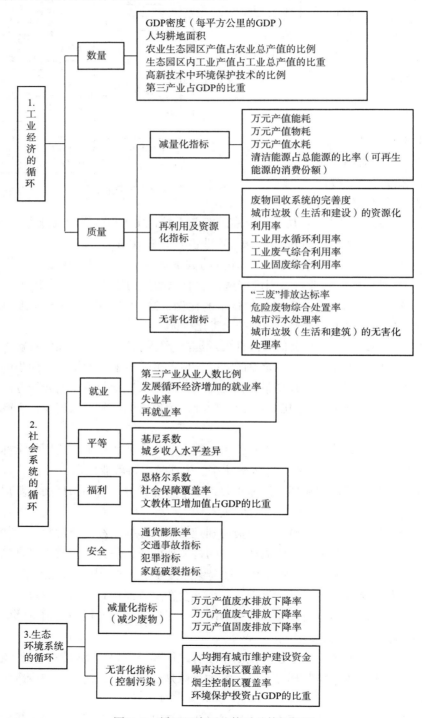

图 9-7　循环经济评价体系总体框架图

第三节　循环经济层次与模式

一、循环经济的层次

结合国外发展循环经济的成功经验和我国发展循环经济的实际情况，循环经济的发展表现在微、小、中、大四个尺度，即家庭层面、企业层面、园区层面和社会层面。这些层次是由小到大依次递进的，前者是后者的基础，后者是前者的平台。

1. 家庭层面的微循环

（1）微循环的内涵。从家庭层面来看，它属于微循环的范畴，是指在居民家庭生产、消费等各类活动中实现资源低投入、污染低排放的经济活动或规律。虽然在城市居民家庭通过太阳能、废弃物利用、家具或其他消费品回收及修复利用、"跳蚤"市场、社区交换市场、社区雨水收集等方式，也可以实现微循环，但由于农村家庭的经济单元特征更为显著，因此，农村区域微循环发展的潜力相对更大。该类型家庭循环经济以构建农村家庭内部种植 – 养殖 – 家庭生活循环链为主，目的是以资源化和减量化解决产生的固体废弃物、生活污水，从而达到减少种、养殖业投入，增加产出，提高资源、能源利用率，减少废弃物，提高经济效益，改善家庭环境卫生状况的目的。

（2）微循环的典型案例。农民在长期摸索中总结出来的各种生态农业是中国农村循环经济的主要形式，如"基塘"复合系统模式、"鸭稻共生"系统模式、北方地区以沼气为纽带的"四位一体"系统、南方的"猪 – 沼 – 果 – 猪"系统模式、中部地区生态果园沼气系统以及农业与农产品加工业的循环生产。

以种养结合、水陆交互作用显著的基塘系统为例，其具备多种循环经济功能，是水网地区重要的农业模式和生态景观，是昔日珠江三角洲农业的一大特色，曾被联合国粮农组织肯定并向全世界推广。珠江三角洲主要有精养家鱼 – 草、鸽 – 家鱼 – 草、鸭 – 家鱼、猪 – 家鱼 – 草、猪 – 家鱼 – 特种鱼 – 作物、异地鸡 – 饲料鱼 – 特种鱼等典型基塘系统模式（图9-8）。

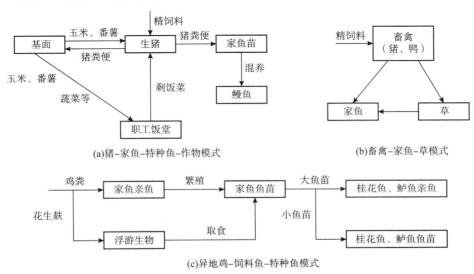

图 9-8　珠江三角洲典型基塘系统模式

基塘与畜禽联系最大的好处是充分利用有机废弃物，提高物质能量的利用率，促进基塘系统物质循环，直接降低作物种植和水产养殖的成本。如基面养鸡产生的鸡粪或异地购进的鸡粪，其中混有部分被鸡泼撒的饲料和未消化的饲料，还由于鸡的消化道短，鸡粪中未消化饲料占鸡摄食量的35%，营养成分高，加上其中大量消化道新陈代谢产物及微生物，均可直接被鱼类利用，或间接地培养水生浮游生物后被鱼类利用。

（3）微循环的特征。分析农村家庭循环经济的运作模式，总结其具有如下特点。

①可通过系统的拓展，进行基面与塘面承包者之间的种养结合、分工协作、互利互惠，推动物质能量的多级利用和良性循环，特别是在由异地合作构成的区域大系统内，进行物质的良性循环利用是一种可行的途径。

②沼气系统的建设与多层次的综合利用，可以有效地将种植业、养殖业、加工业联系起来，实现物质、能量的良性循环。沼气系统的联结作用使得农业生态系统具有多元性、合理性、适宜性、持续性和高效性等特点。沼气利用是农村循环经济的重要模式之一。沼气的使用优化了农户的能源结构，减少了对传统生物质能的低效利用，从而有利于生态和自身健康。沼气的使用也使得农户节省了时间，减少了化肥和农药的投入，并为农户的经营活动创造了良好条件和就业机会，增加了农民收入。

③将农村能源建设、农业生态建设和农村环境卫生建设紧紧结合在一起，从而达到有机废弃物资源化，大大减少了对环境的污染。

④与传统农业相比，"猪－沼－果－猪"这一生态农业模式具有横向耦合和纵向闭合的生态产业特征。这里的横向耦合是指通过不同的农艺技术，在不同的产业之间做到资源共享，变废弃物污染的负效应为资源利用的正效益；纵向闭合是指从源到汇、再到源的全过程，集生产、消费、回收、环保为一体，使污染物在系统内回收和系统外零排放。

2. 企业层面的小循环

（1）小循环的内涵。从企业层次来看，它属于小循环的范畴，是以单个企业内部物质和能量的循环为主体的。它与传统企业资源消耗高、环境污染严重，通过外延增长获得企业效益的模式不同，循环型企业是以清洁生产为导向的工业，用循环经济效益理念设计生产体系和生产过程，促进本企业内部原料和能源的循环利用，使得企业内部资源利用最大化、环境污染最小化的集约性经营和内涵性增长，从而获得企业效益。

（2）小循环的典型案例。鞍山钢铁集团公司（简称鞍钢）资源再利用及节能减排是国内企业发展循环经济的典型案例。鞍钢公司是一个具有100多年历史的老企业，经过"八五"技术改造，到2000年底，鞍钢淘汰了干炉和模铸，实现了全转炉炼钢和全连铸，板管比已达到了75%以上，63%以上产品质量达到国际先进水平。经过"十五"前三年技术改造，2003年底鞍钢钢和铁产量分别达到$1018 \times 10^4 t$、$1025 \times 10^4 t$，已形成年产铁$1000 \times 10^4 t$、钢$1000 \times 10^4 t$、钢材$1000 \times 10^4 t$的综合生产能力。2003年1月鞍钢一炼钢厂继宝钢和武钢之后，实现转炉负能炼钢。

鞍钢开展循环经济工作主要体现在废弃物减量化、资源循环利用、工业废水"零"排放、技术改造淘汰落后工艺和装备几个方面。本着循环经济的基本原则，鞍钢在继续实施老企业技术改造，淘汰落后工艺和装备的同时，正在探讨钢渣尾粉和选矿尾矿利用途径和方式；探讨各种热的回收利用途径和方式；探讨将废旧塑料用于炼铁、炼钢，等等。实践证明，作为一个老企业，只有不断实施对落后工艺全面改造，推行清洁生产，"以新代旧"，才能走上可持续发展道路。直至今日，凭借循环经济理念，鞍钢已名列"世界 500 强"第 462 位，"2016 中国企业 500 强"第 118 位。

（3）小循环的特征。通过对上述典型的循环型企业的分析和探讨，可以总结出企业层次循环经济发展的特点。

①必须依靠科技进步。先进的生态循环技术和设备是发展循环经济的基础条件。因此，应加大对资源节约和循环利用关键技术的攻关力度，突出抓好资源节约和替代技术、能量梯级利用技术、延长产业链和相关产业链接技术、"零排放"技术、有毒有害原材料替代技术、废弃物的综合利用回收处理技术、绿色制造技术及产业化。加强对具有共性特点的技术攻关，解决工业循环经济发展的技术瓶颈。

②循环型企业所属于公司或下属企业之间的共生机制一般属于复合共生。在这种共生关系中，共生个体的聚与散完全取决于集团总公司的总体战略意图，或者是出于集团公司优化资源、整合业务的需要，或者是迫于环保压力。参与的共生个体一般无自主权，通过在集团内部各下属企业中交换利用产品、副产品和废弃物，使产业链向纵深方向发展，资源得到最大化利用，从而实现整个集团公司经济效益和环境效益的最大化。

③循环型企业具有先进的管理理念、环保理念和技术创新观念。创建资源节约型企业，不仅仅是单纯的经济、技术和法律问题，同时也是一种文化观念和价值取向问题。

④循环型企业的资源利用和经济增长方式有别于传统企业。循环型企业通过在企业内部交换物流和能流，建立生态产业链，使得企业内部资源利用最大化，环境污染最小化；循环型企业通过集约性经营和内涵增长获得企业效益。

3. 园区层面的中循环

（1）中循环的内涵。从园区层次来看，它属于中循环的范畴。生态工业园区就是要在更大的范围内实施循环经济的法则。生态工业园区以地域为单元，因此需要有较大的规模，表现为园区主产业具有较大技术规模和园区内众多企业形成较大规模的产业群两个方面。故此，广义的生态工业园区有两种，一种是由企业集群形成的物理园区，园区内以资源和能量流连接成不同的循环，我国目前正在试验示范的大部分园区属于该类型；另一种是园区中既有企业群，也有社区，而且企业群之间并不一定有天然的物质依赖关系，对于这一类园区的建设，我国需要创新观念和设计规划标准，尽可能使园区内基础设施和公共资源与能源能够共享，企业实现持续改进的清洁生产和环境管理体系，以便实现园区整体生态效益最大化。现有的大部分工业园区没有按照生态园区理念规划和设计。

（2）中循环的典型案例。苏州高新区是经国务院批准的国家级高新技术产业开发区。从经济优先转变为环境优先，创建生态工业园是苏州高新区环境持续改善的必然选择。根据发展循环经济和生态工业的基本要求，结合苏州高新区的特点，苏州高新区发展循环经济主要从生产、消费两个领域统筹循环经济发展。

①生产领域。在电子信息业、精密机械加工业、精细化工业和环保产业等行业内部及行业之间，以产品流为主线，建立和完善行业内部及行业间的产业链和产品代谢，实施清洁生产和资源、废弃物的减量化，大力发展生态工业。以高新区的电子信息产业为依托，发展科技含量高、环境污染小、具有自主知识产权的高附加值产品，包括电子信息高端产品、汽车配套产品和精细化工产品等。根据市场需求，努力延伸产业链，发展生化制品、生物制品等产品群。苏州高新区主要行业产品链见图 9-9。

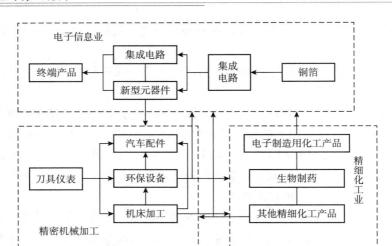

图 9-9   苏州高新区主要行业产品链

②消费领域。在消费领域，努力倡导和实施可持续消费。建设生态景观，发展生态旅游，推行绿色采购，建筑生态住宅，创建生态社区，实施社会层次的废弃物循环，最终促进区域循环经济的发展，形成生态型和循环型社会。

③生产和废弃物耦合循环利用。在企业层次和区域层次，实施水的分质利用和循环使用，推行电子废弃物和其他工业废弃物的再生循环，构筑完善的废弃物分类、回收、再用和循环链。在企业、社区实施清洁生产，提高生态效率，实现资源利用和废弃物产生的最小化的基础上，促进园区的物质循环和废弃物代谢。

（3）中循环的特征。结合苏州高新区生态工业园的规划和建设，可以总结出我国生态工业园区循环经济发展的特点：①生态工业园可以因势利导采用不同的企业共生模式。根据共生单元之间的所有权关系，共生机制类型可划分为：复合共生、自主共生；按共生单元之间的利益关系，可划分为互利共生和偏利共生。②生态工业园区可分为现有改造型、全新规划型和虚拟型三个类型。改造型园区是通过对现有工业企业的技术改造，在区域内成员间建立废弃物和能量的交换关系。规划型园区是在园区现有良好规划和设计的基础上，从无到有进行开发建设，主要吸引那些具有"绿色制造技术"的企业入园，并创建一些基础设施使得这些企业间可以进行废水、废热等的交换。虚拟型园区不严格要求其成员在同一地区，它是利用现代信息技术，通过园区信息系统，首先在计算机上建立成员间的物、能交换联系，然后再在现实中加以实施，这样园区内企业可以和园区外企业发生联系。虚拟型园区可以省去一般建园所需的昂贵费用，避免建立复杂的园区系统和进行艰难的工厂迁址工作，具有很大的灵活性，其缺点是可能要承担较昂贵的运输费用。③生态工业园区具有横向耦合性、纵向闭合性、区域整合性、柔性结构等特点。④生态工业园区在我国已被看作是继经济技术开发区、高新技术开发区后的第三代工业园区。⑤生态工业园的建立是在多个企业的基础上完成的，整个生态工业园要真正实现区域工业体系的生态化和清洁性，首先每个企业必须满足清洁生产的要求，即生态工业园内的企业必须是循环型企业。⑥生态工业园区通过现代化管理手段、政策手段以及新技术的采用，保证园区的稳定和可持续发展。

4. 社会层面的大循环

（1）大循环的内涵。从社会层面来看，它属于大循环的范畴。这种循环是宏观的，主要是以政策导向和法律约束为手段建立起来的，需要较大的资金投入和技术支持，并需要较多的社会部门参与。在这个层面上，通过废弃物的再生利用，实现消费过程中和消费后物质与能量的循环。循环型城市和循环型区域是社会层面的循环经济的具体体现。循环型社会有四大要素：产业体系、城市基础设施、人文生态和社会消费。第一，循环型社会必须构建以工业共生和物质循环为特征的循环经济产业体系；第二，循环型社会必须建设包括水循环利用保护体系、清洁能源体系、清洁公共交通运营体系等在内的基础设施；第三，循环型社会必须致力于规划绿色化、景观绿色化和建筑绿色化的人文生态建设；第四，循环型社会必须努力倡导和实施绿色销售、绿色消费。循环经济就是立足于循环型企业、生态工业园区、循环型城市和循环型区域，通过立法、教育、文化建设以及宏观调控，在全社会范围内树立天人和谐观念，实现可持续发展。

（2）大循环的特征。①循环型社会的建设包括生产、消费和循环三个领域，涉及国民经济的三个产业。在生产领域，大力发展生态工业和生态农业。在消费领域，努力倡导和实施可持续消费。在循环领域，在企业、社区实施清洁生产，提高生态效益，实现在资源循环利用和废弃物产生最小化的基础上，促进城市的物质循环。

②政府要在宏观上建立健全利益驱动机制、环境与发展综合决策机制和公众参与机制。公众作为循环型社会的主体，政府还要加大宣传教育，提高公众的环保意识和科学消费意识，为循环经济发展谋求更强大的动力支持。

③实现三个效益相协调。循环型社会的建设以循环经济理论为指导，发展生态工业，建立绿色消费体系，充分利用资源和废弃物，产业布局合理，采用的是可持续的发展模式，实现了经济效益、环境效益和社会效益的协调统一。

④政府在循环型社会建设中要采取有力措施，加强宏观调控。国家和政府要采取法律的、行政的、市场的、经济的多种手段和措施，作为促进循环型社会建设和发展的有效保障。另外，循环型社会的建设要以循环经济理论为指导，但同时也要因地制宜，充分发挥地方优势，合理利用资源，寻求稳步发展。

二、循环经济模式

借鉴国际经验，根据我国循环经济内涵和现有实践探索的经验，现阶段，我国循环经济的发展模式或战略重点可以总结为两个重点领域和四个重点产业体系。两个重点领域是指循环经济的重点是抓住生产和消费领域，四个重点产业体系是生态工业体系、生态农业体系、绿色服务业体系及静脉产业体系。

1. 生态工业体系

依据循环经济的原则、内涵，许多专家学者提出了以建立生态工业园区的方式（即网状循环经济）来发展循环经济。其具体措施就是将一些在生产上具有密切联系的产业、企业聚集在一起，通过企业之间的废弃物交换、清洁生产等手段，将一个企业的副产品或废品作为另一个企业的投入物或原材料，实现物质的闭路循环和能量的多级利用，形成相互依存以达到能量利用最大化和废弃物排放最小化，从而形成网状循环产业体系，如图9-10所示。通过园区内企业之间形成物质、能量、信息的共生关联，提高了物质、能量、信息的利用程度，在节约资源，获取经济效益的同时，做到了对环境的保护。

生态工业园区的基本特征见表9-1。

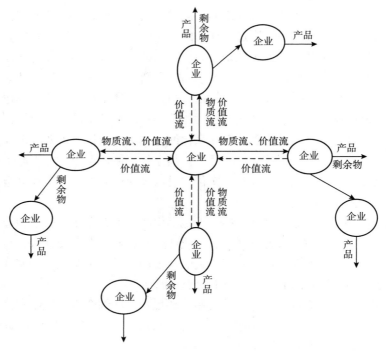

图9-10 生态工业（网状循环产业）

表9-1 生态工业园区的基本特征

生态工业园区就是将一些在生产上具有密切联系的产业、企业聚集在一起，通过企业之间的废弃物交换、清洁生产等手段，将一个企业的副产品或废品作为另一个企业的投入物或原材料，实现物质的闭路循环和能量的多级利用，形成相互依存以达到能量利用最大化和废弃物排放最小化	从企业层次来看	最典型的实例就是杜邦化学公司采用的"3R"制造法
	从区域层次来看	通过企业间的工业代谢和共生关系，形成生态工业园区

　　生态工业园区在国内实践成功的典型例子有广西贵港国家生态工业（制糖）示范园区等。广西贵港国家生态工业（制糖）示范园区是以贵糖（集团）股份有限公司为核心，以蔗田、制糖等6个系统为框架，通过盘活、优化、提升、扩展等步骤，在编制的《贵港国家生态工业（制糖）示范园区建设规划纲要》的基础上逐步完善和发展起来的。贵港国家生态工业（制糖）示范园区的6个系统之间的关系如图9-11所示。6个系统紧密关联，通过副产品废弃物和能量的相互交换和衔接，形成了比较完整的闭合生态工业网络，"甘蔗–制糖–酒精–造纸–热电–水泥–复合肥"这样一个多行业、多环节复合型的网络结构，使得行业之间的优势互补，能源互用，达到园区内资源的最佳配置、物质的循环流动和废弃物的有效利用，将环境污染降低到最低水平，同时大大加强了园区整体的盈利能力和抵御风险的能力。

　　2. 生态农业体系

　　（1）"基塘"复合系统模式。基塘系统是由水陆资源组合起来相互作用的水陆立体种养体系（图9-12）。

　　这个系统结构完善，各部分之间相互协调、相互补充、相互依存，生物与环境相适应，资源更新能力强。以桑基鱼塘为例，该系统由桑、蚕、鱼三大部分构成，而桑、蚕、鱼本身也各成系统，因此桑基鱼塘是由大小循环系统构成、层次分明的水陆相互作用的人工生态

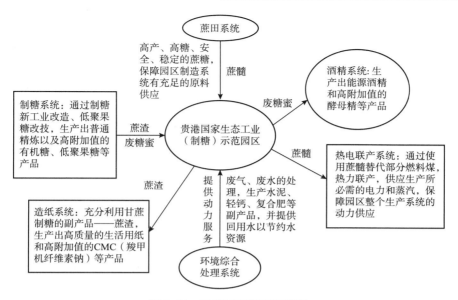

图 9-11 经济园区循环流程图

系统。桑基鱼塘系统的运行是从种桑开始，经过养蚕进而养鱼。桑、蚕、鱼三者联系紧密，桑是生产者，利用太阳能、CO_2、水分等生长桑叶，蚕吃桑叶而成为初级消费者；鱼吃蚕沙、蚕蛹而成为第一消费者。塘里的微生物将鱼粪和各种有机物质分解为氮、磷、钾等多种元素，混合在塘泥里，又还原到桑基之中。微生物是分解者和还原者，因而这个循环系统的能量交换和物质循环是比较明显的，各个部分之间紧密联系，相互促

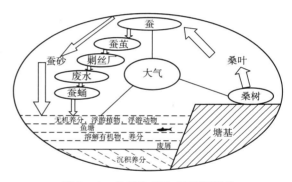

图 9-12 桑基鱼塘生态系统模式

进，相互发展。其他类型的基塘系统虽然程度不同，但都是由基塘两个子系统构成的水陆相互作用的人工生态系统。

（2）"鸭稻共生"系统模式。鸭稻共生系统是根据生态学原理，巧妙利用动植物之间的共生互利关系，形成一个物质良性循环与能量多级利用的完整生物链结构（见图 9-13）。充分利用空间生态位和时间生态位以及鸭的生物学特性，并运用现代生态技术措施，用围网将鸭圈养在稻田里，让鸭与水稻"全天候"同生共长，以鸭代替人工为水稻"防病、治病、施肥、中耕、除草"等，最终达到以鸭捕食害虫代替农药、以鸭采食杂草代替除草剂、以鸭粪作为有机

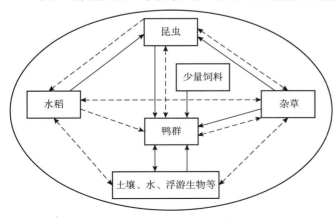

图 9-13 鸭-稻共生系统的食物链结构

肥料代替化肥的目的。

（3）以沼气为纽带的循环生产模式。农业生产受气候影响，冬季风大且气温低，即使温室大棚也需大量能源供暖。冬季温室生产成本高，因北方地区能源紧缺，限制了冬季农业的经济发展。利用开发再生能源——沼气、保护地栽培大棚蔬菜、日光温室养猪及厕所等4个因子，合理配置，形成了以太阳能、人畜粪尿为原料的沼气为能源，以沼气渣为肥源，实行种植业、养殖业相结合的四位一体保护地复合生态农业模式（图9-14）。其效应为：解决了农村生活用能（照明、炊事等），改善了农村卫生和生活环境，减少了化肥和农药的使用，增加了食品品质和安全性。

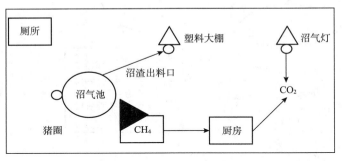

图9-14　以沼气为纽带的生态农业模式

（4）农工复合循环生产模式。所谓农工复合生态系统，是指按照生态学原理精心设计的一类生产模式。农村农产品加工企业和乡镇企业的发展，使得农村的产业向多元化发展，为发展农业与工业复合循环利用资源的循环经济模式提供了良好的契机。它既可以扩展农村产业链条，增加就业，又可以防止乡镇企业污染。黑龙江省肇东市以玉米加工利用为核心的农工复合生态系统是一种典型的农工复合循环经济模式。

从图9-15可以看出，玉米资源的产品化途径主要有7条：玉米生产食用酒精；玉米脐加工生产玉米油；玉米酒糟生产颗粒饲料；CO_2制造干冰、生产醋酸和甲醇等；酒糟废液生产单细胞蛋白并用于养鱼；玉米秸秆气化；玉米芯生产木糖醇。这一农工复合循环经济模式使玉米作物得到了完全循环利用而不产生废弃物，既提高了经济效益，又增加了就业，保护了环境。

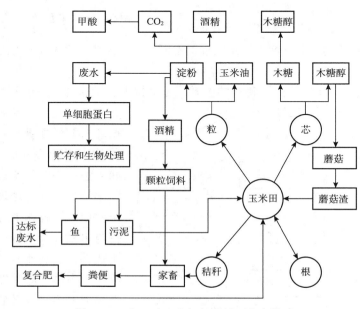

图9-15　农工（玉米）复合循环生产模式

3. 绿色服务业体系

由于服务业的内容广泛和丰富，对服务业中的循环经济发展，在此仅以循环旅游业为例进行探讨。循环旅游是新兴的一种可持续性的旅游发展模式，是循环经济发展思想在旅游中的具体实现，是一种促进"人与自然、人与人、人自身身心和谐"的旅游活动，不仅给旅游者带来高品位的精神享受，促进当地经济发展和提高人民生活水平，同时在保护环境的前提下使旅游目的地资源环境贡献消耗比达到最优。它遵循清洁生产"减量化、再利用、再循环"的"3R"原则，运用生态规律，在旅游活动中实现"资源→产品→再生资源"的反馈式流程，以达到"合理开采、高效利用，最低污染"的目的。它考虑到旅游目的地的资源和环境容量，实现旅游业经济发展生态化与绿色化，以保护旅游环境为目的，并最大限度地在增加旅游者享受到旅游乐趣以及给当地带来经济效益的同时将旅游开发对当地造成的各种消极影响减小到最低程度。景区循环旅游发展模式如图9-16所示。

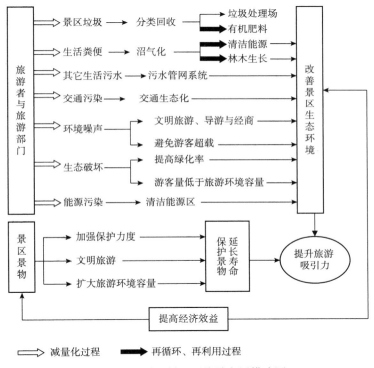

图9-16 景区循环型旅游发展模式图

而旅游景区作为一个独立的旅游经营管理单位从事经营和管理活动，是旅游目的地核心旅游产品，是旅游业清洁生产的主要研究对象和重点。旅游景区的清洁生产包括景区旅游资源利用、资源与能源管理、环境污染控制和治理、环保投入、废弃物资源化等方面，其模式如图9-17所示。

与此同时，循环旅游资源开发与传统的旅游资源开发相比，最大的差异就在于"资源保护和循环利用"上。循环旅游开发由规划、建设、管理、监测四个环节组成，整个开发过程克服了直线型开发的弊端，呈现循环反馈开发模式（图9-18）。

从图9-18可以看出，循环旅游开发比传统旅游开发多了"旅游环境监测"环节，这个环节是沟通规划、设计和管理的桥梁，它不断向三个环节反馈信息，从根本上实现了保护资

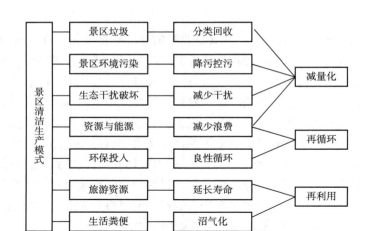

图 9-17　旅游景区清洁生产主要模式

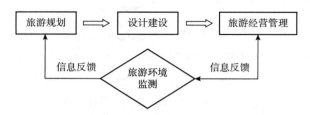

图 9-18　旅游资源循环开发过程模式

源、可持续发展的目标。

4. 静脉产业体系

静脉产业体系包括三个部分：废弃物再利用、资源化产业和无害化处置产业。静脉产业将整体预防的环境战略持续应用于生产过程、产品和服务中，以增加生态效益和减少人类及环境风险。静脉产业强调废弃物的有效处理，实现剩余物质的最小化，并在此过程中创造价值。静脉产业的运行机制如图 9-19 所示。

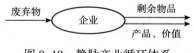

图 9-19　静脉产业循环体系

（1）绿色包装与白色垃圾的治理。绿色包装是环保的必然要求，它能做到资源的循环使用和重复利用，节约资源同时减少污染。而要立刻全面推广绿色包装是不现实的（绿色包装由于其成本原因主要还是用于出口），这要随着技术的进步才能相应发展，政府所能做的就是加大技术方面的投入和加强绿色消费意识的宣传。

（2）以收费制度引导垃圾、污水处理的产业化发展。通过政府相关政策的制定和调节，吸引民间资本投入到环保领域。有了好的政策就能将民间各方面资金吸引过来。世界银行曾经根据潜在市场竞争力、设施所提供的消费服务的特点、收益潜力、公平性和环境外部性等指标，定量分析了城市污水和垃圾处理等相关环节的市场化能力指数（指数在 1~3 之间，越大则市场化能力就越强，指数 3 表示市场化能力最强，完全可以交由私人来解决，1 则相反，表示不能市场化）。结果表明，垃圾收集的市场化能力最强，指数为 2.8，污水分散处理次之，为 2.4，污水集中处理和垃圾卫生处理居中为 1.8~2.0。

（3）发展绿色深加工产业。随着人们生活方式、生活观念的转变，发展绿色食品深加工是大有经济效益和环保效益的。发展绿色深加工产业其实是一种社会分工的深化，而分工正是一种生产力，绿色深加工产业因此也会是一个具有较高盈利性的环保型产业，其效用可谓是一箭四雕：一是满足了当代快节奏生活的人们的日常需要，服务了广大群众；二是随着分工的发展，形成了一个新兴的盈利性产业，还提供了新的就业岗位；三是有利于环境保护和资源回收利用，有利于推进循环经济的发展，节约了整个社会的垃圾处理成本；四是减轻了政府部门的包袱，同时又形成了新的财源。

第四节　循环经济与区域发展

一、区域发展与循环型区域

1. 区域发展

区域发展与企业成长、园区开发和城市发展不同，有其独特的规律。按照佩鲁的增长极理论，区域内会出现一个或若干个主导产业，而周边地区则围绕主导产业各有侧重地发展，优势互补。与增长极理论相一致，在区域实际发展中，经常出现"点－轴"发展方式，亦即通过中心城市和产业带的发展来带动低水平地区的经济发展，经济重点由高能量空间向低能量空间逐渐扩散。区域发展除按此规律演进外，事实上还存在以下几个基本的发展特点。

（1）区域内经济依赖与冲突。区域经济是一个开放的系统，因此任何区域内的小区或城市都会与其他小区或城市发生经济联系，这是现代区域经济发展的必要条件。它们之间的相互联系、交流和作用，一方面能够使相关小区或城市加强联系，互通有无，拓展发展的空间，获得更多的发展机会；另一方面又会引起小区或城市之间对资源、要素、发展机会等的竞争，并有可能对整个区域造成伤害。尽管区域内存在竞争，但是随着区域内经济的发展，竞争和冲突将深化区域内的分工，促使区域内各地发生越来越紧密的联系，区域内各地越来越相互依赖。正因为这种相互依赖，各小区或城市才能逐步找到共同发展的商机。因此，可持续区域的经济发展，应当从比较优势出发，因地制宜地制定区域经济规划，减少冲突，加强依赖。

（2）区域分工与合作。区域内的分工与合作是区域内经济联系的一种形式，由于区域内各小区或城市之间相互竞争，争夺资源，而同时又相互依赖，互为补充，有机地构成一个整体，因此才产生了区域内分工与合作。区域内的分工与合作是为了更好地实现各小区或城市之间资源的有效配置，发挥自身优势，避免过度竞争，实现区域内各小区或城市间的协调发展。区域内合作与区域分工是相伴产生的。分工是合作的基础，分工越细致越深化，区域内的合作就越显得重要；合作为分工提供了保障，使区域内经济专业化得以存在和发展。

（3）区域差异与协调。区域经济差异是指一定时期内，区域内人均意义上的经济发展水平的不平衡现象。区域内经济差异是区域发展过程中的一种普遍现象，它的存在和变化对区域经济和社会发展等诸多方面都产生直接和间接的影响。由于区域内经济差异存在负面影响，所以，在区域经济发展中必须对其进行调控。加强区域经济协调发展是消除区域经济差异负面影响的重要措施，区域协调发展目的是使区域内经济交往日趋密切、经济发展关联互动，从而达到区域内经济均衡持续发展。区域经济协调发展重点是加快欠发达地区的经济发展，从根本上减缓区域内经济差异扩大，同时也为发达地区的发展提供可靠的支撑。

2. 区域循环经济

所谓区域循环经济是指在企业、园区和城市实现了循环经济的基础上，在区域内更高层次、更大范围实施的循环经济，是社会循环经济的基础。在企业、园区和城市实施循环经济的同时，在区域层面实施循环经济意义更为重要。区域循环经济发展的必要性表现在以下几个方面。

（1）区域内再资源化的需要。经济效益和环境效益同步提高的生态型、环保型经济增长是必由之路。区域循环经济同样以资源利用最大化、废物排放最小化和经济活动生态化为根本目标，强调在物质循环利用的基础上发展经济，促进自然资源的循环使用和循环替代。常常存在这种情况，某一企业、园区、城市的废弃物在异地可成为被再度利用的资源，比如说，炼铁的残渣、矿泥、粉尘、化工下脚料等可以在异地成为水泥、肥料的制备材料，提取稀有金属的原料，从而使这些废料在区域层面再资源化。如果不利用、甚至花高额成本治理这些废料就造成极大浪费，违背循环经济的基本要求。而由于信息不对称，不能循环利用资源的情况经常发生。因此，加强区域间的信息发布、合作，对促进循环经济在区域层面的发展具有必要性和可行性。

（2）循环经济规模效益的需要。有些问题在企业、园区、城市层面难以解决，需要在区域层次上解决才更有效率。如生活垃圾的处理和电子废弃物的回收，单靠在一个城市建一个处理厂（特别是中小城市）是不经济的，必须在整个区域进行处理才可能因规模经济而获得相应的效益。在某些领域，只有整个区域范围实行循环经济，才具有经济上的合理性和推动项目实施的可行性。

（3）区域内平衡发展的需要。从宏观层次看，由于区域内发展必然存在不平衡，各地推进循环经济的能力有差异，尤其在经济相对落后的地区，受就业、地方财政收入、群众生活需求等因素的制约，污染无法有效治理、资源不能防止过度开采。这些问题落后地区自身难以解决，需要通过整个区域的统筹才能获得较好的结果。

（4）落实重大循环经济措施的需要。某些资源的循环利用问题、环境保护问题，单在一个城市解决效果并不明显，需要整个区域乃至全社会达成共识、联合行动才能取得较好的效果。比如说白色垃圾、过度包装、一次性产品等问题，只在某一城市解决是不彻底的，只有点的突破，没有面的推广，就不可能持久。只有整个区域乃至全社会长期共同行动，才可能取得区域内甚至全社会的实际成果。

（5）完成区域性项目的需要。有些循环经济的项目本身是跨区域的，单一城市无法解决，必须从区域层面进行协调处理。

二、循环型区域模式

循环型区域或区域循环经济是循环经济活动的更高层面。合理规划特定区域范围内的经济和社会活动，以确保区域的健康有序发展，具有极其重要的现实意义。

1. 区域循环经济发展的原则

区域循环经济是在区域层面开展的循环经济，区域循环经济的规划设计必须遵循以下基本原则。

（1）系统性原则。区域循环经济是在城市、园区和企业循环经济的基础上实现的，因此必须充分考虑到一般循环经济所包含的主要内容，同时也必须考虑到城市、园区、企业以及相互之间系统结构合理化和系统整体效能最大化。

（2）功能互补原则。区域循环经济要根据区域内不同城市的区位、资源、功能等特点，有机结合经济、社会、生态、环境等因素，分工协作，在区域内实现低成本、低消耗和相互促进的循环经济。

（3）资源约束原则。区域发展受本地区资源包括人力资源的约束。能在企业内、园区内、城市内循环的资源或废弃物，尽量不要在区域内循环，能在区域内循环的，不要在区际循环。要从本地资源孕育的主导产业设计区域循环经济模式。

（4）集群发展原则。按照马歇尔《经济学原理》的观点，工业往往群集在不同的地区，各个城市往往在一组关联产品上进行专业化生产。

（5）动态性原则。区域循环经济的规划设计必须充分考虑到区域发展的基本规律，系统内部各城市或小区的发展状况以及区域外部环境的变化，经济模式及方法应当不断循环调整。

（6）可持续发展原则。可持续发展是构建循环型区域的最根本要求，区域循环经济需要处理好区域内部各种资源开发、利用与整合的问题。通过区域协调，实现减量化（Reduce）、再利用（Reuse）和资源化（Resource）的"3R"原则，用较少的原料和能源投入来达到既定的生产目的或消费目的，以保护整个区域的生态环境。

2. 区域循环经济的体系

区域循环经济涵盖很多领域，涉及众多学科，详述区域循环经济体系十分困难，但区域循环经济主要涉及以下三大体系。

（1）区域产业体系。区域循环经济产业体系涉及三大产业，即：生态工业，大力推进清洁生产工艺和资源综合利用；生态农业，大力发展无公害农产品、绿色食品、有机食品；生态服务业，办好生态旅游、绿色饭店和各种绿色服务业。在不同领域，这三大生态产业有所不同，但一般都存在这三大产业。

故此，人们提出从三个不同的维度来构建区域循环经济的产业体系。

第一，要大力发展生态工业和生态农业，生态工业是以清洁生产为导向的工业，它根据循环经济的思想设计生产过程，促进原料和能源的循环利用，实现经济增长与环境保护的双重效益。与生态工业类似，生态农业是一种符合科学发展观、以人为本的循环经济的农业模式。

第二，要大力发展生态产业链。生态产业链是要在更大的范围内实施循环经济的法则，把区域内所有相关的企业联结起来，形成共享资源和互换副产品的产业共生组合。这种循环经济的生态链甚至可以扩大到工业、农业和畜牧业。

第三，要大力发展绿色消费市场和资源回收产业。绿色消费和资源回收是必须与上述绿色生产衔接的两个环节，只有这样才能在整个社会范围内形成"自然资源＋产品和用品＋再生资源"的循环经济闭合回路。

从产业构建的阶段上来说，对传统生产的生态化改造应包括三个阶段：①废物回收利用阶段；②逐步减少排放阶段；③一种全新的封闭式零排放资源利用方式最终确立。目前，西方发达国家，如德国等已进入第二阶段。我国起步较晚，仍停留在第一阶段，尽快进入第二阶段是我国循环经济发展的首要目标。

（2）区域基础设施体系。区域内的基础设施也是区域循环经济构成的主要方面，某些基础设施还对人类生态环境具有严重影响。区域基础设施主要是以下三个系统。

①水系统。从区域循环经济的层面来考虑，各个城镇乡村、各个园区和区域内所有企业

都要积极参加水流域的治理，变原来的对抗自然环境为适应自然环境，无论是生产和建设，都不能违背客观规律，否则将会破坏原有的水循环系统，破坏区域内合理的生态体系。

②能源系统。从区域循环经济的层面看待能源系统的建设，就是要大力开展节能降耗工作，推行再生能源，如沼气、太阳能、风能等。在实际发展过程中，要根据各地区的特色加以规划。发展沼气不仅是单用户沼气，还要发展集体用户沼气。在阳光充裕地区，要充分利用太阳能，在建设房屋时，要同时设计、同时施工。在山区则要大力发展小水电。在有地热的地方，要发展地热能。在沿海区域要发展潮汐能。在风力资源丰富的地方，要发展风能。

③交通系统。区域循环经济层面上"以人为本"的交通系统并非想象中那么容易实现。它不仅需要理念先进的交通规划，而且要协调交通内部与交通外部的关系。内部交通设施的平衡、运行的协调、管理的统一，外部与区域内各小区和城市的经济、社会、环境、用地相互促进，以"人性、捷运、信息和生态"为要求，形成所谓"一体化交通"服务格局。

（3）区域生态体系。区域生态体系是区域循环经济的重要组成部分。区域生态体系建设应当从以下三个方面着手。

①生态建设。生态建设的最重要工作就是"绿化工程"。应做到乔灌草花藤科学搭配，针阔叶混交，对树种结构的选择要做到"五性"：生态性、适地性、经济性、需求性、观赏性。最终形成多品种、多样性、多层次，能够充分利用光、热、土、肥、气等资源，形成一个和谐稳定的生物群落环境。在地区周边还可建设成片森林或森林带，充分发挥森林调节气候、清洁空气、保持水土、储备水源、美化环境等多项生态功能。

②环境污染治理。环境污染治理需要遵循末端治理的原则，要求企业、园区和城市首先从自己做起，保证在各自的系统内部尽量减少对外部的污染排放。但对污水和废弃物的处理要走"大中小微"相结合的路子。在偏远地区和农村大力发展沼气，采取厌氧发酵的方法处理污水和有机废弃物，这种方法成本低、效果好。在城市等人口密集地区，要统一建造大型污水和垃圾处理设施，集中解决周边地区的废弃物污染，同时又为城市提供紧缺的能源。

③自然灾害预防。首先区域内各地区和城市的建设，要充分考虑自然灾害因素的影响，避免因选址不当而致灾。其次要在全区域建立完善的预警体系。另外还应当建立区域协同的减灾防灾应急系统，从而有效地应对非正常的局面，形成有效的应急反应机制。

三、发展区域循环经济的措施

区域循环经济体系是个庞大的体系，远比单个城市、园区或企业的循环经济模式复杂，所以，实施区域循环经济必须采取强有力的法律、行政、市场、经济等多种手段和措施。

1. 法律保障

法律和法规作为一种强制手段可以有效推动循环经济发展，也是所有发达国家普遍采用的重要手段。通过立法全面推进区域循环经济的实施，是国际社会通行的做法。我国已于2008年8月29日颁布《中华人民共和国循环经济促进法》，并于2018年10月在第十三届全国人民代表大会常务委员会第六次会议上通过修订。该法旨在促进我国循环经济的发展，提高我国资源利用效率，保护和改善环境，实现可持续发展，从而让法律成为发展循环经济的必要依据和有力保障。

2. 经济调控

利用经济手段是协调区域利益，促进区域循环经济发展的有效措施，主要是运用价格、税收、财政、信贷、收费、保险、转移支付等方法，调节或影响市场主体的行为，以实现经济建设与区域环境保护的协调发展。要把污染者付费的原则贯穿从生产到使用和回收利用的整个产品生命周期。目前，我国经济调控的政策手段主要有环境资源核算政策、绿色税收政策、财政政策、生态补偿政策、环保税政策等。

3. 规划协调

发展循环经济是一项长期的战略方针，尤其是区域层面的循环经济发展大多牵涉面广、矛盾大、投入人员数量多、时间跨度长，需要制定经各方协商认可、具有科学性、权威性、可操作性的规划加以引导、协调和规范。要制定区域内重大循环经济发展项目的规划，做到既有明确的终极目标，又有阶段性努力方向；既有时间节点的安排，又有阶段成果的检查依据；既有共享的政策资源，又有实施过程中的协调机制；既有及时的经验总结和推广，又有难点和问题的协同攻关与克服。要充分发挥规划对区域循环经济的先导作用、协调作用，与法律保障、经济调控一起形成区域循环经济发展的三大支撑。

思考题

1. 什么是循环经济？
2. 循环经济的原则是什么？
3. 循环经济与线型经济的差异性是什么？
4. 循环经济的基本特征是什么？
5. 中国循环经济是怎样产生与发展的？
6. 循环经济评价的内涵是什么？
7. 循环经济评价如何分类？
8. 循环经济评价有哪些特点？
9. 循环经济综合评价的目标是什么？
10. 循环经济评价的总体思路是什么？
11. 循环经济综合评价包括哪几个阶段？
12. 循环经济发展模式下经济、社会、环境三个子系统的关系如何？
13. 构建循环经济评价指标体系的设计需要遵循哪些原则？
14. 循环经济评价指标体系有哪些功能？
15. 经济子系统循环经济的评价基础是什么？
16. 循环经济可以在哪些层次上发展？各层次循环经济发展的主要模式有哪些，试举例说明？
17. 循环经济微循环、小循环、中循环以及大循环的内涵和特征分别是什么？
18. 我国循环经济的发展模式或战略重点是什么？试举例说明？
19. 景区循环旅游发展模式的主要内容是什么？
20. 我国静脉产业的发展路径有哪些？
21. 什么是区域循环经济？区域循环经济发展的必要性表现在哪些方面？
22. 区域循环经济发展的原则是什么？
23. 区域循环经济三个体系的主要内容是什么？
24. 发展区域循环经济的主要措施有哪些？

讨论题

1. 针对本地区区域、产业和企业不同层次的循环经济发展状况进行调查，明确该地区各层次循环经济发展中的主要因素，构建基于各层次循环经济发展的评价指标体系，并对该地区循环经济发展状况进行评价，揭示循环经济各层次发展中存在的主要问题，并制定出详细的地区循环经济发展方案。

要求：在区域、产业和企业三个层次上进行循环经济发展状况调查，确立各层次发展的主要因素，构建基于各层次的循环经济评价指标体系，选择合适的评价方法，进行各层次循环经济发展评价及综合评价，采用比较分析的方法，明确各层次循环经济发展中的主要问题，提出解决方案。

目标：通过调查以及对循环经济评价结果的讨论，使每个人都认识当前地区循环经济发展的状况，认识循环经济发展的作用，从而推进该地区循环经济的进一步发展。

2. 针对本地区历年农业、工业、服务业的发展状况的调查，确立主要影响因素作为评价指标，分别建立农业、工业、服务业及综合循环经济发展的评价指标体系，明确地区农业、工业、服务业循环经济的发展状况及地区整体循环经济的发展状况和问题所在，制定切实可行的循环经济三产发展方案。

要求：采取有效的方法广泛收集第一手资料，综合分析所掌握的资料和当前信息，分农业、工业、服务业子系统进行循环经济发展评价，明确地区三产循环经济发展的优势与短板，制定解决方案。

目标：明确该地区循环经济三产及整体的发展趋势，掌握循环经济的发展动向，提出促进三次产业提升的循环经济发展新举措，为地区循环经济的发展做出贡献。

第十章　清洁生产

第一节　概述

一、清洁生产及其内容

1.清洁生产的定义

所谓清洁生产，是指既可满足人们的需要，又可合理使用自然资源和能源，并保护环境的实用生产方法和措施。其实质是一种物料和能耗最少的人类生产活动的规划和管理，将废物减量化、资源化和无害化，或消灭于生产过程中。

清洁生产是一个相对、动态的概念。随着社会经济的发展，科学技术的进步，清洁生产的工艺和设备也将更加先进、合理。对于一项清洁生产技术，主要从技术、经济和环境效益三方面进行评价：①技术先进可行；②经济上合理；③能达到节能、降耗、减污的目的，满足环境保护要求。

2.清洁生产的内容

清洁生产包括以下四个方面的内容。

（1）清洁能源。包括新能源开发、可再生能源利用、现有能源的清洁利用以及对常规能源（如煤）采取清洁利用的方法，如城市煤气化、乡村沼气利用、各种节能技术等。

（2）清洁原料。少用或不用有毒有害及稀缺原料。

（3）清洁的生产过程。生产过程中产生无毒、无害的中间产品，减少副产品，选用少废、无废工艺和高效设备，减少生产过程中的危险因素（如高温、高压、易燃、易爆、强噪声、强振动等），合理安排生产进度，培养高素质人才，物料实行再循环，使用简便可靠的操作和控制方法，完善管理等，树立良好的企业形象。

（4）清洁的产品。产品在使用中、使用后不危害人体健康和生态环境，产品包装合理，易于回收、复用、再生、处置和降解。使用寿命和使用功能合理。

二、清洁生产的产生与发展

随着工业生产的规模不断扩大，工业污染、资源锐减、生态环境破坏等问题日趋严重。人们不得不对过去的经济发展模式进行反思，重新审视经济－环境－资源之间的关系，从而寻求一种能够推进工业可持续发展的最佳途径：在发展工业的同时，削减有害物质的排放，减少人类健康和环境的风险，减少生产工艺过程中的原料和能源消耗，降低生产成本，使得经济与环境相互协调，经济效益与环境效益统一。

"清洁生产"是实施可持续发展战略的最佳模式。而人类科学技术进步为解决环境污染、降低消耗提供了新的技术手段，使"清洁生产"变成了现实。

在美国，与清洁生产相关的"污染预防"计划，早在1974年就由3M公司提出，其含义是：实施污染预防可以获得多方面的利益。欧洲经济共同体在1976年提出了开发"低废、无废技术"要求。1984年联合国欧洲经济委员会正式确认，无废技术是一种生产产品的方法，所有的原料和能源将在生产、消费等过程的循环中得到最佳、合理的综合利用，同时不至于污染环境。1986年美国国会通过了"资源保护及回收法"，在有关固体及有害废弃物修正案中规定制造者对其生产的废物要减量，也就是要求应用可行的技术，尽可能地削减或消除有害废物。1989年联合国环境规划署的工业与环境计划活动中心制定了"清洁生产计划书"，提出了清洁生产的概念。此后，德国、荷兰、丹麦也纷纷推进了清洁生产的发展。

综观国外清洁生产的发展历程，清洁生产活动概括而言有如下几点特点。

（1）把推行清洁生产和推广国际标准化组织ISO14000的环境管理制度有机地结合在一起；

（2）通过自愿协议即政府和工业部门之间通过谈判达成的契约，要求工业部门自己负责在规定的时间内达到契约规定的污染物削减目标，从而推动清洁生产；

（3）把中小型企业作为宣传和推广清洁生产的主要对象；

（4）依靠经济政策推进清洁生产；

（5）要求社会各部门广泛参与清洁生产；

（6）在高等教育中增加清洁生产课程；

（7）科技支持是发达国家推行清洁生产的重要支撑力量。

我国在20世纪70年代提出"预防为主、防治结合"的原则。1993年原国家环保局与国家经贸委联合召开的第二次全国工业污染防治工作会议明确提出，工业污染防治必须从单纯的末端治理向生产全过程控制转变，实行清洁生产，并作为一项具体政策在全国推行。1994年中国制定的《中国21世纪议程——中国21世纪人口、环境与发展白皮书》关于工业的可持续发展中，单独设立了"开展清洁生产和生产绿色产品"的领域。1995年修改并颁布的《中华人民共和国大气污染防治法（修订案）》中增加了清洁生产方面的内容。修订案条款中规定"企业应当优先采用能源利用率高、污染物排放少的清洁生产工艺，减少污染物的产生"，并要求淘汰落后的工艺设备。1996年颁布并实施的《中华人民共和国污染防治法（修订案）》中，要求"企业应当采用原材料利用率高，污染物排放量少的清洁生产工艺，并加强管理，减少污染物的排放"。同年，国务院颁布的《关于环境保护若干问题的决定》中，要求严格把关、坚决控制新污染，要求所有大、中、小型新建、扩建、改建和技术改造项目，要提高技术起点，采用能源消耗量小、污染物产生量少的清洁生产工艺，严禁采用国家明令禁止的设备和工艺。

1999年国家经贸委确定了5个行业（冶金、石化、化工、轻工、纺织）、10个城市（北京、上海、天津、重庆、兰州、沈阳、济南、太原、昆明、阜阳）作为清洁生产试点；2000年国家经贸委公布关于《国家重点行业清洁生产技术导向目录》（第一批）的通知。

经过长期的努力，2002年6月29日第九届全国人民代表大会常务委员会第二十八次会议审议通过了《中华人民共和国清洁生产促进法》，且于2012年2月29日经第十一届全国人民代表大会常务委员会第二十五次会议修订通过，并于 2012 年 7 月 1 日起施行。《中华人民共和国清洁生产促进法》的公布实施，标志着我国污染治理模式的重大变革，对于提高资源利用效率，减少和避免污染物的产生，保护和改善环境，保障人体健康，促进经济与社会的可持续发展必将产生积极的影响。

三、清洁生产的原则

1. 持续性

清洁生产要求对产品和生产工艺进行整个生命周期持续不断地改进，不是一时的权宜之计。所谓的清洁是相对而言的，是对现有生产状况的改进，使企业的生产、管理、工艺、技术和设备等达到更高水平，达到节省资源和保护环境的目的。绝对的清洁生产，污染物零排放在实际生产过程中是不可能做到的，因为所有废物都是潜在污染源，而且有些废物的产生是无法避免的。但我们可以对现有产品和工艺进行持续不断的改进，逐步减少污染物的产生和排放，最终使得污染物排放水平与环境的承载力和转化能力相平衡。

2. 预防性

清洁生产强调在产品的整个生命周期内，包括从原材料获取，到产品的生产、销售和最终消费，实现全过程污染预防，其方式主要是通过原材料替代、产品替代、工艺重新设计、效率改进等方法对污染物从源头上进行削减，而不是采用传统的先污染后治理的策略。

3. 综合性

清洁生产不是强加给企业的一种约束，而应看成企业整体战略的一部分，其思想应贯彻到企业的各个职能部门，各个岗位的员工。就清洁生产而言，其工作涉及生产的方方面面，而且只有全员参与才能确保清洁生产的实施效果。鉴于消费者的环保意识不断增强，清洁产品的市场不断扩大，有关环保的政策和法律越来越严格，清洁生产已经成为提高企业竞争优势、开拓潜在市场的重要手段。另外，清洁生产也会对社会产生深远的影响。因此，从这个角度看，清洁生产不仅仅是企业单方面的行为，同时还涉及社会、公众和政府部门。

四、实施清洁生产的意义

推行清洁生产技术，建立新的生产方式和消费方式，是合理利用自然资源，促进经济健康、可持续发展的必然选择，具有以下四点意义。

（1）积极推行清洁生产是实施可持续发展战略的要求。1992 年在巴西召开的环境发展大会，通过《21 世纪议程》，制定了可持续发展重大行动计划，将清洁生产作为可持续发展的关键因素，得到各国共识。

清洁生产的推行，不仅能最大限度地提高资源、能源的利用率和原材料的转化率，而且能把污染消除在生产过程中，最大限度地减轻环境影响和末端治理的负担，改善环境质量。因此，清洁生产是实现经济与环境协调、可持续发展的有效途径和最佳选择。

（2）推行清洁生产是控制环境污染的有效手段。清洁生产彻底改变了过去被动的、滞后的污染控制手段，强调在污染物产生之前就消除其对环境的不利影响。实践证明，这一主动行为具有高效、经济、易被企业接受等特点。因而，实行清洁生产是控制环境污染的一个有效手段。

（3）清洁生产是防治工业污染的必然选择和最佳模式。末端治理是目前国内外控制污染的最重要手段，但费用较高。我国近几年用于污染治理的费用一直占 GNP 的 0.6%~0.7%，给企业带来沉重的负担。

清洁生产可减少甚至在某些情形下消除污染物的产生。这样，不仅可以减少末端处理设施的建设投资，而且可以减少日常运转费用。

（4）实行清洁生产可提高企业的市场竞争力。清洁生产可以促使企业提高管理水平，节能、降耗、减污，从而降低生产成本，提高经济效益。同时，清洁生产还可以树立企业形象，提高公众对其产品的支持度。

第二节　清洁生产审核与评价

《中华人民共和国清洁生产促进法》第二十七条规定，企业应当对生产和服务过程中的资源消耗以及废物的产生情况进行监测，并根据需要对生产和服务实施清洁生产进行审核。清洁生产审核分为自愿性审核和强制性审核，国家鼓励企业自愿开展清洁生产审核。清洁生产评价则有助于衡量其资源能源利用水平、废弃物产生和管理水平，找出差距，从而采取清洁生产方案，提高企业、行业的清洁生产水平。2002 年，联合国环境署开发了清洁生产－能量效率（CP-EE）评价方法，将能量效率评价和清洁生产审核有机结合起来，弥补了以往清洁生产审核的不足。

一、清洁生产标准

为贯彻实施《中华人民共和国清洁生产促进法》，加强对我国清洁生产的技术指导，2003 年以来，原国家环保总局相继发布了啤酒制造业等 30 个行业的清洁生产标准。此外，自 2005 年开始，国家发展和改革委员会陆续发布了钢铁等行业清洁生产评价指标体系，用于指导企业和行业开展清洁生产。

1. 制定原则

清洁生产标准的制定要符合产品生命周期评价理论的要求，能够体现全过程污染预防思想。

（1）体现全过程的污染预防思路，不考虑污染物单纯的末端处理和处置。清洁生产标准重在控制生产过程中的污染物产生，而不是单纯的末端处理和处置，因此指标的选取应针对生产工艺和过程。

（2）针对典型工艺设定清洁生产标准，该工艺应能基本反映行业的总体生产状况，从而避免针对某一单项技术建立标准。

（3）技术与管理并重。实现清洁生产的途径，除了技术措施，还必须有管理措施。因此清洁生产标准中不仅要有具体的技术指标，还应有明确的管理要求。

（4）突出总量控制原则。单纯的浓度控制不利于污染物总量的削减，清洁生产标准必须立足于总量控制，设置单位产品的消耗指标和污染物产生指标。

（5）基准值设定时应考虑国内外的现有技术水平和管理水平，并考虑其相对性，并要有一定的激励作用。

（6）定量指标与定性指标相结合。清洁生产标准的指标应尽可能定量化，对难以定量化的指标，应给出明确的限定或说明，力求实用和可操作，尽量选本行业和生态环境部门常用的指标，以易于理解和掌握。

2. 指标体系

我国的行业清洁生产标准指标以全过程污染预防思想为指导，将清洁生产指标分为六大类：生产工艺与装备要求（含节能要求）、资源能源利用指标、产品指标、污染物产生指标（末端处理前）、废物回收利用指标和环境管理要求。其中，生产工艺与装备要求、环境管理要求是定性指标，资源利用指标、产品指标、污染物产生指标（末端处理前）、废物回收利用指标是定量指标。

（1）生产工艺与装备要求。生产工艺和装备的先进性在很大程度上决定了资源能源利用水平和废物产生水平，采用先进的生产工艺和装备是开展清洁生产的重要前提。原国家经贸委发布了《淘汰落后生产能力、工艺和产品目录》《国家重点行业清洁生产技术导向目录》，开展清洁生产的企业，不得选用淘汰目录中的技术和产品，尽可能选用清洁生产导向目录中的技术。

（2）资源能源利用指标。提高资源能源利用效率是清洁生产的目标之一。资源能源利用指标主要包括单位产品的物耗、能耗，以及无毒无害原辅材料的采用等。

（3）产品指标。从产品生命周期的角度来看，产品生产、销售、使用、报废后的处理处置过程都可能对环境造成影响。因此，开展清洁生产，不仅要提高产品质量，还要减少产品销售、使用、报废后的处理处置过程对环境造成的影响，其中包括包装材料等对环境造成的影响。

（4）污染物产生指标（末端处理前）。与传统的环境标准不同，清洁生产标准中采用末端处理前的污染物产生指标作为控制污染的指标，而不是采用末端治理后污染物的排放指标。这类指标通常包括废水产生指标、废气产生指标、固体废物产生指标。

（5）废物回收利用指标。综合利用是实现清洁生产的措施之一。废物回收利用指标主要包括废物利用的比例、途径和技术，以及由废物生产出的产品。

（6）环境管理要求。环境管理要求是指执行环保法规情况、企业生产过程管理、环境管理、清洁生产审核、相关方的环境管理等。

针对不同行业和工艺，上述六大类指标中，每类指标分为不同的亚类。例如，在啤酒行业清洁生产标准中，生产工艺与装备要求指标包括工艺、规模、糖化、发酵、包装、输送和贮存六个亚类指标；资源能源利用指标包括原辅材料的选择、能源、洗涤剂、取水量、标准浓度、啤酒耗粮、耗电量、耗标煤量、综合能耗八个亚类；产品指标包括啤酒包装合格率、优级品率、啤酒包装、处置四个亚类；污染物产生指标（末端处理前）包括废水产生量、COD 产生量、啤酒总损失率三个亚类；废物回收利用指标包括酒糟回收利用率、废酵母回收利用率、废硅藻土回收利用率、炉渣回收利用率、CO_2（发酵产生）回收利用率五个亚类；环境管理要求指标包括环境法律法规标准、环境审核、生产过程环境管理、废物处理处置、相关方环境管理五个亚类。

根据当前的行业技术、装备水平、管理水平和行业企业在清洁生产方面的发展趋势，将这六大类指标分为以下三级。

（1）一级指标。达到国际上同行业清洁生产先进水平。此项指标主要作为清洁生产审核时的参考，以通过比较发现差距，从而寻找清洁生产机会。国际先进指标采用公开报道的国际先进水平。

（2）二级指标。达到国内同行业先进水平。国内先进指标采用公开报道的国内先进水平，并参考有关的统计数据。

（3）三级指标。代表目前在国家技术许可的前提下，开展清洁生产的企业应该达到的最基本的水平。

在啤酒行业清洁生产标准中，取水量的一级指标为≤6.0m³/kL，二级指标为≤8.0m³/kL，三级指标为≤9.5m³/kL。综合能耗的一级指标为≤115kg标准煤/kL啤酒，二级指标为≤145kg标准煤/kL啤酒，三级指标为≤170kg标准煤/kL啤酒。环境法律法规标准的各级指标都要求符合国家和地方有关环境法律、法规，污染物排放达到国家和地方排放标准、总量控制和排污许可证管理要求。环境审核一级指标要求按照啤酒制造业的企业清洁生产审核指南的要求进行审核，按照GB/T 24001建立并运行环境管理体系，环境管理手册、程序文件及作业文件齐备；二级指标要求按照啤酒制造业的企业清洁生产审核指南的要求进行审核；环境管理制度健全，原始记录及统计数据齐全有效；三级指标要求按照啤酒制造业的企业清洁生产审核指南的要求进行审核，环境管理制度、原始记录及统计数据基本齐全。

3. 清洁生产标准与其他环境标准的区别

行业清洁生产标准是我国环境标准体系的一部分，与传统的环境标准相比，具有以下区别。

（1）自愿性与强制性。以往颁布的环境标准都是强制性标准，一旦违反，必须承担法律责任。

《中华人民共和国清洁生产促进法》是一部引导性法律，规定清洁生产的开展以企业自愿为主，因而清洁生产标准也是引导性标准，目前并不强制要求有关企业必须达到。但是企业通过与标准值的对比，可以找出差距，明确努力方向。

（2）前瞻性与现实性。清洁生产标准具有前瞻性，比以往的强制性标准严格。如能达到清洁生产标准规定的指标，则一定能够满足国家和地方环境标准。而其他强制性标准具有明显的现实性，其制定过程不仅考虑了保持或改善环境状况的需要，而且还考虑了我国整体技术和管理水平、经济发展水平、绝大多数企业承受能力等因素。

（3）末端处理前和末端处理后。清洁生产标准在制定中体现了污染预防思想、资源节约与环境保护的基本要求，强调要符合生命周期评价理论的要求，能够体现全过程污染预防思想。因此，清洁生产标准并不对末端排放做具体要求，而侧重于源削减和全过程控制。而污染物排放标准则规定了污染物经过末端处理排放至企业外的指标值。因此，指标的监测部位不一样。对于强制性环境标准，监测点设在企业的排污口，而对于清洁生产标准，监测点设在企业的生产工艺过程中。

4. 编制行业清洁生产标准的意义

（1）贯彻实施《中华人民共和国清洁生产促进法》的需要。清洁生产标准的制定和发布，是为了贯彻实施《中华人民共和国清洁生产促进法》，进一步推动中国的清洁生产，防止生态破坏，保护人民健康，促进经济发展；是环保工作加快推进历史性转变，提高环境准入门槛，推动实现环境优化经济增长的重要手段。

（2）为企业开展清洁生产提供技术支持和导向。清洁生产是我国可持续发展的一项重要战略。近年来，国内开展清洁生产审核的企业数呈逐年上升趋势，但在实践过程中，很难判断一个企业或者一个项目是否达到清洁生产要求。由于缺乏统一的标准，清洁生产的进一步推广难度较大。行业清洁生产标准的制定可以促进国内企业走清洁生产的道路，为企业开展清洁生产提供技术支持和导向。清洁生产标准可以指导和帮助企业进行污染全过程控制，尤其是对生产过程产生污染的控制，使各个环节的污染预防目标具体化和定量化。通过与标准比较，企业可找出与国际和国内先进水平的差距，发现清洁生产的机会和潜力，积极开展清洁生产。

（3）完善国家环境标准体系的需要。清洁生产标准的制定和发布，是完善国家环境标准体系，加强污染全过程控制的需要。清洁生产标准弥补了以往环境标准侧重末端治理、忽视全过程控制的弊病，实现了两者的有机结合，完善了环境标准体系。此外，清洁生产标准是我国环境标准的重要补充。

（4）有助于完善我国环境管理制度。清洁生产标准与我国的环境管理制度相结合，为限期治理、排污许可证的发放、环境影响评价中的清洁生产评价以及项目审批服务。清洁生产标准还将作为强制性清洁生产审核的依据，也可以为清洁生产企业的评定提供依据。

清洁生产标准作为推荐性标准，可用于企业的清洁生产审核和清洁生产潜力与机会的判断，以及企业清洁生产绩效评定和企业清洁生产绩效公告制度。

此外，行业清洁生产标准提供了一个与行业排放标准很好的衔接平台，是"一控双达标"的自然延伸和深化，将推动治污企业环境管理上一个新台阶。

5. 行业清洁生产标准的作用

目前，清洁生产标准已经在全国环保系统、工业行业和企业中具有广泛的影响，成为清洁生产领域的基础性标准。各级环保部门已逐步将清洁生产标准作为环境管理工作的依据，作为重点企业清洁生产审核、环境影响评价、环境友好企业评估、生态工业园区示范建设等工作的重要依据。

（1）指导企业开展清洁生产审核。在预审核和审核阶段，需要对整个企业和审核重点的产排污状况、资源能源利用情况进行评估。通过生产工艺与装备水平、资源能源利用指标、产品指标、污染物产生指标、废物回收利用指标和环境管理水平与清洁生产标准的对比，可以对企业的清洁生产水平进行定位，找到与先进水平的差距，从而提出清洁生产方案进行改进。

目前，凡是已经发布清洁生产标准的行业，企业清洁生产审核均应按照标准的指标要求进行审核评估。

（2）作为清洁生产审核验收的基础。清洁生产标准的发布，为清洁生产审核验收工作提供了依据。如《北京市清洁生产审核验收暂行办法》规定，清洁生产审核验收的主要内容包括：审核过程是否真实、规范方法是否合理；审核报告是否如实反映企业基本情况，有毒有害原料的替代和无害化（包括转移、安全处置）情况，有毒有害原料使用量的变化、存放、转移情况；清洁生产目标的设定是否具有一定的前瞻性，是否符合国家和北京市产业政策，是否符合国家和北京市相关行业清洁生产标准。

（3）指导环境影响评价中清洁生产评价。《中华人民共和国环境影响评价法》中规定，对规划和建设项目实施后可能造成的环境影响进行分析、预测和评估，提出预防或者减轻不良环境影响的对策和措施，进行跟踪监测。《中华人民共和国清洁生产促进法》第十八条规定，"新建、改建和扩建项目应当进行环境影响评价，对原料使用、资源消耗、资源综合利用以及污染物产生与处置等进行分析论证，优先采用资源利用率高以及污染物产生量少的清洁生产技术、工艺和设备。"《环境影响评价技术导则总纲》指出，"国家已发布行业清洁生产标准和相关技术指南的建设项目，应按所发布的规定内容和指标进行清洁生产水平分析，必要时提出进一步改进措施与建议。"目前，清洁生产标准已经成为我国环境影响评价中纳入清洁生产要求的依据。

（4）作为环境友好企业评估的基础。自2003年起，原国家环保总局开展了创建国家环境友好企业的活动。国家环境友好企业是指在清洁生产、污染治理、节能降耗、资源综合利用等方面都处于国内领先水平，为我国工业企业贯彻落实科学发展观和实践循环经济等做出示范和表率的企业。

江苏省在《国家友好企业创建中企业需提供的材料》中，要求企业"主要水、大气污染物排放浓度、总量，与国家或地方排放标准、清洁生产标准列表对比。"

（5）作为生态工业园区建设的重要依据。在生态工业园区建设中，园区中各生产单元必须采用清洁生产技术。因此，入园企业的选择、园区内原有企业的升级改造应该以清洁生产标准作为依据。

二、清洁生产审核

1. 清洁生产审核的内涵

为落实《中华人民共和国清洁生产促进法》，全面推行清洁生产，规范清洁生产审核程序，更好地指导地方和企业开展清洁生产审核，国家发展和改革委员会、原国家环境保护总局制定并审议通过了《清洁生产审核办法》，自2016年7月1日起施行。

《清洁生产审核办法》指出，清洁生产审核（Cleaner Production Audit）是指按照一定程序，对生产和服务过程进行调查和诊断，找出能耗高、物耗高、污染重的原因，提出降低能耗、物耗、废物产生以及减少有毒有害物料的使用、产生和废弃物资源化利用的方案，进而选定并实施技术经济及环境可行的清洁生产方案的过程。

清洁生产审核的范围包括所有从事生产和服务活动的单位以及从事相关管理活动的部门，包括所有的产业领域。清洁生产审核是实现清洁生产的有效途径，通过各类清洁生产方案的实施实现"节能、降耗、减污、增效"的目标。清洁生产审核应当以企业为主体，遵循企业自愿审核与国家强制审核相结合、企业自主审核与外部协助审核相结合的原则，因地制宜、有序开展、注重实效。

《中华人民共和国清洁生产促进法》指出，清洁生产审核分为自愿性审核和强制性审核。国家鼓励企业自愿开展清洁生产审核。污染物排放达到国家或者地方排放标准的企业，可以自愿组织实施清洁生产审核，提出进一步节约资源、削减污染物排放量的目标。污染物排放超过国家和地方排放标准，或者污染物排放总量超过地方人民政府核定的排放总量控制指标的污染严重企业，以及使用有毒有害原料进行生产或者在生产中排放有毒有害物质的企业应当实施强制性清洁生产审核。其中，有毒有害原料或者物质包括以下几类：第一类，危险废物。包括列入《国家危险废物名录》的危险废物，以及根据国家规定的危险废物鉴别标准和鉴别方法认定的具有危险特性的废物。第二类，剧毒化学品、列入《重点环境管理危险化学品目录》的化学品，以及含有上述化学品的物质。第三类，含有铅、汞、镉、铬等重金属和类金属砷的物质。第四类，《关于持久性有机污染物的斯德哥尔摩公约》附件所列物质。第五类，其他具有毒性、可能污染环境的物质。通过清洁生产审核，达到以下目标：

①核对有关单元操作、原材料、产品、用水、能源和废弃物的资料。

②识别废弃物的来源、数量以及种类，判定企业效率低的瓶颈部位和管理不善的部位，

确定废弃物削减的目标，制定经济有效的清洁生产方案。

③提高企业的经济效益和环境效益。

2. 审核原理

清洁生产审核是科学的、系统的和操作性很强的工作。清洁生产审核遵循物质守恒原理、逐步深入原理和分层嵌入原理。

（1）物质守恒原理。物质守恒原理可以表示为：原辅材料重量 = 产品重量 + 废物重量

清洁生产审核的目的，就是要减少废物的重量。

在预审核阶段和审核阶段都要应用物质守恒原理。预审核阶段在评价产污排污状况时要应用物质守恒原理来估算各种原辅材料的投入、产品的产量、废物的种类和数量、未知去向的物质等，并建立一种粗略的平衡，评价企业的经营管理水平，分析物质的流动去向。

在审核阶段，通过实测，依据物质守恒原理建立审核重点的物料平衡，发现废弃物产生的部位、产生量，从而分析废弃物产生的原因。

此外，能量审核也是以物料平衡为基础的。

（2）逐步深入原理。清洁生产审核要逐步深入，即要由粗而细、从面至点。在审核准备阶段，审核小组的成立、宣传教育的对象等都是在整个企业范围内进行的。预审核阶段也是在整个企业内进行，相对于后几个阶段而言，这一阶段收集的资料一般地讲是比较粗略的，以定性为主。从审核阶段开始到实施方案的确定阶段，审核工作都在审核重点范围内进行。这三个阶段的工作范围比前两个阶段要小得多，所需资料全面、翔实，并以定量为主，许多数据和方案要通过调查研究和创造性的工作之后才能开发出来。

（3）分层嵌入原理。分层嵌入原理是指审核中在废物在哪里产生、为什么会产生废物、如何消除这些废物这三个环节，都要嵌入原辅材料和能源、技术工艺、设备、过程控制、产品（或服务）、废物、管理、员工这八条途径。

3. 审核思路

清洁生产审核的总体思路是：判明废物的产生部位、分析废物的产生原因、提出方案减少或消除废物。清洁生产审核的思路适用于所有从事生产和服务活动的单位以及从事相关管理活动的部门。

首先，通过现场调查和物料平衡找出物耗能耗高、废物产生的部位，并确定产生量。其次，深入生产过程的每一个环节，分析废物产生的原因。最后，针对废物产生的每一个原因，设计相应的清洁生产方案，通过实施这些清洁生产方案来消除废物产生原因和物耗能耗高的原因，从而达到节能、降耗、减污、增效的目的。

尽管生产和服务过程千差万别，但是任何生产和服务过程的污染物产生途径都可以归结为八个方面，即原辅材料和能源、技术工艺、设备、过程控制、产品、废物、管理和员工，见图 10–1。

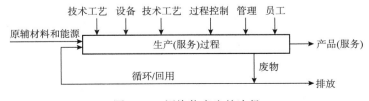

图 10–1 污染物产生的途径

从清洁生产的角度看，废物的产生都能从这八个方面的某一个方面或多个方面找到原因。在设计清洁生产方案时，也应从这八个方面考虑。

（1）原辅材料和能源。原辅材料本身的性质，例如纯度、毒性、难降解性等，在一定程度上决定了生产过程、产品和服务对环境的危害。此外，原辅材料的储存、运输、发放，原辅材料的投入方式和投入量等都会影响到废物产生种类和数量。因此，应当以无毒无害的原辅材料代替有毒有害原辅材料，采用二次资源或废物作原料替代稀有资源的使用。节约能源、使用二次能源和清洁能源将有利于减少污染物的产生。

（2）技术工艺。工艺是实现从原材料到产品转化的流程载体，生产过程的技术工艺水平基本上决定了废物产生种类和数量。采用先进技术工艺可以提高原材料的利用效率，从而减少废物的产生。简化流程、减少工序，提高连续生产能力和生产稳定性等措施，也可以减少废物的产生。

（3）设备。设备是技术工艺的载体。设备落后，单套设备的生产能力低，设备间的搭配不合理，设备缺乏维护保养，都会导致或增加废物的产生。

（4）过程控制。除了技术工艺和设备外，过程控制对生产过程也十分重要。优化工艺条件，使工艺参数处于受控状态，可以提高产品的收率，减少废物产生数量。

（5）产品（或服务）。获得产品（或服务）是生产（或服务）过程的目标。产品（或服务）决定着生产（或服务）过程。因此，应该开展生态设计，生产清洁的产品（或服务）。产品（或服务）性能、种类的变化往往要求生产过程作出相应的调整，因而也会影响到废物的种类和数量。此外，产品包装方式和材料、体积大小、报废后的处理处置方式以及产品贮运和搬运过程等，都会对废物的产生造成影响。

（6）废物。废物是指离开了生产过程的物料。应尽可能实现物料的回收和循环利用，以减少废物排放的数量。例如，将废物、废热回收作为能量利用，将流失的原料、产品回收返回主体流程中使用，实现水的闭路循环或一水多用等。

（7）管理。生产（或服务）过程中产生的污染，在相当程度上是由于管理不善引起的。加强管理，可以花费较少的费用来提高资源能源利用效率，减少废物的产生和排放。

（8）员工。随着生产（或服务）过程自动化水平的提高，操作人员数量越来越少，但是对专业技术人员的要求越来越高，因而，提高员工专业水平、操作水平和积极性也是有效控制生产过程废物产生的重要因素。缺乏专业技术人员、缺乏熟练的操作工人和优良的管理人员以及员工缺乏积极性和进取精神等都可能导致废物的增加。

从污染物产生途径八个方面来发现问题、分析原因和产生清洁生产方案时，在许多情况下存在着相互交叉的情况。例如一套设备可能就决定了技术工艺水平，过程控制不仅与仪器仪表有关，还与员工及管理有很大的关系等。但八个方面仍各有侧重点，原因分析时应归结到主要的原因上。

4. 审核程序概述

清洁生产审核程序包括审核准备、预审核、审核、实施方案的产生和筛选、实施方案的确定、编写清洁生产审核报告等。

（1）审核准备。在审核准备阶段，通过开展培训和宣传教育，提高企业领导和职工的清洁生产意识，消除思想上和观念上的障碍；了解清洁生产审核的内容、要求及工作程序；建立由企业管理人员和技术人员组成的清洁生产审核工作小组；制定审核工作计划。

（2）预审核。在对企业基本情况进行全面调查的基础上，评价企业的产排污状况，分析和发现清洁生产的潜力和机会；通过定性和定量分析，确定清洁生产审核重点，设置清洁生产目标。

（3）审核。通过将重点审核的物料平衡、水平衡及能量衡算，与国内外先进水平对比，找出物料流失、废物产生和能量浪费的环节，分析废物产生的原因，为制定清洁生产方案提供依据。

根据清洁生产审核过程逐步深入的原则，从审核步骤开始，将审核工作深入到审核重点。收集资料、做物料平衡、分析废物产生的原因、提出清洁生产方案，以及以后的实施方案的产生和筛选、实施方案的确定，都是针对审核重点，开展深入细致的工作。

（4）实施方案的产生和筛选。对物料流失、资源浪费、污染物产生和排放进行分析，提出清洁生产实施方案，并进行方案的初步筛选。

（5）实施方案的确定。对初步筛选的清洁生产方案进行进一步的技术、经济和环境可行性分析，确定企业拟实施的清洁生产方案。

（6）编写清洁生产审核报告。编写清洁生产审核报告，对审核过程、取得的环境效益、经济效益进行总结，并综合分析已实施清洁生产方案对企业的影响。编写清洁生产审核报告的目的是总结本轮清洁生产审核成果，为落实各种清洁生产方案、持续清洁生产提供一个重要的平台。此外，也是向有关部门提交的主要验收材料。

清洁生产审核报告应当包括企业基本情况、清洁生产审核过程和结果、清洁生产方案汇总和效益预测分析、清洁生产方案实施计划等内容。

第三节　企业清洁生产实务

一、企业实施清洁生产的途径

清洁生产是一个系统工程，是对生产全过程以及产品的整个生命周期采取预防污染的综合措施。它要求人们综合考虑和分析问题，以发展经济和保护环境一体化的原则为出发点，既要了解有关环境保护法律法规的要求，又要熟悉部门和行业本身的特点以及生产、消费等情况。因此，应该从各行业的特点出发，在产品设计、原料选择、工艺流程、工艺参数、生产设备、操作规程等方面分析生产过程中减少污染物产生的可能性，寻找清洁生产的机会和潜力，促进清洁生产的实施。实施清洁生产主要途径有以下几种。

1.在产品设计和原料选择时以保护环境为目标，不生产有毒有害的产品，不使用有毒有害的原料，以防止原料及产品对环境的危害

（1）产品设计和生产规模。产品的设计应该能够充分利用资源，有较高的原料利用率，产品无害于人体的健康和生态环境。反之，则要受到淘汰和限制。如含铅汽油作为汽车的动力油，因为在其使用过程中会产生对人体有害的含铅化合物而被淘汰；作为燃料的煤炭由于其燃烧会产生烟尘和硫化物而被限制使用。此外，工业生产的规模对原材料的利用率和污染物排放量的多少以及经济效益有直接影响。

（2）原材料选择。减少有毒有害原料使用，减少生产过程中的危险因素，使用可回收利用的包装材料，合理包装产品，采用可降解和易处置的原材料，合理利用产品功能，延长产

品使用寿命。

2. 改革生产工艺，更新生产设备，尽最大可能提高每一道工序的原材料和能源的利用率，减少生产过程中资源的浪费和污染物的排放

在工业生产工艺过程中最大限度地减少废弃物的产生量和毒性。检测生产过程、原料及生成物的情况，科学分析研究物料流向及物料损失状况，找出物料损失的原因。调整生产计划，优化生产程序，合理安排生产进度，改进、完善、规范操作程序，采用先进的技术，改进生产工艺和流程，淘汰落后的生产设备和工艺路线，合理循环利用能源、原材料、水资源，提高生产自动化的管理水平，提高原材料和能源的利用率，减少废弃物的产生。

3. 建立生产闭合圈，废物循环利用

工业企业生产过程中物料输送、加热中的挥发、沉淀、跑冒滴漏、误操作等都会造成物料的流失——这就是工业中产生"三废"的主要来源。实行清洁生产要求流失的物料必须加以回收，返回到流程中或经适当处理后作为原料回用，建立从原料投入到废物循环利用的生产闭合圈，使工业生产不对环境构成任何危害。比如，我国农药、染料行业主要原料利用率只有30%~40%，其余都排入环境，因此清洁生产大有用武之地。

厂内物料循环有下列几种形式：将回收的流失物料作为原料，返回到生产流程中；将生产过程中产生的废料经适当处理后作为原料或替代物返回生产流程中；废料经处理后作为其他生产过程的原料或作为副产品回收。

4. 加强科学管理

经验表明，强化管理能削减40%污染物的产生，而实行清洁生产是一场新的革命，要转变传统的旧式生产观念，建立一套健全的环境管理体系，使人为的资源浪费和污染排放减至最小。

加强科学管理的内容主要包括以下几点：安装必要的高质量监测仪表，加强计量监督，及时发现问题；加强设备检查维护、维修，杜绝跑冒滴漏；建立有环境考核指标的岗位责任制与管理制度，防止生产事故；完善可靠翔实的统计和审核；产品的全面质量管理，有效的生产调度，合理安排批量生产日程；改进操作方法，实现技术革新，节约用水、用电；合理购进、贮存与妥善保管原材料；成品的合理销售、贮存与运输；加强人员培训，提高职工素质；建立激励机制和公平的奖惩制度；组织安全文明生产。

二、企业实施清洁生产的程序

清洁生产是以节能、降耗、减少污染物排放为目的，以科学管理、技术进步为手段，达到保护人类健康和生态环境的目的。企业实施清洁生产的程序如图10-2所示，主要包括准备、审计、制订方案、实施方案和报告编写五个阶段。

三、企业实施清洁生产的步骤

1. 准备阶段

准备阶段是通过宣传教育使职工群众对清洁生产有一个初步的、比较正确的认识，消除思想上和观念上的一些障碍，使企业高层领导做出执行清洁生产的决定，同时组建清洁生产工作小组，制订工作计划，并作必要的物质准备。

（1）领导决策。企业高层领导亲自参加清洁生产是该工作能顺利进行的前提和达到预期

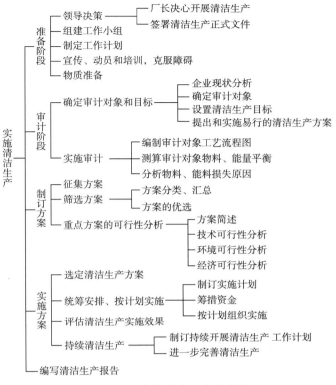

图 10-2　实施清洁生产程序图

效果的保障。

① 职责。推行清洁生产是企业领导不可推卸的责任，其职责是：组织企业各部门参加清洁生产；落实组织结构、人员、经费安排；监督各部门工作进度和任务完成情况。

② 签署正式文件。企业一旦决定执行清洁生产，领导应立即签署企业开展清洁生产的正式文件，内容包括开展清洁生产的原因及预期目标等。

（2）组建工作小组。组建一个有权威的实施清洁生产的工作小组是顺利实施清洁生产的保证。

（3）制订并审核工作计划。制订一个比较详细的清洁生产工作计划，使清洁生产工作按一定程序和步骤进行，组织好人力物力，各负其责，达到企业清洁生产工作的目标。常用的企业生产工作计划表如表 10-1 所示。

表 10-1　企业清洁生产工作计划表

步骤	工作内容	启动时间	完成时间	负责部门／人	备注
准备阶段	a. 领导决策				
	b. 组建工作小组				
	c. 制定工作计划				
	d. 宣传、动员和培训				
	e. 物质准备				

续表

步骤	工作内容	启动时间	完成时间	负责部门／人	备注
审计阶段	a.企业现状分析				
	b.确定审计对象				
	c.设置清洁生产目标				
	d.编制审计对象工艺流程图				
	e.测算物料和能量平衡				
	f.分析物料和能量损失原因				
制定方案	a.介绍物料和能量平衡				
	b.提出方案				
	c.分类、优化方案				
	d.可行性分析				
	e.选定方案				
实施方案	a.制订实施计划				
	b.组织实施				
	c.评估实施效果				
	d.制订后续工作计划				
	e.报告编写				

（4）开展宣传教育、克服障碍。

①开展宣传教育。广泛开展宣传教育，争取企业内部各部门和广大职工的支持。吸收岗位操作人员参与，是清洁生产顺利进行和取得更大成效的保证。

②克服障碍。企业在推行清洁生产的过程中可能存在思想观念和认识方面的障碍、技术和知识信息方面的障碍、管理规章制度及政策法规方面的障碍和资金障碍，要根据企业的具体情况，制订解决问题的办法。

（5）物质准备。清洁生产工作应当在企业正常生产运行过程中进行，必须做好一切准备工作，包括人员、仪器、设备、动力、原料及辅料等保障工作。

2.审计阶段

审计阶段是企业开展清洁生产的核心阶段。在对企业现状全面了解、分析的基础上，确定审计对象，并查清其能源、物料的使用量及损失量，污染物的排放量及产生的根源，以寻找清洁生产的基点并提出清洁生产的方案。

（1）确定审计对象和目标。企业开展清洁生产，要先从一个车间、工段、生产线开始，再向更广的方面推进，首选对象要慎重，争取旗开得胜，方可增强公众开展清洁生产的信心，以自觉、持续地投入到清洁生产工作中去。

①企业现状调研、考查。进行企业基本情况的调查，包括：企业的发展历史；企业所在地理位置、地形地势、气象、水文和生态环境；企业规模、产值、利税及发展规划；企业生产、排污情况，包括工艺技术路线、能耗、水耗、物耗，废物产生部位、排放方式和特点，污染物形态、性质、组分和数量；涉的有关环保法规、排放标准及要求（排污许可证、区

域总量控制、行业排放标准等）；污染治理现状（治理项目、方法、投资、效果等）；废物综合利用、回收、循环利用情况；同类产品和工艺生产的国内外水平状况及可借鉴的技术和设备等。

②现场考察。通过在正常生产和工况条件下进行全厂性的宏观调查，发现和解决问题，考察重点是：工艺中最明显的废物产生点和废物流失点；耗能和耗水最多的环节和数量；原料的输入和产出，物料管理状况（原料库和产品库）；生产量、成品率和损失率；管线、仪表、设备的维修和清洗。

通过现场考察、分析，可了解到企业的生产管理情况、岗位责任制执行情况、工人技术水平和操作水平、作业条件和劳动强度、产生废物流失的地点和因素、车间技术人员和工人的环保意识及企业中环境保护工作进行的状况。

③确定审计对象。确定审计对象包括以下两个方面。

a.确定备选审计对象。备选审计对象可以是企业的生产线、车间、工段、操作单元等，可选 3~5 个，选择时应着眼于清洁生产的潜力，确定的重点为：超标严重部位；污染物毒性大和难处理的部位；生产效率低，构成企业生产"瓶颈"的部位；容易迅速见到经济、环境效益的部位；能耗、水耗明显过大的部位；公众反映大的部位。

b.确定审计对象。选准审计对象是企业成功实施清洁生产的良好开端。首先要对备选审计对象物耗、能耗、污染物排放量等进行科学分析，其次进行科学排序，最后确定一个优先清洁生产审计对象。对于生产工艺较简单的企业，可采用审计小组成员投票方式选定清洁生产审计对象，而生产工艺较复杂的企业，则可以使用权重加和排序法。

④设置清洁生产目标。审计对象确定后，要立即制定明确的生产目标，以有明确的方向。清洁生产目标必须切实可行，易于理解、实现且富有挑战性。清洁生产目标的特点有：是企业发展的重要组成部分，其中的长期目标要纳入企业的发展规划；是动态目标，可根据清洁生产工作进展情况进行调整，使其更有实际意义和可操作性，为检查清洁生产的实施效果提供了较为客观的评判标准。短期目标是清洁生产某一阶段或一个项目要达到的具体目标，包括环保目标和能耗、水耗、物耗、经济效益等方面的目标。例如某企业清洁生产的短期目标要削减物耗、能耗、水耗和体现环境、经济效益：削减原材料 3%；削减能耗，其中，电耗 5%，煤耗 9%，蒸气 8%，热水 12%；削减新鲜水用量 10%；削减废水排放量 5%，削减 COD 负荷 15%，废水排放达国家二级标准；削减废气排放量 30%，废气排放达国家二级排放标准；削减固废排放量 10%；预计经济效益达 240×10^4 元。

制定清洁生产目标时需要考虑的因素有：环境保护的法规和标准；区域、行政区总量控制规定；企业生产能力发展远景；审计对象的生产工艺水平以及与国内外先进水平的差距。

⑤提出和实施易行的清洁生产方案。许多清洁生产方案是防止生产过程中的跑、冒、滴、漏和纠正企业岗位管理和操作规程等方面的问题，这些方案大都简单易行，常见的清洁生产方案见表 10-2。

（2）实施审计。实施审计是对已确定的审计对象进行物料、能量、废物等输入、输出的定量计算，对生产全过程（从原料投入至产品产出）全面进行评估，寻找原材料、产品、生产工艺、设备及其运行、维护管理等方面存在的问题，分析物料、能量损失和污染物排放的原因。

表 10-2 常见的清洁生产方案

项目	实施清洁生产方案内容
原料	订购高质量、不易破损、有效期长、易购、易存、易搬运、包装成形的原料。进厂原料要无破损、漏失，贮罐要安装液位计，贮槽应有封闭装置，管道输送原料要确保封闭性。准确计量原材料投入量，严格按规定的质量、数量投料
产品	产品的贮存、输送、搬运、控制、处置应符合企业规定的要求。产品包装要用便于回收及易于处理处置的材料，要有规范的产品出厂和搬运制度
能耗、物耗	采用先进的节能节水措施，杜绝跑、冒、滴、漏，检查废物收集、贮存措施，减少废物混合，实现清、污水分流 对回收废物采取净化后利用，液体废料要沉淀、过滤，固体废料要清洗、筛选，废蒸气要冷凝回收 采用闭合管道装置进行循环利用
生产工艺、设备维修	所有设备实行定期检查、维修、清洗，增添必要的仪器仪表及自动监测装置，建立严格的监测制度，建立临时出现事故的报警系统 合理调整工艺流程和管线布局，使之科学有序，建立严格的生产量与配料比的因果关系，控制和规范助剂、添加剂的投入
生产管理	操作人员严守岗位，按操作规程作业，确保生产正常、稳定、减少停产 保证水、气、热正常供应 定期对不同层次人员进行培训、考核，不断进行素质教育

①绘制审计对象工艺流程图。工艺流程图是以图解形式描述企业从原料投入到产品产出、废品生成的生产全过程，是审计对象实际生产状况的形象说明，如图 10-3 所示。从中可得出生产过程中的物料、能量损失和污染物排放等的基础数据。绘制流程图时，需要了解企业生产流程中每一个操作单元的名称和功能，并列表说明。

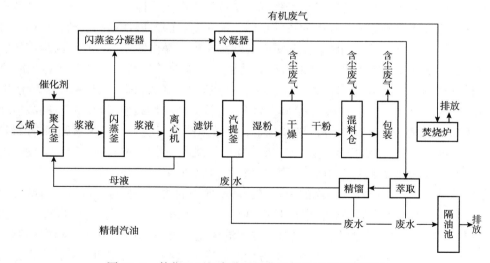

图 10-3 某化工厂超高分子量聚乙烯生产工艺流程图

②测算审计对象的物料、能量平衡。此项工作是实施审计的核心，重点要对审计对象物料和能量的输入、输出和污染物排放量进行调研、统计和进行实地测量及估算。物质和能量守恒定律是清洁生产的理论基础。

③分析物料、能量损失的原因。分析物料、能量损失原因是为制定清洁生产方案作准备的，是从管理、技术、工艺、设备、产品设计、操作程序、废物回收等方面入手，对物料、能

量损失部位、环节、原因进行深入的分析、讨论。物料、能量损失原因分析见表10-3。

表 10-3 物料能量损失原因分析

项目	物料、能量损失原因分析
原辅料和能源	原辅料纯度是否符合要求；原辅料贮存、发放、运输、投料过程中的流失；原辅料投入量、配比量的合理程度；原辅料及能源超定额消耗；有毒、有害原辅料的使用；未利用清洁能源和二次能源
生产工艺设备	工艺参数没有准确控制，且没有得到优化；技术工艺落后，原材料转化率低，连续生产能力差；生产稳定性差；设备选型、管线布局不合理；设备落后、陈旧，自动化程度低；设备缺乏有效的维护和保养
管理	计量检测、分析仪表不齐全、质量差，监测精度、准确度达不到要求，缺乏严谨的监测制度；不能有效执行清洁生产管理条例，岗位操作员工素质不够，管理人员不尽职，缺乏合格的技术人员和熟练的操作人员
产品	产品贮存、搬运中破损，漏失；产品的产量、质量不稳定，与先进水平差距大；产品使用后处置时，污染环境且无替代产品
废弃物	随意丢弃废弃物，未开发其可循环利用功能；废弃物的物化性状不利于后续处理、处置；因物料没得到有效利用，单位产品废弃物产生量大

3. 制订方案

（1）征集方案。在能量平衡计算及能量、物料损失分析等前期工作的基础上，全厂职工群策群力，以国内外同行业先进技术为基础，加上专家咨询指导，从以下几个方面提出清洁生产方案。

①采用无毒、无害的原辅材料，合理掌握投料配比，充分利用能源、资源，并使用清洁能源；

②提高产品产量、质量，降低物耗、能耗，提高产品使用寿命，减少产品的毒性和对环境的危害；

③工艺革新、技术改进，实现最佳工艺路线，提高自动化控制水平，更新设备；

④综合原辅料循环利用，加强生产过程控制，提高员工素质并对优者奖励。

（2）筛选方案。将征集的方案汇总，综合分析，初选，按不同类型划分、归类方案，再通过权重加和排序，优选出3~5个技术水平高和可实施性较强的重点方案供可行性分析。方案分类可参考表10-4。

表 10-4 清洁生产方案分类表

分类原则		说明
按技术类型分	源削减	减少有毒、有害物料使用，原材料代替，产品更新
	废物利用	物料循环利用，技术改造
按可实施性分	投资回收期	短期方案 1~5个月
		中期方案 5个月~3年
		长期方案 >3年
	投资	A类：无费、低费方案，可行
		B类：需要投资，基本可实施
		C类：投资大，效益低，暂不能可行

接下来就是优选方案。从表10-4可以看出，A类是可行方案，C类暂不可行，而当前

主要对基本可行的 B 类方案进行分析研究和排序。方案优选中所选的权重因素和权重大小如表 10-5 所示，由评审小组成员及专家对筛选方案打分后，计算得分（得分 = 评分 × 权重），优选出得分高的 3~5 个方案进行可行性分析。

表 10-5　清洁生产方案优选评估表

序号	权重因素	权重值	十种方案评分及得分									
			一	二	三	四	五	六	七	八	九	十
1	环境保护	10	4（40）	6（60）	4（40）	4（40）	8（80）	9（90）	10（100）	6（60）	6（60）	9（90）
2	经济可行	8	5（40）	2（16）	6（48）	2（16）	1（8）	2（16）	3（24）	9（72）	9（72）	4（32）
3	技术可行	8	6（48）	7（56）	5（40）	6（48）	6（48）	5（40）	5（40）	8（64）	8（64）	7（56）
4	易于实施	6	5（30）	5（30）	6（30）	6（36）	4（24）	5（30）	6（36）	5（30）	7（42）	6（36）
5	节能	5	1（5）	1（5）	1（5）	1（5）	1（5）	1（5）	2（10）	10（50）	8（40）	3（15）
6	发展前景好	4	6（24）	4（16）	4（16）	2（8）	8（32）	6（24）	7（28）	8（32）	7（28）	8（32）
7	总分		187	183	179	153	197	205	238	308	306	261
8	排序		7	8	9	10	6	5	4	1	2	3

（3）重点方案的可行性分析。可行性分析是对优选的重点方案进行技术、环境、经济方面的综合分析，以便确定可实施的清洁生产方案。

① 方案简述。方案简述要写明方案的名称、类型、基本内容、实施要求及实施后对生产的影响、实施后对环境的影响及可能产生的经济效益。

② 技术可行性分析。分析在预定条件下，为达到投资目的而采用的工程技术是否有其先进性、实用性和可实施性。

③ 环境可行性分析。分析方案实施后对资源的利用和对环境的影响是否符合可持续发展的要求。分析方案实施前后产生的废气、废水、固废、噪声和能源（电、煤）利用的差别。

（4）经济可行性分析。经济可行性分析是指从企业角度，按照国内现行的市场价格，计算出方案实施后在财务上的获利能力和偿还能力。经济可行性分析是在技术、环境可行性方案通过后进行的，将拟选各方案的实施成本与取得的效益比较，确定其赢利能力，再选出投资少、经济效益最佳的方案。在进行经济可行性分析时主要有投资回收期（N）、净现值（NPV）、内部收益率（IRR）等几个指标。

4. 实施方案

方案的实施主要包括以下几个内容。

（1）统筹安排，按计划实施。

① 制定实施计划。对所有可执行的方案，进行时间排序，制定切实可行的实施计划和进度安排。

② 资金筹措。资金是执行清洁生产的必要条件，企业要广开财源，积极筹措，以充分的实力支持清洁生产，一般有以下几个途径。

a. 企业自有资金。企业自有资金是开展清洁生产最主要的资金来源，实施无费低费方案时，应从企业积累资金和正常运行费解决。

b. 贷款。贷款是获得清洁生产所需资金的重要渠道，要向银行等金融机构大力宣传清洁生产的意义，以获得资助与支持，包括国内银行贷款、世界银行贷款、国际合作赠款、政府财政专项拨款等。

c.滚动资金。有限的资金滚动使用，可缓解资金短缺，即将一个方案实施后的现金流量作为后一个方案实施的启动资金，这样可在滚动中使多个方案得以实施。

③ 按计划组织实施。清洁生产方案，必须按计划认真、严格实施，才能取得预期效果。

（2）评估清洁生产方案实施效果。清洁生产方案实施后，要全面跟踪、评估、统计实施后的技术情况及经济、环境效益，为调整和制定后续方案积累可靠的经验。

（3）持续清洁生产。清洁生产是一个相对的概念，企业预防污染也不可能做到一劳永逸。因此，应制定一个长期的预防污染计划，不断地开发研究新的清洁生产技术，同时，还要不断地对职工进行培训，以提高他们对清洁生产的认识，把清洁生产推向企业各个部门。

① 制定持续的预防污染计划和削减废物的措施，建立长期的清洁生产审核队伍。

② 研究与开发预防污染的技术。在预防污染审核的过程中，对设备、生产工艺、自动化水平以及工艺过程进行优化，从中提炼出需要研究开发的项目，并根据科技进步和市场需求，广泛收集新的工艺技术信息、国内外先进技术信息、清洁生产技术信息，预测新产品开发趋势和行业技术改造的方向，并结合行业的规划目标、现状调研分析结果和实际可能，开发研究新的清洁生产技术项目。

③ 不断对企业职工进行清洁生产的培训与教育。经常定期检查和回顾实施清洁生产的效果及经验，以实际成绩教育企业职工，提高其自觉推行清洁生产的意识；在实施清洁生产技术方案的过程中，不断对职工进行新技术培训，扩大清洁生产的成果。

④ 对已实施的清洁生产项目进行跟踪。

⑤ 进一步完善清洁生产的组织和管理制度。确定专人负责清洁生产，负责人应熟练掌握清洁生产的审计知识，熟悉企业的环保情况并了解企业的生产和技术情况，更要具有工作能力和协作、敬业精神，把清洁生产的成果纳入企业的日常管理，具体做到：将针对清洁生产提出的加强管理措施，写成文件，形成制度；将针对清洁生产提出的工艺过程及岗位操作的改进措施，写入企业的技术规程和操作规范；建立完善的生产激励机制，以调动全体职工参与清洁生产的积极性。

5. 编写清洁生产报告

清洁生产报告包括清洁生产阶段报告和总结报告。

（1）清洁生产阶段报告。在实施清洁生产过程中，需随时汇总数据，评价实施效果，寻找新的清洁生产机会。阶段报告是企业开展清洁生产阶段性的工作报告，可按清洁生产实行过程和步骤顺序编写，这是清洁生产总结报告编制的依据和基础。

（2）清洁生产总结报告。清洁生产总结报告是对企业开展清洁生产的全面回顾和总结，是按实行清洁生产的步骤即准备、审计、制订方案、实施方案四个阶段的工作成果，评估实施清洁生产所取得的经济、环境和社会效益。总结报告一般用A4纸写，封面写标题、报告编写单位、日期，下一页写清洁生产工作组成员，企业名称、邮编、地址、电话、联系人。报告目录排在正文前。正文是报告的主体，按清洁生产步骤为序编写，主要分为六部分。

① 前言。介绍企业开展清洁生产的背景，包括企业概况、名称、地理位置、职工人数、发展简史、车间、生产线、主要产品、产量，年销售额，企业性质等，着重写出企业是否存在重点污染源，废物来源种类、排放量、去向、处置情况及排污费的交纳等。

② 准备阶段。这是审计工作之前所做的与清洁生产有关的各项工作，要写明领导决策，领导作出开展清洁生产的决定、通知、文件，组建工作组制定工作计划，并宣传、培训，克服各种障碍及做物质准备。

③ 清洁生产审计。主要内容包括企业的现状分析、确定审计重点、实施审计等。

④ 制定清洁生产方案。主要内容包括：说明清洁生产方案产生的原则和方法后，广泛征集清洁生产方案；将征集的方案分类、汇总，并筛选出 3~5 个重点方案；进行方案简述，内容包括名称、类型、方案的基本内容和方案实施的影响；技术可行性分析；环境可行性分析；经济可行性分析；清洁生产方案的选定。

⑤ 实施清洁生产方案。包括实施方案、效果评估和后续行动计划等。

⑥ 小结。写出实施清洁生产的体会、存在的问题及建议。

思考题

1. 什么是清洁生产？
2. 清洁生产的内容有哪些？
3. 清洁生产的原则是什么？
4. 实施清洁生产有何意义？
5. 清洁生产标准的制定原则是什么？
6. 什么是清洁生产审核？
7. 清洁生产审核的原理是什么？
8. 清洁生产审核思路是什么？
9. 清洁生产审核程序是什么？
10. 企业实施清洁生产有哪些途径？

讨论题

1. 以你熟悉的企业为例，讨论如何开展清洁生产审核工作。
2. 企业如何实现持续清洁生产。

第十一章　环境管理体系

第一节　环境管理体系标准简介

一、环境管理体系标准的产生与发展

自从 20 世纪 60 年代以来，人类生存环境的不断恶化，引起了人们的高度关注，环境保护意识在全世界范围内日益增强，保护人类共同家园已成为全人类的共识。

1972 年 6 月 5 日，联合国在斯德哥尔摩召开了第一次环境大会，通过了《人类环境宣言》和《人类环境行动计划》，成立了联合国环境规划署（UNEP），并规定 6 月 5 日为"世界环境日"。联合国的这次会议引导世界许多国家开始制定环境法规，并按法规治理环境、管理环境。如工业发达且污染严重的日本、欧洲、北美洲等国家都制定了许多法律法规，并按法律法规进行管理，这在某些方面对改善环境起到了一定的促进作用。

1983 年，联合国大会和联合国规划署授命布伦特兰夫人组建了"世界环境与发展委员会"。该委员会在保护环境方面做了许多宣传和呼吁，1987 年在日本东京召开的会议上通过了《我们共同的未来》的报告。该报告主张"在不危及后代人满足其环境资源要求的前提下，寻找满足我们当代人需要的、确保人类社会平等持续发展的途径"。

1992 年 6 月，联合国在巴西里约热内卢召开了环境与发展大会，这次会议受到了世界许多国家的重视，与会者中有 102 位是国家元首或政府要员，国际标准化组织（ISO）和国际电工委员会（IEC）也直接参与了大会。这次大会通过了 5 个环境方面的重要文件，即《里约热内卢环境与发展宣言》《21 世纪议程》《联合国气候框架公约》《生物多样性公约》《森林声明》。其中《21 世纪议程》是纲领性文件，该文件正式提出了"可持续发展战略"是人类发展的总目标，并定义"可持续性发展"的含义是"既满足当代人的需要，又不对后代人满足其需要的能力构成危害的发展。"文件中还公布了实施"可持续发展战略"的国际合作与交流中涉及与环境有关问题的 27 条原则。

联合国对全球性的环境问题所采取的对策与行动均标志着国际社会正在努力协调人类发展与环境保护间的关系，朝着"可持续发展战略"的方向发展。

环保工程不仅包括环境保护技术，也包括环境管理技术。在国际社会对环境问题的高度关注下，包括绿色消费之风形成的市场压力，迫使欧美国家的许多企业主动进行环境管理，改善环境绩效。一些知名企业还请中介组织对其环境绩效进行评价，以此树立良好的企业形象。到 20 世纪 80 年代末，在环境管理上已有不少经验可以借鉴。

环境管理（第二版）

1989 年，英国标准化协会（BSI）根据英国的特点，按照英国质量管理标准（BS5750）制定环境管理体系标准，1992 年正式发布了 BS7750 环境管理体系标准。标准颁布后，英国标准化协会动员 230 个组织试用该标准，在总结试点经验的基础上，1994 年，英国标准化协会对 BS7750 标准进行了修订。

BS7750 标准在英国得到了较好的实施的情况下，欧共体也开始做环境管理方面的工作。1993 年 6 月，欧共体理事会公布了《关于工业企业自愿参加环境管理与环境审核联合体系条例》（EEC 1836/93），简称"生态管理与审核制度（EMAS）"。环境管理体系要求的内容与 BS7750 标准相近。

与此同时，其他国家也以不同的方式建立环境管理模式，如加拿大制定了环境管理、审核、标志、设计、风险评定及采购标准。

总之，在 20 世纪 80 年代末和 90 年代初，世界许多国家都迫切需要优秀的环境管理模式，这直接导致国际标准化组织（ISO）组建制定环境管理标准的技术委员会。

1990 年，ISO/IEC（国际电工委员会）在《展望未来——高新技术对标准化要求》一书中提出"环境与安全问题"（SAGE）是目前标准化工作最紧迫的课题之一。1992 年，ISO/IEC 成立了"环境问题特别咨询组"，专门关注世界环境问题。该组织在经过了一年多的调查，在分析研究大量环境管理经验方面资料的基础上，向 ISO 技术委员会提出应该制定一个与质量管理标准类似的环境管理标准，以加强组织改善和评价环境绩效的能力。SAGE 不仅建议国际标准化组织成立专门的环境管理标准化技术委员会，还对制定环境管理标准提出三条原则性建议：① 标准的基本方法应与 ISO 9000 系列标准相似；② 标准应简单，普遍适用，环境绩效应是可验证的；③ 应避免形成贸易壁垒。

1993 年 6 月，国际标准化组织正式成立了 ISO/TC 207 环境管理技术委员会，开展了环境管理的国际标准制定工作。1996 年首次正式发布了与环境管理体系及环境审核有关的 5 个标准，即 ISO 14000 环境管理系列标准的部分标准。ISO 14000 是环境管理系列标准的总代号。ISO 中央秘书处给 ISO 14000 系列标准预留了 100 个标准号，预留标准号的分配见表 11-1。ISO 14001:1996 标准是唯一能用于第三方认证的标准，并在实践中得到了很好的应用，2004 年，国际标准化组织为了使该标准既具有可独立的使用性，又具有与其他管理体系（主要指 ISO 9001 质量管理体系）的兼容一致性，对 1996 版的标准作了修订，发布了 ISO 14001:2004 标准。

表 11-1　ISO 14000 系列标准号的分配

标准子系统中文名称	英文缩写	标准号
环境管理体系	EMS	14001~14009
环境审核	EA	14010~14019
环境标志	EL	14020~14029
环境绩效评价	EPE	14030~14039
生命周期评价	LCA	14040~14049
术语和定义	T&D	14050~14059
产品标准中的环境因素（备用号）	EAPS	14060

为了解决组织推行多个管理体系时的整合问题，ISO 发布了针对 MSS（管理体系标准）的 HLS（高阶结构），2012 年 ISO/IEC 发布了工作导则第一部分，其中附件 SL 的附录 2 为《高层次结构、相同的核心文本、通用术语和核心定义》，要求今后所有制、修订的管理体系标准必须遵循该 HLS 的框架结构，除了前言和引言以外，均包括 10 个章节，其编号、章名及共性要求都保持一致。

ISO/TC 207/SC 1 分委员会遵循 ISO MSS HLS 要求，考虑"环境管理体系未来挑战"研究组发布的报告建议，保持 ISO 14001:2004 标准的主要原则和核心要求，对 ISO14001 标准进行修订，并于 2015 年 9 月 15 日正式发布第 3 版标准（ISO 14001:2015《环境管理体系　要求及使用指南》）。2016 年 10 月 13 日国家标准化管理委员会正式发布《环境管理体系　要求及使用指南》（GB/T 24001—2016），2017 年 5 月 1 日实施，该标准等同于 ISO 14001:2015 国际标准。

二、环境管理体系标准的特点

ISO 14001：2015 是 ISO 14000 系列标准中重要和关键的标准之一，是唯一能用于第三方认证的标准。该标准由"要求"和"使用指南"两部分组成。"要求"部分是该标准主体，如果组织采用该标准建立环境管理体系，则必须满足该标准规定的所有要求。"使用指南"部分完全是增补性的，其目的是指导并帮助组织建立和运行环境管理体系。环境管理体系的结构和运行模式见图 11-1。ISO 14001 环境管理体系标准具有以下特点：

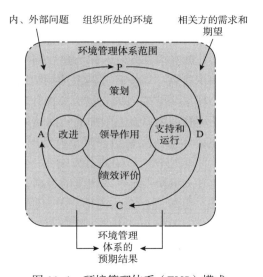

图 11-1　环境管理体系（EMS）模式

① 自愿原则：无行政干预，外部推动力。

② 广泛适用性：适用于任何类型的组织；适用于组织内部管理；适用于注册、认证。

③ 灵活性：可用于建立独立的管理体系，也可用于建立综合性管理体系；仅要求符合法律法规要求，无其他技术内容要求。

④ 兼容性：与 ISO 9001 标准和 ISO 45001（OHSAS 18001）标准兼容。

⑤ 全过程预防：从生产开始到产品生命结束，全过程预防环境污染。

⑥ 持续改进原则：改进是永恒的主题。

ISO 14001:2015《环境管理体系 要求及使用指南》在 2004 版标准的基础上做了很大改进，引入了许多新的管理理念和思路。提出战略环境管理的思维，强调将环境管理体系融入组织的业务过程、战略方向和决策制定过程；明确要求组织运用生命周期观点，控制或影响组织的产品和服务的设计、制造、交付、消费和处置的方式，防止环境影响被无意地转移到生命周期的其他阶段；采用基于风险和机遇的环境管理思维和导向；提出"保护环境"的概念，要求组织不仅要关注"污染预防"，还应从全方位有利于环境的角度进行考虑，包括可持续的资源使用、气候变化缓解和适应、生物多样性和生态保护等；强化领导作用，要求最高管理者对环境管理体系的有效性负责；重视对变更的管理，要求组织管理影响环境管理体系的各类变更，增强组织对变更的适应和应对能力，更加强调履行合规义务等。

第二节　环境管理体系标准要素及其理解要点

一、组织与领导

1. 理解组织及其所处的环境（4.1）

组织应确定与其宗旨相关并影响其实现环境管理体系预期结果的能力的外部和内部问题。这些问题应包括受组织影响的或能够影响组织的环境状况。

（1）组织所处的环境是指对组织建立和实现目标的方法有影响的内部和外部因素的组合。组织的环境可以理解为组织所处的一组客观条件，这组客观条件包括可能对组织产生有利和不利影响的外部和内部环境中的相关因素。

（2）组织在建立环境管理体系时，应通过初始环境评审，从组织的目的出发，识别组织的环境管理条件，以及其他背景要素（如法律法规要求、环境文化和环境隐患治理的科技水平等），确定哪些是组织影响环境的，哪些是影响组织实现预期目标能力的。在此基础上确定相关外部和内部问题，作为建立和保持组织环境管理体系的重要基础。

（3）所谓"环境管理体系预期结果"是指组织预先期望通过实施环境管理体系所达到的结果，其预期结果至少应包括：提升环境绩效、履行合规义务以及达成环境目标。组织可以对其环境管理体系设立附加的预期结果，如与组织保护环境和污染预防等相一致的承诺。

（4）环境状况是指在某个特定时间点确定的环境状态或特征，可以包括业已存在的状态，也可能是一种渐变的态势或者一些事件（如极端气候引发的自然灾害）。这些状态或特征可通过测量获得定性或定量的数据，以确定环境因素的影响程度。

（5）组织所存在的内部和外部问题可包括，但不限于气候、空气质量、水质、土地使用、现存的污染、可用的自然资源、生物多样性等环境状况方面的问题；例如组织的内部问题可包括：造成大气、土地和水质的污染，以及危险化学品仓库及使用管理、危险废物管理及处置、温室气体排放、能源等各种资源使用等方面的问题。组织的外部问题可包括：使用法律法规要求、环境监测要求、组织相关方的环境管理要求、组织所在地区的环境要求、组织所在地环境条件、三废处理的科技发展水平，以及组织接受环境风险评价所遗留待解决的问题等。这些问题有的属于组织影响环境管理条件的问题，有的是影响组织实现环境绩效能力的问题。

（6）实现全球系统内环境、经济和社会等三个子系统之间的平衡，已被公认既能满足我们当今的发展需求，又不损害满足后代需求的能力。因而，环境、经济和社会是实现人类可持续发展目标的"三大支柱"。这就导致了组织应采用系统的方法加强管理，从有助于可持续发展的"环境支柱"这一高度去认识建立、实施和保持环境管理体系重要性，并确保其适宜性、充分性和有效性。

2. 理解相关方的需求和期望（4.2）

组织应确定：

a）与环境管理体系有关的相关方；

b）这些相关方的有关需求和期望（即要求）；

c）这些需求和期望中哪些将成为其合规义务。

（1）相关方是指能影响、被影响或自身感受到组织的决策或活动影响的个人或组织。

（2）环境相关方是指与组织的环境因素相关的个人或组织。包括组织内的人员、合作伙伴、客户、供应商、监管机构、公益机构和社会团体等个人或组织。

（3）组织不是一个孤岛。组织是存在于相互依存、相互影响、相互制约，同时也相互促进和发展的众多相关方之中。这些相关方可能影响组织的工作，也可能被组织的工作所影响。

（4）组织应就环境管理体系确定其所有相关方的需求和期望，并正确确定哪些要求是组织必须或有选择地履行的合规义务。所谓"义务"是强制性要求，包括适用的法律法规或自愿的承诺。诸如组织的有关标准、合同约定、良好的管控原则，以及社会和道德标准等。

（5）识别所有与环境管理体系有关的相关方，是理解组织所处的环境的过程之一。有关相关方是指若其需要和期望未能满足，将对组织的持续发展产生重大风险的各方。组织应确定需向相关方提供何种必要的结果以降低风险。组织的成功，依赖于赢得和保持有关相关方的支持。

（6）相关方可能会因他们各自所处的环境，或受其环境变化因素的影响而发生改变，包括有关相关方对组织的要求也可能发生变化。因此，组织需要对这些相关方及其要求的有关相关信息进行监视和评审。必要时，组织应及时作出响应。

3. 确定环境管理体系的范围（4.3）

组织应确定环境管理体系的边界和适用性，以界定其范围。

确定范围时组织应考虑：

a）4.1 所提及的内、外部问题；

b）4.2 所提及的合规义务；

c）其组织单元、职能和物理边界；

d）其活动、产品和服务；

e）其实施控制与施加影响的权限和能力。

范围一经界定，在该范围内组织的所有活动、产品和服务均须纳入环境管理体系。

范围应作为文件化信息予以保持，并可为相关方所获取。

（1）组织应明确环境管理体系覆盖的范围，这种范围是组织自行决定的。在环境管理体系覆盖范围内的任何活动、过程和服务都应执行环境管理体系的要求。当某组织是一个更大组织在给定场所的一部分，明确界定环境管理体系的范围尤为必要。界定范围时应考虑：

① 组织的人、财、物等管理权限；

② 组织的主要产品和服务类型；

③ 组织实施活动的区域或场所；

④ 组织的环境因素及其影响范围。

（2）明确环境管理体系覆盖的范围应注意：环境管理体系需关注产品全寿命周期的环境影响，应从生命周期的角度来考虑组织的活动、产品和服务实施所能控制或能施加影响的程度。所谓生命周期，是指产品（或服务）系统从原材料的采集或自然资源的生成至最终处置的连续的和相互联系的全部阶段。

（3）环境管理体系范围不应该用于排除涉及重要环境因素的活动、产品、服务或设备，或用于规避其合规义务。环境管理体系范围应是真实存在的，组织声称的运营范围应包含于其环境管理体系边界之内，且不会误导相关方。

（4）组织应以文件信息的形式确定环境管理体系覆盖的范围，即必须具体明确本标准在组织内实施的界面。实施界面包括组织结构层次的界面、产品和服务的界面、职能的界面和物理边界。如该体系是遍及整个组织，还是仅在特定的部门、场所内实施，都可由组织自行决定。但必须结合组织识别内外部环境问题、合规义务、活动、产品和服务，以及组织实施体系运行控制和施加影响的权限和能力等要素综合予以考虑。当实施界面一经确定，组织在此范围内的所有活动、产品和服务，均应包括在环境管理体系之内。

（5）组织在确定环境管理体系范围时，应注意可信度取决于组织结构、产品和服务、职能及物理边界选取的合理性，以及与其目的的一致性。如果组织的某一部分被排除在环境管理体系之外，组织应该作出明确和合理的解释。

4. 环境管理体系（4.4）

为实现组织的预期结果，包括提升其环境绩效，组织应根据本标准的要求建立、实施、保持并持续改进环境管理体系，包括所需的过程及其相互作用。

组织建立并保持环境管理体系时，应考虑4.1和4.2中所获得的知识。

（1）"建立"是从"无"到"有"的过程。如果组织在环境因素控制方面没有系统有效的管理体系，可以根据ISO14001标准的要求建立环境管理体系，并以文件形式描述。

（2）"实施"是指按所建立的环境管理体系要求去做，即按环境管理体系文件要求运行环境管理体系。

（3）"保持"一方面要求组织应始终如一地按环境管理体系的规定运行，另一方面要求组织应持续地改进环境管理体系，以保持其适宜性、充分性和有效性。例如当组织内部的活动、产品、工艺、组织机构等发生变化，或组织应遵守的外部适用的法律法规及其他要求发生变化时，组织应修改其环境管理体系，以保持其环境管理体系适应当前的要求，确保环境管理体系能够有效地控制组织内的环境因素。

（4）"持续改进"一方面是"保持"的需要，即保持环境管理体系有效性和适宜性需要不断改进；另一方面也是提高组织环境绩效的需要，即组织应不断改进其控制环境因素的技术和管理方法，以提高其自身的环境绩效，防止污染，为环境保护做出贡献。

（5）环境管理体系是组织整个管理体系的一个组成部分，用于管理环境因素，履行合规义务，以及应对风险和机遇。环境管理体系是在环境管理方针指引下，通过策划、支持和运行、绩效评价和改进等过程的PDCA循环，实施持续改进。必要时，应将这些过程文件化。对这些过程需分层展开分析，确定所需的过程及其相互作用。

5. 领导作用与承诺（5.1）

最高管理者应证实其在环境管理体系方面的领导作用和承诺：

a）对环境管理体系的有效性负责；

b）确保建立环境方针和环境目标，并确保其与组织的战略方向及所处的环境相一致；

c）确保将环境管理体系要求融入组织的业务过程；

d）确保可获得环境管理体系所需的资源；

e）就有效环境管理的重要性和符合环境管理体系要求的重要性进行沟通；

f）确保环境管理体系实现其预期结果；

g）指导并支持员工对环境管理体系的有效性做出贡献；

h）促进持续改进；

i）支持其他相关管理人员在其职责范围内证实其领导作用。

注：本标准所提及的"业务"可从广义上理解为涉及组织存在目的的那些核心活动。

（1）最高管理者是指在最高层指挥和控制组织的一个人或一组人。最高管理者在组织内有授权和提供资源的权利。如果环境管理体系的范围仅覆盖组织的一部分，在这种情况下，最高管理者是指组织的这部分的一个人或一组人。

（2）组织是环境管理的责任主体，最高管理者是这个责任主体的主要负责人和法定责任承担者。最高管理者基于风险的决策，决定和影响着环境管理体系的有效性。最高管理者明显的支持和参与对于成功实施环境管理体系很重要。最高管理者率先垂范的作用能够影响和推动全体员工积极参与，也为外部各方有效参与环境管理体系提供保证。

（3）环境管理方针和目标起着环境管理体系运行的导向作用，需要最高管理者制定。环境管理方针应与组织的总方针一致，可以与组织的期望和使命相一致，并为制定环境目标提供框架。环境目标是组织在环境管理方面需要实现的结果。可以说环境管理方针是组织行进中所需的灯塔，环境目标是具体的行进要求，包括了相关职能、层级和过程的行进要求。

（4）最高管理者负责确保将环境管理体系要求与组织的业务过程相整合。组织应在充分理解环境管理体系要求的基础上，对各项活动进行评审和分析，寻找差距和不足，进而将环境管理体系要求镶嵌在业务经营活动之中。

（5）沟通是信息的传递、处理和反馈活动的集合。最高管理者应确保在环境管理体系中构建沟通机制，通过沟通实现有效地传递组织的战略意图，认识有效的环境管理和符合环境管理体系要求的重要性，提升组织环境管理体系运行的效率和有效性。

（6）最高管理者通过以下活动实现对环境管理体系的适宜性、充分性和有效性的承诺，包括：

① 对组织环境管理体系有效运行负责；

② 组织制定和批准发布环境管理方针和目标，使其符合组织的战略方向和组织的背景、环境管理体系预期结果能力；

③ 将环境管理体系各项要求纳入组织的各项业务过程；

④ 负责提供环境管理体系所需的资源；

⑤ 在组织内部沟通实现环境管理体系要求的重要性；

⑥ 为确保环境管理体系实现预期结果采取相应的管理措施，如管理评审等；

⑦ 倡导激励措施，促进全体人员为环境管理体系有效运行作出贡献，诸如建立持续改进小组和开展合理化建议活动等；

⑧ 采取相应措施，促进组织内各职能和层次实现持续改进；

⑨ 充分发挥各级领导在其职责领域内的领导作用。

6. 环境方针（5.2）

最高管理者应在确定的环境管理体系范围内建立、实施并保持环境方针，环境方针应：

a）适合于组织的宗旨和组织所处的环境，包括其活动、产品和服务的性质、规模和环境影响；

b）为制定环境目标提供框架；

c）包括保护环境的承诺，其中包含污染预防及其他与组织所处环境有关的特定承诺；

注：保护环境的其他特定承诺可包括资源的可持续利用、减缓和适应气候变化、保护生物多样性和生态系统。

d）包括履行其合规义务的承诺；

e）包括持续改进环境管理体系以提高环境绩效的承诺。

环境方针应：

——以文件化信息的形式予以保持；

——在组织内得到沟通；

——可为相关方获取。

（1）明确职责，环境方针是组织在环境方面的宗旨和方向，是组织总体方针的组成部分，它体现了管理者对环境问题的指导思想和承诺。标准要求组织的最高管理者应制定、批准、签发环境方针。

（2）环境方针应体现组织的特点，内容应包括"三项承诺，一个框架"。因组织的性质、规模，所在区域等均不同，所以各组织在制定环境方针时应结合本组织活动、产品和服务的特点，并考虑环境因素的风险程度。如旅游公司的环境方针应体现保护旅游区环境、保障游客安全的内容，不应将"三废"治理的内容纳入其中。"三项承诺，一个框架"是指保护环境的承诺、履行合规义务的承诺、持续改进环境管理体系以提高环境绩效的承诺；为制定、评审环境目标提供框架。保护环境的承诺可以具体到对污染源作出承诺，如搞好废物利用，降低废水排放量等。履行合规义务的承诺，并不是组织任何时候都能严格履行合规义务，如果偶然没有达到要求，组织应有一定的机制，能及时发现问题，采取纠正措施，可行时，应实施纠正，如果不能及时发现违规行为，则不符合 ISO14001 标准要求。

（3）环境方针宣传是公开的。环境方针的宣传范围一是向组织的员工或代表组织工作的人员宣传；二是向社会公开宣传，表明组织对环境保护的态度，让社会监督。宣传方式有会议传达、网上宣传、产品外包装上宣传、悬挂宣传标语等。

（4）组织的环境方针应定期评审，确保其持续适宜性和有效性。如果进行修改、更新应尽可能与相关方进行沟通。方针的内容应能对全体员工的行动起到指南作用，可以包括最高管理者的价值观和期望，体现组织的目标、承诺和义务、环境及安全意识、安全文化和信念、顾客的期望和需求。

7. 组织的角色、职责和权限（5.3）

最高管理者应确保在组织内部分配并沟通相关角色的职责和权限。

最高管理者应对下列事项分配职责和权限：

a）确保环境管理体系符合本标准的要求；

b）向最高管理者报告环境管理体系的绩效，包括环境绩效。

（1）最高管理者应规定环境管理体系中各部门的职责和权限。环境管理体系能否成功实施与运行，仅依靠环境管理职能部门是不行的，组织内所有人员和部门都应承担起相应的责任。所以，应以文件的形式明确部门、岗位和/或人员在环境管理体系中的职责和权限，如生产部门应控制生产过程中的各环境因素，设计部门负责原材料替代、工艺改进方面环境因素，采购部门负责供方的环境绩效，动力部门负责节能方面环境因素的控制等。各部门职责和权限应尽可能具体并细化，可细化到个人或岗位。应将职责和权限传达到个人或岗位，让他们了解其职责和权限，以便在环境管理体系中发挥各自的作用。这里的"权限"指在职责范围内能（或不能）做的事或决定。

（2）最高管理者应任命环境管理者代表（ISO 14001：2015 标准中未明确提出该要求）。管理者代表可以是专职的也可以是兼职的，对于大型和复杂的组织，可有若干名管理者代表，如质量管理者代表、环境管理者代表、职业健康安全管理者代表。对于中、小型组织，可由一人承担整个管理体系的管理者代表。

（3）应赋予环境管理者代表的职责和权限。由于环境管理者代表是代表最高管理者负责环境管理工作，所以其职责和权限除了标准中提及的两方面外，还可包括与相关方就环境管理体系有关问题进行交涉。另外，管理者代表还可以承担其他环境、职业健康安全、质量等方面的工作。

（4）明确规定组织结构、职责和权限并形成文件信息，作为环境管理体系文件信息的组成部分。虽然 ISO 14001：2015 正文中未明确规定组织应保持文件信息，但大多数组织在已建立的环境管理体系中都将组织的角色、职责和权限形成文件，发挥其有章可循的重要作用。

二、策划

（一）应对风险和机遇的措施（6.1）

1. 总则（6.1.1）

组织应建立、实施并保持满足 6.1.1 至 6.1.4 的要求所需的过程。

策划环境管理体系时，组织应考虑：

a）4.1 所提及的问题；

b）4.2 所提及的要求；

c）其环境管理体系的范围；

并且，应确定与环境因素（见 6.1.2）、合规义务（见 6.1.3）、4.1 和 4.2 中识别的其他问题和要求相关的需要应对的风险和机遇，以：

——确保环境管理体系能够实现其预期结果；

——预防或减少不期望的影响，包括外部环境状况对组织的潜在影响；

——实现持续改进。

组织应确定其环境管理体系范围内的潜在紧急情况，特别是那些可能具有环境影响的潜在紧急情况。

组织应保持以下内容的文件化信息：

——需要应对的风险和机遇；

——6.1.1 至 6.1.4 中所需的过程，其详尽程度应使人确信这些过程能按策划得到实施。

（1）组织策划环境管理体系时，有关应对风险和机遇的措施的策划，应满足总则、环境因素、合规义务和措施策划的要求，以确保组织能实现环境管理体系的预期结果。要求组织采取基于风险的分析方法，就环境因素，考虑合规义务，明确威胁和机遇，并采取适当的应对措施。

（2）风险是指不确定的效应。它一般用事件发生后果的严重性和事件发生可能性予以表征。风险和机遇是潜在的负面影响（威胁）和潜在的有益影响（机遇）。也就是说，威胁是指可能产生的有害的效应，机遇是指可能产生有益的效应。

（3）为确定应对风险和机遇的措施，应建立、实施和保持相应的过程。

（4）为达到策划预期结果，确保环境管理体系适宜、充分和有效，组织策划环境管理体系应考虑与环境管理体系范围相关的下列事项：

① 通过理解组织及其所处的环境，全面考虑关于组织的目的，以及影响组织实现环境管理体系预期结果的能力的所有外部和内部问题；

② 充分理解相关方的需求和期望，正确选择和确定哪些属于组织的合规义务；

③ 确定与风险和机遇相关的环境因素、合规义务，以及理解组织及其所处环境和理解相关方的需求和期望；

④ 预防和减少不良的环境影响；

⑤ 确定潜在的紧急情况及其对环境的影响；

⑥ 确保环境管理体系能实现预期结果的措施；

⑦ 坚持实现持续改进；

⑧ 保持相应的文件信息，包括：表明风险和机遇、所需的过程、环境因素、合规义务，以及策划应对措施等相关的文件和记录，以证实策划过程已作系统考虑和有效实施。

2. 环境因素（6.1.2）

组织应在所界定的环境管理体系范围内，确定其活动、产品和服务中能够控制和能够施加影响的环境因素及其相关的环境影响。此时应考虑生命周期观点。

确定环境因素时，组织必须考虑：

a）变更，包括已纳入计划的或新的开发，以及新的或修改的活动、产品和服务；

b）异常状况和可合理预见的紧急情况。

组织应运用所建立的准则，确定那些具有或可能具有重大环境影响的环境因素，即重要环境因素。

适当时，组织应在其各层次和职能间沟通其重要环境因素。

组织应保持以下内容的文件化信息：

——环境因素及相关环境影响；

——用于确定其重要环境因素的准则；

——重要环境因素。

注：重要环境因素可能导致与不利环境影响（威胁）或有益环境影响（机会）有关的风险和机遇。

（1）制定识别、评价环境因素的程序。因为环境管理的目的是控制活动、生产和服务中有害的环境因素（或对其施加影响），特别是有害的重要环境因素。要控制有害的环境因素，首先应识别与之有关的各过程中存在的环境因素。"识别"的方法有多种，为了便于正确识别各过程中所有的环境因素，应制定统一的识别途径和方法，即建立环境因素识别、评价程序。

（2）程序中应包括重要环境因素的评价准则和方法。由于一个组织可能存在很多环境因素，重点控制的是那些可控制或可施加影响的重要环境因素。所以在环境因素的识别程序中应规定重要环境因素的评价准则和评价方法，以确定出重要环境因素。评价准则可包括环境事务（日常必须控制的环境因素，如节能降耗；工作人员能正常工作的环境；周边居民能正常生活的环境等）、法律法规的要求、内外部相关方的要求。评价的方法由组织自己规定。当评价准则确定以后，无论采用什么方法评价，都能得到一致的结果。

（3）对重要环境因素施加影响是指组织通过间接途径来减少或消除活动、产品和服务中有害的环境影响。例如：组织可以通过设计和开发改变产品的某种输入原料或生产工艺，减少生产过程中废物的排放，从而有效地削减环境因素；组织对其提供的产品在使用和报废处置时的控制作用是有限的，但可以通过让用户了解正确的使用方法和废物的处置方式来对环境因素施加影响。

（4）环境因素的辨识与评价应考虑三种状态、三种时态和各种类型。

三种状态是正常、异常和紧急状态。组织的日常生产过程是正常状态。生产车间在试车、停机、检修等情况下，环境因素与正常状态有较大不同，属异常状态。紧急状态则是发生火灾、爆炸、洪水等情况。对可预见的紧急状态，应有相应的策划措施，以保证其影响最小化。

三种时态是过去、现在和将来。组织在对现场现有的环境因素进行充分辨识时，也应考虑以往遗留的环境影响以及策划中的活动可能带来的环境影响。组织要尽可能全面地考虑生产活动的各个方面，拓宽思路，尽可能使环境因素得到全面控制。

环境因素的八种类型包括：①向大气的排放；②向水体的排放；③向土地的排放；④原材料和自然资源的使用；⑤能源使用；⑥能量释放，例如：热能、辐射、振动（噪声）和光能；⑦废物和（或）副产品的产生；⑧空间利用。对于特种行业的环境问题，在组织运行时也要进行专门的考虑。

（5）环境因素的辨识、评价本身是一个不断发展的过程，该过程也包括明确潜在的法律、法规的要求和组织自身业务发展、工艺更新、原材料替代及其相关方要求等方面的影响。组织应及时更新这些方面的信息。

（6）组织对环境因素的识别与评价不改变或增加组织的法律责任。

（7）不同性质和规模的组织，其环境因素是不同的，即使是同一组织位于不同的地区，其重要环境因素也不一定完全相同，所以，在识别和评价环境因素时，不能套用其他组织的环境因素，应根据本组织的实际情况和所处区域的特定环境开展识别和评价工作。

3. 合规义务（6.1.3）

组织应：

a）确定并获取与其环境因素有关的合规义务；

b）确定如何将这些合规义务应用于组织；

c）在建立、实施、保持和持续改进其环境管理体系时必须考虑这些合规义务。

组织应保持其合规义务的文件化信息。

注：合规义务可能会给组织带来风险和机遇。

（1）合规义务是指组织必须遵守的法律法规要求，以及组织必须或选择遵守的其他要求。组织建立、实施、保持和持续改进环境管理体系时，必须遵循合规义务。组织对各项合规义务均应落实措施，确保符合要求。

（2）"法律法规"是指与环境保护有关的法律法规，包括相关国家法律、条例、规章制度、强制性环境标准；地方政府有关环境方面的法规；国际有关环境方面的公约、议定书等。若地方环境法规与国家相关法规要求不一致，组织应执行地方政府的法规，涉及国际环境问题，应遵守国际相关的环境法规。

（3）"应遵守的其他要求"指各级政府部门关于环境的规定、决定、地方标准及有关文件要求；本组织的上级主管部门的要求；本组织的条例、规章制度等方面。组织不仅应获取国家有关法律和法规的要求，也要与地方环境主管部门保持联系，得到最新版本的地方标准。另外，组织也必须与行业保持联系，遵守行业规范。当这些要求存在矛盾时，则应与当地环境管理及行业主管部门商定，形成一致意见。

（4）组织在制定环境方针、目标、指标和改进环境管理体系时，应考虑法律法规和其他要求的应用。

4. 措施的策划（6.1.4）

组织应策划：

a）采取措施管理其：

1）重要环境因素；

2）合规义务；

3）6.1.1 所识别的风险和机遇。

b）如何：

1）在其环境管理体系过程（见6.2，第7章，第8章和9.1）中或其他业务过程中融入并实施这些措施；

2）评价这些措施的有效性（见9.1）。

当策划这些措施时，组织应考虑其可选技术方案、财务、运行和经营要求。

（1）组织应建立过程，该过程包括：针对环境风险所带来的威胁和机遇、重要环境因素和合规义务识别采取的措施的需要；从技术上的可行性、经济上的合理性、业务运行上的适宜性评价是否采取和如何采取措施、实施措施、评价措施的有效性。

（2）措施策划过程应考虑识别和分析哪些威胁和机遇的问题影响组织实现环境管理体系预期结果的能力，哪些应作为环境管理体系策划的重要输入。

（3）对于所确定的需长期实施的管理措施应纳入组织的管理体系相关过程中，与其他活动整合，予以实施，将这些措施纳入相关文件，对于技术措施，如基础设施技术改造措施，以及单项的管理措施，人员培训和方法改进，均应建立相应的措施计划。

（4）针对需要应对的风险和机会，组织可采取的措施一般包括：规避风险、接受风险、降低风险和分担风险等。

（5）措施的策划方案是动态的，可能要依据重要环境因素的变化、措施的实施情况、监测及绩效评价等进行调整。

（6）需要注意的是，所策划的措施有可能引起次生风险，或带来新的环境因素，这些次生风险和环境因素也要纳入策划方案中予以考虑。

（二）环境目标及其实现的策划（6.2）

1. 环境目标（6.2.1）

组织应针对其相关职能和层次建立环境目标，此时必须考虑组织的重要环境因素及相关的合规义务，并考虑其风险和机遇。

环境目标应：

a）与环境方针一致；

b）可度量（如可行）；

c）得到监视；

ｄ）予以沟通；

ｅ）适当时予以更新。

组织应保持环境目标的文件化信息。

（1）环境目标应依据组织的环境方针制定。环境目标应当具体，只要有可能，就应当是可测量的。此外，环境目标还应当考虑到短期和长期的需要。

（2）组织应依据环境方针提出建立环境目标的框架，以及针对提升组织的环境绩效制定环境目标。

（3）组织建立环境目标应考虑遵循合规义务，活动、产品和服务过程所产生重大影响的重要环境因素，以及对污染预防和环境保护的承诺。

（4）组织在有关职能部门和层次建立的环境目标，都应以文件信息形式予以表述。

2. 实现环境目标的措施的策划（6.2.2）

策划如何实现环境目标时，组织应确定：

ａ）要做什么；

ｂ）需要什么资源；

ｃ）由谁负责；

ｄ）何时完成；

ｅ）如何评价结果，包括用于监视实现其可度量的环境目标的进程所需的参数（见9.1.1）。

组织应考虑如何能将实现环境目标的措施融入其业务过程。

（1）组织为了能成功实施环境管理体系，有赖于针对如何实现环境目标的措施进行系统的策划，并制定实现环境目标的措施计划（方案）。

（2）策划时，组织应考虑如何应用指标对环境目标的实施状况进行监视、测量、分析和评价。指标是指运行、管理或条件的状况和状况的可测量的数据信息。

（3）环境目标和指标含意理解及关系。环境目标是控制环境因素的目的，是环境目标的一个组成部分。组织可制定总的环境目标和指标，各职能部门应制定本部门的环境目标和相应的指标。总的环境目标应依据环境方针制定，是整个组织自身应实现环境绩效的目的，各职能部门的环境目标是总目标的分解，各部门的目标完成了，总目标才能实现。如某公司环境方针内容有节能降耗，总环境目标之一是节电20%，总环境目标可分解为：一分厂节电8%，二分厂节电12%。

环境指标是对实现环境目标的具体安排。可以制定部门、岗位、个人环境指标，如某公司各部门的节电指标：一分厂节电50kW·h/月；二分厂熔炼车间节电110kW·h/月，热处理车间节电10kW·h/月，其他部门7、8月用电控制在150kW·h/月以内，其他时间控制在60kW·h/月以内。

（4）制定环境目标和指标应考虑的因素。

① 应考虑组织的环境因素及其特点，以及合规义务、相关方要求、技术、经济、运行等方面因素；

② 应兼顾短期和长期的需要，如目前组织正在扩建，应制定扩建时需要控制的重要环境因素的短期目标和指标；

③ 考虑到便于测量，能量化的尽可能量化，但不是指所有的目标指标都应量化，也可

以定性描述。

④ 环境目标的类型包括：污染物排放的减少、资源消耗的降低、风险级别的降低等。

（5）制定与实施管理措施方案的要求。

① 管理措施方案应明确职责并经相关授权人批准，通常是最高管理者。

② 管理措施方案是为实现目标和指标而制定的，所以管理措施方案中应包括目标和指标；

③ 方案的主要内容是阐明实现目标和指标的方法；

④ 考虑到组织经济、运行状况等因素，所制定的方案可能一次性难以完成，所以在制定方案时，组织应根据实际情况，安排方案的具体实施时间和完成时间；

⑤ 每一类可控制或可施加影响的重要环境因素至少应有一个管理方案；

⑥ 如果生产方式、工艺、原材料等有变动，管理方案也应随之变动；

⑦ 应重视方案形成过程的评审和方案执行中的控制；

⑧ 项目文件的记录方法。具体编制时可按环境因素的重要性次序以及风险级别序号或优化的目标序号，说明现状、目标、指标、措施、责任单位、责任人、支持条件（人、财、物）、启动日期、完成时间等。

三、支持与运行

（一）资源（7.1）

组织应确定并提供建立、实施、保持和持续改进环境管理体系所需的资源。

（1）最高管理者应确保环境管理体系建立、实施、保持和持续改进的各过程中提供所需要的内部和外部资源，包括人力资源、技术和信息资源、财务资源、供方和合作伙伴、基础设施和设备等。

（2）人力资源包括管理人员和具有环境方面专业技能的人员，可通过培训实现人力资源的提供，也可通过外部提供人力资源。

（3）基础设施指"三废"处理设施、给排水系统、消防设施、环境管理所需的建构筑物、通信网络设施、应急设施等；技术是指环境因素控制技术，小企业可通过与外部协作的方式来获得技术和经验。

（4）财务指为保障环境因素得到有效控制所需的资金。但这并不意味着最高管理者一定要为环境管理体系另外配备资源，可以利用组织现有的资源，不足时再适当增加。

（5）组织应对内外部资源进行评价，评估资源适用性和可获得性，并对资源进行分配、优化、维护与合理使用。

（二）能力（7.2）

组织应：

a）确定在其控制下工作，对其环境绩效和履行合规义务的能力有影响的人员所需的能力；

b）基于适当的教育、培训或经历，确保这些人员是能胜任的；

c）确定与其环境因素和环境管理体系相关的培训需求；

d）适用时，采取措施以获得所必需的能力，并评价所采取措施的有效性。

注：适用的措施可能包括，例如：向现有员工提供培训、指导，或重新分配工作；或聘用、雇佣能胜任的人员。

组织应保留适当的文件化信息作为能力的证据。

（1）"能力"指具有环境方面的专业技能，通常从受过专业教育、参加过专业培训或曾经从事环境方面工作这三方面来获取环境专业能力。

（2）组织应对从事可能具有重大环境影响行业的人员以及具有环境管理体系职责的人员，识别和确定培训需要，并建立相应的过程，对他们实施培训。

（3）组织应建立有效的培训过程。通过对培训的策划，对照岗位培训需求，确定培训哪些人员，需要培训什么内容，以什么方式提供所需的培训，如何评价培训的有效性，以及改进培训的过程。

（4）能力培训要求。从事重要环境因素控制的工作人员（包括内审员）应具备相应工作能力，若员工不具备相应工作能力，应采取一定措施使其有能力胜任此项工作，培训是重要措施之一。应针对不同层次的管理、技术、操作人员所要求的知识、技能确定相应的培训需求。例如，某公司将危险化学品意外泄漏作为重要环境因素，那么与危险化学品有关的岗位就包括：采购、仓库管理、运输、使用、废弃化学品管理等，这些人员都应得到相关培训；对管理体系的内审人员应进行有关审核知识的培训，以确保审核过程客观公正，能发现体系的不足并提出改进办法。

（5）培训工作的程序。

① 明确各重要环境因素岗位的任职能力；

② 根据目前员工的实际能力状况与岗位任职要求的差距确定培训需求；

③ 可依据培训需求制订培训计划；

④ 按培训需求或培训计划实施培训；

⑤ 培训结束后，依据培训需求评价培训效果。评价的方式有笔试、实际操作考核、工作效果考核或者它们的结合。

（6）保存员工档案和有关培训、考核等记录。

（三）意识（7.3）

组织应确保在其控制下工作的人员意识到：

a）环境方针；

b）与他们的工作相关的重要环境因素和相关的实际或潜在的环境影响；

c）他们对环境管理体系有效性的贡献，包括对提高环境绩效的贡献；

d）不符合环境管理体系要求，包括未履行组织合规义务的后果。

（1）"意识"指员工的环境意识。全体人员都应经过相应的培训，从而胜任他们所担负的工作。培训是手段，而提高环境意识，达到完成任务所必备的能力才是真正目的。

（2）环境方针是在组织控制下为组织工作的所有人员环境行为的准则，组织应通过各种途径，采取适当的措施使员工都能正确理解环境方针的含义，从而增强环境意识，落实在每个人的实际行动中。

（3）组织应采取适当的培训措施，确保为组织工作的人员和代表组织工作的人员都能牢固树立强烈的环境意识，使有关职能和层次的所有人员充分认识到执行环境方针、实施环境管理体系的重要性，知晓履行规定的环境职责所带来的环境效益，以及偏离了要求将会带来严重的后果，形成"保护环境，人人有责，预防污染，从我做起"的氛围。

（4）意识培训要求。

① 标准要求提高全体员工的环境意识是很重要的，环境意识不强，会造成污染物随意

排放、资源过度消耗，甚至造成重大环境污染事故。最高管理者通过阐明组织的环境价值观、宣传环境方针来树立员工的环境意识，使他们认识到实现与其有关的环境目标及指标的重要性，并鼓励他们了解各自在实现目标和指标方面负有的主要职责。

②组织的各管理层应从以下四方面对员工进行意识培训。

a.严格执行环境管理体系要求的重要性，偏离环境管理体系要求所带来的不良后果；

b.说明环境管理体系是依靠广大员工运行的，明确他们在环境管理体系中的作用和职责；

c.明确各工作岗位已存在或潜在的重要环境因素会造成的环境影响；

d.改进环境绩效的益处，鼓励他们就改进环境绩效提出建议。

（四）信息交流（7.4）

1.总则（7.4.1）

组织应建立、实施并保持与环境管理体系有关的内部与外部信息交流所需的过程，包括：

a）信息交流的内容；

b）信息交流的时机；

c）信息交流的对象；

d）信息交流的方式。

策划信息交流过程时，组织应：

——必须考虑其合规义务；

——确保所交流的环境信息与环境管理体系形成的信息一致且真实可信。

组织应对其环境管理体系相关的信息交流做出响应。

适当时，组织应保留文件化信息，作为其信息交流的证据。

（1）组织通过信息交流能够提供和获得与其环境管理体系相关的信息，包括与其重要环境因素相关的信息、绩效、合规义务和持续改进的建议。因此，在环境管理体系运行中，组织内部之间及组织与外界之间建立和保持环境信息流转和反馈渠道，处置应及时，以确保环境管理体系的运行有效性和效率。

（2）信息交流应是一个双向的过程，为使组织内部之间与组织外部相关方的环境信息得以及时沟通，组织应建立相关的过程，规定信息交流的渠道（如互联网、视频、书信或报告）、方法（如口头或书面），包括外部信息接收、处理、答复、记录和归档等，形成环境信息管理的闭环系统。

（3）组织策划环境信息内部和外部信息交流过程时，应考虑确保与内部组织结构最适当的层次和职能间的信息交流，就可满足组织与外界的信息交流目标，不需要与在组织控制下工作的每个人进行信息交流。同时应明确环境信息交流的类别（内部和外部）、内容、时机、对象、方法等，并确保符合组织的合规义务及信息真实、准确、可靠的基本要求。

2.内部信息交流（7.4.2）

组织应：

a）在其各职能和层次间就环境管理体系的相关信息进行内部信息交流，适当时，包括交流环境管理体系的变更；

b）确保其信息交流过程使在其控制下工作的人员能够为持续改进做出贡献。

（1）组织各职能部门应按策划阶段所规定的内部信息交流的要求，包括环境管理体系的变更信息进行内部信息交流。

（2）组织与广大员工间应建立畅通的信息交流与沟通渠道。因为与员工的交流可调动他们的积极性，促使他们关注组织环境绩效的改进。组织应当将环境管理体系监测情况、目标和指标的实现情况、内部审核和管理评审结果、重大环境事故及时通报给组织内部有关人员。

（3）组织内部的哪些信息需要与外部进行交流，组织可以自行决定，应将决定交流的信息形成文件，同时还应规定交流方式。

（4）协商的内容包括员工参与环境方针、目标、计划、制度的制定、评审，参与环境因素的辨识、风险评价和控制措施的确定以及事故调查处理等事务，从而体现员工在环境方面的权利和义务。

（5）内部信息交流方式通常有下发文件、例会、公告板、内部简报、局域网、电话、广播、意见箱等方式。

3. 外部信息交流（7.4.3）

组织应按其合规义务的要求及其建立的信息交流过程，就环境管理体系的相关信息进行外部信息交流。

（1）组织的相关职能部门应按策划所规定的外部信息交流过程，进行环境外部信息交流。

（2）组织与外部存在着有关环境方面的双向信息交流。相关方是指那些与组织有着各种关系的人或组织，包括组织的消费者、投资者、官方管理机构、股东、社区居民、供应商、合同方及任何对组织的环境状况有兴趣的人和组织。随着人们环境意识的提高，环境问题已引起人们越来越多的关注，有关环境事件的投诉增多，组织的环境形象已成为市场竞争的必要条件。组织如何对待这些问题，反映出组织对环境的总体态度。外部信息的交流包含了对所有环境污染、事故、事件意见的处理及反馈。另外，组织的外部交流也是确定环境因素以及评价其重要性的手段之一，对相关方重视的环境问题应予以优先考虑。积极主动地与外部进行双向信息交流能使环境管理更加有效。组织与外部交流的信息可包括：

① 组织概况、管理者声明；

② 组织的环境方针、目标与指标；

③ 组织活动、产品与服务过程中环境因素的有关信息；

④ 组织的环境绩效、投资和发展趋势以及环境管理信息；

⑤ 组织履行合规义务的情况，以及针对所确定的不符合采取的纠正措施信息；

⑥ 组织有关突发性环境事件的信息；

⑦ 外部法律法规、相关方要求变化的信息；

⑧ 外部有关环境方面的新工艺新技术信息；

⑨ 外部组织或个人提出的改进建议信息；

⑩ 外部某因素变化可能导致本组织产生重大环境因素和事故风险的信息，如停电、停水等。

（3）对来自相关方的外部环境信息应进行接收、对接收到的信息形成文件并作出答复。因为收到外部信息若不形成文字，容易遗忘，而且外部信息往往非常重要，形成文件后便于查阅应用。另外，外部信息通常包括顾客对产品的环境要求、周围居民对环境影响的投诉、环保部门要求组织在环境方面作出改进，这些信息均要求组织改进其环境绩效，组织对其采取什么措施，应给相关方作出答复，否则可能有损于组织的公众形象。

（4）适当时，组织应确保与相关的外部相关方就有关的环境事务进行协商。

（5）外部信息交流方式通常有座谈交流会、参加社区活动、网站、热线电话、信件、电子邮件、意见箱等方式。

（五）文件化信息（7.5）

1. 总则（7.5.1）

组织的环境管理体系应包括：

a）本标准要求的文件化信息；

b）组织确定的实现环境管理体系有效性所必需的文件化信息。

注：不同组织的环境管理体系文件化信息的复杂程度可能不同，取决于：

——组织的规模及其活动、过程、产品和服务的类型；

——证明履行其合规义务的需要；

——过程的复杂性及其相互作用；

——在组织控制下工作的人员的能力。

（1）文件化信息是确保环境管理体系有效运作的重要支持。组织应正确理解文件化信息的完整概念。文件化信息是广义的概念，它包含两部分内容，一是为使环境管理体系按预期要求运行所建立的文件化信息，它是环境体系有效运行的依据，一般称为"文件"；二是环境管理体系运行结果的客观证据，一般称为"记录"。因而，组织环境管理体系文件化信息，包括两大部分，一是标准要求保持的文件化信息（即文件），二是标准要求保存的文件化信息（即记录）。

（2）标准要求形成文件化的信息列举如下：

① 环境管理体系范围；

② 环境方针和目标；

③ 重要环境因素；

④ 合规义务；

⑤ 实现环境目标措施计划（方案）；

⑥ 过程信息（包括：监测环境绩效、运行控制、目标符合情况的信息）；

⑦ 组织结构；

⑧ 各类人员的职责和权限；

⑨ 组织的重要环境因素与外界信息交流的决定；

⑩ 现场应急计划；

⑪ 内部审核方案；

⑫ 作为活动及其结果的证据（记录）。

（3）制定和建立文件时应对环境管理体系的文件需求进行评审，应考虑：①员工的环境知识和技能；②文件的价值；③审核的需要；④若某一过程或活动会因没有文件而导致污染物排放或不符合发生则必须制定文件。

（4）组织在编写环境管理体系文件时，应与组织原有的管理体系文件相兼容。在具体实施中，为便于运作并具有可操作性，建议把环境管理体系文件也分成三个层次，即管理手册、程序文件和作业文件。但环境管理体系并不严格地要求组织拥有管理手册，也不支持采用复杂的文件系统。因为环境管理体系可以和其他体系合并为总的管理体系，组织可以编写总的管理手册。

（5）文件化信息是指组织控制和保持或保存的信息，以及承载信息的媒体。也就是说，文件化信息可承载任何媒体，如纸质的、电子的。

2. 创建和更新（7.5.2）

创建和更新文件化信息时，组织应确保适当的：

a）识别和说明（例如：标题、日期、作者或参考文件编号）；

b）形式（例如：语言文字、软件版本、图表）与载体（例如：纸质的、电子的）；

c）评审和批准，以确保适宜性和充分性。

（1）组织在新建立或更新环境管理体系运行依据的文件化信息时，应具体确定涉及标示文件所属的信息，如文件名称及编码、编制人员、文件实施及批准日期、文件的修改及版本识别码、软件版本等信息。

（2）环境管理体系文件在发布前，组织应按规定对其适宜性、充分性进行评审和批准。

3. 文件化信息的控制（7.5.3）

环境管理体系及本标准要求的文件化信息应予以控制，以确保其：

a）在需要的时间和场所均可获得并适用；

b）得到充分的保护（例如：防止失密、不当使用或完整性受损）。

为了控制文件化信息，组织应进行以下适用的活动：

——分发、访问、检索和使用；

——存储和保护，包括保持易读性；

——变更的控制（例如：版本控制）；

——保留和处置。

组织应识别其确定的对环境管理体系策划和运行所需的来自外部的文件化信息，适当时，应对其予以控制。

注："访问"可能指仅允许查阅文件化信息的决定，或可能指允许并授权查阅和更改文件化信息的决定。

（1）环境管理体系文件化信息的范围包括：环境管理体系各项活动必须遵循的文件信息（如程序文件、作业指导书等），以及阐明完成环境管理活动及其结果的客观证据的文件化信息（如各项记录）。

（2）文件控制是指对文件的批准、发放、使用、更改、报废、回收等的管理工作，组织应制定文件化的程序，并依此进行文件管理，以保证文件的充分性、适宜性和有效性。

（3）保持文件充分性、适宜性和有效性的控制方式。

① 文件在发放使用之前应得到相关授权人审批。由于文件是对环境管理体系各方面所需信息的描述，文件发放到各部门或岗位后，相关人员应按文件要求去做，如果文件对某信息描述得不正确，或对某项活动的信息描述不完全，或描述得不清楚，则会导致局部运行失控，严重时会发生事故，所以对编写或修改的文件应有授权人审核和批准。

② 对已执行的文件有必要进行评审和更新。当文件应用一段时间后，可能因组织内、外部某些因素的变化导致文件不适用，所以组织在内、外部某些因素变化后，应评审环境管理体系哪些文件不再适用，应修改或更换不适用的文件。

③ 标识文件的修订状态。用某种标识表示文件是否进行换版和修改，以便让员工看到

这种标识就可识别出文件是否有效。文件修订状态的标识通常是对文件版本和修订状态进行编号。

④ 做好文件发放工作。发放文件时应进行登记，以便了解各岗位是否获得了适用的文件，当文件修改或换版时，应及时替换各岗位的文件。

⑤ 做好作废文件的管理工作，防止非预期使用。应及时从各岗位撤回作废文件，做好作废文件的处置工作，如销毁或在作废文件上盖作废章。

⑥ 外来文件的控制方式和内部文件基本相同，可以将两类文件分开管理，也可以合并管理。

（4）记录是一种特殊形式的文件，在编制记录表时为了保证记录表的充分性和适宜性，应按文件控制，即编制的记录表格应经授权人审核批准后才能发放使用。当记录表中记录了相关信息，应按标准要求控制。

（5）环境管理体系侧重对体系的运行和环境因素的有效控制，而不是建立过于繁琐的文件控制系统，在建立体系和运行体系中要注重实施。

（六）运行策划和控制（8.1）

组织应建立、实施、控制并保持满足环境管理体系要求以及实施 6.1 和 6.2 所识别的措施所需的过程，通过：

——建立过程的运行准则；

——按照运行准则实施过程控制。

注：控制可包括工程控制和程序控制。控制可按层级（例如：消除、替代、管理）实施，并可单独使用或结合使用。

组织应对计划内的变更进行控制，并对非预期性变更的后果予以评审，必要时，应采取措施降低任何不利影响。

组织应确保对外包过程实施控制或施加影响，应在环境管理体系内规定对这些过程实施控制或施加影响的类型与程度。

从生命周期观点出发，组织应：

a）适当时，制定控制措施，确保在产品或服务设计和开发过程中，落实其环境要求，此时应考虑生命周期的每一阶段；

b）适当时，确定产品和服务采购的环境要求；

c）与外部供方（包括合同方）沟通组织的相关环境要求；

d）考虑提供与其产品和服务的运输或交付、使用、寿命结束后处理和最终处置相关的潜在重大环境影响的信息的需求。

组织应保持必要程度的文件化信息，以确信过程已按策划得到实施。

（1）环境管理体系标准要求组织确定与环境影响和风险有关且需要采取控制措施的作业和活动，对其建立相应的文件化程序，并予以有效控制，从而确保履行合规义务，实现环境方针、目标和指标，将环境风险减至最小。

（2）确定与重要环境因素有关的运行过程。一个重要环境因素可能与多个操作过程有关，要控制重要环境因素，首先必须确定该重要环境因素与哪些过程有关，这些过程可能包括采购、设计、开发、生产以及产品和服务的交付等过程。如某厂的高浓度有机废水是重要环境因素，高浓度有机废水来源于生产中的三个工序，另外，该废水是经本厂废水处理站处理达标后外排，则与该重要环境因素有关的运行过程是排放高浓度有机废水的三个生产工序和废水处理过程；如剧毒品氰化钠的风险则存在于运输、装卸、使用、废弃等各个环节。

（3）应建立控制重要环境因素的程序文件。由于重要环境因素通常涉及多个过程，对其控制比较复杂，如果控制不好，则难以实现目标和指标，所以有必要用程序文件来规定其控制方法和途径。

（4）重要环境因素控制程序中应规定各运行过程的运行准则，准则包括操作方法、操作人员的能力、所需设施、原材料的要求、遵守法律法规和其他要求。

（5）组织不仅要对自身的环境因素予以考虑，也要对相关方的环境因素给予关注。组织对使用的产品和接受服务过程中的重要环境因素，应建立控制程序，并通报供方及合同方。由于组织在使用供方提供的产品或接受某项服务时，可能存在重要环境因素，对该环境因素的控制涉及供方或服务方，为了保证该重要环境因素得到有效控制，应建立程序，并将程序中的相关要求通知供方和服务方。如家具厂产品中甲醛含量是重要环境因素和有害因素，甲醛含量主要与使用的成型板材、胶黏剂有关，家具厂在建立"家具甲醛含量环境因素控制程序"时，应对供方提出要求，并将该程序中的相关要求告知供方。再如某化工厂在进行扩建时，施工队正在现场安装调试装置。安装调试装置的过程中，可能因安装、拆卸或密封不好使化学品泄漏，这是重要环境因素，组织应针对这一环境因素制定程序文件，并将程序文件的规定和要求通报施工方，要求施工队对这一重要环境因素按程序实施控制。

（6）操作指导性文件可以用文字描述，也可以用录像、照片、图解的形式表示。

（7）运行策划和控制既是环境管理体系实际的操作过程，也是逐步实现目标、指标的过程，运行策划和控制包括措施策划、绩效评价、不符合与纠正措施三个要素。运行策划和控制的内容包括：

① 作业场所环境因素的辨识与评价；

② 产品和工艺设计；

③ 作业许可制度（有限空间、动火、挖掘等）；

④ 设备维护保养；

⑤ 环保设备与设施；

⑥ 环保标志；

⑦ 物料运输、搬运与贮存；

⑧ 废物处理与处置；

⑨ 采购控制；

⑩ 供应商与承包商评估与控制等。

（8）针对不同的外包过程或提供产品和服务，组织能实施控制或施加影响的能力有所不同，可能是有限的直接控制，也可能没有影响效果。例如，外包工程的工作现场可以在一个庞大的组织直接控制之下。中小规模的组织对外包过程或供应商的影响能力可能相对会受一定的限制。

（七）应急准备和响应（8.2）

组织应建立、实施并保持对 6.1.1 中识别的潜在紧急情况进行应急准备并做出响应所需的过程。

组织应：

a）通过策划的措施做好响应紧急情况的准备，以预防或减轻它所带来的不利环境影响；

b）对实际发生的紧急情况做出响应；

c）根据紧急情况和潜在环境影响的程度，采取相适应的措施预防或减轻紧急情况带来的后果；

d）可行时，定期试验所策划的响应措施；

e）定期评审并修订过程和策划的响应措施，特别是发生紧急情况后或进行试验后；

f）适用时，向有关的相关方，包括在组织控制下工作的人员提供与应急准备和响应相关的信息和培训。

组织应保持必要程度的文件化信息，以确信过程按策划得到实施。

（1）制定应急响应程序。因为组织的产品和服务过程中可能存在着对环境产生影响的潜在事故或紧急情况，一旦事故发生，若控制不及时，会对周边环境和附近居民安全健康产生很大影响，所以组织有相应的应急响应程序，以便员工掌握事故和紧急情况发生后的处理步骤和方法，以避免或减少环境影响。如海上运输原油，正常情况下原油是不会泄漏出来的，当船体受到撞击或遇台风，油船破裂，原油泄漏，对海洋造成一定污染。负责原油运输的公司应针对这一情况制定应急响应程序，即当船体破裂时应采取什么措施预防原油泄漏；泄漏出的原油采取什么措施回收，以减少环境污染。

（2）程序中还应包括需要外援的联系信息，如外援组织、联系方式、联系人等。

（3）不同类型、不同场所发生的事故或紧急情况的环境影响可能不一样，应制定不同的应急响应程序。

（4）应检查应急响应程序的可行性和有效性，对执行预案的人员进行培训。由于潜在的事故或紧急情况发生的次数很少，可能从来没有出现过，应急响应程序的制定只能参照相关资料和经验，建立的应急响应程序是否可行和有效，应通过实践进行检验。实践检验的方式有：事故或紧急情况发生时执行应急响应程序的情况；可行时，进行定期的试验或演练。所以，在事故或紧急情况发生后，应评审应急响应程序是否可行和有效，预案是否需要修改；定期试验和演练一方面是检查应急可行和有效情况，另一方面也是对执行预案人员的实践培训。

（5）确定潜在的事故或紧急情况时，应考虑过去发生过的，将来由于某些因素未有效控制而可能发生的事故或紧急情况；应了解同行业的其他组织是否发生过类似的事故或紧急情况；还应考虑周边环境可能发生的事故或紧急情况，如沿海的工厂应考虑台风的袭击。

四、绩效评价

（一）监视、测量、分析和评价（9.1）

1. 总则（9.1.1）

组织应监视、测量、分析和评价其环境绩效。

组织应确定：

a）需要监视和测量的内容：

b）适用时的监视、测量、分析与评价的方法，以确保有效的结果；

c）组织评价其环境绩效所依据的准则和适当的参数；

d）何时应实施监视和测量；

e）何时应分析和评价监视和测量结果。

适当时，组织应确保使用和维护经校准或验证的监视和测量设备。

组织应评价其环境绩效和环境管理体系的有效性。

组织应按其合规义务的要求及其建立的信息交流过程，就有关环境绩效的信息进行内部和外部信息交流。

组织应保留适当的文件化信息，作为监视、测量、分析和评价结果的证据。

（1）监测和测量的目的一方面是控制与环境因素有关的运行；另一方面通过监测和测量收集信息和数据，以此评价环境绩效，为持续改进提供数据。

（2）监测和测量可以是定性的，也可以是定量的，通常可分为以下几方面监测和测量：

① 测量排向环境的废气、废水、固体废弃物污染物含量，以确定是否满足适用的法律法规和其他要求；

② 测量使用的水、能源和原材料消耗，以评价是否实现目标和指标要求；

③ 重要环境因素运行过程的监测和测量，如对某生产工序排出的废气浓度及废气量进行测量，对重要岗位工作人员操作的正确性进行检查等，以确保目标和指标的实现；

④ 内部审核是对环境管理体系总体符合性的测量。

（3）测量前应确定测量的关键特性。因为在生产或服务过程中，与重要环境因素有关的特性可能很多，组织应确定过程中那些可供测量并能提供最有用信息的关键特性。如某废水中含有多种以不同状态存在的物质，各种物质有不同特性，且状态不同特性也不一样，能表示废水对环境的影响程度的关键特性是 COD、SS、pH、重金属离子的浓度、温度等。

（4）应保证测量设备的准确性。因为测量是为了获得可靠的数据和信息，这要求测量设备在使用时应是完好且准确的，为了确保测量设备的准确性，应按规定的时间间隔或在使用之前对测量设备进行校准或验证。

2. 合规性评价（9.1.2）

组织应建立、实施并保持评价其合规义务履行情况所需的过程。

组织应：

a）确定实施合规性评价的频次；

b）评价合规性，需要时采取措施；

c）保持其合规状况的知识和对其合规情况的理解。

组织应保留文件化信息，作为合规性评价结果的证据。

（1）合规性评价是对组织遵守法律法规和其他要求情况进行评价。合规性评价是组织能及时发现违反法律法规和其他要求的一种自我完善机制。通过定期进行合规性评价，能及时发现违规行为并采取纠正措施。

（2）由于组织规模、类型和复杂程度不同，合规性评价的方法和频次也不一样。评价频次可参照以往的合规情况来确定。

（3）评价的方式有：内部审核、对文件和记录的评审、对设施的检查、面谈、常规取样分析或试验结果、直接观察等。可以将合规性评价纳入管理体系审核、安全检查、质量保证检查等评价活动中。

（4）组织应建立并保存定期对合规义务遵循情况的评价记录。

（二）内部审核（9.2）

9.2.1 总则

组织应按计划的时间间隔实施内部审核，以提供下列关于环境管理体系的信息：

a）是否符合：

1）组织自身环境管理体系的要求；

2）本标准的要求；

b）是否得到了有效的实施和保持。

9.2.2 内部审核方案

组织应建立、实施并保持一个或多个内部审核方案，包括实施审核的频次、方法、职责、策划要求和内部审核报告。

建立内部审核方案时，组织必须考虑相关过程的环境重要性、影响组织的变化以及以往审核的结果。

组织应：

a）规定每次审核的准则和范围；

b）选择审核员并实施审核，确保审核过程的客观性与公正性；

c）确保向相关管理者报告审核结果。

组织应保留文件化信息，作为审核方案实施和审核结果的证据。

（1）内部审核是组织环境管理体系的自我完善机制。因为内部审核是一个系统的检查过程，通过内部审核可以发现哪些区域或过程偏离本标准条款和组织的环境管理体系的运行要求，现有环境管理体系能否与组织的现状相适应，系统的内部审核可以识别组织环境管理体系改进的机会。

（2）组织应按照一定的时间间隔进行全部门、全要素的内部审核，通常时间段是 1 年。因为内部审核的目的是判定建立的环境管理体系是否符合本标准的要求，各部分的运行是相互关联相互作用的，运行是否符合环境管理体系的要求，只有通过全方位的审核才能作出正确的判定。

（3）应确保审核过程的客观性和公正性。因为审核就是查找客观证据，将客观证据与审核准则相比较，从而判定符合性的过程，如果查找证据不客观，判定不公正，得出的结论一定是错误的，这就失去了审核的意义，组织也就失去了自我完善的机制。要确保审核过程公正与客观，要求审核人员应具备一定的审核素质，同时审核人员不应审核自己职能范围内的工作。

（4）组织应针对特定的时间段和预期的目的，策划和制定一个或多个审核方案，并形成文件，规定审核的准则、次数、间隔时间、审核人员、审核范围（受审部门、场所）及审核方法。策划并制定审核方案时，应充分考虑受审核方管理状况以及以往审核的结果，尤其会对环境造成重大影响的重要环境因素应作为审核的重点。

（5）审核程序和审核方案的区别。审核程序是组织对内部审核过程提出总体要求，指导内部审核按什么途径去完成。审核方案是针对某一时间段内的审核作出具体安排，审核方案也可称为年度审核计划，这种审核方案是对某年度的内审工作进行具体安排，审核方案应依据程序文件的要求制定。

（三）管理评审（9.3）

最高管理者应按计划的时间间隔对组织的环境管理体系进行评审，以确保其持续的适宜性、充分性和有效性。

管理评审应包括对下列事项的考虑：

a）以往管理评审所采取措施的状况；

b）以下方面的变化：

1）与环境管理体系相关的内、外部问题；

2）相关方的需求和期望，包括合规义务；

3）其重要环境因素；

4）风险和机遇。

c）环境目标的实现程度；

d）组织环境绩效方面的信息，包括以下方面的趋势：

1）不符合和纠正措施；

2）监视和测量的结果；

3）其合规义务的履行情况；

4）审核结果。

e）资源的充分性；

f）来自相关方的有关信息交流，包括抱怨；

g）持续改进的机会。

管理评审的输出应包括：

——对环境管理体系的持续适宜性、充分性和有效性的结论；

——与持续改进机会相关的决策；

——与环境管理体系变更的任何需求相关的决策，包括资源；

——如需要，环境目标未实现时采取的措施；

——如需要，改进环境管理体系与其他业务过程融合的机会；

——任何与组织战略方向相关的结论。

组织应保留文件化信息，作为管理评审结果的证据。

（1）管理评审是对环境管理体系的综合性评价，由最高管理者负责此项工作。管理评审通常是以会议的形式进行，会议必须由最高管理者主持。环境管理体系管理评审可以和组织其他管理体系的管理评审一起进行。

（2）管理评审的目的是在总结环境管理体系绩效的基础上，寻找改进的机会，以确保环境管理体系的适宜性、充分性和有效性。因为组织的环境管理体系通常存在不足，内、外部与环境有关的各种因素也在不断地变化，这些"不足"和"变化"可能影响组织环境管理体系的适宜性、充分性和有效性。最高管理者定期进行管理评审，可以充分了解这些"不足"和"变化"，以确定需要改进的方面、落实改进措施。

（3）适宜性、充分性和有效性的含义是：适宜性是指组织建立的环境管理体系与组织的活动、产品和服务、规模、过程的复杂程度相适宜；充分性是指组织的环境管理体系是否全部覆盖了与重要环境因素有关的运行，即环境管理体系是否被充分展开；有效性是指组织按建立的环境管理体系要求运行，是否能有效控制重要环境因素，实现环境方针中的承诺。

（4）内、外部与环境有关的各种因素的变化包括：组织产品和服务过程中活动的变化、新开发项目的环境因素评价的结果、适用法律法规和其他要求的变化、相关方要求的变化、科学技术的进步、从事故处理中获得的经验和教训。

（5）管理评审输入的信息是评审的依据。因为最高管理者从输入的8方面信息中可以了解到环境绩效与环境方针的差距、与外部要求的差距，了解到需要改进的方面，然后结合组织的实际情况（经济、技术、可运行性），确定目前需要做哪些改进。

（6）管理评审输出的重点内容是改进及其措施。因为评审出环境管理体系运行好的方面，在以后的运行中能继续保持，但改进是需要一定的时间、技术和资源，如何获得这些"需求"，必须在管理评审时落实，所以，改进和改进工作的落实是管理评审输出的重点内容。

（7）如果建立一体化管理体系，各体系的管理评审可以同时进行。

五、改进

1. 总则（10.1）

组织应确定改进的机会（见9.1、9.2和9.3），并实施必要的措施，以实现其环境管理体系的预期结果。

（1）改进是组织管理体系自我完善机制的重要组成部分，改进措施的实施有助于组织实现环境管理体系的预期结果，包括提升环境绩效、履行合规义务以及实现环境目标，这些结果的实现有赖于环境管理体系的有效实施。在组织的日常运营过程中，可能会出现一些影响管理体系持续正常、有效实施的情形，如未按照操作规程操作、设备设施故障、未能及时应对变化等。组织应该能够及时发现并针对这些情形采取相应的措施，以确保环境管理体系正常、有效地运行，实现预期结果。

（2）组织可以通过监视、测量、分析和评价，合规性评价，内部审核以及管理评审等过程的实施发现改进的机会。

（3）针对发现的改进机会，组织应采取相应的措施予以应对，这些措施通常包括：控制并纠正不符合，针对不符合采取纠正措施，持续改进环境管理体系的适宜性、充分性和有效性等。组织采取措施改进时应当考虑风险和机遇的确定、绩效分析和评价、合规性评价、内部审核和管理评审的结果，应考虑投诉、不符合、事故、外部监管信息等。

（4）改进可以是被动的（如纠正措施）、逐渐的（如持续改进）、跳跃变化（如突破性变更）、创造性的（如创新）或重组（如转型）等。

2. 不符合和纠正措施（10.2）

发生不符合时，组织应：

a）对不符合做出响应，适用时：

1）采取措施控制并纠正不符合；

2）处理后果，包括减轻不利的环境影响；

b）通过以下方法评价消除不符合原因的措施需求，以防止不符合再次发生或在其他地方发生：

1）评审不符合；

2）确定不符合的原因；

3）确定是否存在或是否可能发生类似的不符合。

c）实施任何所需的措施；

d）评审所采取的任何纠正措施的有效性；

e）必要时，对环境管理体系进行变更。

纠正措施应与所发生的不符合造成影响（包括环境影响）的重要程度相适应。

组织应保留文件化信息作为下列事项的证据：

——不符合的性质和所采取的任何后续措施；

——任何纠正措施的结果。

（1）不符合有两种，即潜在的不符合和已出现的不符合。对潜在的不符合应采取预防措施，防止产生不符合；对已出现的不符合应针对原因采取纠正措施，防止以后再次产生类似的不符合。

（2）该条款要求组织应进行持续改进，改进的目的在于防止产生不符合。

（3）不符合情况分为体系绩效不符合以及环境绩效不符合。

① 体系绩效不符合包括：

a.未建立环境目标、指标，或已建立的环境目标、指标与组织的实际情况不符；

b.管理体系所要求的职责不明确，导致环境管理运行区域性（或标准条款）失效；

c.合规性评价失效。

② 环境绩效不符合包括：

a.未能实现目标和指标；

b.未按要求维护好控制环境因素的设施和测量设备；

c.未按规定的准则和方法控制环境因素。

（4）首先应识别不符合。因为只有发现潜在或已出现的不符合，才能采取一定的措施。识别已存在的不符合方法有例行监测和测量，内部审核。识别潜在的不符合方法有：对与重要环境因素有关的运行趋势进行分析，找出将要发生的不符合；从已出现不符合的原因研究中，推断其他方面将来可能会出现类似的不符合。

（5）对发现的不符合是否采取措施和采取措施的程度应考虑不符合的严重性、对环境的影响的高低、不符合出现的频次。如果是偶然出现的不符合，影响轻微，且运行中可以避免，也可不采取纠正措施。

（6）对已存在的不符合采取纠正措施时，应考虑是否需要纠正当前的不符合。因为已发现的不符合有的可以纠正，有的因时效、纠正的成本、技术等问题不能实施纠正，所以不能规定产生的不符合均要纠正。如例行检查时发现向环境排放的废气污染物浓度超标，这种不符合只能采取纠正措施，不能纠正；处理后的固体废弃物中有害物质仍然超标，对此种不符合既要采取纠正措施又要实施纠正。

（7）对发现的不符合所采取的纠正措施应与问题及环境影响的严重程度相符，如某危险化学品贮槽，因长时间没维护，底部已有裂纹，且有少量液体渗漏，采取通常的修补措施则与此问题的严重程度不符，若要确保危险化学品不对环境产生严重影响，更换新贮槽是彻底解决该问题的方法之一。

（8）当所采取的措施导致环境管理体系发生变化时，应在实施措施的过程中，确保所有相关文件、培训和记录均应得到更新和批准，并使所有相关的人员知道这些变化。

3. 持续改进（10.3）

组织应持续改进环境管理体系的适宜性、充分性与有效性，以提升环境绩效。

（1）持续改进是环境管理体系的一个主要特点，也是最高管理者在环境方针中的重要承诺。持续改进是组织确保环境管理体系有效运行、提升环境绩效的重要手段。环境管理体系的充分性、适宜性和有效性对组织的环境绩效有着直接的显著影响，如：未能明确过程的某些管理要求可能导致该过程失控；未充分考虑作业人员的能力水平，在作业规程中使用了过多的学术性语言，可能使他们因为不能正确理解从而导致有关要求不能被有效执行等。组织可考虑对环境管理体系过程以及过程之间的相互关系、与组织的业务过程的融合程度等方面实施持续改进，不断提升环境绩效。

（2）持续改进不必同时发生在环境管理体系的所有方面，组织可以通过环境管理体系的总体提升或者局部改善实现持续改进。持续改进强调的是持续，但这并不意味着它必须是连续不断的。组织可通过设定目标并努力达成来实现持续改进。

（3）组织可以通过绩效评价、内部审核、管理评审等的实施发现改进机会。以下相关内容能为组织提供持续改进的信息：最佳实践、外部标杆、法律法规的变化、技术文献、审核结果、相关方的观点、经验教训等。组织应鼓励全体员工为持续改进提出建议。

（4）组织应对发现的改进机会进行评估，确定应采取的措施，组织应对拟采取的措施进行策划，根据自身的管理需求确定拟采取措施的类型、程度、时间安排等。如果有关措施引发了对环境管理体系进行变更的需求，组织应及时地按照要求实施相应的变更。

（5）组织在环境管理体系建立、实施和保持的基础上，还必须营造持续改进的企业文化和内部环境。各级管理者应建立激励措施，鼓励在组织环境管理体系范围内自上而下的所有人员增强问题意识和改进意识，都能积极参与提升组织环境绩效的持续改进活动。

第三节　环境管理体系的建立与保持

环境管理体系建立的基本过程主要包括以下几个步骤：领导的决策和准备、体系建立前的培训和宣贯、制订总体计划、进行初始状态评审、体系策划和设计、体系文件编写、体系的试运行、内部审核及管理评审。

一、环境管理体系的试运行

在环境管理体系建立并形成文件后，为了验证所建立的环境管理体系是否适宜、有效，通常需要试运行一段时间，若存在问题，仍需要修改相关文件的规定。

虽然所建立的环境管理体系体现了组织的特点，但建立体系后的管理与以前的管理可能还存在着以下几方面的不同：

（1）管理规定上比以前要求更严格；

（2）监督控制方面比以前更加细化；

（3）记录的信息比以前更多；

（4）重要环境因素控制方面作了改进，导致操作和控制方式与以前有所不同。

鉴于上述的不同，环境管理体系试运行期间，应对员工进行相关文件的学习与培训，进行操作与控制方式的技能培训，使他们熟悉并掌握文件的要求，具备相关岗位的技能，以满足环境管理体系的要求。

由于试运行的目的是检查建立的环境管理体系是否适宜且有效，那么，在试运行期间，环境管理体系文件的每个要求和规定都应在实践中得以实施，有的文件可能要经一个以上的周期加以验证。所以，组织应保证体系有足够的试运行时间，通常是 3~6 个月。

环境管理体系试运行后期，组织应对体系的运行情况进行检查和评审（即内审和管理评审），找出存在的不足，确定改进的方面，如果改进中包含环境管理体系文件的修改，应按《文件控制程序》中"文件更改"条款的规定进行。

二、环境管理体系的实施与保持

环境管理体系标准要求组织不但要建立环境管理体系，而且要予以实施与保持。"实施"的含义是执行文件的规定，"保持"的含义是在文件没有修改的情况下，员工应一直按文件的要求去做。实施与保持环境管理体系要体现持续改进的核心思想，着重做好以下工作：

1. 严格监测体系的运行情况

为保持环境管理体系正确、有效运行，必须严格监测体系的运行情况，避免出现与环境管理体系标准不符合的现象。体系运行情况的监测要全面、细致，涉及管理活动、生产操作、工艺运行等各个方面。

2. 对不符合要及时采取有效的纠正和预防措施

在环境管理体系的运行过程中，不符合的出现是不可避免的，关键是相应的纠正与预防措施是否及时和有效，以保证今后不出现或少出现类似的不符合，保证环境管理体系的充分、有效运行。

3. 定期开展内部审核和管理评审

环境管理体系经过一段时期的运行后，在整体上是否正确运行，需要通过完整的内部审核来判定。为保证内部审核的质量，正确反应体系存在的问题，在审核人员、方法、程序等方面应严格按内审程序的规定进行。

由于组织外部各种因素不断变化，新技术和新工艺的不断涌现，促使组织内部不断进行产品、材料、工艺上的改进和调整，或者组织因需要进行组织机构或其他方面的调整，其管理体系是否适应新的情况，需要通过最高管理者组织的管理评审来判定。通过管理评审，可判定组织的环境管理体系面对变化的内部情况和外部环境，是否充分、适用、有效，由此决定是否对方针、目标、机构、程序等做出调整。

4. 完成 PDCA 循环管理，不断持续改进

持续改进是保持环境管理体系适宜性和有效性的先决条件。保持环境管理体系，不仅要使体系正确、有效地运行，还要达到持续改进。组织在不断完成环境管理体系要素要求的同时，通过 PDCA 循环管理完成新的环境目标，从而使组织的环境状况得到进一步改进，实现持续改进的要求。持续改进的契机是组织建立的自我完善机制，内部审核和管理评审是组织自我完善的途径之一。

三、环境管理体系的内部审核

1. 审核术语和定义

（1）审核（audit）。审核是指为获得审核证据并对其进行客观的评价，以确定满足审核

准则的程度所进行的系统的、独立的并形成文件的过程。

审核的类型有：第一方审核，即通常所说的内部审核；第二方审核，即相关方审核；第三方审核，即认证/注册审核。三种类型审核的方法基本相同，目的各不相同。对于环境管理体系来说，第一方审核（内部审核）的目的是通过审核找出可予改进的方面，不断完善组织的环境管理水平，提高组织的环境绩效；第二方审核（相关方审核）的目的是通过审核了解组织的环境绩效，以证实组织对环境承诺，确定是否与之建立合作关系；第三方审核（认证审核）的目的是检查组织的环境管理体系是否符合ISO14001标准要求、环境管理体系运行是否有效、环境行为是否符合相关法律法规的要求，以确定组织能否认证/注册。

审核是一个系统的、独立的过程，所以在过程实施时应形成系统文件，如审核方案（计划）、审核过程的时间和人员安排、审核报告等。

为了保证审核的独立性和公正性，内部审核人员应审核与自己无责任关系的部门或要素。

（2）审核准则（audit criteria）。审核准则是用作依据的一组方针、程序或要求。

确定审核获取的客观证据是否符合要求应有一定的判定依据，这种判定依据就是审核准则。审核准则应与组织的运行准则一致。如组织的环境管理体系运行准则包括：ISO14001标准；组织的环境管理体系文件；适用于组织的法律、法规；其他要求（行业标准、合同、相关方要求等）。

（3）审核证据（audit evidence）。审核证据是与审核准则有关的并且能够证实的记录、事实陈述或其他信息。

在环境管理体系审核时获取的客观证据应是与管理体系有关的、能被再次证实的事实。证据包括记录、事实陈述、观察到的事实等。审核证据获取的方式有：与相关人员交谈、查看记录或文件、现场观察实际运行情况等。

（4）审核发现（audit findings）。审核发现是将收集到的审核证据对照审核准则进行评价的结果。

将所获得的每个客观证据与审核准则进行比较，评价其符合程度，这种评价结果则形成审核发现。审核发现是一种局部评价，通常应由分工的审核员对其进行评价，若是实习审核员，应由审核组长协助评价。

（5）审核结论（audit conclusion）。审核结论是内审组考虑了审核目标和所有的审核发现后得出的最终审核结果。

审核结论是对环境管理体系总体运行情况做出的综合性评价。审核结论的依据是审核目的。如内部审核的结论应包含改进的建议；第三方审核的结论应是能否进行认证/注册。

2. 内部审核及其步骤

内部审核是实施与保持环境管理体系的一个重要环节，也是一个比较重要且复杂的过程。为了加强审核过程的一致性和可靠性，应建立一套系统化的审核程序来控制审核过程。组织一旦运行环境管理体系，就应按内部审核程序的要求定期进行内部审核，因此，内部审核在环境管理体系中是一个持久的过程。

内部审核一般对体系的全部要素进行全面审核，应由与被审核对象无直接责任的人员来实施，对不符合项的纠正措施必须跟踪审查，并确定其有效性。内审由管理者代表组织实施，由组织的内审员参与，必要时也可请外单位有审核资格的人员参加。

内审可分常规内审和追加内审两类。

例行的常规内审一般每年进行一次，当出现下列情况时可追加内审：①适应组织的法律、法规、标准、国际公约发生重大改变；②组织发生重大事故或相关方有严重抱怨；③组织有新、扩、改建项目；④组织机构有重大变动；⑤即将进行第二、三方审核时，也可追加内审为其作准备。

内部审核步骤见图11-2。

3. 审核准备

（1）制定内审方案。环境管理体系内部审核的形式有多种，如集中式审核、滚动式审核、局部区域或条款审核。在一定的时间段内（通常以一年为一个时间段）可能要开展多次内部审核，每次审核涉及的部门或区域、条款、方法可有所不同。某一时间段内的审核既要全面覆盖，又要突出重点。另外，内部审核不能影响组织内部正常的活动。鉴于上述诸多因素均与内审有关，所以在开展年度审核前，应对一个年度的内审进行策划，策划的目的是保证内部审核有计划地进行，使内部审核便于管理、监督和控制。策划的内容包括审核的区域和条款、审核方式、审核目

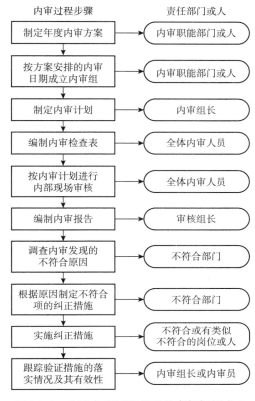

图 11-2　内部审核过程步骤及责任部门或人

的、审核时间、内审人员等。策划结果应形成书面文件，即年度内部审核方案。

制定内部审核方案时应考虑以下几方面问题：

① 与重要环境因素有关的过程运行应作为重点审核的对象；

② 1年内的审核应覆盖所有涉及环境因素的部门和过程，标准中的条款应全部审核到；

③ 对可能产生重要环境影响的关键部门和过程可增加审核频次；

④ 没能完成环境目标和指标的部门或岗位可增加审核频次；

⑤ 在审核形式和审核时间的安排上应不影响组织的正常活动；

⑥ 安排的内审人员应包含具有环境专业技能的内审员；

⑦ 时间安排应考虑审核范围、内审组人员及目前组织的生产状况，通常在1~4天。

（2）组建审核组。进行内审前，管理者代表应任命审核组长及审核员组成审核组。

① 内审员的能力要求。首先应具备环境专业知识和技能，主要包括以下三方面：环境科学、环境治理和环境监测技术；产品和/或服务设施、环境治理设施运行中的技术因素与环境因素的关系；环境法律法规和其他要求中的相关技术。

其次应具备审核能力，主要包括：熟悉并理解 ISO 14001：2004 标准条款的要求；熟知组织的环境管理体系的规定；掌握审核程序、过程与审核技巧。

此外还应具备一定的个人素质与能力，主要包括：较好的口头与书面表达能力；较强的人际交往能力，如沟通能力、应变能力、倾听能力等；保持充分独立性与客观性的能力；具有一定的组织能力；具有依据客观证据做出正确判断的能力。

组织应保存内部审核员相关能力的客观证据，如毕业证书、人员工作档案、培训合格证书、培训考核合格记录等。

② 组建内部审核组的要求。内审组可以由组织的内部审核员组成，也可以聘请外部具有内审员资格的人员组成。组织在组建内审组时，应选择具有环境管理体系内部审核员资格的人员为审核组成员；选择 1 名以上对组织重要环境因素控制比较熟悉的内审员为审核组成员，或聘请技术专家对内审组的专业条款审核进行技术指导；内审员不能审核本人的职能工作；内审组人数与组织的规模、审核的形式（指全面审核、局部审核）、取样本量的多少、拟定的审核时间有关，总的原则是内审组应有充分的现场取证时间。

确定内审组长时应考虑以下几个方面：内审组长应具备环境管理体系内审员资格；具备有效管理与领导环境管理体系审核所需的个人素质与能力；具备对环境管理体系审核技能有透彻理解并能加以应用的能力。

选择内审组成员时应考虑以下事项：内审组成员至少应具备内审员资格；为了保证内部审核的公正性和有效性，在组建内审组时，尽量安排各主要职能部门均有内审员参加审核；国家注册的审核员和实习审核员可以参加内审工作。

③ 内审组成员的主要职责。内审组成员的主要职责包括：根据审核计划安排编制审核检查表；在规定的时间和范围内实施审核活动；充分收集并记录客观证据；认真分析客观证据与审核准则的符合程度，得出审核发现；在内审组内部沟通与交流会上，客观地陈述审核发现，协助组长做出正确、合理、公正的审核结论；协助组长编写审核报告；需要时，跟踪验证审核发现不符合项的纠正情况。

（3）制定审核计划。审核计划一般由审核组长负责制定，审核计划主要内容包括：审核目的、审核范围、审核依据、审核组成员、审核时间、审核方法、取证日期、审核日程安排等。

（4）编制审核检查表。审核检查表是审核员对受审核部门或体系要素进行审核和策划所必要的工作文件，也是现场审核的主要工作文件。检查表是内审员进行审核时的一种自用工具，主要对以下内容起备忘作用：

① 明确与审核目标有关的作用。审核采用的主要方法是抽样检查，抽什么样本、每种样本应抽取多少数量、如何抽样等等问题都要通过编写检查表解决，而且，这一切都要为达到审核目标服务。

② 使审核程序规范化，减少审核工作的随意性和盲目性。

③ 按检查表的要求进行调查研究可使审核目标始终保持明确。在现场审核中，种种现实情况和问题很容易转移审核员的注意力，有时甚至迷失大方向而在枝节问题浪费大量的时间，检查表可以提醒审核员始终坚持主要审核目标，针对事先精心考虑的主要问题进行调查研究。

④ 保持审核进度。有了检查表，可以按调查的问题及样本的数量分配时间，使审核按计划进度进行。

⑤ 作为审核记录存档。检查表与审核计划一样也应与审核报告等一起存入该审核项目的档案中备查。

检查表的格式应灵活多样，不宜作硬性规定。检查表的布局和格式通常有两种形式，一种是"问－答"形式，答案是"是"或"否"；另一种是"问题－结论"形式。

根据审核计划的安排，检查表可分为按部门编写及按要素编写两种方法。无论是按部门编写还是按要素编写都应考虑：环境管理体系标准及体系文件的要求；体系文件对所审核的

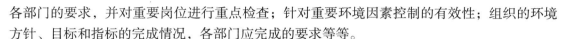

各部门的要求，并对重要岗位进行重点检查；针对重要环境因素控制的有效性；组织的环境方针、目标和指标的完成情况，各部门应完成的要求等等。

尽管审核检查表为审核提供了基本框架，但审核现场通常比想象的要复杂，审核过程中不可避免地会出现出乎预料的情况，因此，审核员应针对现场实际情况，采取灵活务实的态度，对审核获取的信息进行必要的追踪和补充，不能被审核检查表的内容和形式所束缚。

4. 现场审核

（1）首次会议。首次会议由内审组长主持。参加人员主要有最高管理者、环境管理者代表、受审核部门（岗位）的负责人、内审组的全体成员。首次会议是内审组与受审核方进行审核过程安排方面的信息交流。如果内审组是由组织内部的内审员组成（目前绝大多数组织是这种情况），内审组对组织情况比较了解，首次会议的内容可以简短些，这种情况下，首次会议交流的主要信息如下：询问内审计划中的时间安排是否与各部门或岗位的某些工作安排发生冲突，若有冲突，组长与受审核的部门或岗位商量调整时间；简要介绍审核的方法和程序，若采取抽样审核，应说明抽样的不确定性；确定即将进行下一部门或岗位审核前的联络方式，以便受审核部门或岗位做好准备；询问末次会议的时间安排是否与领导层安排发生冲突（最高管理者和管理者代表至少应有 1 人参加末次会议），若有冲突，首次会议应商量确定末次会议的时间。

如果组织委托外部具有内审员以上资格的人员进行内部审核，必要时，首次会议还需增加以下内容：内审组长向参加会议的人员介绍内审组的成员；组织向内审组介绍参加会议的成员；必要时，要求配备向导员或联络员；询问组织是否有特殊要求的审核现场，如哪些现场审核员进入应穿戴防护服装和帽子，哪些现场只能从外面观看，不能入内等；确定审核员整理资料和交流沟通的工作场所。

（2）实施内部审核。

① 启动审核。首次会议完毕后，内审组全面启动审核工作，内审组全体成员按首次会议调整后的计划安排，分组进行审核。审核员按检查表拟定的内容，通过面谈、现场观察、检查记录、查阅文件等方式收集客观证据，做好记录，并将收集到的审核证据与审核准则进行比较，客观评价所收集的证据与审核准则的符合程度，记录判定结果。

② 不符合性质确定。通常评价不符合项的程度有：轻微不符合；一般不符合；严重不符合。具有下列情况之一者即是严重不符合：

a. 出现的不符合影响面大，导致某重要环境因素失控；

b. 所审核的标准条款在环境管理体系中没有运行；

c. 环境管理体系覆盖的部门或区域没有运行其管理体系；

d. 发生重要的环境影响，没有采取有效的纠正措施；

e. 违反法律法规和其他要求，且没有发现违规行为。

③ 内审组内部交流。现场审核取证工作完成后，内审组长应召开并主持交流会。在交流会上，审核员将自己审核的部门和条款的取证情况进行汇报，主要交流审核发现好的方面，存在不符合的方面，审核过程中出现影响审核正常进行的异常情况，以及处理的方法及结果。对于会上讨论没有达成一致意见的事项，由组长做决定，内审组应遵从组长的意见。在交流会上通常讨论如下事项：

a. 审核中发现的哪些不符合项应开不符合报告；

b. 审核过程中出现的异常情况处理方式和结果是否正确，是否应采取补救措施；

c. 本次内部审核最终综合性评价的结论；

d. 根据审核员收集的信息，从本次审核发现的问题出发，建议环境管理体系（包括对环境有利的新工艺和新技术）应做哪些改进；

e. 确定审核报告的编写人；

f. 若在审核报告中阐述某些特殊情况，可以讨论描述的方式。

④ 不符合报告要求。开出不符合报告的目的是要求产生不符合项的部门或岗位能分析产生不符合的原因，针对原因制定措施，另外，还应"举一反三"，查找是否还有类似的不符合存在，以杜绝以后再有类似的不符合出现。这表明不是内部审核过程中发现的所有不符合均要开不符合报告。审核发现的不符合是否开不符合报告，应视情况而定，对于那些轻微不符合、不需要采取纠正措施即可纠正的不符合、偶然出现的不符合，通常口头与相关部门负责人和（或）当事人交流，让其自行采取措施改进。不符合报告内容主要包括：

a. 出现不符合项的部门；

b. 客观描述所发现的不符合事实，描述的事实应具有可再现性，描述不符合事实的语言应精炼、内容应清晰易懂；

c. 描述客观证据与审核准则中的哪个条款比较后，发现了不符合；

d. 判定不符合项的严重程度；

e. 不符合项的部门或岗位负责人签字；

f. 对不符合改进的要求，即是否要求对不符合实施纠正；

g. 开出的不符合报告通常经组长和相关人员签字。

⑤ 内部审核报告。内部审核报告是在内审组长指导下或由内审组长亲自编写，内审组长对内部审核报告的准确性和完备性负责。审核报告中涉及的项目应是审核计划中所确定的。内部审核报告是对内审情况的综述，报告中应包含审核发现和其概要，并辅以支持证据。审核报告应由组长注明签发日期并署名。内部审核报告的主要内容包括：

a. 审核的目的、范围和审核方案要求；

b. 审核准则，包括审核中引用文件的清单；

c. 审核持续的时间和进行审核的日期；

d. 受审核部门或代表名单；

e. 重要环境因素控制运行方面重点审核了哪些项目；

f. 发现好的方面，不符合的方面，开出不符合报告及其分布；

g. 出现异常情况的解决方式，以及对内审结论的影响程度；

h. 审核结论，如：运行的环境管理体系与环境管理体系审核准则的符合情况；环境管理体系是否得到了正确的实施和保持；内部管理评审过程是否能确保环境管理体系的持续适用性与有效性；

i. 环境管理体系改进的建议；

j. 审核报告内容保密范围及保密性质。

（3）末次会议。内审组内部交流会议结束后，由组长主持召开末次会议，主要参加人员有最高管理者、管理者代表、受审核部门（岗位）的负责人、内审组全体成员。召开末次会议的主要目的是向组织汇报审核发现的情况，重点汇报审核发现不符合的事实证据，使受审核部门能清楚地认识到自身存在的不足。如果受审核部门对审核发现的不符合事实持有异议，应在末次会议上提出来，组长在会议上确定解决的方法（再次验证、更改判定等）。

5. 不符合项的关闭

末次会议结束时，内审组长将不符合报告交给相关部门负责人。各部门在收到不符合报告后，应负责调查并分析产生不符合的原因，若涉及技术上的问题，可请其他部门技术人员共同进行调查分析。在查清产生不符合的原因后，应针对原因制定纠正措施，这种措施是预防以后再产生类似的不符合。如果不符合报告中要求对已存在的不符合实施纠正，部门负责人还应要求相关人员对其进行纠正。内审组应对纠正措施实施情况进行跟踪，纠正措施完成后，内审员应对纠正措施完成情况及其效果进行验证。

四、管理评审

1. 管理评审与改进的关系

管理评审是环境管理体系实施与运行的一个重要组成部分，是保持环境管理体系持续有效的重要手段，所以管理评审的主要目的是寻找改进的方面。改进要花费一定的时间，需要投入一定的人力和财力，有权决策改进的人是最高管理者，所以管理评审是最高管理者的职责，管理评审会议也必须由最高管理者主持，任何人不能替代。

最高管理者虽然是改进的决策者，但决策还应建立在以事实为依据的基础上，这种事实就是各部门在评审会上交流的信息（即评审输入）。

最高管理者通过评审会上输入的各种信息了解组织环境管理体系的不足，但具体哪些方面需要立即实施改进，如何进行改进，最高管理者不一定能做出最佳的决策，还应该集思广益，在听取大家建议的基础上，再根据组织的发展方向、目前的状况和财力情况，对改进做出最佳的决策。

2. 如何从输入的信息中寻找改进的机会

（1）从内审和合规性评价中寻找改进机会。管理评审的输入信息之一是"内部审核和合规性评价的结果"。内审是以事实为依据，以审核准则为判定标准，从多方面来检查环境管理体系的运行情况。内审员审核时发现的不符合项就是体系运行与准则之间的差距，需要改进。另外环境内审员通过实地考察，最能了解目前的环境管理体系与环境因素控制新技术和新工艺的差距，所以内审报告中应提出改进的建议。合规性评价是从监测和测量结果的信息中找出与法律法规和其他要求的差距，应对这种差距实施改进。

（2）从来自外部的信息中寻找改进机会。管理评审另一方面的输入信息是来自外部相关方交流的信息，外部交流的信息主要有：

①法律法规和环境标准的修订；

②环境因素控制新技术和新工艺发展；

③其他组织事故处理的经验；

④顾客、居民的抱怨等。

前两种信息为组织提供了因变化而产生的差距，第三种信息为组织提供了改进的"经验"，第四种信息表明组织未取得良好的环境绩效，需要改进。

（3）从组织取得的环境绩效中寻找改进机会。组织的监测和测量信息、目标及指标的实现程度能反映组织取得的环境绩效。如果环境绩效不好，表明组织的重要环境因素控制得不好，那么与控制有关的人员、设施、材料、方法、环境有待改进。

（4）从改进措施的实施状况寻找改进机会。跟踪已存在或潜在不符合的改进和以前管理评审决定的改进，了解这两种改进的实施情况和实施后的效果，如果以前改进没有得到很好的实施或实施后的效果不好，则需调查并分析其原因，针对原因确定继续改进的措施。

3. 管理评审的输出

管理评审输出的重点是改进的决定以及如何实施改进的措施。因为管理评审虽然包括对环境管理体系运行好的方面的评审，好的方面在以后的运行中继续保持，不需要再附加安排和要求，而改进的方面则需要一定的时间、技术和资源，这些都应在管理评审时落实，而且应记录落实的情况，便于后面改进措施的实施和验证，所以管理评审输出的重点是改进的内容。管理评审报告是对评审过程的综述，报告无固定格式，其内容应包含改进的内容和改进措施的安排。

思考题

1. ISO14000 系列标准产生的背景是什么？

2. ISO14001 标准在应用上有哪些特点？

3. 应从哪些方面识别环境因素？如何确定重要环境因素？

4. 环境管理方案应包括哪些内容？

5. 信息交流的方式和内容有哪些？

6. 环境管理体系需要哪些文件？如何进行文件管理？

7. 应急准备和响应程序文件中应包含哪些内容？

8. 为什么要保存必要的记录？如何进行记录管理？

9. 标准中对测量设备有何要求？

10. 审核的含义是什么？审核分几类，各有什么特点？

11. 环境管理体系的审核准则是什么？

12. 审核发现和审核结论有何区别与联系？

13. 如何实施现场审核？

14. 应如何处理较为严重的或经常出现的不符合？发现潜在的不符合应怎么办？

15. 内审方案通常包含哪些内容？

16. 环境管理体系内审员应具备什么能力？

17. 如何开列不符合报告？

18. 内部审核活动应有哪些步骤？

19. 内审报告应包括哪些内容？

20. 管理评审的主要目的是什么？

21. 管理评审的职责应归谁？管理评审的输入和输出应包括哪些内容？

讨论题

1. 以你熟悉的企业为例，讨论如何为其建立环境管理体系。

2. 假如你是内审组长，你将如何开展内部审核工作。

第十二章　突发环境事件应急管理

第一节　突发环境事件及其分类与特征

一、突发环境事件的内涵

突发事故是指那些事前难以预测、带有异常性质、严重危及社会秩序、在人们缺乏思想准备的情况下猝然发生的灾害性事故。它是一种作用范围广泛，且对社会造成严重危害，具有强烈冲击力和影响力的事故。由于它的不可控和巨大的破坏性，往往会对社会经济发展和人民生活造成意想不到的灾难，甚至可能引发区域乃至全国、全球性的危机。

突发环境事件是指由于污染物排放或自然灾害、生产安全事故等因素，导致污染物或放射性物质等有毒有害物质进入大气、水体、土壤等环境介质，突然造成或可能造成环境质量下降，危及公众身体健康和财产安全，或造成生态环境破坏，或造成重大社会影响，需要采取紧急措施予以应对的事件，主要包括大气污染、水体污染、土壤污染等突发性环境污染事件和辐射污染事件。

突发环境事件不同于一般的环境污染，它没有固定的排放方式和排放途径，都是突然发生、来势凶猛，在瞬时或短时间内有大量的污染物排放，对环境造成严重污染和破坏，给人民的生命和国家财产造成重大损失。以突发性水环境污染事件为例，国际上，1986 年位于莱茵河上游的瑞士一座化工厂仓库失火，10t 杀虫剂和含有多种有毒化学物质的污水流入莱茵河，其影响达 500 多公里；2000 年，罗马尼亚边境城镇奥拉迪亚一座金矿氰化物废水泄漏，毒水流经之处，所有生物全都在极短时间内暴死，流经罗马尼亚、匈牙利和南联盟的欧洲大河之一——蒂萨河及其支流内 80% 的鱼类完全灭绝，沿河地区进入紧急状态，成为自苏联切尔诺贝利核电站事故以来欧洲最大环境灾难。国内，2005 年 11 月 13 日，中国石油天然气股份有限公司吉林石化分公司双苯厂硝基苯精馏塔发生爆炸，造成 8 人死亡，60 人受伤，直接经济损失 6908×10^4 元，并引发松花江水污染事件，哈尔滨市被迫停水 4 天，间接经济损失更为巨大，松花江清污需近百亿元人民币。2009 年 2 月 20 日，江苏盐城标新公司偷排化工废水导致近 20 万居民生活饮用水和部分企事业单位供水被迫中断 60 多个小时，造成直接经济损失 1100 余万元，并在社会上造成恶劣影响。2010 年 7 月 3 日，中国第一大黄金企业污水泄漏导致福建汀江和广东梅江全境污染。2010 年 7 月 16 日傍晚发生的大连新港输油管道爆炸事故，泄漏原油污染海域逾 $430km^2$，清污成本或超 10×10^8 元人民币。2015 年 3 月 26 日，新河县城区西北部的供水管网末端受到污染，导致附近企业 81 名职工因饮用受污染的自来水出现身体不适赴医院诊治，其中9人住院治疗（28日全部康复出院）。为确保群众饮水安全，新河县整个城区停止供水约3小时；城区西北部停水约5天，包括22家企业、83户居民和2个村庄，约2000人接受临时供水保障。2019年3月21日，江苏响水化工园区内的江苏天嘉宜化工有限公司发生爆炸。截至3月27日，事故共造成78人死亡，超过600人不同程度受伤。事故波及周边16家企业，事发地所有企业陆续停产。

因此，加强对突发环境事件的应急管理，对于控制事故规模、降低事故损失、减轻事故影响具有非常重要的意义。

二、突发环境事件的特点

1. 突发环境事件的不确定性

突发环境事件具有不确定性，主要体现在以下几个方面。

（1）污染源的不确定性。事故释放的污染物类型、数量、危害方式和环境破坏能力的不确定性。而污染源的这些数据对于应急救援而言是极为重要的，也是对污染事件进行模拟的基本参数。

（2）发生时间和地点的不确定性。引发突发性环境污染事件的直接原因可能是企业生产安全事故、公路或水上交通事故、企业违规排污等，这些事故发生时间和地点的不确定性，决定了突发性环境污染事件的不确定性。

（3）事故区域性质的不确定性。水域可以分为河流、水库、湖泊、河口、海洋和地下水等类型，还有洪水、潮汐、风浪等瞬时水文变化。陆域则受地形地貌、建构筑物、气压、风力、风向、温度、湿度等因素的影响。

（4）危害的不确定性。同等规模和程度的污染事件，造成的污染危害是千差万别的，如污染事件发生地点位于人口密集区域或距离城市水源地很近，造成城市供水中断，则其后果将是灾难性的。

2. 突发环境事件演化过程的连续性

尽管突发环境事件的发生存在着明显的不确定性，但事故前的系统状态变化过程却是一个按客观规律演变的连续变化过程，事故的发生是该系统连续变化过程中符合客观科学规律的一个突变。因此，研究分析系统突变规律，建立危险源系统状态变化的动态模型可以探索研究事故发生的原因，进而掌握突发事故发生前的系统变化及导致该系统状态突变的原理和规律。

3. 突发环境事件源于人类自身违反自然规律的行为

突发环境事件是人类自己在经济、社会活动中违反自然规律而造成的恶果。如人们在生产活动中一味追求高额经济回报而忽视安全生产、忽视生态环境的保护，导致事故频发、环境污染、生态恶化。而被人类自己破坏的自然生态环境又对人类自己的生存构成了威胁。因此，只要人类遵守自然规律，善待世间万物，规范自己的行为就会为人类自身的可持续发展奠定良好基础。

4. 应急主体不明确

由于污染物随流输移，造成事故现场的不断变化，在输移扩散的过程中还可能因为各种外力因素的作用产生脱离，出现多个污染区域，从而直接造成了应急主体不明确。

三、突发环境事件的分类

1. 根据事故发生原因、主要污染物性质和事故表现形式进行分类

根据事故发生原因、主要污染物性质和事故表现形式等，可将突发环境事件分为七类。

（1）有毒有害物质污染事故：指在生产、生活过程中因生产、使用、贮存、运输、排放不当导致有毒有害化学品泄漏或非正常排放所引发的污染事故。

（2）毒气污染事故：实际是上面事故的一种，由于毒气污染事故最为常见，所以另列一类。主要有毒有害气体有：一氧化碳、硫化氢、氯气、氨气、苯、有机溶剂、甲烷等。

（3）爆炸事故：易燃、易爆物质所引起的爆炸、火灾事故。例如煤矿瓦斯、烟花爆竹厂以及煤气、石油液化气、天然气、油漆、硫黄使用不当造成爆炸事故。有些垃圾、固体废物堆放或处置不当，也会发生甲烷气爆炸事故。

（4）农药污染事故：剧毒农药在生产、贮存、运输过程中，因意外、使用不当引起的泄漏所导致的污染事故。

（5）放射性污染事故：生产、使用、贮存、运输放射性物质过程中因不当而造成核辐射危害的污染事故。

（6）油污染事故：原油、燃料油以及各种油制品在生产、贮存、运输和使用过程中因意外或不当而造成泄漏的污染事故。

（7）废水非正常排放污染事故：因排放不当或事故使大量高浓度水突然排入地表水体，致使水质突然恶化。

2. 根据突发环境事件的严重性和紧急程度进行分类

根据《国家突发环境事件应急预案》（2014年12月29日），按照突发环境事件的严重性和紧急程度，将突发环境事件分为四类[①]。

（1）特别重大突发环境事件（Ⅰ级）。凡符合下列情形之一的，为特别重大突发环境事件：

①因环境污染直接导致30人以上死亡或100人以上中毒或重伤的；

②因环境污染疏散、转移人员5万人以上的；

③因环境污染造成直接经济损失1亿元以上的；

④因环境污染造成区域生态功能丧失或该区域国家重点保护物种灭绝的；

⑤因环境污染造成设区的市级以上城市集中式饮用水水源地取水中断的；

⑥Ⅰ、Ⅱ类放射源丢失、被盗、失控并造成大范围严重辐射污染后果的；放射性同位素和射线装置失控导致3人以上急性死亡的；放射性物质泄漏，造成大范围辐射污染后果的；

⑦造成重大跨国境影响的境内突发环境事件。

（2）重大突发环境事件（Ⅱ级）。凡符合下列情形之一的，为重大突发环境事件：

①因环境污染直接导致10人以上30人以下死亡或50人以上100人以下中毒或重伤的；

②因环境污染疏散、转移人员1万人以上5万人以下的；

③因环境污染造成直接经济损失2000万元以上1亿元以下的；

④因环境污染造成区域生态功能部分丧失或该区域国家重点保护野生动植物种群大批死亡的；

---

① 上述分级标准有关数量的表述中，"以上"含本数，"以下"不含本数。

⑤因环境污染造成县级城市集中式饮用水水源地取水中断的；

⑥Ⅰ、Ⅱ类放射源丢失、被盗的；放射性同位素和射线装置失控导致 3 人以下急性死亡或者 10 人以上急性重度放射病、局部器官残疾的；放射性物质泄漏，造成较大范围辐射污染后果的；

⑦造成跨省级行政区域影响的突发环境事件。

（3）较大突发环境事件（Ⅲ级）。凡符合下列情形之一的，为较大突发环境事件：

①因环境污染直接导致 3 人以上 10 人以下死亡或 10 人以上 50 人以下中毒或重伤的；

②因环境污染疏散、转移人员 5000 人以上 1 万人以下的；

③因环境污染造成直接经济损失 500 万元以上 2000 万元以下的；

④因环境污染造成国家重点保护的动植物物种受到破坏的；

⑤因环境污染造成乡镇集中式饮用水水源地取水中断的；

⑥Ⅲ类放射源丢失、被盗的；放射性同位素和射线装置失控导致 10 人以下急性重度放射病、局部器官残疾的；放射性物质泄漏，造成小范围辐射污染后果的；

⑦造成跨设区的市级行政区域影响的突发环境事件。

（4）一般突发环境事件（Ⅳ级）。凡符合下列情形之一的，为一般突发环境事件：

①因环境污染直接导致 3 人以下死亡或 10 人以下中毒或重伤的；

②因环境污染疏散、转移人员 5000 人以下的；

③因环境污染造成直接经济损失 500 万元以下的；

④因环境污染造成跨县级行政区域纠纷，引起一般性群体影响的；

⑤Ⅳ、Ⅴ类放射源丢失、被盗的；放射性同位素和射线装置失控导致人员受到超过年剂量限值的照射的；放射性物质泄漏，造成厂区内或设施内局部辐射污染后果的；铀矿冶、伴生矿超标排放，造成环境辐射污染后果的；

⑥对环境造成一定影响，尚未达到较大突发环境事件级别的。

四、突发环境事件的特征

1. 发生的突然性

与一般污染物排放相比，突发环境事件污染物没有固定的排放时间和排放方式，往往突然发生且来势凶猛，有着很大的偶然性和瞬时性。一旦发生突发性环境污染事件，在很短的时间内就可能产生大量有毒有害物质外泄，引起燃烧、爆炸等突发灾害；产生的有毒有害气体可瞬间致人死命或令人窒息。

2. 形式的多样性

突发环境事件的形式趋于多样化，可能表现为溢油事故、有毒化学品污染事件、核污染事件等多种类型，涉及众多行业和领域。就某一类事故而言，所含的污染因素也比较多，其表现形式也是多样化的。产生方式有生产、贮存、运输、使用和处置不当所引起。

3. 危害的严重性

突发环境事件往往在极短时间内一次性大量泄漏、排放有毒有害物，不仅可能造成事故现场的人身伤亡和财产损失，而且由于污染后的长期整治和恢复所需费用可观，间接损失也很严重。此外，这种污染容易引起社会生活、生产秩序的不正常，甚至可能导致国家危机和国际间的污染纠纷。

4. 处理处置的艰巨性

由于各类突发环境事件的性质、规模、发展趋势各异，自然因素和人为因素互为交叉作用，其处理过程可能受到历史、地理、人口、经济、文化、管理等众多因素的影响，而不只是单纯地进行污染事件本身的处理和处置。这就使此类事故的处理较一般污染事件更为艰巨和复杂。

5. 突发环境事件的规律性

突发环境事件有其难以预料的一面，但也有其规律性一面，即污染源集中处（生产、使用、贮存、运输）是突发事故的发生源，工艺落后、制度不健全、管理不善、防范不足是发生事故的直接原因。

第二节　突发环境事件的应急处置原则与内容

一、相关政策与法规

面对突发环境事件造成的经济、环境及人们生命和健康等巨大灾难，1988 年，联合国环境规划署提出了"地区级紧急事故意识和准备（Awareness and Preparedness for Emergencies at Local Level，APELL）"，即"阿佩尔"计划，旨在提高工作人员和社会公众对恶性环境污染事故的了解和认识，组织制定应急计划，以对付工业事故所造成的生态环境紧急事件，确保园区内和周边地区人民的生命健康，减少企业的财产损失，保护生态环境。

许多发达国家面对各种突发环境事件，也适时制定了一系列应急管理措施，从机构、法律、政策措施等方面逐步建立起相应的应急管理机制。如美国于 1992 年制定了联邦应急计划，1994 年对这一计划进行了修订，规定联邦政府 27 个部门的灾害救助职责，并规范了相当具体的工作程序，以应对任何重大的自然灾害、技术性灾害和紧急事故，如地震、风暴、洪水、火山爆发、辐射与有害物质泄漏等；1993 年美国环保署发布了"化学品事故排放风险管理计划"。

我国在突发环境事件的防范和应急方面起步较晚，并主要侧重于水环境方面。1995 年，中国环境监测总站在北京召开了"全国突发性环境污染事件应急监测'九五'规划"研讨会，编制了相应提纲，国家环保总局制定并相继出台了《重点流域水环境应急预案》《水环境污染事件预警与应急预案》等一系列预案，初步建立起水环境事故预警机制；2003 年国家环保总局发行了《环境应急手册》；2006 年国务院颁布了《国家突发公共事件总体应急预案》和九项事故灾难类突发公共事件专项应急预案，其中就包括《国家突发环境事件应急预案》。

2006 年，我国明确提出安全生产应急管理的工作目标，即落实和完善安全生产应急预案，到 2007 年底形成覆盖各地区、各部门、各生产经营单位"横向到边、纵向到底"的预案体系；建立健全统一管理、分级负责、条块结合、属地为主的安全生产应急管理体制和国家、省、市（地）三级安全生产应急救援指挥机构及区域、骨干、专业应急救援队伍体系；建立健全安全生产应急管理的法律法规和标准体系；依靠科技进步，建设安全生产应急信息系统和应急救援支撑保障体系，形成统一指挥、反应灵敏、协调有序、运转高效的安全生产应急管理机制和政府统一领导、部门协调配合、企业自主到位、社会共同参与的安全生产应急管理工作格局。2018 年，我国组建中华人民共和国应急管理部门，专门负责如下各项应急管理工作：组织编制国家应急总体预案和规划，指导各地区各部门应对突发事件工作，推动应急预案体系建设和预案演练。建立灾情报告系统并统一发布灾情，统筹应急力量建设和物资储备并在救灾时统一调度，组织灾害救助体系建设，指导安全生产类、自然灾害类应急救援，承担国家应对特别重大灾害指挥部工作。指导火灾、水旱灾害、地质灾害等防治。负责安全生产综合监督管理和工矿商贸行业安全生产监督管理等。2015 年 4 月 16 日，生态环境部部委会议讨论通过《突发环境事件应急管理办法》，为我国突发环境事件的应急管理提供重要支撑。

应急管理的职能定位不能仅限于应急处置阶段，还必须涵盖前期的预防准备、监测预警以及后期的调查评估、善后恢复阶段，从而改变传统的被动式撞击反应模式，实现一个全过程、主动保障型的应急管理模式，尽可能把各种危险因素消灭在萌芽状态，一旦发生后也要尽可能彻底消除后遗症，恢复原有生态。

对环境污染事故首先采取预防和控制政策，即首先防止污染事故的发生，要求使用、生产、贮存和运输可燃性、易爆性、具有化学活性和化学毒性物质的单位，必须做好风险防范工作。一旦发生污染物泄漏事故，必须马上采取合理的措施，控制污染物的扩散，使其分布在尽可能小的范围内，从而减少对生态环境和民众健康的危害。

同时应该高度重视环境信息公开制度的建设，《国家突发公共事件总体应急预案》中明确提出，突发公共事件发生的第一时间要向社会发布简要信息；对突发环境事件的信息报送、处理、通报与信息发布等作出了明确的规定，各级政府及其环保部门必须严格执行。作为建立全面环境信息披露制度的第一步，国家生态环境部首先对突发性环境事件建立有效的信息披露制度，该制度规定，突发性环境污染事件的单位和责任人以及负责监管责任的单位发现突发性环境事件后，必须在 1h 内向所在县级以上人民政府报告，同时向上一级相关专业主管报告，并立即组织现场调查，紧急情况下，可直接报告国务院办公厅或国家生态环境部。

二、突发环境事件应急处置原则

1. 预防与应急相结合

增强风险意识，强化预防措施，积极防止污染事故的发生；对已发生的污染事故，力争减轻或消除其危害。做到事前预防、事中应急、事后监测并作出风险评价。

2. 常备不懈、反应迅速

成立机构，落实人员，配置装备，储备技术，明确程序。一旦发生污染事故，能迅速进入应急状态，启动应急系统，快速判断污染物种类、浓度、污染范围及可能造成的危害，妥善处理污染事故。

3. 政府主导、各部门各单位协同配合

突发环境事件一旦发生，涉及的环保、医疗、交通、工业、工程、物资、公安甚至武警等应急处置单位必须通力协作才能解决，一般仅靠某一部门或单位是无法快速有效地妥善处理的。因此，遇到重大突发环境事件时，应及时上报当地或上级政府部门，由政府牵头，各部门协同作战，做到责任到人，尽心尽职。

4. 突出重点、分步实施

根据各省各地的产业结构，污染事故类型的特点，突出重点，有区别、有针对性地配置

相应的仪器设备，开发相应的应急监测方法，逐步形成完整的应急监测能力。

对突发环境事件的管理主要包括预防、现场处置和善后处理三个方面。三者之间的相互关系见图 12-1。其中预防是事故管理的关键。通常从事故发生到污染物进入环境有一段时间间隔，如果能够建立有效的报警系统和应急措施，可以有效减少进入环境的污染物，减轻污染危害。另外，对各种存在的隐患进行风险评价，从中筛选出需要重点控制的危害源，实行严格管理，可以减少突发环境事件发生概率，也是预防的重点。现场处理是对污染源实行应急措施，防止污染进一步扩大，减小污染造成的损失。突发环境事件不仅对周围环境造成危害，而且还对地区的生态与人的健康有着直接或间接、急性或长期的影响，所以对事故的善后处理、生态恢复以及风险评价工作就显得极为重要。

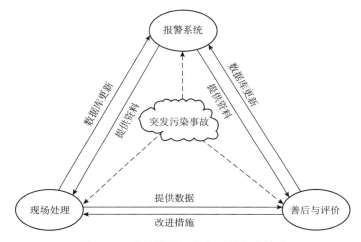

图 12-1　事故管理三个方面的内在关系

三、突发环境事件应急处置内容和方法

1.救治受害人员

（1）现场抢救。任何情况下，保护人的生命安全是第一位的。到达现场的医疗抢救人员应立即向救援现场指挥部报到，并接受其统一指挥，与其他小组人员相互配合，划分抢救区域，对伤员进行分检、医疗救治和转运。及时将伤员转送出危险区域，按照先抢后救、先急后缓、先重后轻、先近后远的原则对伤员进行紧急抢救，同时进行检伤分类，标以伤病卡，急危重伤员必须火速抢救，主要做好术前准备和防止休克、预防感染等。现场抢救的主要措施有止血、包扎、固定、搬运和人工心肺复苏等。

（2）医院接诊救治。在突发性污染事件中，救治医院应立即开通"绿色通道"，对医院资源进行调整，尽最大可能满足抢救需要，设立专人做好救治伤员的统计汇总工作，包括伤病员的数量、病情以及医院能承受的最大抢救能力，及时上报，便于统一安排抢救工作。超出接诊医院救治能力的伤员，应由医疗救治领导小组统一安排转诊就医。

（3）伤员护送。急危重伤员在现场紧急处置后，当地医疗机构没有能力收治全部伤员，应及时将其转往就近或指定的医疗救治医院，并妥善安排转运途中的医疗监护。

2.切断污染源、隔离污染区、防止污染扩散、减少危害面积

做好采样准备，及时到达事故现场和医疗救治单位，迅速开展了解污染物种类、性质、

数量、扩散面积以及随时间延长可能影响的范围，以及污染物和可疑中毒样品的采集、中毒人员生物样品的采集和检测工作，并以最快速度将检测结果报告现场指挥组和救治单位，为中毒人员救治赢得时间，同时保留必要样品作为证据和以后研究。各应急组和应急指挥部成员单位到达现场后，应服从应急指挥部总指挥的命令，立即参与现场控制和处理，尽可能减少污染物产生，防止污染物扩散。根据初步现场勘验情况，划定现场警戒区域范围和疏散路线，禁止无关人员靠近。发生严重有毒大气污染和放射性污染时，应立即采取措施，有序地疏散当地群众脱离污染区域。公安部门要保护好现场，收集相关证据，做好事件现场的安全警戒和交通疏导工作，在紧急情况下可采取强制措施维护现场秩序，监控事件的有关责任人，指挥人群疏散和撤离现场。

3. 减轻或消除污染物的危害

环境应急监测组和应急指挥部成员单位展开现场调查，收集与事件发生有关的所有材料，包括实物取证、摄影录像等，询问事件目击者及当事人，根据水系水流、风向等寻找、排查污染源，判明事件发生的时间、地点、原因，初步判定污染物种类、性质、数量、污染范围、影响程度及事发地地理概况等，及时向应急指挥部报告。环境应急监测组实施现场勘验，快速进行现场采样和测试，确定污染物的类别、浓度、污染程度，提出处置措施，对事件造成的经济损失和环境破坏程度进行评估，出具仲裁技术报告，及时向应急指挥部汇报。涉及大气污染事故的，现场监测要查取事件发生地有关空气动力学数据（气温、气压、风向、风力、大气稳定度等），向指挥部提出是否需要下风向群众疏散的建议；涉及水污染事故的，现场监测人员要测量水流转移、扩散速率，划定水源污染区域，为应急指挥部决策提供依据。

4. 消除污染物及善后处理

根据现场监察、监测情况，查阅有关资料，参考专家意见，提出调查分析结论，制定科学的应急处置方案和安全保障措施，上报应急指挥部。应急指挥部批准实施应急处置方案以及其他应急指挥部成员单位提出的应急处理措施。根据污染监测数据和现场调查，对已受污染并可能造成公众健康影响的区域，划定污染警戒区域（如禁止取水区域或居住区域），经请示政府决定后，发布公告，实行封锁，以降低事件危害程度。

5. 通报事故情况，对可能造成影响的区域发出预警通报

事故信息公开是社会文明和自信的体现，向相关方及时提供信息是责任、义务，相关方获取信息是权利，因此通报事故情况应该包括从突发性事故产生直至事故结束全过程。不仅是政府职能部门，同时允许媒体报道、评论，民众有权了解、评论；隐瞒、不实报道是失职、渎职。因为隐瞒实情更易造成各种"小道消息"传播，引起民众不安甚至社会动荡。

环境应急监察组和应急监测组应在接报24h内向应急指挥部办公室发出第一期应急监察、监测快报，随后根据事件变化情况以及应急指挥部规定的时间、要求，陆续发出事件动态情况报告，必要时可根据应急指挥部的指令，随时以电子信息等形式报告，直至事件平息或稳定。快报内容包括事件发生时间、地点、原因、污染源、污染物、污染浓度、污染范围及处置措施等。应急指挥部办公室与应急监察组、应急监测组以及各成员单位保持密切联系，及时收集情况，编制事件处置快报，在规定时间内向县政府和市环保局报告。应急指挥部通过组织成员单位召开事件处理分析会，如实对外宣传，并对新闻媒体发布环境污染与生态破坏事件的消息、及时解答民众疑问。

6.突发环境事件应急处置中止条件

突发环境事件应急处置中止必须具备以下三项条件。

（1）根据应急指挥部的建议，确信污染事故已经得到有效控制，事故装置或事故现场已处于安全状态；

（2）有关部门已采取保护公众免受污染伤害的有效措施；

（3）已责成或通过有关部门制定和实施环境恢复计划，事故控制区域环境质量正处于恢复之中时。

当环境污染与生态破坏事件得到有效控制，紧急情况解除，应急指挥部办公室应编制事件应急处理报告，报应急指挥部批准后，中止应急工作。但相关地区仍应继续采取必要的防护措施和生态恢复措施，以保护公众免受污染影响，并将事件造成或可能造成的危害降低到最低水平。

第三节 企业突发环境事件风险评估

2014年环境保护部组织编制了《企业突发环境事件风险评估指南（试行）》，指南规定了企业突发环境事件风险评估（简称环境风险评估）的内容、程序和方法。

本指南适用于对可能发生突发环境事件的（已建成投产或处于试生产阶段的）企业进行环境风险评估。评估对象为生产、使用、存储或释放涉及突发环境事件风险物质（包括生产原料、燃料、产品、中间产品、副产品、催化剂、辅助生产物料、"三废"污染物等）及临界量清单中的化学物质（简称环境风险物质）以及其他可能引发突发环境事件的化学物质的企业。

企业环境风险评估的程序，按照资料准备与环境风险识别、可能发生突发环境事件及其后果分析、现有环境风险防控和环境应急管理差距分析、制定完善环境风险防控和应急措施的实施计划、划定突发环境事件风险等级五个步骤实施。

一、企业突发环境事件风险评估的内容

1.资料准备与环境风险识别

在收集相关资料的基础上，开展环境风险识别。环境风险识别对象包括：①企业基本信息；②周边环境风险受体；③涉及环境风险物质和数量；④生产工艺；⑤安全生产管理；⑥环境风险单元及现有环境风险防控与应急措施；⑦现有应急资源等。

（1）企业基本信息。列表说明下列内容：

①单位名称、组织机构代码、法定代表人、单位所在地、中心经度、中心纬度、所属行业类别、建厂年月、最新改扩建年月、主要联系方式、企业规模、厂区面积、从业人数等（如为子公司，还需列明上级公司名称和所属集团公司名称）；

②地形、地貌（如在泄洪区、河边、坡地）、气候类型、年风向玫瑰图、历史上曾经发生过的极端天气情况和自然灾害情况（如地震、台风、泥石流、洪水等）；

③环境功能区划情况以及最近一年地表水、地下水、大气、土壤环境质量现状。

依据上述内容，绘制企业地理位置图，厂区平面布置图（标注环境风险源种类及其数量），周边环境风险受体分布图（周边水系及敏感保护目标，标注污染物可能扩散途径及控

制措施），企业雨水、清净下水收集、排放管网图，污水收集、排放管网图，以及所有排水最终去向图（标注应急池容量、控制阀节点等应急设施情况）等附图。

（2）现有应急资源情况。现有应急资源，是指第一时间可以使用的企业内部应急物资、应急装备和应急救援队伍情况，以及企业外部可以请求援助的应急资源，包括与其他组织或单位签订应急救援协议或互救协议情况等。

应急物资主要包括处理、消解和吸收污染物（泄漏物）的各种絮凝剂、吸附剂、中和剂、解毒剂、氧化还原剂等；应急装备主要包括个人防护装备、应急监测能力、应急通信系统、电源（包括应急电源）、照明等。

按应急物资、装备和救援队伍，分别列表说明下列内容：名称、类型（指物资、装备或队伍）、数量（或人数）、有效期（指物资）、外部供应单位名称、外部供应单位联系人、外部供应单位联系电话等。

2. 可能发生的突发环境事件及其后果情景分析

（1）收集事件资料，分析事件情景。收集国内外同类企业突发环境事件资料，列表说明下列内容：年份日期，地点，装置规模，引发原因，物料泄漏量，影响范围，采取的应急措施，事件损失，事件对环境及人造成的影响等。

提出所有可能发生突发环境事件情景，至少从以下几个方面分析可能引发或次生突发环境事件的最坏情景。

① 火灾、爆炸、泄漏等生产安全事故及可能引起的次生、衍生厂外环境污染及人员伤亡事故（例如，因生产安全事故导致有毒有害气体扩散出厂界，消防水、物料泄漏物及反应生成物，从雨水排口、清净下水排口、污水排口、厂门或围墙排出厂界，污染环境等）；

② 环境风险防控设施失灵或非正常操作（如雨水阀门不能正常关闭，化工行业火炬意外灭火）；

③ 非正常工况（如开、停车等）；

④ 污染治理设施非正常运行；

⑤ 违法排污；

⑥ 停电、断水、停气等；

⑦ 通信或运输系统故障；

⑧ 各种自然灾害、极端天气或不利气象条件；

⑨ 其他可能的情景。

（2）源强与后果分析。针对提出的每种情景进行源强分析，包括释放环境风险物质的种类、物理化学性质、最小和最大释放量、扩散范围、浓度分布、持续时间、危害程度。

有关源强计算方法可参考《建设项目环境风险评价技术导则》（HJ/T 169—2004）。

每种情景环境风险物质释放途径、涉及环境风险防控与应急措施、应急资源情况分析。对可能造成地表水、地下水和土壤污染的，分析环境风险物质从释放源头（环境风险单元），经厂界内到厂界外，最终影响到环境风险受体的可能性、释放条件、排放途径、涉及环境风险与应急措施的关键环节，需要应急物资、应急装备和应急救援队伍情况。

对于可能造成大气污染的，依据风向、风速等分析环境风险物质少量泄漏和大量泄漏情况下，白天和夜间可能影响的范围，包括事故发生点周边的紧急隔离距离、事故发生地下风向人员防护距离。

　　从地表水、地下水、土壤、大气、人口、财产乃至社会等方面考虑并给出突发环境事件对环境风险受体的影响程度和范围，包括需要疏散的人口数量，是否影响到饮用水水源地取水，是否造成跨界影响，是否影响生态敏感区生态功能，预估可能发生的突发环境事件级别等。

二、环境风险防控与应急措施分析

　　1. 现有环境风险防控与应急措施差距分析

　　对现有环境风险防控与应急措施的完备性、可靠性和有效性进行分析论证，找出差距、问题，主要包括以下五个方面。

　　（1）环境风险管理制度。

　　① 环境风险防控和应急措施制度是否建立，环境风险防控重点岗位的责任人或责任机构是否明确，定期巡检和维护责任制度是否落实；

　　② 环评及批复文件的各项环境风险防控和应急措施要求是否落实；

　　③ 是否经常对职工开展环境风险和环境应急管理宣传和培训；

　　④ 是否建立突发环境事件信息报告制度，并有效执行。

　　（2）环境风险防控与应急措施。

　　① 是否在废气排放口、废水、雨水和清洁下水排放口对可能排出的环境风险物质，按照物质特性、危害，设置监视、控制措施，分析每项措施的管理规定、岗位职责落实情况和措施的有效性；

　　② 是否采取防止事故排水、污染物等扩散、排出厂界的措施，包括截流措施、事故排水收集措施、清净下水系统防控措施、雨水系统防控措施、生产废水处理系统防控措施等，分析每项措施的管理规定、岗位职责落实情况和措施的有效性；

　　③ 涉及毒性气体的，是否设置毒性气体泄漏紧急处置装置，是否已布置生产区域或厂界毒性气体泄漏监控预警系统，是否有提醒周边公众紧急疏散的措施和手段等，分析每项措施的管理规定、岗位责任落实情况和措施的有效性。

　　（3）环境应急资源。

　　① 是否配备必要的应急物资和应急装备（包括应急监测）；

　　② 是否已设置专职或兼职人员组成的应急救援队伍；

　　③ 是否与其他组织或单位签订应急救援协议或互救协议（包括应急物资、应急装备和救援队伍等情况）。

　　（4）历史经验教训总结。分析、总结历史上同类型企业或涉及相同环境风险物质的企业发生突发环境事件的经验教训，对照检查本单位是否有防止类似事件发生的措施。

　　（5）需要整改的期限。针对上述排查的每一项差距和隐患，根据其危害性、紧迫性和治理时间的长短，提出需要完成整改的期限，分别按短期（3个月以内）、中期（3~6个月）和长期（6个月以上）列表说明需要整改的项目内容，包括：整改涉及的环境风险单元、环境风险物质、目前存在的问题（环境风险管理制度、环境风险防控与应急措施、应急资源）、可能影响的环境风险受体。

　　2. 完善环境风险防控与应急措施的实施计划

　　针对需要整改的短期、中期和长期项目，分别制定完善环境风险防控和应急措施的实施计划。实施计划应明确环境风险管理制度、环境风险防控措施、环境应急能力建设等内容，逐项制定加强环境风险防控措施和应急管理的目标、责任人及完成时限。

每完成一次实施计划，都应将计划完成情况登记建档备查。

对于因外部因素致使企业不能排除或完善的情况，如环境风险受体的距离和防护等问题，应及时向所在地县级以上人民政府及其有关部门报告，并配合采取措施消除隐患。

三、企业突发环境事件风险分级

依据《企业突发环境事件风险分级方法》（HJ 941—2018），根据企业生产、使用、存储和释放的突发环境事件风险物质数量与其临界量的比值（Q），评估生产工艺过程与环境风险控制水平（M）以及环境风险受体敏感程度（E）的评估分析结果，分别评估企业突发大气环境事件风险和突发水环境事件风险，将企业突发大气或水环境事件风险等级划分为一般环境风险、较大环境风险和重大环境风险三级，分别用蓝色、黄色和红色标识。同时涉及突发大气和水环境事件风险的企业，以等级高者确定企业突发环境事件风险等级。

企业下设位置毗邻的多个独立厂区，可按厂区分别评估风险等级，以等级高者确定企业突发环境事件风险等级并进行表征，也可分别表征为企业（某厂区）突发环境事件风险等级。企业下设位置距离较远的多个独立厂区，分别评估确定各厂区风险等级，表征为企业（某厂区）突发环境事件风险等级。

企业突发环境事件风险分级程序见图 12-2。

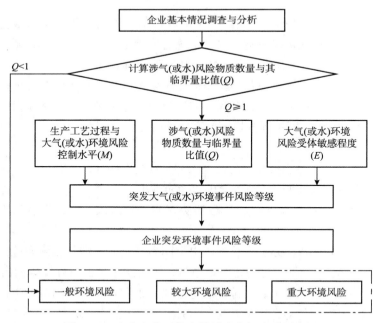

图 12-2　企业突发环境事件风险分级流程示意图

（一）突发大气环境事件风险分级

1.计算涉气风险物质数量与临界量比值（Q）

涉气风险物质包括《企业突发环境事件风险分级方法》（HJ 941—2018）附录 A 中的第

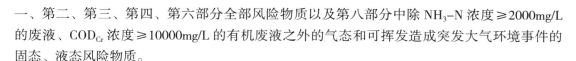

一、第二、第三、第四、第六部分全部风险物质以及第八部分中除 NH_3-N 浓度 $\geqslant 2000mg/L$ 的废液、COD_{Cr} 浓度 $\geqslant 10000mg/L$ 的有机废液之外的气态和可挥发造成突发大气环境事件的固态、液态风险物质。

判断企业生产原料、产品、中间产品、副产品、催化剂、辅助生产物料、燃料、"三废"污染物等是否涉及大气环境风险物质（混合或稀释的风险物质按其组分比例折算成纯物质），计算涉气风险物质在厂界内的存在量（如存在量呈动态变化，则按年度内最大存在量计算）与其在附录 A 中临界量的比值 Q：

① 当企业只涉及一种风险物质时，该物质的数量与其临界量比值，即为 Q。

② 当企业存在多种风险物质时，则按式（12-1）计算：

$$Q=w_1/W_1+w_2/W_2+\cdots+w_n/W_n \qquad (12-1)$$

式中　w_1，w_2，$\cdots$，w_n——每种风险物质的存在量，t；

W_1，W_2，$\cdots$，W_n——每种风险物质的临界量，t。

按照数值大小，将 Q 划分为 4 个水平：

① $Q<1$，以 Q_0 表示，企业直接评为一般环境风险等级；

② $1\leqslant Q<10$，以 Q_1 表示；

③ $10\leqslant Q<100$，以 Q_2 表示；

④ $Q\geqslant 100$，以 Q_3 表示。

2. 生产工艺过程与大气环境风险控制水平（M）评估

采用评分法对企业生产工艺过程、大气环境风险防控措施及突发大气环境事件发生情况进行评估，将各项指标分值累加，确定企业生产工艺过程与大气环境风险控制水平（M）。

（1）生产工艺过程含有风险工艺和设备情况。对企业生产工艺过程含有风险工艺和设备情况的评估按照工艺单元进行，见表 12-1。具有多套工艺单元的企业，对每套工艺单元分别评分并求和，该指标分值最高为 30 分。

表 12-1　企业生产工艺过程评估

评估依据	分值
涉及光气及光气化工艺、电解工艺（氯碱）、氯化工艺、硝化工艺、合成氨工艺、裂解（裂化）工艺、氟化工艺、加氢工艺、重氮化工艺、氧化工艺、过氧化工艺、胺基化工艺、磺化工艺、聚合工艺、烷基化工艺、新型煤化工工艺、电石生产工艺、偶氮化工艺	10/ 每套
其他高温或高压、涉及易燃易爆等物质的工艺过程 [a]	5/ 每套
具有国家规定限期淘汰的工艺名录和设备 [b]	5/ 每套
不涉及以上危险工艺过程或国家规定的禁用工艺 / 设备	0

注：[a] 高温指工艺温度 $\geqslant 300℃$，高压指压力容器的设计压力（p）$\geqslant 10.0MPa$，易燃易爆等物质是指按照 GB 30000.2 至 GB 30000.13 所确定的化学物质；[b] 指《产业结构调整指导目录》中有淘汰期限的淘汰类落后生产工艺装备

（2）大气环境风险防控措施及突发大气环境事件发生情况。企业大气环境风险防控措施及突发大气环境事件发生情况评估指标见表 12-2。对各项评估指标分别评分、计算总和，各项指标分值合计最高为 70 分。

表 12-2　企业大气环境风险防控措施与突发大气环境事件发生情况评估

评估指标	评估依据	分值
毒性气体泄漏监控预警措施	（1）不涉及 HJ 941—2018 附录 A 中有毒有害气体的，或 （2）根据实际情况，具备有毒有害气体（如硫化氢、氰化氢、氯化氢、光气、氯气、氨气、苯等）厂界泄漏监控预警系统的	0
	不具备厂界有毒有害气体泄漏监控预警系统的	25
符合防护距离情况	符合环评及批复文件防护距离要求的	0
	不符合环评及批复文件防护距离要求的	25
近 3 年内突发大气环境事件发生情况	发生过特别重大或重大等级突发大气环境事件的	20
	发生过较大等级突发大气环境事件的	15
	发生过一般等级突发大气环境事件的	10
	未发生突发大气环境事件的	0

（3）企业生产工艺过程与大气环境风险控制水平。将企业生产工艺过程、大气环境风险防控措施及突发大气环境事件发生情况各项指标评估分值累加，得出生产工艺过程与大气环境风险控制水平值，按照表 12-3 划分为 4 个类型。

表 12-3　企业生产工艺过程与环境风险控制水平类型划分

生产工艺过程与环境风险控制水平值	生产工艺过程与环境风险控制水平类型
$M<25$	M_1
$25 \leqslant M<45$	M_2
$45 \leqslant M<65$	M_3
$M \geqslant 65$	M_4

3. 大气环境风险受体敏感程度（E）评估

大气环境风险受体敏感程度类型按照企业周边人口数进行划分。按照企业周边 5km 或 500m 范围内人口数将大气环境风险受体敏感程度划分为类型 1、类型 2 和类型 3 三种类型，分别以 E_1、E_2 和 E_3 表示，见表 12-4。

表 12-4　大气环境风险受体敏感程度类型划分

敏感程度类型	大气环境风险受体
类型 1（E_1）	企业周边 5km 范围内居住区、医疗卫生机构、文化教育机构、科研单位、行政机关、企事业单位、商场、公园等人口总数 5 万人以上，或企业周边 500m 范围内人口总数 1000 人以上，或企业周边 5km 涉及军事禁区、军事管理区、国家相关保密区域
类型 2（E_2）	企业周边 5km 范围内居住区、医疗卫生机构、文化教育机构、科研单位、行政机关、企事业单位、商场、公园等人口总数 1 万人以上、5 万人以下，或企业周边 500m 范围内人口总数 500 人以上、1000 人以下
类型 3（E_3）	企业周边 5km 范围内居住区、医疗卫生机构、文化教育机构、科研单位、行政机关、企事业单位、商场、公园等人口总数 1 万人以下，且企业周边 500m 范围内人口总数 500 人以下

大气环境风险受体敏感程度按类型 1、类型 2 和类型 3 顺序依次降低。若企业周边存在多种敏感程度类型的大气环境风险受体，则按敏感程度高者确定企业大气环境风险受体敏感程度类型。

4. 突发大气环境事件风险等级确定

根据企业周边大气环境风险受体敏感程度（E）、涉气风险物质数量与临界量比值（Q）和生产工艺过程与大气环境风险控制水平（M），按照表12-5确定企业突发大气环境事件风险等级。

表12-5　企业突发环境事件风险分级矩阵表

环境风险受体敏感程度（E）	风险物质数量与临界量比值（Q）	生产工艺过程与环境风险控制水平（M）			
		M_1类水平	M_2类水平	M_3类水平	M_4类水平
类型1（E_1）	$1 \leq Q < 10$（Q_1）	较大	较大	重大	重大
	$10 \leq Q < 100$（Q_2）	较大	重大	重大	重大
	$Q \geq 100$（Q_3）	重大	重大	重大	重大
类型2（E_2）	$1 \leq Q < 10$（Q_1）	一般	较大	较大	重大
	$10 \leq Q < 100$（Q_2）	较大	较大	重大	重大
	$Q \geq 100$（Q_3）	较大	重大	重大	重大
类型3（E_3）	$1 \leq Q < 10$（Q_1）	一般	一般	较大	较大
	$10 \leq Q < 100$（Q_2）	一般	一般	较大	重大
	$Q \geq 100$（Q_3）	较大	较大	重大	重大

5. 突发大气环境事件风险等级表征

企业突发大气环境事件风险等级表征分为两种情况：

① $Q < 1$ 时，企业突发大气环境事件风险等级表示为"一般 – 大气（Q_0）"。

② $Q \geq 1$ 时，企业突发大气环境事件风险等级表示为"环境风险等级 – 大气（Q 水平 –M 类型 –E 类型）"。

（二）突发水环境事件风险分级

1. 计算涉水风险物质数量与临界量比值（Q）

涉水风险物质包括《企业突发环境事件风险分级方法》（HJ 941—2018）附录 A 中的第三、第四、第五、第六、第七和第八部分全部风险物质，以及第一、第二部分中溶于水和遇水发生反应的风险物质，具体包括：溶于水的硒化氢、甲醛、乙二腈、二氧化氯、氯化氢、氨、环氧乙烷、甲胺、丁烷、二甲胺、一氧化二氯，砷化氢、二氧化氮、三甲胺、二氧化硫、三氟化硼、硅烷、溴化氢、氯化氰、乙胺、二甲醚，以及遇水发生反应的乙烯酮、氟、四氟化硫、三氟溴乙烯。

判断企业生产原料、产品、中间产品、副产品、催化剂、辅助生产物料、"三废"污染物等是否涉及水环境风险物质，计算涉水风险物质（混合或稀释的风险物质按其组分比例折算成纯物质）与其临界量的比值 Q，计算方法同式（12-1）。

2. 生产工艺过程与水环境风险控制水平（M）评估

采用评分法对企业生产工艺过程、水环境风险防控措施及突发水环境事件发生情况进行评估，将各项分值累加，确定企业生产工艺过程与水环境风险控制水平（M）。

（1）生产工艺过程含有风险工艺和设备情况。同表12-1企业生产工艺过程评估。

（2）水环境风险防控措施及突发水环境事件发生情况。企业水环境风险防控措施及突发水环境事件发生情况评估指标见表12-6。对各项评估指标分别评分、计算总和，各项指标分值合计最高为70分。

表12-6　企业水环境风险防控措施及突发水环境事件发生情况评估

评估指标	评估依据	分值
截流措施	（1）环境风险单元设防渗漏、防腐蚀、防淋溶、防流失措施，且 （2）装置围堰与罐区防火堤（围堰）外设排水切换阀，正常情况下通向雨水系统的阀门关闭，通向事故存液池、应急事故水池、清净废水排放缓冲池或污水处理系统的阀门打开，且 （3）前述措施日常管理及维护良好，有专人负责阀门切换或设置自动切换设施，保证初期雨水、泄漏物和受污染的消防水排入污水系统	0
	有任意一个环境风险单元（包括可能发生液体泄漏或产生液体泄漏物的危险废物贮存场所）的截流措施不符合上述任意一条要求的	8
事故废水收集措施	（1）按相关设计规范设置应急事故水池、事故存液池或清净废水排放缓冲池等事故排水收集设施，并根据相关设计规范、下游环境风险受体敏感程度和易发生极端天气情况，设计事故排水收集设施的容量，且 （2）确保事故排水收集设施在事故状态下能顺利收集泄漏物和消防水，日常保持足够的事故排水缓冲容量，且 （3）通过协议单位或自建管线，能将所收集废水送至厂区内污水处理设施处理	0
	有任意一个环境风险单元（包括可能发生液体泄漏或产生液体泄漏物的危险废物贮存场所）的事故排水收集措施不符合上述任意一条要求的	8
清净废水系统风险防控措施	（1）不涉及清净废水，或 （2）厂区内清净废水均可排入废水处理系统；或清污分流，且清净废水系统具有下述所有措施： ①具有收集受污染的清净废水的缓冲池（或收集池），池内日常保持足够的事故排水缓冲容量；池内设有提升设施或通过自流，能将所收集物送至厂区内污水处理设施处理，且 ②具有清净废水系统的总排口监视及关闭设施，有专人负责在紧急情况下关闭清净废水总排口，防止受污染的清净废水和泄漏物进入外环境	0
	涉及清净废水，有任意一个环境风险单元的清净废水系统风险防控措施不符合上述（2）要求的	8
雨水排水系统风险防控措施	（1）厂区内雨水均进入废水处理系统；或雨污分流，且雨水排水系统具有下述所有措施： ①具有收集初期雨水的收集池或雨水监控池；池出水管上设置切断阀，正常情况下阀门关闭，防止受污染的雨水外排；池内设有提升设施或通过自流，能将所收集物送至厂区内污水处理设施处理； ②具有雨水系统总排口（含泄洪渠）监视及关闭设施，在紧急情况下有专人负责关闭雨水系统总排口（含与清净废水共用一套排水系统情况），防止雨水、消防水和泄漏物进入外环境； （2）如果有排洪沟，排洪沟不得通过生产区和罐区，或具有防止泄漏物和受污染的消防水等流入区域排洪沟的措施	0
	不符合上述要求的	8
生产废水处理系统风险防控措施	（1）无生产废水产生或外排，或 （2）有废水外排时： ①受污染的循环冷却水、雨水、消防水等排入生产废水系统或独立处理系统； ②生产废水排放前设监控池，能够将不合格废水送废水处理设施处理； ③如企业受污染的清净废水或雨水进入废水处理系统处理，则废水处理系统应设置事故水缓冲设施； ④具有生产废水总排口监视及关闭设施，有专人负责启闭，确保泄漏物、受污染的消防水、不合格废水不排出厂外	0
	涉及废水外排，且不符合上述（2）中任意一条要求的	8

续表

评估指标	评估依据	分值
废水排放去向	无生产废水产生或外排	0
	（1）依法获取污水排入排水管网许可，进入城镇污水处理厂，或 （2）进入工业废水集中处理厂，或 （3）进入其他单位	6
	（1）直接进入海域或进入江、河、湖、库等水环境，或 （2）进入城市下水道再入江、河、湖、库或再进入海域，或 （3）未依法取得污水排入排水管网许可，进入城镇污水处理厂，或 （4）直接进入污灌农田或蒸发地	12
厂内危险废物环境管理	（1）不涉及危险废物的，或 （2）针对危险废物分区贮存、运输、利用、处置具有完善的专业设施和风险防控措施	0
	不具备完善的危险废物贮存、运输、利用、处置设施和风险防控措施	10
近3年内突发水环境事件发生情况	发生过特别重大及重大等级突发水环境事件的	8
	发生过较大等级突发水环境事件的	6
	发生过一般等级突发水环境事件的	4
	未发生突发水环境事件的	0

注：本表中相关规范具体指GB50483、GB50160、GB50351、GB50747、SH3015

（3）企业生产工艺过程与水环境风险控制水平。将企业生产工艺过程、水环境风险控制措施及突发水环境事件发生情况各项指标评估分值累加，得出生产工艺过程与水环境风险控制水平值，按照表12-3划分为4个类型。

3.水环境风险受体敏感程度（E）评估

按照水环境风险受体敏感程度，同时考虑河流跨界的情况和可能造成土壤污染的情况，将水环境风险受体敏感程度类型划分为类型1、类型2和类型3，分别以E_1、E_2和E_3表示，见表12-7。

水环境风险受体敏感程度按类型1、类型2和类型3顺序依次降低。若企业周边存在多种敏感程度类型的水环境风险受体，则按敏感程度高者确定企业水环境风险受体敏感程度类型。

表 12-7　水环境风险受体敏感程度类型划分

敏感程度类型	水环境风险受体
类型1（E_1）	（1）企业雨水排口、清净废水排口、污水排口下游10km流经范围内有如下一类或多类环境风险受体：集中式地表水、地下水饮用水水源保护区（包括一级保护区、二级保护区及准保护区）；农村及分散式饮用水水源保护区； （2）废水排入受纳水体后24h流经范围（按受纳河流最大日均流速计算）内涉及跨国界的
类型2（E_2）	（1）企业雨水排口、清净废水排口、污水排口下游10km流经范围内有生态保护红线划定的或具有水生态服务功能的其他水生态环境敏感区和脆弱区，如国家公园，国家级和省级水产种质资源保护区，水产养殖，天然渔场，海水浴场，盐场保护区，国家重要湿地，国家级和地方级海洋特别保护区，国家级和地方级海洋自然保护区，生物多样性保护优先区域，国家级和地方级自然保护区，国家级和省级风景名胜区，世界文化和自然遗产地，国家级和省级森林公园，世界、国家和省级地质公园，基本农田保护区，基本草原； （2）企业雨水排口、清净废水排口、污水排口下游10km流经范围内涉及跨省界的； （3）企业位于溶岩地貌、泄洪区、泥石流多发等地区
类型3（E_3）	不涉及类型1和类型2情况的

注：本表中规定的距离范围以到各类水环境保护目标或保护区域的边界为准

4. 突发水环境事件风险等级确定

根据企业周边水环境风险受体敏感程度（E）、涉水风险物质数量与临界量比值（Q）和生产工艺过程与水环境风险控制水平（M），按照表 12-5 确定企业突发水环境事件风险等级。

5. 突发水环境事件风险等级表征

企业突发水环境事件风险等级表征分为两种情况：

① $Q<1$ 时，企业突发水环境事件风险等级表示为"一般 – 水（Q_0）"。

② $Q \geq 1$ 时，企业突发水环境事件风险等级表示为"环境风险等级 – 水（Q 水平 $-M$ 类型 $-E$ 类型）"。

（三）企业突发环境事件风险等级确定与调整

1. 风险等级确定

以企业突发大气环境事件风险和突发水环境事件风险等级高者确定企业突发环境事件风险等级。

2. 风险等级调整

近三年内因违法排放污染物、非法转移处置危险废物等行为受到环境保护主管部门处罚的企业，在已评定的突发环境事件风险等级基础上调高一级，最高等级为重大。

3. 风险等级表征

只涉及突发大气环境事件风险的企业，风险等级按突发大气环境事件风险等级表征方法进行表征。

只涉及突发水环境事件风险的企业，风险等级按突发水环境事件风险等级表征方法进行表征。

同时涉及突发大气和水环境事件风险的企业，风险等级表示为"企业突发环境事件风险等级［突发大气环境事件风险等级表征 + 突发水环境事件风险等级表征］"，例如：重大［重大 – 大气（$Q_1-M_3-E_1$） + 较大 – 水（$Q_2-M_2-E_2$）］。

第四节　企业突发环境事件应急预案编制

一、应急预案编制程序

（一）成立应急预案编制工作组

针对可能发生的环境事件类别，结合企业部门职能分工，成立以企业主要负责人为领导的应急预案编制工作组，明确预案编制任务、职责分工和工作计划。预案编制人员应由具备应急指挥、环境评估、环境生态恢复、生产过程控制、安全、组织管理、医疗急救、监测、消防、工程抢险、防化、环境风险评估等各方面专业的人员及专家组成。

（二）基本情况调查

对企业基本情况、环境风险源、周边环境状况及环境保护目标等进行详细的调查和说明。

1. 企业基本情况

主要包括企业名称、法定代表人、法人代码、详细地址、邮政编码、经济性质、隶属关系、从业人数、地理位置（经纬度）、地形地貌、厂址的特殊状况（如上坡地、凹地、河流的岸边等）、交通图、疏散路线图及其他情况说明。

2. 环境风险源基本情况调查

（1）企业的主、副产品及生产过程中产生的中间体名称及日产量，主要生产原辅材料、燃料名称及日消耗量、最大容量、贮存量和加工量，列出危险物质的名称、数量、危险性类别等情况明细表。

（2）企业生产工艺流程简介，主要生产装置说明，危险物质贮存方式（槽、罐、池、坑、堆放等），生产装置及贮存设备平面布置图，雨水、清净下水和污水收集、排放管网图，应急设施（备）平面布置图、企业消防设施配置图等。

（3）企业排放污染物的名称及排放量，污染治理设施处理量及处理后废物产生量，污染治理工艺流程说明及主要设备、构筑物说明，其他环境保护措施等。对污染物集中处理设施及堆放地，如城镇污水处理厂，垃圾处理设施，医疗垃圾焚烧装置及危险废物处理场所等，还须明确纳污或收集范围及污染物主要来源。

（4）企业危险废物的产生量，贮存、转移、处置情况，危险废物的委托处理手续情况（危险废物处置单位名称、地址、联系方式、资质、处理场所的位置、处理的设计规范和防范环境风险情况等）。

（5）企业危险物质及危险废物的运输（输送）单位、运输方式、日运量、运地、运输路线，"跑、冒、滴、漏"的防护措施、处置方式等。

（6）企业尾矿库、贮灰库、渣场的贮存量，服役期限，库坝的建筑结构，坝堤及防渗安全情况。

3. 周边环境状况及环境保护目标情况

（1）企业所在地的气候（气象）特征，如风向、风速、降雨量、暴雨期等。

（2）企业所在区域地形地貌及厂址的特殊状况（如上坡地、河流的岸边）。

（3）企业（或事业）单位周边5km范围内人口集中居住区（居民点、社区、自然村等）和社会关注区（学校、医院、机关等）的名称、联系方式、人数；周边企业、重要基础设施、道路等基本情况；给出上述环境敏感点与企业的距离和方位图。

（4）企业废水（包括污水处理厂出水、直排清净下水和雨水）排放去向（水域名称），废水输送方式，排污口位置，水域功能类别。企业排污口下游的环境敏感保护目标（地表水及地下水取水口、饮用水水源保护区、珍稀动植物栖息地或特殊生态系统、红树林、珊瑚礁、鱼虾产卵场、重要湿地和天然渔场等）名称，保护级别，与企业排污口的距离。

（5）企业相关地表水、地下水、海域、大气环境功能区划，受纳水体（包括支流和干流）情况及执行的环境标准，区域地表水、地下水（或海水）及区域环境空气执行的环境标准。

（6）企业下游供水设施服务区设计规模及日供水量、联系方式，取水口名称、地点及距离、地理位置（经纬度）等；地下水取水情况、服务范围内灌溉面积、基本农田保护区情况。

（7）企业周边区域道路情况及距离，交通干线流量等。

（8）企业危险物质和危险废物运输（输送）路线中的环境保护目标说明。

（9）企业周边其他环境敏感区情况及位置说明。

（10）如调查范围小于突发环境事件可能波及的范围，应扩大范围，重新调查。

4. 环境风险评价

（1）环境风险源识别。对生产区域内所有已建、在建和拟建项目进行环境风险分析，并以附件形式给出环境风险源分析评价过程，列表明确给出企业生产、加工、运输（厂内）、使用、贮存、处置等涉及危险物质的生产过程，以及其他公辅和环保工程所存在的环境风险源。

（2）最大可信事件预测结果。明确环境风险源发生事件的概率，并说明事件处理过程中可能产生的次生衍生污染。

（3）火灾、爆炸、泄漏等事件状态下可能产生的污染物种类、最大数量、浓度及环境影响类别（大气、水环境或其他）。

（4）自然条件可能造成的污染事件的说明（汛期、地震、台风等）。

（5）突发环境事件产生污染物造成跨界（省、市、县等）环境影响的说明。

（6）尾矿库、贮灰库、渣场等如发生垮坝、溢坝、坝体缺口、渗漏时，对主要河流、湖泊、水库、地下水或海洋及饮用水源取水口的环境安全分析。

（7）可能产生的各类污染对人、动植物等危害性说明。

（8）结合企业（或事业）单位环境风险源工艺控制、自动监测、报警、紧急切断、紧急停车等系统，以及防火、防爆、防中毒等处理系统水平，分析突发环境事件的持续时间、可能产生的污染物（含次生衍生）的排放速率和数量。

（9）根据污染物可能波及范围和环境保护目标的距离，预测不同环境保护目标可能出现污染物的浓度值，并确定保护目标级别。

（10）结合环境风险评估和敏感保护目标调查，通过模式计算，对突发环境事件产生的污染物可能影响周边的环境（或健康）的危害性进行分析，并以附件形式给出本单位各环境事件的危害性说明。

5. 环境应急能力评估

在总体调查、环境风险评价的基础上，对企业现有的突发环境事件预防措施、应急装备、应急队伍、应急物资等应急能力进行评估，明确进一步需求。

（1）企业依据自身条件和可能发生的突发环境事件的类型建立应急救援队伍，包括通信联络队、抢险抢修队、侦检抢修队、医疗救护队、应急消防队、治安队、物资供应队和环境应急监测队等专业救援队伍。

（2）应急救援设施（备）包括医疗救护仪器、药品、个人防护装备器材、消防设施、堵漏器材、储罐围堰、环境应急池、应急监测仪器设备和应急交通工具等，尤其应明确企业主体装置区和危险物质或危险废物储存区（含罐区）围堰设置情况，明确初期雨水收集池、环境应急池、消防水收集系统、备用调节水池、排放口与外部水体间的紧急切断设施及清、污、雨水管网的布设等配置情况。

（3）污染源自动监控系统和预警系统设置情况，应急通信系统、电源、照明等。

（4）用于应急救援的物资，特别是处理泄漏、消解和吸收污染物的化学品物资，如活性炭、木屑和石灰等，有条件的企业应备足、备齐，定置明确，保证现场应急处置人员在第一时间内启用；物资储备能力不足的企业要明确调用单位的联系方式，且调用方便、迅速。

（5）各种保障制度（污染治理设施运行管理制度、日常环境监测制度、设备仪器检查与日常维护制度、培训制度、演练制度等）。

（6）企业还应明确外部资源及能力，包括：地方政府预案对企业环境应急预案的要求等；该地区环境应急指挥系统的状况；环境应急监测仪器及能力；专家咨询系统；周边企业（或事业）单位互助的方式；请求政府协调应急救援力量及设备（清单）；应急救援信息咨询等。

根据有关规定，地方人民政府及其部门为应对突发事件，可以调用相关企业（或事业）单位的应急救援人员或征用应急救援物资，并于事后给予相应补偿。各相关企业（或事业）单位应积极予以配合。

6. 应急预案编制

在风险分析和应急能力评估的基础上，针对可能发生的环境事件的类型和影响范围，编制应急预案。对应急机构职责、人员、技术、装备、设施（备）、物资、救援行动及其指挥与协调方面预先做出具体安排。应急预案应充分利用社会应急资源，与地方政府预案、上级主管单位以及相关部门的预案相衔接。

7. 应急预案的评审、发布与更新

应急预案编制完成后，应进行评审。评审由企业主要负责人组织有关部门和人员进行。外部评审是由上级主管部门、相关企业（或事业）单位、环保部门、周边公众代表、专家等对预案进行评审。预案经评审完善后，由单位主要负责人签署发布，按规定报有关部门备案。同时，明确实施的时间、抄送的部门、园区、企业等。

企业（或事业）单位应根据自身内部因素（如企业改、扩建项目等情况）和外部环境的变化及时更新应急预案，进行评审发布并及时备案。

企业结合环境应急预案实施情况，至少每三年对环境应急预案进行一次回顾性评估。有下列情形之一的，及时修订：

（1）面临的环境风险发生重大变化，需要重新进行环境风险评估的。

（2）应急管理组织指挥体系与职责发生重大变化的。

（3）环境应急监测预警及报告机制、应对流程和措施、应急保障措施发生重大变化的。

（4）重要应急资源发生重大变化的。

（5）在突发事件实际应对和应急演练中发现问题，需要对环境应急预案作出重大调整的。

（6）其他需要修订的情况。

对环境应急预案进行重大修订的，修订工作参照环境应急预案制定步骤进行。对环境应急预案个别内容进行调整的，修订工作可适当简化。

8. 应急预案的备案

企业应依据环境保护部"关于印发《企业事业单位突发环境事件应急预案备案管理办法（试行）》的通知（环发〔2015〕4号）"文件要求，在环境应急预案签署发布之日起20个工作日内，向企业所在地县级环境保护主管部门备案。县级环境保护主管部门应当在备案之日起5个工作日内将较大和重大环境风险企业的环境应急预案备案文件，报送市级环境保护主管部门，重大的同时报送省级环境保护主管部门。

企业环境应急预案首次备案，现场办理时应当提交下列文件：

（1）突发环境事件应急预案备案表（见表12-8）。

表 12-8　企业事业单位突发环境事件应急预案备案表

单位名称		机构代码	
法定代表人		联系电话	
联系人		联系电话	
传真		电子邮箱	
地址	中心经度　　　　　　中心纬度		
预案名称			
风险级别			
本单位于　　年　　月　　日签署发布了突发环境事件应急预案，备案条件具备，备案文件齐全，现报送备案。本单位承诺，本单位在办理备案中所提供的相关文件及其信息均经本单位确认真实，无虚假，且未隐瞒事实。 预案制定单位（公章）			
预案签署人		报送时间	
突发环境事件应急预案备案文件目录	1. 突发环境事件应急预案备案表； 2. 环境应急预案及编制说明： 环境应急预案（签署发布文件、环境应急预案文本）； 编制说明（编制过程概述、重点内容说明、征求意见及采纳情况说明、评审情况说明）； 3. 环境风险评估报告； 4. 环境应急资源调查报告； 5. 环境应急预案评审意见。		
备案意见	该单位的突发环境事件应急预案备案文件已于　　年　　月　　日收讫，文件齐全，予以备案。 备案受理部门（公章） 　　　　　年　　月　　日		
备案编号			
报送单位			
受理部门		经办人	

（2）环境应急预案及编制说明的纸质文件和电子文件，环境应急预案包括：环境应急预案的签署发布文件、环境应急预案文本；编制说明包括：编制过程概述、重点内容说明、征求意见及采纳情况说明、评审情况说明。

（3）环境风险评估报告的纸质文件和电子文件。

（4）环境应急资源调查报告的纸质文件和电子文件。

（5）环境应急预案评审意见的纸质文件和电子文件。

提交备案文件也可以通过信函、电子数据交换等方式进行。通过电子数据交换方式提交的，可以只提交电子文件。

企业环境应急预案有重大修订的，应当在发布之日起20个工作日内向原受理部门变更备案。环境应急预案个别内容进行调整、需要告知环境保护主管部门的，应当在发布之日起20个工作日内以文件形式告知原受理部门。

9. 应急预案的实施

预案批准发布后，企业组织落实预案中的各项工作，进一步明确各项职责和任务分工，加强应急知识的宣传、教育和培训，定期组织应急预案演练，实现应急预案持续改进。

二、应急预案主要内容

环境应急预案体现自救互救、信息报告和先期处置特点，侧重明确现场组织指挥机制、应急队伍分工、信息报告、监测预警、不同情景下的应对流程和措施、应急资源保障等内容。

（一）总则

1. 编制目的

明确预案编制的目的、要达到的目标和作用等。

体现规范事发后的应对工作，提高事件应对能力，避免或减轻事件影响，加强企业与政府应对工作衔接。

2. 编制依据

明确预案编制所依据的国家法律法规、规章制度，部门文件，有关行业技术规范标准，以及企业关于应急工作的有关制度和管理办法等。

3. 适用范围

说明应急预案适用的对象、范围，以及突发环境事件的类型、级别等。

4. 应急预案体系

说明应急预案体系的构成情况。企业环境应急预案一般包括综合预案、专项预案、现场处置预案或其他组成，应说明这些组成之间的衔接关系，确保各个组成清晰界定、有机衔接。企业环境应急预案一般应以现场处置预案为主，有针对性地提出各类事件情景下的污染防控措施，明确责任人员、工作流程、具体措施，落实到应急处置卡上。确需分类编制的，综合预案侧重明确应对原则、组织机构与职责、基本程序与要求，说明预案体系构成；专项预案侧重针对某一类事件，明确应急程序和处置措施。

环境应急预案定位于控制并减轻、消除污染，与企业内部生产安全事故预案等其他预案清晰界定、相互支持。

企业突发环境事件一般会对外环境造成污染，其预案应与所在地政府环境应急预案协调一致、相互配合。

5. 工作原则

明确应急工作应遵循预防为主、减少危害，统一领导、分级负责，企业自救、属地管理，整合资源、联动处置等应急工作原则。

（二）组织机构和职责

1. 组织体系

依据企业的规模大小和突发环境事件危害程度的级别，设置分级应急救援的组织机构。企业应成立应急救援指挥部，依据企业自身情况，车间可成立二级应急救援指挥机构，生产工段可成立三级应急救援指挥机构。尽可能以组织结构图的形式将构成单位或人员表示出来。

2. 指挥机构组成及职责

（1）指挥机构组成。明确由企业主要负责人担任指挥部总指挥和副总指挥，环保、安全、设备等部门组成指挥部成员单位；车间应急救援指挥机构由车间负责人、工艺技术人员和环境、安全与健康人员组成；生产工段应急救援指挥机构由工段负责人、工艺技术人员和环境、安全与健康人员组成。

应急救援指挥机构根据事件类型和应急工作需要，可以设置相应的应急救援工作小组，并明确各小组的工作职责。

（2）指挥机构的主要职责。

①贯彻执行国家、当地政府、上级有关部门关于环境安全的方针、政策及规定。

②组织制定突发环境事件应急预案。

③组建突发环境事件应急救援队伍。

④负责应急防范设施（备）（如堵漏器材、环境应急池、应急监测仪器、防护器材、救援器材和应急交通工具等）的建设，以及应急救援物资，特别是处理泄漏物、消解和吸收污染物的化学品物资（如活性炭、木屑和石灰等）的储备。

⑤检查、督促做好突发环境事件的预防措施和应急救援的各项准备工作，督促、协助有关部门及时消除有毒有害物质的跑、冒、滴、漏。

⑥负责组织预案的审批与更新（企业应急指挥部负责审定企业内部各级应急预案）。

⑦负责组织外部评审。

⑧批准本预案的启动与终止。

⑨确定现场指挥人员。

⑩协调事件现场有关工作。

⑪负责应急队伍的调动和资源配置。

⑫负责突发环境事件信息的上报及可能受影响区域的通报工作。

⑬负责应急状态下请求外部救援力量的决策。

⑭接受上级应急救援指挥机构的指令和调动，协助事件的处理；配合有关部门对环境进行修复、事件调查、经验教训总结。

⑮负责保护事件现场及相关数据。

⑯有计划地组织实施突发环境事件应急救援的培训，根据应急预案进行演练，向周边企业、村落提供本单位有关危险物质特性、救援知识等宣传材料。

在明确企业应急救援指挥机构职责的基础上，应进一步明确总指挥、副总指挥及各成员单位的具体职责。

（三）预防与预警

1. 环境风险源监控

明确对环境风险源监测监控的方式、方法，以及采取的预防措施。说明生产工艺的自动监测、报警、紧急切断及紧急停车系统，可燃气体、有毒气体的监测报警系统，消防及火灾报警系统等。

2. 预警行动

根据企业可能面临事件情景，结合事件危害程度、紧急程度和发展态势，对企业内部预警级别、预警发布与解除、预警措施进行总体安排，明确企业内部预警条件，预警等级，预警信息发布、接收、调整、解除程序，发布内容，责任人。

明确监控信息的获得途径和分析研判的方式方法。监控信息的获得途径，例如极端天气等自然灾害、生产安全事故等事故灾难、相关监控监测信息等；分析研判的方式方法，例如根据相关信息和应急能力等，结合企业自身实际进行分析研判。

3. 报警、通信联络方式

应包括以下内容：

（1）24h有效的报警装置。

（2）24h有效的内部、外部通信联络手段。

（3）运输危险化学品、危险废物的驾驶员、押运员报警及与本单位、生产厂家、托运方联系的方式。

（四）信息报告与通报

依据《国家突发环境事件应急预案》及有关规定，明确信息报告时限和发布的程序、内容和方式，应包括以下内容：

1. 内部报告

明确企业内部报告程序，主要包括：24h应急值守电话、事件信息接收、报告和通报程序。

2. 信息上报

当事件已经或可能对外环境造成影响时，明确向上级主管部门和地方人民政府报告事件信息的流程、内容和时限。

3. 信息通报

明确向可能受影响的区域通报事件信息的方式、程序、内容。

4. 事件报告内容

事件信息报告至少应包括事件发生的时间、地点、类型和排放污染物的种类、数量、直接经济损失、已采取的应急措施，已污染的范围，潜在的危害程度，转化方式及趋向，可能受影响区域及采取的措施建议等。

5. 联系方式

以表格形式列出上述被报告人及相关部门、单位的联系方式。

（五）应急响应与措施

1. 分级响应机制

针对突发环境事件严重性、紧急程度、危害程度、影响范围、企业内部（生产工段、车间、企业）控制事态的能力以及需要调动的应急资源，将企业突发环境事件分为不同的等级。根据事件等级分别制定不同级别的应急预案（如生产工段、车间、企业应急预案），上一级预案的编制应以下一级预案为基础，超出企业应急处置能力时，应及时请求上一级应急救援指挥机构启动上一级应急预案。并且按照分级响应的原则，明确应急响应级别，确定不同级别的现场负责人，指挥调度应急救援工作和开展事件应急响应。

2. 应急措施

（1）突发环境事件现场应急措施。根据污染物的性质，事件类型、可控性、严重程度和影响范围，需确定以下内容：

①明确切断污染源的基本方案。

②明确防止污染物向外部扩散的设施、措施及启动程序；特别是为防止消防废水和事件废水进入外环境而设立的环境应急池的启用程序，包括污水排放口和雨（清）水排放口的应急阀门开合和事件应急排污泵启动的相应程序。

③明确减少与消除污染物的技术方案。

④明确事件处理过程中产生的次生衍生污染（如消防水、事故废水、固态液态废物等，

尤其是危险废物）的消除措施。

⑤应急过程中使用的药剂及工具（可获得性说明）。

⑥应急过程中采用的工程技术说明。

⑦应急过程中，在生产环节所采用的应急方案及操作程序；工艺流程中可能出现问题的解决方案；事件发生时紧急停车停产的基本程序；控险、排险、堵漏、输转的基本方法。

⑧污染治理设施的应急措施。

⑨危险区的隔离：危险区、安全区的设定；事件现场隔离区的划定方式；事件现场隔离方法。

⑩明确事件现场人员清点、撤离的方式及安置地点。

⑪明确应急人员进入、撤离事件现场的条件、方法。

⑫明确人员的救援方式及安全保护措施。

⑬明确应急救援队伍的调度及物资保障供应程序。

（2）大气污染事件保护目标的应急措施。根据污染物的性质，事件类型、可控性、严重程度和影响范围，风向和风速，需确定以下内容：

①结合自动控制、自动监测、检测报警、紧急切断及紧急停车等工艺技术水平，分析事件发生时危险物质的扩散速率，选用合适的预测模式，分析对可能受影响区域（敏感保护目标）的影响程度。

②可能受影响区域单位、社区人员基本保护措施和防护方法。

③可能受影响区域单位、社区人员疏散的方式、方法。

④紧急避难场所。

⑤周边道路隔离或交通疏导办法。

⑥周围紧急救援站和有毒气体防护站的情况。

（3）水污染事件保护目标的应急措施。根据污染物的性质，事件类型、可控性、严重程度和影响范围，河流的流速与流量（或水体的状况），需确定以下内容：

①可能受影响水体及饮用水源地说明。

②消除、减少污染物技术方法的说明。

③其他措施的说明（如其他企业污染物限排、停排、调水、污染水体疏导、自来水厂的应急措施等）。

（4）受伤人员现场救护、救治与医院救治。企业应结合自身条件，依据事件类型、级别及附近疾病控制与医疗救治机构的设置和处理能力，制订具有可操作性的处置方案，应包括以下内容：

①可用的急救资源列表，如企业内部或附近急救中心、医院、疾控中心、救护车和急救人员。

②地区应急抢救中心、毒物控制中心的列表。

③根据化学品特性和污染方式，明确伤员的分类。

④针对污染物，确定伤员现场治疗方案。

⑤根据伤员的分类，明确不同类型伤员的医院救治机构。

⑥现场救护基本程序，如何建立现场急救站。

⑦伤员转运及转运中的救治方案。

3. 应急监测

发生突发环境事件时，环境应急监测小组或单位所依托的环境应急监测部门应迅速组织监测人员赶赴事件现场，根据实际情况，迅速确定监测方案（包括监测布点、频次、项目和方法等），及时开展应急监测工作，在尽可能短的时间内，用小型、便携仪器对污染物种类、浓度、污染范围及可能的危害做出判断，以便对事件及时、正确进行处理。

企业应根据事件发生时可能产生的污染物种类和性质，配置（或依托其他单位配置）必要的监测设备、器材和环境监测人员。

（1）明确应急监测方案。监测方案一般应明确监测项目、采样（监测）人员、监测设备、监测频次等。涉大气污染的，说明排放口和厂界气体监测的一般原则；涉水污染的，说明废水排放口、雨水排放口、清净下水排放口等可能外排渠道监测的一般原则。

（2）明确主要污染物现场及实验室应急监测方法和标准。

（3）明确现场监测与实验室监测采用的仪器、药剂等。

（4）明确可能受影响区域的监测布点和频次。

（5）明确根据监测结果对污染物变化趋势进行分析和对污染扩散范围进行预测的方法，适时调整监测方案。

（6）明确监测人员的安全防护措施。

（7）明确内部、外部应急监测分工。

（8）明确应急监测仪器、防护器材、耗材、试剂等日常管理要求。

4. 应急终止

（1）明确应急终止的条件。事件现场得以控制，环境符合有关标准，导致次生衍生事件隐患消除后，经事件现场应急指挥机构批准后，现场应急结束。

（2）明确应急终止的程序。

（3）明确应急状态终止后，继续进行跟踪环境监测和评估工作的方案。

5. 应急终止后的行动

（1）通知本单位相关部门、周边企业（或事业）单位、社区、社会关注区及人员事件危险已解除。

（2）对现场中暴露的工作人员、应急行动人员和受污染设备进行清洁净化。

（3）事件情况上报。

（4）向事件调查处理小组移交相关事项。

（5）事件原因、损失调查与责任认定。

（6）应急过程评价。

（7）编写事件应急救援工作总结报告。

（8）修订突发环境事件应急预案。

（9）维护、保养应急仪器设备。

（六）其他

1. 后期处置

（1）善后处置。安置受灾人员及赔偿损失。组织专家对突发环境事件中长期环境影响进行评估，提出生态补偿和对遭受污染的生态环境进行恢复的建议。

（2）保险。明确企业办理的相关责任险或其他险种。对企业环境应急人员办理意外伤害保险。

2. 应急培训和演练

（1）培训。依据对本企业员工、周边企业、社区和村落人员情况的分析结果，应明确如下内容：

① 应急救援人员的专业培训内容和方法。

② 应急指挥人员、监测人员、运输司机等特别培训的内容和方法。

③ 员工突发环境事件应急基本知识培训的内容和方法。

④ 外部公众（周边企业、社区、人口聚居区等）突发环境事件应急基本知识宣传的内容和方法。

⑤ 应急培训内容、方式、记录、考核表。

（2）演练。明确企业根据突发环境事件应急预案进行演练的内容、范围和频次等。

① 演练准备内容。

② 演练方式、范围与频次。

③ 演练组织。

④ 应急演练的评价、总结与追踪。

3. 奖惩

明确突发环境事件应急救援工作中奖励和处罚的条件和内容。

4. 保障措施

（1）经费及其他保障。明确应急专项经费（如培训、演练经费）来源、使用范围、数量和监督管理措施，保障应急状态时单位应急经费的及时到位。

（2）应急物资装备保障。明确应急救援需要使用的应急物资和装备的类型、数量、性能、存放位置、管理责任人及其联系方式等内容。

（3）应急队伍保障。明确各类应急队伍的组成，包括专业应急队伍、兼职应急队伍及志愿者等社会团体的组织与保障方案。

（4）通信与信息保障。明确与应急工作相关联的单位或人员通信联系方式，并提供备用方案。建立信息通信系统及维护方案，确保应急期间信息通畅。

根据本单位应急工作需求确定其他相关保障措施（如：交通运输保障、治安保障、技术保障、医疗保障、后勤保障等）。

5. 预案的评审、备案、发布和更新

应明确预案评审、备案、发布和更新要求。

（1）内部评审。

（2）外部评审。

（3）说明预案备案的方式、审核要求、备案的时间及部门等内容。

（4）发布的时间、抄送的部门、园区、企业等。

（5）说明应急预案修订、变更、改进的基本要求及时限，以及采取的方式等，以实现可持续改进。

（6）列出预案实施和生效的具体时间，预案更新的发布与通知。

6. 附件

（1）环境风险评价文件。

（2）危险废物登记文件及委托处理合同。

（3）区域位置及周围环境保护目标分布、位置关系图。

（4）重大环境风险源，应急设施（备），应急物资储备分布，雨水、清净下水和污水收集管网，污水处理设施等的平面布置图。

（5）企业（或事业）单位周边区域道路交通图、疏散路线、交通管制示意图。

（6）内部应急人员的职责、姓名、电话清单。

（7）外部（政府有关部门、园区、救援单位、专家、环境保护目标等）联系单位、人员、电话。

（8）各种制度、程序、方案等。

（9）其他。

思考题

1. 突发环境事件如何进行分类？

2. 突发环境事件具有哪些特征？

3. 突发环境事件应急处置原则是什么？

4. 突发环境事件风险评估的程序是什么？

5. 如何划分企业环境风险等级？

6. 突发环境事件应急能力评估主要包括哪些内容？

7. 应急预案体系包括哪些内容，需要重点说明哪些问题？

8. 现场处置方案与应急处置卡有哪些具体要求？

9. 突发环境事件应急预案备案有哪些要求？

10. 信息报告有哪些要求？

11. 应急终止的条件是什么？事后恢复包括哪些内容？

12. 应急培训和演练有哪些要求？

讨论题

1. 如何结合企业实际策划应急预案体系。

2. 以化工企业为例讨论如何做好重大突发环境事件的预防与预警工作。

参考文献

［1］张天柱主编.21世纪环境管理实务全书（上卷、下卷）.北京：人民日报出版社，2000

［2］陆根法，王远编著.环境管理（高等院校环境科学与工程系列规划教材）.南京：南京大学出版社，2009

［3］刘常海，张明顺等编著.环境管理.北京：中国环境科学出版社，1998

［4］于秀娟主编.环境管理.哈尔滨：哈尔滨工业大学出版社，2002

［5］许宁，胡伟光主编.环境管理.北京：化学工业出版社，2003

［6］张承中编著.环境管理的原理和方法.北京：中国环境科学出版社，1997

［7］唐云梯，刘人和主编.环境管理概论.北京：中国环境科学出版社，1992

［8］环境保护部环境工程评估中心编.环境影响评价相关法律法规.北京：中国环境科学出版社，2012

［9］环境保护部环境工程评估中心编.环境影响评价技术导则与标准.北京：中国环境科学出版社，2012

［10］弗兰克·B.弗里德曼（Frank B. Friedman）著.环境管理实用指南.陈志斌，马静主译.广州：广东科技出版社，1999

［11］寇文，赵文喜主编.环境污染事故典型案例剖析与环境应急管理对策.中国环境出版社，2013

［12］朱庚申著.环境管理学.修订版.北京：中国环境科学出版社，2002

［13］朱庚申著.环境管理学.北京：中国环境科学出版社，2000

［14］叶文虎主编.环境管理学.北京：高等教育出版社，2000

［15］叶文虎，张勇编著.环境管理学（第二版）.北京：高等教育出版社，2006

［16］杨志峰，刘静玲.环境科学概论（第二版）.北京：高等教育出版社，2010

［17］孟伟庆主编.环境管理与规划.北京：化学工业出版社，2011

［18］张宝莉，徐玉新主编.环境管理与规划.北京：中国环境科学出版社，2004

［19］全浩，欧阳油，程子峰主编.环境管理与技术.北京：中国环境科学出版社，1994

［20］周年生，李彦东主编.流域环境管理规划方法与实践.北京：中国水利水电出版社，2000

［21］农业部环境保护能源司，农业部环境监测总站编.农业环境管理法规资料汇编.天津：天津科技翻译出版公司，1991

［22］陈焕章编著.实用环境管理学.武汉：武汉大学出版社，1997

［23］陈伟等主编.水资源环境管理与规划.郑州：黄河水利出版社，2001

［24］冯之浚主编.循环经济导论.北京：人民出版社，2004

［25］张扬等著.循环经济概论.湖南：湖南人民出版社，2005

［26］张坤主编.循环经济理论与实践.北京：中国环境科学出版社，2003

［27］黄贤金主编.循环经济学（普通高等教育"十一五"国家级规划教材）.南京：东南大学出版社，2009

［28］黄贤金等编著.区域循环经济发展评价.北京：社会科学文献出版社，2006

［29］黄贤金主编.循环经济：产业模式与政策体系.南京：南京大学出版社，2004

［30］龚贵生主编.环境管理.北京：中国劳动社会保障出版社，2010

［31］元炯亮主编.清洁生产基础.北京：化学工业出版社，2009

［32］刘宏，赵如金编著.工业环境工程.北京：化学工业出版社，2004

［33］周律主编.清洁生产.北京：中国环境科学出版社，2001

［34］朱慎林主编.清洁生产导论.北京：化学工业出版社，2001

［35］史捍民主编.企业清洁生产实施指南.北京：化学工业出版社，1997

［36］郭斌主编.清洁生产工艺.北京：化学工业出版社，2003

［37］周中平等编著.清洁生产工艺及应用实例.北京：化学工业出版社，2002

［38］刘宏，郑敏学编著·ISO 14001 & OHSAS 18001 环境和职业健康安全管理体系建立与实施（第二版）.北京：中国石化出版社，2017

［39］奚旦立主编.突发性污染事件应急处置工程.北京：化学工业出版社，2009

［40］林盛群，金腊华编著.水污染事件应急处理技术与决策.北京：化学工业出版社，2009

［41］AQ/T 9002—2013 生产经营单位安全生产事故应急预案编制导则［S］

［42］DB 32/T 3795—2020 企事业单位和工业园区突发环境事件应急预案编制导则［S］

［43］企业突发环境事件风险评估指南（试行）（环办［2014］34 号）

［44］HJ 941—2018 企业突发环境事件风险分级方法［S］